# 本 书 荣 誉

入选第三届"三个一百"原创出版工程

荣获第四届中华优秀出版物奖图书提名奖

朱晓丽—著

中国古代

·修订版·

广西美术出版社

珠子

# 前　言

◎朱晓丽

如果问我为什么要写一本关于中国古代珠子的书，一个浅显的理由是，它们美丽迷人。然而真正的原因是，在它们迷人的外表背后有一部历史，而这不是一部单纯关于美丽外形的简单历史，它一直跟工艺、贸易、信仰、文化、社会背景等诸多方面有关。

我们知道，装饰品的重要性——特别是对于古代社会——超过它美丽讨巧的外表留给我们的印象，作为个人装饰品的重要元素——珠子更是如此。只要想一想它从数万年前人类还仅仅能够制作打制工具的旧石器时代起就伴随我们至今这一点就足以使人惊讶，从古至今，它一直与信仰、宗教、权利和财富相联系。我们知道，夏鼐在伦敦大学的博士论文是《古代埃及的珠子》，古代珠子的研究之于埃及学，犹如古陶瓷之于我国宋元考古学，因而皮特里教授（伦敦大学埃及学创始人 Flinders Petrie）等学者把古埃及珠子的研究列为埃及学的关键课题。它是一个严肃的主题。

通常情况下，我们会把各式各样的珠子作为装饰背景来接受而多少对其有点忽略，然而只要稍加留心观察就会发现其个体惊人的美貌。更让人觉得饶有兴味的是，除我们通常以为的装饰功用外，珠子还充当许多令我们感到意外的角色：族群的区别、身份的标志、财富的象征、护身符、信徒的念珠，而且由于方便携带和惹人喜爱，它也是在时间和空间跨度上最广泛的贸易品。也许可以这么说，珠子具有考古学、人类学、经济学、宗教和工艺美术的价值。

文明前夕的史前社会，无论是黄河还是长江流域，珠玉皆被赋予神性，是沟通神界和人界的辅助工具；进入文明时代的古代中国以中原文明为主流文化，而中原的贵族礼仪和装饰制度是严格对应身份等级的。以西周的贵族项饰为例，一般以玉为标准，《周礼》有礼仪用具天子九、诸侯七的记载，虢国墓地的"七璜连珠"得到了实证；春秋时期这种制度可能已经被僭越，孔子曾感叹那是一个"礼崩乐坏"的时代；汉代开始，珠玉的佩戴制度开始变迁，西周以来的贵族佩饰基本消失，代之以新的舆服制度，珠玉装饰品的寓意开始有民间信仰加入其中；唐宋以后世俗文化大兴，珠玉不再是权贵专有，除了皇家和官方佩饰，与身份和社会等级无关的世俗题材在朝野流行。中国历朝历代都有官方的舆服制度记录在正史，其中都会涉及珠玉一类的佩饰，个人装饰品一直是身份的主要标志。

对于装饰品特别是涉及珠子一类的个人装饰品，国内的研究还不够完善或者说还不够严肃，这一点落后于西方，至少现在仍是这样。我并不想把我的书写成枯燥的学术报告，我的主题没那么大也没那么多可资引用的文献和资料，但这并不是说为了迁就读者我就会放弃严谨，我只是想让书中的内容有趣。

我尽可能地按照编年的顺序来写，这样做的好处是可以用一个大线条把古代中国各个不同时期的珠子联系起来，至少在时间顺序上显得清晰可靠。另外，书中涉及的珠子我都尽可能地利用科学的考古资料说明它明确的地层和年代，而其他没有考古报告用以证明但坊间却流传不疑的珠子我都加以说明，需要提醒读者的是，这样的珠子不能作为断代的标准器，但是可以作为年代和地域出处的参考。由于我对珠子的好奇和由此而来的探究的过程给我带来了很多乐趣，我希望与我的读者一起分享。

**第九章** （公元581年—公元907年）

## 隋唐的珠子/218

**第十章** （公元960年—公元1279年）

## 宋辽的珠子/234

**第十一章** （公元1206年—公元1644年）

## 元明的珠子/258

**第十二章** （公元1616年—公元1911年）

## 清代的珠子/276

# 第一章　关于珠子

## 第一节　最早的珠子

　　Lois Sherr Dubin在《珠子的历史：从公元前30000年至今》[1]中谈到，最早发现的珠子来自公元前38000年的一个法国山洞，属于尼安德特人（Homo Neanderthalensis）所有。尼安德特人其实不是我们的祖先，他们比较笨重，是在另一线上发展的直立人。考古资料显示，尼安德特人在墓葬中使用鲜花和珠子陪葬，他们对死亡已经有足够的认识，并将这种认识给予表现。大约在5万到2万年前之间，他们被新的智人（Homo sapiens）所取代，这种智人就是与我们现代人密切相关的人类（图001）。

　　最近的报道刷新了尼安德特人的记录。据2004年4月的美国《科学》杂志（Science 16 April 2004）报道[2]，在南非布隆波斯（Blombos）一个可以俯瞰印度洋的洞穴里，发现了大约7.5万年以前石器时代的贝珠，它们有着人工穿孔，这可能是迄今最古老的装饰品。也许随着新的考古发现，这一记录还能往前推（图002）。

---

1　《珠子的历史：从公元前30000年至今》，英文名为*The History of Beads: from 30,000 B.C. to the Present*，作者Lois Sherr Dubin，美国人，毕业于宾夕法尼亚大学景观建筑专业。长期从事个人装饰品特别是珠子的研究，集30年世界范围内的珠子收集和实地考察经验著成《珠子的历史：从公元前30000年至今》一书。该书1986年由Thames & Hudson出版以来，已经成为研究珠子及其历史的经典著作。

2　美国2004年4月16日的《国家地理》（*National Geographic*）、《纽约时报》（*New York Times*）和《科学》（*Science*）杂志等多家学术新闻报道了这一发现的具体内容。《国家地理》杂志发表了题目为"Oldest Jewelry? "Beads" Discovered in African Cave"的文章讨论早期的人类行为。

**旧石器时代有珠子的考古遗址分布图**
**（距今75000—10000年）**

北　冰　洋

北　美　洲　　大　　　欧　洲　　亚　洲

北京周口店

西　　非　洲　　太　平　洋

太　平　洋

南　美　洲　　印　度　洋　　大　洋　洲

洋　　布隆波斯洞穴

■ 旧石器时代有珠子的考古遗址

图001　旧石器时代有珠子的考古遗址分布图。旧石器时代的先民是狩猎者和采集者，他们还没有发明磨制工具和种植，但是他们已经开始制作珠子。最早的珠子出现在7.5万年前的非洲南部一个可以俯瞰印度洋的洞穴里，之后整个旧大陆都有珠子发现。到了新石器时代，几乎世界各大洲的考古遗址中都有珠子出土。中国境内最早有考古地层依据的珠子属于2万到1.8万年前的北京周口店山顶洞人。

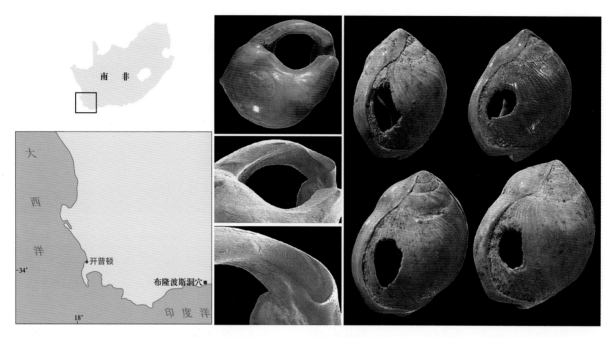

图002 最早的珠子。大约7.5万年前的石器时代，在南非布隆波斯（Blombos）一个面临印度洋的洞穴里，旧石器时代的先民捡回了许多贝壳，他们在贝壳上有意识地凿了洞，串在一起，由此制造出人类历史上已知最古老的饰物。

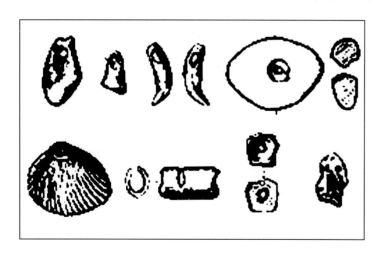

图003 北京周口店山顶洞人的装饰品。它们都是天然材料，有的是利用材料本身的穿孔，比如骨管，而另外一些则是人工制作的打孔。

中国境内有考古地层可以依据的最早的珠子属于2万到1.8万年前的北京周口店山顶洞人（图003）。他们的装饰品是一些野兽牙齿、骨管、贝壳、砾石、小石珠，而且有的还用赭石颜料装饰过。在贵州普定县一个距今1.5万到1.2万年的旧石器时代的洞穴内也发现了有人工穿孔的野兽牙齿，它们是用来佩戴的。我们并不完全了解这些装饰品的真正意义，也许除了美丽，它们还有精神层面和宗教的功能。它们可能是身份的象征或者表示某种信仰，比如山顶洞人不仅有了墓葬，还在死者的头骨和躯干周围散布赤铁矿（赭石）粉末和一些残留着赭石颜料的随葬品。

赭石和朱砂的使用从石器时代到进入文明以后的墓葬中一直有发现，我们的先民熟悉的红色矿物颜料有赭石、朱砂和雄黄。红色是人类最早使用的颜色之一，其中赭石的性质相对稳定一些，而朱砂和雄黄在高温下会发生色彩变化并随温度升高而消失，所以史前彩陶大多使用赭石作为彩绘颜料。而墓葬中使用朱砂的习俗从史前一直延续到我们的汉代，这种葬俗可能是因为人们发现了朱砂的防腐作用。而更早一些的先民使用红色矿物的理由可能更多是心理和精神的原因，也许是因为赤铁矿和朱砂这样的颜色让人联想到血液，它既象征生命也象征死亡。

我们在世界不同地域的考古资料和墓穴中都能看到珠子的身影，不管是史前还是文明社会，不同的人群不约而同地给他们可以获得的某些材料打孔，用于穿戴、装饰甚至是某种象征（图004）。人类学家、考古学家、历史学家甚至心理学家对这些远古的人类装饰行为有过很多有趣的推测，也许有些理论可以用来解释珠子这样的装饰品的起源，比如人类学家认为，制作珠子最早是人类抽象思维的物化，它表明人类已经能够使用符号来表示意义，即把空泛的符号与特定的意义联系起来；然后是用于某种信仰或者身份的区别，进入文明以后则成了社会等级的辨识和象征，或者是作为护身符等其他多种功能。

当人类对物质之于生命的意义有足够认识的时候，就会对他所需要的物质产生需求，并为这种需求付出努力，而这些努力常常会引发真正的技术革命。人类最早在某个喜欢的小东西上做一个人工穿孔要依赖于意识和工具的双重条件，前面提到过7万年前的珠子，以及3万年或者2万年前的小装饰品，但是它们的打孔是如何制作的我们并不清楚，尽管考古学家在布隆波斯（Blombos）洞穴里发现了骨质工具，但是否用于打孔也只是推测，我们在多数早期遗址中都没有找到跟打孔有确实关系的工具。对史前的这些装饰品和珠子可能还有很多疑问，但这没有影响人们对它的喜爱，况且新的疑问会不断地冒出来，即使是对于后来有文字记载的文明社会的装饰品也是如此。为解决这些疑问所付出的努力也许就是古代艺术品的魅力所在。

图004　各种材质和形制的古代珠子。西周红色玛瑙珠、战国蜻蜓眼玻璃珠、战国水晶珠、滇文化玛瑙管、夏家店的天河石管和绿松石珠子等高古时期的典型珠子。这些珠子涵盖丰富的材质和应用在各种材质上的工艺技术以及各个不同时期不同民族的审美风尚和文化背景。

## 第二节　珠子的定义

如果问什么是珠子？也许我们首先会想到那些圆圆的、有一个用于穿系的打孔的小东西。其实这样的珠子是发展到后来的事情，如果我们稍微考虑一下球状体的加工难度和技术手段的限制，就会想到早期的珠子可能只是一种天然材料有着天然的穿孔，比如骨管之类。然后有了人工打孔的珠子，而且起初它们肯定不够圆（图005）。

一些专门从事装饰品研究的西方学者为珠子做了界定。这些人的工作在我看来是最有趣的，他们到处旅行，接触不同的人群和文化，收集令人眼花缭乱的装饰品，有很多是我们从未见过和听说过的，而这些装饰品背后的文化因素才是我们最感兴趣的内容，它是那些个人装饰品之所以呈现出当时的面貌的真正原因。当然这些装饰品研究专家也跟人类学、历史和其他各种学科打交道，博学是他们的特长。

按照美国底特律公立学校（Detroit Public School）的老师、装饰品研究专家Kwesi Amanfrafo的分类，珠子有以下情况：

1. 所谓的珠子。指天然形成穿孔的自然物质，并非真正的珠子，比如我们提到过的骨管，在有人把它穿起来挂在身上以前，它只是自然的一部分，只有当人类把它用于穿系佩戴时它才具备珠子的功能和"灵魂"。

2. 真正的珠子。指有人利用原材料加工形成的珠子，它包含人类制作珠子时的目的和为了制作珠子而有意识地使用加工技术和工具，如早期在贝壳上打孔和后来熔化石英烧造玻璃珠。

3. 待利用的珠子。它们是人工制品，当初并不是为着珠子的目的而制作的，但具备珠子的物理特征，如果有人利用这种特征将它们像珠子那样穿系起来用于佩戴，它们就成了珠子，比如扣子和徽章。

4. 失效的珠子。拥有珠子的形制但并非为珠子的目的而制作的人工制品，比如算盘子。当然，前面三种分类的珠子如果用于装饰以外的其他目的，它也就成了失效的珠子。

5. 另外一个与珠子有关的概念是"坠饰"（pendants，图006），其实是外形不太一样的珠子，它们在形制上的特殊性可能与特定的意义有关。之所以要特别提到这种东西，是因为古代中国有一些非常特殊的项饰和个人装饰挂件，它们有严格的制度对应严格的身份，或者有特殊的信仰和宗教含义，而这些个人饰品中就有很多特殊的坠饰与珠子组合在一起。后面的章节将专门叙述这些特殊的装饰品。这个概念同样适用于其他古代文明，比如埃及和两河流域。

以上分类可能一时看不出意义所在，它主要用于学术目的，以便在讨论时明确概念和方便说话。但是也可以把它作为一般性的了解，而且这样的分类提醒我们，在我们周围有多少不起眼的小东西其实是多么的迷人，只要我们善于发现和利用它们。

图005　石器时代的珠子，它们是身边可以得到的任何小东西——动物骨头、牙齿和美丽的小石子。有一个供穿系使用的打孔是珠子必备的特征，对先民而言也是技术上最难的部分。从这些不同时期的珠子的打孔方式上可以看出古代人类是如何一步步征服它们喜爱的自然物质的。

图006　各种形制的坠饰。国外的装饰品研究称为pendants。形态上它们是特殊的珠子，而穿系时它们通常是主题。坠饰跟珠子一样材质丰富，但具备更加多样的形制和更丰富具体的内涵。在古代埃及，几乎每一种形制的坠饰都有不同的意义，具有不同的功能和法力。

## 第三节　为什么制作珠子

珠子到底有什么用？我不止一次地问过这个问题。其实我想问的是两层意思：一是，最早人类为什么会制作和佩戴珠子？可以肯定的是制作珠子的行为本身表明人类开始能够将抽象思维用物化的形式来表示，即把符号与意义联系起来。这种行为对于早期人类还没有发明语言时特别重要，它表明一种类似语言的交流方式。随后是意义的扩展和深入，也就是人类学家、历史学家和心理学家推测的目的，前面已经提到过，比如表示某种信仰或者护身符。我们假设这些推测都是正确的，可是为什么是珠子而不是其他什么东西？第二层意思是，在现代人眼里主要用于装饰目的的珠子，在那些遥远的年代究竟具有多大的重要性？迄今为止，珠子是我们所发现的历史最长的古代工艺品，这也许可以说明它的重要性。这些问题不容易回答，特别是第一层意思，我曾经用它来问过很多人，我得到的反应是，好像问题并不出在珠子身上而是出在我身上。是的，正如挪威卑尔根大学（University of Bergen）的亨什伍德博士（Christopher Henshilwood）所认为的那样，珠子是传统社会一种严肃的物品，通过这些物品，可以确认主人的性别、年龄、社会地位以及民族。博士还说，"珠子代表一种符号信息，符号象征主义，是随后产生雕刻艺术、个人装饰（首饰）以及其他传统手工艺的基础"。他说得一点也不夸张。

我们假设人类最早佩戴珠子是为了装饰，那么装饰究竟是办法还是目的？如果装饰只是办法，那我们无法解释它的意义；如果它是目的，那可以用于解释的意义很多，但几乎都是推测。也许我们可以采用一个折中的说法：既是办法又是目的，既是装饰又是意义。这种说法可能不会太离谱。可以肯定地说，装饰对于原始人和古代人群具有非凡的意义而不是可有可无，装饰的需要对于人类的重要性，超出我们一般的想象。在现实生活中，我们是把装饰作为背景加以接受的，装饰似乎可有可无，然而情况正相反，装饰伴随着整个人类进程。

格罗塞在他的《艺术的起源》中讲述了达尔文将一块红布送给斐济土著人的故事。令达尔文奇怪的是，那些衣不遮体的土著人并没有将这块红布用来做衣服，而是与同伴将它撕成细条缠绕在冻僵的肢体上作为装饰。于是一些文明的学者常把这种穿着和装饰极不相称的事实，作为那些天真质朴的土著人连必需和浪费也不能分辨的有趣例子。但是，如果真如我们以为的那样，土著人分不清什么是必需什么是多余，那么他们也不可能顽强地生活到今天，与我们现代的文明共存。须知生产奢侈品和浪费资源是伴随现代文明发展而出现的。在我们看起来是多么不必要的那些装饰，在土著人眼里却有他们必需的功能。装饰的重要性最初并不是直接与单纯的审美有关。

直到今天，非洲和大洋洲土著的装饰办法和他们赋予这些装饰品的重要意义仍旧是我们推测古代人类思维和心理以及社会结构的灵感来源之一。那些土著社会的结构方式很可能与我们的先民社会相类似，在他们可选择的范围内，个人装饰和装饰品是最能代表一个人在某一文化群体中所拥有的位置和认同感的符号。珠子是他们最常见的个人装饰品，而与我们想象的不同，珠子的符号和象

图007　非洲埃塞俄比亚的土著居民。他们除了喜欢佩戴珠子和其他小装饰品，还使用伤害身体的办法来装饰自己。"隆疤"是一种令人印象深刻的装饰手法，即土著使用刀片或者锋利的石片按照预先设计的图案割伤皮肤，待伤口愈合便形成在皮肤表面隆起的图案。"隆疤"这类伤害身体的装饰方法一般与"生命仪式"有关，即代表一个人的生命历程和现在所拥有的身份，而这种身份与他的社会责任和行为规范密切相关，这在没有成文法的土著社会中至关重要。"隆疤"和文身等与珠子的最大不同是具有不可逆转性，这是生命和与之相关的责任最重要的特征。图中女孩肩部的"隆疤"与她脖子上的珠子都是她身份和地位的标志。

征意义通常大于它的装饰作用。土著社会还采用与珠子具有同样符号功能但是在形式上极为强化的手段如文身、隆疤[3]、人体镶嵌（如耳环、鼻环、脐环之类）等伤害身体的办法来装饰自己，这些手段与珠子最大的不同是它的不可逆转性，它们大多与生命仪式有关，比如成年、结婚、成为英雄或者领袖等，这些固化了的符号所代表的是一个人的生命历程中不可逆转的个人经历和他在族群内的文化认同和心理认同（图007）。

　　人类使用伤害自己的办法来装饰自己的历史一定很长。龙山文化有拔牙的风俗，是否也使用"隆疤"一类的办法还不知道，因为骨骸无法反映皮肤情况。但是诸如《战国策》、《史记》、《淮南子》这样的古代文献都记录了南方民族有文身甚至类似"隆疤"的习惯，《战国策·卷十九·赵二》记载："被发文身，错臂左衽，瓯越之民也。黑齿雕题，鳀冠秫缝，大吴之国也。"其中涉及的人体装饰有文身、错臂、黑齿、雕题等，雕题就是在额头上雕花，性质跟现在的非洲土著的"隆疤"是一样的。"黑齿"的装饰办法直到现在的南亚民族还在使用，他们使用专门的染色工艺，而不是我们一般认为是咀嚼槟榔造成的。中国古代有黑齿的复姓，是否就是战国以后中原开发南方，南方民族留居的黑齿遗民也未可知。也许我们前面提到的非洲那些与我们所谓文明社会同

---

3　英文scarification，用于植物、园艺、建筑等多个门类的装饰技术，也用于人体装饰术语，是指使用锋利的工具按照预先设计的图案和想法，用刻、割、切等伤害人体的办法在人体皮肤表面制作出预期的效果，等这些割伤部分的表面肌肉愈合形成隆起的疤痕，这些疤痕所形成的图案和装饰效果被称为"隆疤"。它是与文身一类相类似的人体装饰手段。

图008　利用扣子制作的项链，具有很强的现代设计感。扣子的使用比珠子晚，3000年前的古人就将扣饰形制的珠子钉缝在织物上，但并非用于扣子的目的而是作为装饰。而现代人把扣子、徽章等小物件当成珠子制作装饰品跟远古人类利用身边可以取得的天然材料串成项链是一样的想法。

时存在的文化表征并不能完全作为我们先民社会的证据，但古代文献的记载却说明了它具有一定的逻辑性。如果我们相信人类在相同或类似的环境下会作出相似的反应和选择，那么发生在非洲土著那里的装饰办法及其意义其实一直就发生在与之相似的我们的先民社会里。同样的，装饰之于非洲土著的重要性与我们先民社会可能相差无几。

事实上，这些在我们看似不可思议的伤害人体的装饰手段，在我们现代所谓文明社会里也一直在发生，诸如耳环、鼻环、唇环之类的人体镶嵌一直保留在我们的周围，而无论是稍显温和一点的文身还是貌似残忍的"雕题"或"隆疤"，好像并不比现代人的隆胸、抽脂、磨骨等改变人体的美容手术"残忍"多少，与之相比，珠子实在是最温和的个人装饰品。装饰之于人类有多重要，作为装饰品最主要的元素的珠子就有多重要，这也不难解释人类为什么数万年以来一直在制作珠子。只要看看珠子的历史就可以帮助我们对珠子了解得更多，在它漫长的历史中，珠子的文化内涵一直随时代变化而变化，但是直到今天我们都没有抛弃它们。（图008）

对现代人而言，几乎所有的古代手工制品都可视为艺术品，而我们由艺术品实物入手来看待和定义人类的古代文明类型不过是近两三百年的事情。我们熟悉胡夫金字塔、亚述雪花膏嵌板、商周青铜器以及对西方人而言尤其难以理解的中原玉器，因为它们绚丽夺目且饱含来自古代的信息。然而有时候我们也因此失去了另一些细小的观察，比如那些出现在任何地域、任何时期和任何文化的墓葬和非墓穴环境中的珠子。这些珠子不仅先于所有古代手工艺品的存在并以顽强的生命力延续到今天，而且它们在所有最伟大的古代文明或非主流文化中都承担过角色甚至是最重要的角色。

## 第四节　无处不在的珠子

　　前面说过，我们通过来自不同背景的古代艺术品来定义不同的文明类型是人文学科发展到近现代的事，那些艺术品无论形制、功能和工艺都有很大区别，而珠子的存在却是共同的。无论是新旧大陆，还是现今已经发现的古代文明几乎都称得上是珠子的王国。位于西亚两河流域的公元前2600年的乌尔王墓出土了数量惊人、材质丰富、工艺精湛和穿缀华丽的珠子，它们以不同的组合方式佩戴在王室成员和殉葬者的身上，表示不同的身份和等级；两河流域在数千年时间里曾经被来自不同地域的异民族冲击和占领，但无论是苏美尔和巴比伦，还是后来的亚述人和波斯人，都曾以华丽的珠饰来标榜自己；位于印度河谷的公元前三千纪前后的哈拉巴遗址，不仅出土工艺成熟的各种珠子，还发现了制作珠子的专业化的作坊遗址，这些珠子不仅供当地王室贵族使用，还长途贩运到西亚和小亚细亚各地；代表美洲古代文明类型的印加文化和玛雅文化（图009）是半宝石珠子和黄金

图009　玛雅文化墓葬中覆盖在木乃伊身上的珠子。玛雅人生活在1000多年前的中美洲，他们制作大量的珠子和装饰品，工艺精湛，形制丰富。这些珠子并不仅仅用于装饰的目的，它们参与神职人员的祭祀和作为礼物交换，并且随同主人一起入葬。玛雅人的浮雕壁画真实记录了他们的故事和这些装饰品的使用目的。玛雅人和中国人一样，是世界上仅有的两三个用玉制作装饰品的民族。

装饰品的宝库，其中发现于秘鲁境内的西潘王墓的珠子和贵重金属装饰品排在世界十大宝藏的第八位；位于地中海南岸的埃及是珠子的集大成者，无论是材质、工艺、色彩、形制、组合方式及象征意义，其丰富程度在各个文明类型中无可匹敌；地中海北岸是古希腊人和古代伊特剌斯坎人，他们是最早在坚硬的宝石和半宝石材料上使用精细工艺的优秀工匠，这种精工被古罗马继承并直接影响了欧洲长期的珠宝传统；位于黑海北岸的斯基泰人是最早进入文明人视野中的游牧民族之一，与远在东方的游牧兄弟一样，除了他们的牛羊和武器，能够跟随他们四处移动的财富始终是珠子。

从装饰的角度讲，几乎世界上任何民族都偏爱珠子，只不过对它的喜好程度不同而已。一般而言，我们对那些移动民族和生活在离我们的文化比较远的人们怀有一种异文化的想象，我们知道他们善于装饰而且不加掩饰，喜爱艳丽色彩而不一定必须是名贵宝石；与之相反的是所谓文明人和生活在现代主流文化中的人们，他们对于珠子以及其他装饰在色彩和样式的选择上显得节制一些，而对装饰材料的质地要求严格得多。我在以后的章节会讨论到珠子在不同文化背景中的审美问题。

另外一个值得讨论的问题是不同民族和人群对珠子的依赖程度，比如我们通常会认为游牧民族特别喜爱装饰而定居民族稍次，因为生活在草原上的人们居无定所，他们必须把他们的财产变成可以跟随他们的东西，珠子等首饰和手工艺品是很好的选择；而农耕民族的财富是土地和房屋，首饰对于他们似乎无关紧要，除了贵族或者特别需要用首饰来表明身份的人以外。

但是这里面还有一个问题就是生活在气候炎热地区的人群，比如印度和东南亚民族，他们是农耕文明的继承者，然而同样喜好珠子。印度一直是盛产宝石半宝石原矿和擅长制作装饰品的古老地区，珠子这样的装饰品一直是那里的传统，并广泛影响了周边的民族达数千年之久（图010）。在我们的西南部地区，早在汉代以前的春秋战国时期，这里的"滇"和"夜郎"、"邛都"等众多民族就以喜装饰善歌舞著名，考古出土的大型铜鼓和其他青铜器上的歌舞图像保留了那些生动的场景。当然更不用说非洲热带地区那些裸露着身体不穿衣服却一定要穿挂珠子的民族。所以人们对装饰品的需求还要考虑地理、气候环境和文化背景等更多的因素。

珠子除了具有地域和文化的多样性，它的目的和功能也极为多样化。有时候，珠子扮演的角色是令我们颇感意外的。20世纪初，当西藏的大门对所有白人关闭后，西方人对西藏的地理和社会情况一筹莫展。英国皇家地理协会找到了生活在喜马拉雅山南麓一个印度小山村的教师南星（音译），他注定是可以成就一番大事的那种人。受训于皇家地理协会两年以后，南星装扮成朝圣者从印度徒步进入西藏，他花了一年零两个月的时间到达拉萨。这期间他以严格受训的每英里（1.609千米）2000步的标准步幅走完全程，准确地绘制出到达拉萨的里程并标明了拉萨的具体位置，这是拉萨第一次以明确的坐标出现在地图上。南星最有力的工具之一就是他手上的珠子，一般来说佛教信徒的念珠是108颗，而南星的是100颗，以方便用整数记录他的里程。他一共走了250万步，就是说他把他手上的珠子数了2.5万次。他的冒险经历使他成为有史以来最成功的间谍之一。

图010　印度传统绘画中佩戴珠饰的贵族。这种满身珠玑的贵族装饰甚至成为早期佛教造像中菩萨的原型，在佛教经典中这种装饰形式被称为"璎珞"。印度盛产各种宝石和半宝石，制作珠子和其他个人装饰品是这里的古老传统，从史前时期，印度河文明就开始了珠子的制作和贸易，其产品在广泛的地域内流传了数千年。直到今天，印度仍是制作和佩戴珠子风气最浓的地方，印度新娘几乎是用珠子包裹起来的。

## 第五节　念珠

　　上一节里提到的信徒南星的珠子在宗教的外衣下面执行了技术工具的任务，所以我们很快注意到珠子跟宗教的关系，确切地说是跟信徒的关系。无论是佛教、天主教还是伊斯兰教，信徒们都会持有念珠。佛教徒的念珠（又称佛珠、数珠）是念佛时记录的工具，念佛是修行佛道的方法之一，掐捻念珠诵经持咒念佛，能生诸种功德，这是修行最基本的功课之一。而中国民间一般非佛教徒也会佩戴佛珠，因为他们亦多相信手戴佛珠可保平安。（图011）

　　一般以《木槵子经》[4]所载佛陀对波流离王的开示作为念珠起源的通说。故事说波流离王国国小势弱、寇贼犯边、五谷歉收、国民困苦，波流离王因此终日烦恼，便派使者去向佛祖请求开示。佛对波流离王的使者说，"若欲灭烦恼障、报障者，当贯木槵子一百八，以常自随。若行、若坐、若卧，恒当至心无分散意，称佛陀、达摩、僧伽名，乃过一木槵子。如是渐次度木槵子。若十、若二十、若百、若千，乃至百千万。若能满二十万遍，身心不乱，无诸谄曲者，舍命得生第三焰天，衣食自然，常安乐行。若复能满一百万遍者，当得断除百八结业，始名背生死流，趣向泥洹，永断烦恼根，获无上果"。不仅开示念珠的基本构成，还表明如何使用念珠和怎样消除烦恼。使者将佛的明示带回给波流离王，"王大欢喜，遥向世尊，头面礼佛，云：大善！我当奉行"。于是下诏，大肆营办木槵子念珠，广为分散，"即敕吏民，营办木槵子，以为千具，六亲国戚，皆与一具，王常诵念。虽亲军旅，亦不废置"。这种用木槵子制作的念珠便在社会各阶层流行开来，所有人都持念佛法僧三宝之名，用以消除烦恼障和报障。这应该是文献中佛珠最初的起源了，也是佛教徒为何常持念珠而数的来历。

　　中原对佛珠的了解，也始于《木槵子经》，据传东晋（317—420年）时中原就有译本，可惜译者的名字已经失佚。但两晋时期西域僧侣来华者很多，这些外国沙门（僧侣）中必然会有携带佛珠的。至唐代，佛教大兴，有关佛珠的经典被广泛传译，先后有天竺僧人阿地瞿多译的《陀罗尼集经》、宝思惟译的《佛说校量数珠功德经》、不空三藏译的《金刚顶瑜伽念珠经》、义净三藏译的《曼殊室利咒藏中校量数珠功德经》等诸多经典。至此，佛珠在朝野上下、僧俗之间普遍流传开来，如《旧唐书·李辅国传》，"辅国不茹荤血，常为僧行，视事之隙，手持念珠，人皆信以为善"；《续高僧传·道绰传》，"人各掐珠，口同佛号，每时散席，响弥林谷"。可以说，唐代以

---

4　木槵子也称无患子、菩提子、黄金树、肥皂树、洗手果、鬼见愁，学名Sapindus mukorossi Gaertn，原产我国长江流域以南各地以及中南半岛各地、印度和日本。落叶乔木，高可达20米。核果近球形，径1.5至2厘米，10至11月成熟，黄色或橙黄色。冬季，满树叶色金黄，俗名黄金树。果皮含无患子皂苷等三萜皂苷，可用于美容、洗头、皮肤保健，古人很早就懂得使用无患子制作成洗涤用品。根、果可入药，清热解毒，化痰止咳。明代李时珍《本草纲目》记载，"肥皂荚……十月采荚，煮熟捣烂，和白面及诸香作丸，澡身面，去垢而腻润，胜于皂荚也"，无患子"洗头去风明目，洗面去野（黑斑）"。无患子种子球形、黑色、光亮、坚硬，《本草纲目》说"释家取为数珠，故谓之菩提子"，我们经常在佛教故事中读到的菩提树其实就是这种无患子树。

图011　佛教念珠。最为常见的数目是108颗，表示求证百八三昧，断除一百零八种烦恼，从而使身心达到寂静的状态。百八烦恼的内容，有多种不同的说法，总的来说，六根各有苦、乐、舍三受，合为十八种；又六根各有好、恶、平三种，合为十八种，计三十六种，再配以过去、现在、未来三世，合为一百零八种烦恼。私人收藏。郭彬先生提供。

来，中国人使用佛珠已经是相当普遍。至清代，甚至官员上朝必佩的朝珠也是从佛珠演化而来，我们在清代的章节里会专门讨论。

　　念珠种类大致分成三类：手珠、持珠及挂珠。手珠可以戴在手腕上，也可以随时拿在手上掐念，颗数视情况而定，没有严格规定；持珠是经常拿在手上掐念的珠串，僧俗弟子大多喜欢手拿持珠；挂珠是悬挂在脖子上的珠串，一般情况下是108颗，多是佛家弟子平日或法会时佩戴。念珠的具体颗数有特殊的规定，不同的颗数代表不同的意义[5]，一般可以是1080颗、108颗、54颗、42颗、36颗、27颗、21颗、18颗、14颗；其中18颗与108颗意义相同，由于携带方便，因此较受喜爱。

5　《文殊仪轨经·数珠仪则品》说，"数珠不定，亦有三品：上品一百八，中品五十四，下品二十七。别有最上品，当用一千八十为数"。就是说，念珠最多为1080颗，这可能太长，未获通用，只见在法会上作为庄严品。此外，净土宗、禅宗还分别爱持用36颗念珠和18颗念珠，其数相继为108的三分之一和六分之一，起初可能是为了方便携带，后又演绎各具深义。

念珠的材质也非常丰富（图012），有金、银、琉璃、砗磲、玛瑙、琥珀、珊瑚、菩提子（按照菩提子表面花纹的不同又可分为星月菩提、草菩提、凤眼菩提、龙眼菩提等）、金刚子、玉石、各类宝石、果实、骨角（象牙、牛骨、犀牛角、牛角、人头骨等）、陶瓷、水晶、竹、木，现代工业社会还有玻璃、塑胶、合金等。

佛珠虽然作为佛教徒的一个重要标志，但溯其本源并非佛教最先创用，佛陀时代的律仪并没有念珠的记载，最早的记载大约出现在公元2世纪，专门的记载则出现在后期的经典。推测念珠的起源可能跟古代印度贵族喜欢佩戴珠饰有关，印度自古有珠子的传统，古印度婆罗门教中的毗湿奴派很早便有持珠的记载；印度在公元1到2世纪出现的早期佛教造像中有珠串满身的菩萨形象，但念珠的使用可能不会早于这一时期。佛教造像中的菩萨形象实际上来自古代印度贵族形象，这种满身珠玑、璎珞缠身的菩萨形象即使在佛教流传和远播的过程中都始终没有改变。

除佛教外，其他宗教的信徒一样持有念珠。在中世纪的欧洲，天主教徒所持的"玫瑰念珠"（Rosary Beads）除了有跟佛教念珠一样的记录功能，还表示唱颂和冥想，并具有降魔的法力。我们经常在西方文学作品和电影中看到修士或信徒用手中的念珠来抑制内心的挣扎或魔鬼的诱惑，就是这种玫瑰念珠（图013），它不仅是一种修持的办法，也具有护身符的作用。伊斯兰教信徒同样持有念珠，由于宗教仪礼和含义的不同，在念珠的构成形式上也区别于佛教、天主教等其他宗教。

图012 嘎巴拉念珠。嘎巴拉是西藏特有的用人骨制作的法器，通称嘎巴拉或颅器，主要有人骨念珠、人头骨碗等，在密宗的仪轨中有着极为特殊的作用。信徒视老念珠为灵物，可增加功德，助长道业，更能护主人于危难之中；常携带于身可出草障化晦气聚吉气，有伏魔克邪的力量。私人收藏。郭彬先生提供。

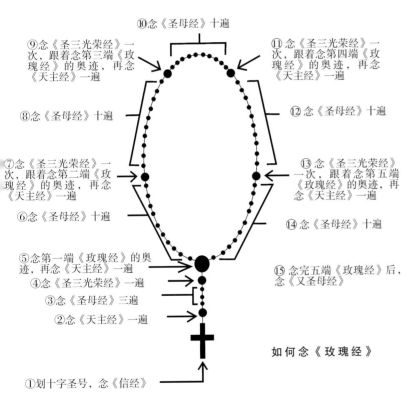

⑩念《圣母经》十遍

⑨念《圣三光荣经》一次，跟着念第三端《玫瑰经》的奥迹，再念《天主经》一遍

⑪念《圣三光荣经》一次，跟着念第四端《玫瑰经》的奥迹，再念《天主经》一遍

⑧念《圣母经》十遍

⑫念《圣母经》十遍

⑦念《圣三光荣经》一次，跟着念第二端《玫瑰经》的奥迹，再念《天主经》一遍

⑬念《圣三光荣经》一次，跟着念第五端《玫瑰经》的奥迹，再念《天主经》一遍

⑥念《圣母经》十遍

⑭念《圣母经》十遍

⑤念第一端《玫瑰经》的奥迹，再念《天主经》一遍

④念《圣三光荣经》一遍

③念《圣母经》三遍

⑮念完五端《玫瑰经》后，念《又圣母经》

②念《天主经》一遍

**如何念《玫瑰经》**

①划十字圣号，念《信经》

图013 天主教的玫瑰念珠。玫瑰念珠是用来记录念颂《玫瑰经》的记数工具。"玫瑰经"一词来源于拉丁语"Rosarium"，意为"玫瑰花冠"，比喻连串的祷文如玫瑰馨香，敬献于天主与圣母身前，是中世纪隐修院修士最重要的或唱或咏的祷词。《玫瑰经》源起以色列达味圣王所作的150首圣咏，也称《圣母圣咏》，起初，为了方便记录念颂的次数，用一个小袋子，里面装入150颗小石子，用以记数。可是石子和袋子既难携带又易丢失，于是改成用一条小绳索打上150个小结。后来，再演变为用一根绳索串150颗小木珠。又因为《玫瑰经》是由"欢喜、痛苦、荣福"三部分组成，每组可分开诵念，后来记录念颂的念珠一般由50粒小珠子组成，10粒为一端，每端以一粒较大的珠子作为开始。每端念10遍，一组念50遍，三组共念150遍。到15世纪，已经有各种普通和珍贵材质制作的玫瑰念珠。

## 第六节　贸易珠

珠子一直是合适的贸易品，它容易携带，惹人喜爱而且象征财富。人类将珠子作为贸易品始于史前，考古学家在很多内陆地区石器时代的遗址中都发现了海贝，明显是从遥远的海岸贩运过来的。我们知道海贝从一开始并非充当货币的角色，这样的价值观是人类社会发展到后来的事情。从海贝出土的位置来看它们是作为珠子使用的，至少形式上是如此。

人类相互间的贸易行动一直没有中断过，进入文明社会以后以盈换缺更加频繁，珠子始终是最受欢迎的贸易品之一，贸易交流带来了制作技艺乃至文化的流传。我们在以后的许多章节中可以看到不同地区的珠子所存在的相互联系，它们可能是舶来品，也可能是技术扩散的结果，或者是在外来的美术形式的刺激下的本土工艺发明。早在西周或者更早，中原就有与西亚相同形制和材质的红玛瑙珠出现；到春秋战国，中原不仅有西亚舶来的装饰品，而且还利用外来的工艺生产出具有中原审美特征的珠子，其工艺和审美价值比之来源地更是有过之而无不及，比如备受学者和收藏家青睐的战国蜻蜓眼玻璃珠。

17世纪的欧洲扩张时期，欧洲人开始生产后来被称作"非洲贸易珠"（Africa Trade Beads，图014）的玻璃珠子，特别是在威尼斯、波希米亚、荷兰和德国，他们大量生产玻璃珠贩往非洲以交换黄金、象牙和奴隶，然后将那些用珠子和工业产品换来的奴隶运往美洲，再满载着北美种植园的烟草、蔗糖和南美洲的黄金白银返回欧洲。在这些特殊的时间和场合，珠子是充当货币使用的。欧洲人这种贸易兼扩张的行为一直持续到19世纪黑奴制度在美洲废止，随着社会背景、贸易品和贸易方式的变化，欧洲终止了贸易珠的生产和贩运。从20世纪60或者70年代开始，一些欧洲商人开始在西非收购几世纪前来到这里的贸易珠贩回到欧洲，因为那里（包括美国）正在兴起收集旧的装饰品特别是老珠子的热潮，人们习惯把这些珠子叫作"非洲贸易珠"。

中国也曾加入过珠子的贸易热潮，现今的东南亚国家和南亚岛国多有珠子出土，其中有相当一部分就是古代中国的产品。它们一般都是玻璃珠，年份早一些的甚至可以到汉代，最近的也可以到清代（图015）。Peter Francis的《亚洲海上的珠子贸易》[6]一书是利用东南亚各国及其他地区的考古资料来完成跨度2000年的亚洲海上贸易图景的，书中涉及古代中国的珠子生产和贸易，并罗列了菲律宾等东南亚国家出土的中国玻璃珠，这些珠子的年代跨宋、元、明、清长达数百年的时间。从文献和出土资料来看，古代中国的珠子贸易虽然不及瓷器和丝绸那样的大宗商品[7]，但是生产规模和出口量也不可忽视。现在可知的具有规模的玻璃珠子的产地有博山、泉州等地，它们从宋元到明清

---

6 *Asia's Maritime Beads Trade—300 B.C. to the Present* by Peter Francis, Jr., University of Hawaii Press.

7　宋代泉州市舶司提举赵汝适于南宋宝庆元年（1225年）写成的《诸蕃志》、明代马欢著于景泰二年（1451年）的《瀛涯胜览》、清代孙廷铨的《颜山杂记》等文献都记录了当时中国生产和贸易玻璃珠的情况，特别是将瓷器和玻璃珠贩往东南亚和南亚各国的情形。

一直生产玻璃装饰品，并出口贸易。被外国人称作"Peking Glass"的玻璃珠就是清代康熙年间在北京西安门的蚕池口建立的料器（低熔点玻璃）基地生产并贩往东南亚各地的。我们会在以后专门的章节讨论。

图014　色彩缤纷和形制多样的非洲贸易珠。它们是17到18世纪欧洲殖民扩张时期的贸易品，这些珠子大量贩往西非，用以交换黄金、象牙和奴隶。这些珠子是一段特殊的历史，它所记录的是人类在技术上的伟大进步和物质欲望不太光彩的一面。

图015　西方人称为Peking Glass的清代花玻璃珠，老北京称为"料珠"，有所谓"蘸花"珠子和仿珊瑚、松石、孔雀石、蜜蜡等各种半宝石的珠子。这些珠子的生产持续了相当长时间，老北京最初的"料器"作场是清康熙三十五年（1696年）敕命德国传教士纪里安（Kilian Stumpf）指导建立的，属内务府造办处玻璃厂，地点设在老北京西安门的蚕池口。造办处还派人去博山引进擅长料器（低熔点玻璃）的工匠，起初时用"京料"（博山生产的现成的料棍）加工。民国后改用"洋料"（洋行提供）加工料棍，太平洋战争爆发后，老北京的料器艺人开始自己化料，批量生产半成品的料棍。这些珠子除了卖给俄罗斯人和北海道的虾夷人，还贩往东南亚。

## 第七节　制作珠子的材料

珠子所承载的信息可能超出我们的想象，只要想一想它从数万年前人类还仅仅能够制作打制工具的旧石器时代起就伴随我们至今这一点就足以使人惊讶，更不用说在所有的装饰和艺术品门类中，珠子覆盖了我们所能想到的任何可能的天然和人工材料，而且包含同样的制作难度的工艺信息，特别是在没有动力工具的古代。

从几万年前人类使用贝壳、骨管等自然材料制作珠子开始，到目前为止，珠子可能是使用材质最广泛的装饰品，它几乎用过你能想到的任何材料（图016）。除了贝壳（以及珊瑚、玳瑁等其他海洋生物）、动物骨头（也包括人骨，人的小腿骨和头盖骨都曾用来制作珠子，后面的章节会专门叙述）、兽牙（以及人类牙齿）、禽鸟卵（鸵鸟卵）、果实（包括有毒的果实）、种子、树木、砾石、化石、各种宝石矿石（包括玉、水晶、玛瑙、绿松石、青金石、煤精、矾石等半宝石）、有机宝石（珍珠、琥珀、珊瑚、象牙、砗磲等）、贵重金属（黄金、白银等）、有色金属等天然材料，合金也曾用于制作珠子。而人类最成功的人工材料是熔化石英烧造玻璃，这项发明非常古老，我们在美术图谱和明信片上看到的4000多年前的埃及法老和王后从脖子一直披到双肩的华丽珠串就是这种人工制品。

由于工具和技术的限制，早期的人类所能利用和加工的材料硬度一般不是很高，在新石器时代被广泛运用在日常工具和装饰品制作上的是骨、牙、蚌一类的有机材料，从现有的出土资料看，当时的骨质工具和骨质、蚌贝一类装饰品制作十分发达，距今6000年的河姆渡遗址出土的骨质工具和装饰品已经具备精细的制作工艺和装饰审美，并且对骨质装饰品的偏爱在中原地区至少延续到战国或者西汉。另一个值得关注的装饰品材料是蚌贝，与骨头一样，这一类材料含有机物，它们的保存特别是墓葬环境中的保存十分困难，这是我们看到骨蚌一类装饰品遗存不够理想的原因，但从现有的考古资料看，用蚌贝制作的珠子和小装饰件至少在西周仍然十分流行。早期的技术工具并没有限制我们的先民在骨头这样的材料上进行技术开发，除了打孔一类的基本技术，阴刻、雕刻甚至镶嵌技术都曾被运用在骨质装饰品的制作上，可以说先民们应用在骨头上的精细加工技术，在以后针对硬度更高的半宝石材料上都用到了，这些技术无疑给后来的半宝石加工技术开辟了多种可能性。

图016　各种材质的珠子。它们有骨质的，也有水晶、玛瑙等天然矿石和黄金等贵重金属，也有人工烧造的玻璃以及青铜合金。骨管是人类最早利用的天然珠子之一，而骨、牙、贝以及滑石、萤石等是人类早期用于制作珠子的材料；到新石器时代中晚期，先民征服了硬度更高的石英和玛瑙质一类的材料；文明时代，除了任何天然材料，人工合成材料玻璃的发明可用于模仿任何宝石和半宝石效果，而合金也曾用于制作珠子。

## 第八节 古代中国的珠子（导读）

珠子在古代中国一直是备受珍爱的对象，中国人尤其喜欢"珠玉"连称，大概是因为这两种东西在工艺和材质上有太多的联系。实际上，在玻璃工艺发明以前甚至是之后，多数时候，古代中国的珠子和玉一直是在一起制作的，而且经常用的是同一种材料，也就是中国人一直钟爱的玉。不过古代中国人所谓的"玉"不完全是现代人定义的玉，他们以"美石为玉"，除了透闪石、蛇纹石这类现代矿物学意义上的玉，玛瑙、绿松石、水晶一类的半宝石[8]在古人眼里也都是玉，它们最早是跟透闪石一类的玉制品一起出现的，甚至可能出现得更早。

从早期的"美石为玉"，中国人经过漫长的文化沉淀以后才将玉跟其他美石区别开来，至少到春秋时期，已经在理论上确立了透闪石一类的和田玉才是真玉的概念，并赋予了玉以"仁、义、智、勇、洁"这样的君子一般的品格，用玉制作的珠子比使用其他半宝石材料制作的珠子更加珍贵。从文献资料看，至少从东汉开始，玉珠成为皇帝头上悬垂在皇冕上的装饰，并且使用的是最珍贵的白色玉料（图017）。对玉的偏爱影响了中国人对珠子的审美，无论是材质的选择还是工艺制作，温润的、半透明的、类玉质地的审美效果一直是中国人对珠子的要求，即使是玻璃工艺发展到后来也都力求仿玉的目的，元代甚至把制作玻璃的官方作场叫做"瓘玉局"，像"珠圆玉润"一类的成语在古代文学作品中随处可见。

与玉一样，珠子是古代中国文学诗歌中常见的背景，珠玑玉佩不仅是个人装饰，也是一种文学象征，与珠玉有关的成语和典故难以胜数。而历朝历代的王室朝纲舆服制度中，珠子是必备的装饰品。说珠子是装饰品，只是在美术形态上的分类，事实上，古代中国的珠子与其他古代文明和史前文化的珠子一样，承担的是各种不同的标志和意义，尤其是在上古社会。《管子·国蓄》，"玉起于禺氏，金起于汝汉，珠起于赤野[9]。东西南北，距周七千八百里，水绝壤断，舟车不能通。先王为其途之远，其至之难，故托用于其重，以珠玉为上币，以黄金为中币，以刀布为下币"。在中国人眼里，珠玉的价值一直在贵重金属之上，这种价值观是古代中国特有的。

如果要了解某种古代艺术品的历史，最好的办法是给出一个美术史的线索，这条线索上可能有几个不同特征的节点，也就是所谓美术史的分期。分期的好处是让我们对艺术品在不同时间段的

---

8 在天然宝石中，可以细分为贵重宝石和半宝石。贵重宝石主要包括钻石、红宝石、蓝宝石和绿宝石。在价格上是按克拉称重估价的。而半宝石具体可以分为石英宝石和非石英宝石。在石英宝石中水晶是最重要也是种类最多的宝石种类，其余还有碧玺、海蓝宝、橄榄石、紫水晶、石榴子石、玛瑙等；非石英宝石中则包括了琥珀、珊瑚等。

9 "禺氏"据考可能是指先秦时期的月氏人，他们当时据有西域新疆，与中原进行玉石贸易，所以管子说"玉起于禺氏"。"汝汉"指汉水流域，占据这一地域的楚国一直有使用黄金制作装饰品的传统。"珠起于赤野"一句，唐代尹知章注，"赤野，盖在昆仑虚之西"。南朝梁时的江淹《扇上彩画赋》，"饰以赤野之玉，文以紫山之金"。"赤野"即产玉的地方，但是这个"玉"并非现在所理解的玉，古人"美石为玉"，制作珠子的玉很可能是指来自中亚新疆的玛瑙和绿松石之类的半宝石。

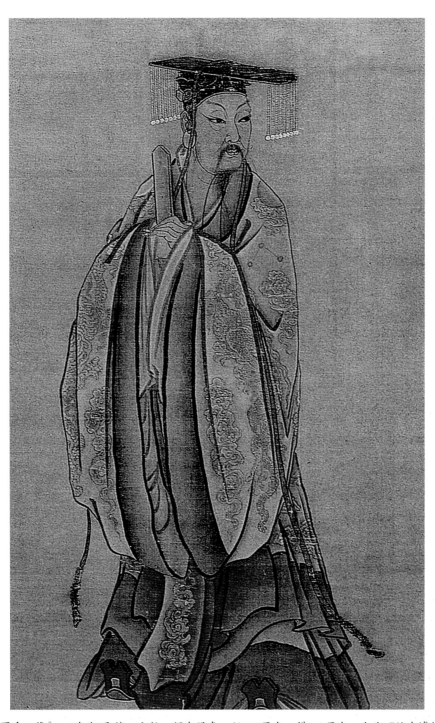

图017 《夏禹王像》。[南宋]马麟，立轴，绢本设色，纵249厘米，横113厘米。台北"故宫博物院"藏。
夏禹是中国传说中古代夏后氏部落的领袖，姒姓，名文命，亦称大禹。图中夏禹手持玉圭，头戴王冠，身
披龙袍，端庄地立于画面的正中。夏禹的衣冠实际上是画家根据当朝皇帝的装饰冠冕绘制的，皇冠上悬垂
的白珠在两晋以前都是以白玉制作，两晋和南宋由于西域阻隔，玉料难得，而改用白色的珍珠代替。

功用和意义以及艺术品之所以呈现出当时的样子更加明确。我们可以按照珠子在功用上的变化来分期，也可以按照制作珠子的工艺或者制作工具的改进来分期。前者是在文化意义上将珠子区分开来，后者是用客观的指标来划分。但是珠子的制作工艺实际上从史前一直到清代都没有太多变化，只有少数几次工具的改进带来的制作效率的提高，例如合金的使用和机械装置的发明。比如在战国时期，玛瑙和水晶珠子的表面抛光达到了玻璃光泽的程度（见第六章第三节），我们相信这样的抛光工艺一定是在使用了某种机械传动装置的技术条件下才能完成的，但是迄今为止，没有任何与推测中的工具和装置有关的实物资料出土或被发现，所以很难利用工艺特别是工具的变化来划分珠子的不同阶段。可以说，很多古代手工艺的工具和制作流程都是我们根据残留在实物上的工具痕迹想象出来的，它不一定是精确的或者正确的复原。实际上，制作珠子等手工艺术品的革新之处主要不在于技术，而在于劳动力的组织方式，即高效的专业分工和协作关系。

美术史的写作并不像美术作品本身那么容易打动人，特别是以考古资料作为基础资料的写作方法。光是那些文化分期和考古遗址这样的专有名词就是让人头痛的事情，如果要巨细无遗地把所有有出土地层依据的珠子都写进去，光是它的编年、出土遗址和形制分类就足够罗列一章。我不能奢望我的读者对这些资料的出处都了如指掌，但是如果不涉及这些遗址和分期，我的正文又缺乏连续性和客观性，毕竟我的初衷是按珠子的编年来写。所以我在书的最后附了两张表格，它们是对各个考古遗址和年代的简要说明，细心的读者可以对照来看。另外一些心急的读者如果只是想了解各个时期的珠子大致是什么样子，可以直接对照图片和图片下面的说明文字来看就可以，它们一般是博物馆藏品或者引用的出土报告资料，有比较具体的说明。

我们前面说过，珠子并非简单意义上的装饰品，珠子本身的变化跟当时的社会文化有关，正是这种文化因素引起的变化才使得珠子有一部历史。这部历史涉及的内容可能比我们想象的更丰富，为了把这么多繁杂的内容整理成比较清楚的线索，我们需要了解一下珠子所出现的地域和年代的大致范围。

由于珠子在文明发生以前就已经有相当长的一段历史，我们先划分出新石器时代古代中国的考古遗存的分区。新石器时代古代中国的考古遗存大致按照黄河流域、长江流域和辽河流域三个大的地理范围来划分（图018）。在黄河下游有著名的大汶口和龙山文化，在它的上游有马家窑文化，在这些文化分期以前是著名的仰韶文化。黄河以南的长江流域最著名的新石器文化是下游的良渚文化，在它之前是我们耳熟能详的河姆渡文化。辽河流域在最北方，有著名的红山和夏家店文化。而以上所有这些史前遗址都有珠子出土，其中有些遗址的珠子无论是数量还是制作工艺都是惊人的。

在古代中国，珠玉的价值一直在贵重金属之上，这大概是因为珠玉最早在祭祀中使用时被赋予过神圣的特性引起的价值观，这种价值观一直贯穿了古代中国的装饰品艺术。在史前，先民们对贵重金属的特性和制作工艺所知甚少，美石珠玉才是神圣的象征。当这片土地上的人群由新石器时代进入文明，也就是我们所说的夏商时代以后，珠玉的神性并没有因为都市的兴起而衰减，只是被

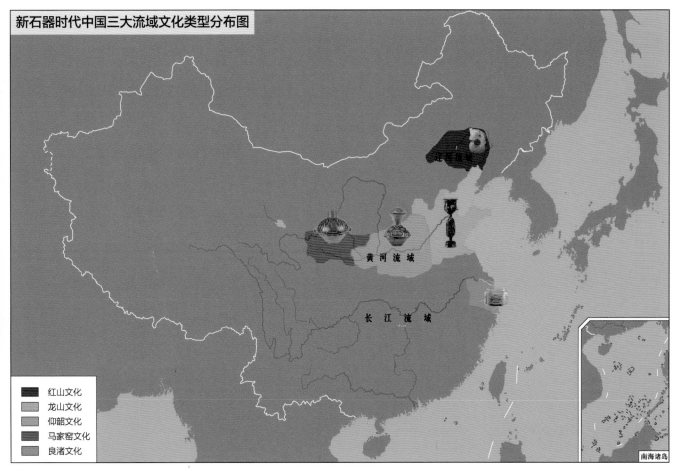

新石器时代中国三大流域文化类型分布图

黄河流域

长江流域

红山文化
龙山文化
仰韶文化
马家窑文化
良渚文化

南海诸岛

图018　新石器时代中国三大流域文化类型分布图。所有这些史前文化都出土各种形制和材质的珠子，陶器和珠子是这一时期出现在任何地域和考古遗址的手工艺品。

赋予了新的内容——社会等级的象征。这种由珠玉来标志社会等级的方法在西周时期无论是形式还是内容都发展得最为完备，满身珠玑玉佩的装饰形式不仅可以辨等级、明尊卑，还能节行止、显仪范，使得君子风度款款生辉（图019）。春秋时期，诸侯国家的崛起以及戎狄民族的侵犯，使得周王室威仪大减，诸侯国家开始僭越传统的礼仪制度，以至于孔子感叹"礼崩乐坏"。战国时期，群雄逐鹿，玉佩珠玑不便于作战和取胜，功利主义的秦国人最先解除了珠玉佩饰，用最简便的印绶来标志身份，实际上是结束了古典的装饰制度。

　　汉代沿用了秦人的印绶制度，并进行了更加严密的等级区别。从这一时期开始，珠玉的佩饰制度被记入了官方正史的《舆服志》中。也是从这一时期开始，直到魏晋南北朝都是珠玉开始向世俗化过渡的阶段。虽然王室皇家对珠玉都有制度规定，但是新兴的地主和商人阶层对装饰品的需求大

图019　西周贵族组佩，公元前1046—前771年，河南三门峡虢国墓地出土。这套被称为"七璜连珠"的玉组佩以7枚由小到大依次递增的玉璜为主题，两侧由对称的108颗蓝色菱形费昂斯珠、117颗红色玛瑙珠、20个红色玛瑙竹节形管穿缀而成，顶端与一组玉管和玛瑙珠组成的项饰相连，挂于颈部，垂至膝下。7件玉璜上均有阴线刻画形态各异的龙纹和人龙合体纹，典型的西周斜坡刀法，流畅婉转，极尽巧思。这组以青白色玉璜为主体，以红、蓝两色管珠点缀其间的玉佩色彩绚丽，夺人眼目，是目前所能见到的周代玉组佩中形制与连缀方式最为规范完备的七璜连珠组佩。西周是以宗法制度来维系严格的社会等级，并有相应的礼仪制度来标志这些不同的等级。用玉和珠子穿系搭配的组佩是标志等级的办法之一，其中以玉璜或者其他有主题的玉件的数量来标志等级的不同。《周礼》的记载是"天子九，诸侯七"，三门峡虢国墓地出土的"七璜连珠"组佩印证了周礼的记载。"七璜连珠"是用红色玛瑙珠和蓝色费昂斯珠穿缀7件玉璜而成，玉璜表面有精美的图案，可能具有某种象征意义。蓝色费昂斯珠是早期的原始玻璃，与红色玛瑙珠一起作为连接件穿缀玉璜，这是西周组佩中比较固定和经典的搭配。河南省博物院藏。

增，他们对珠玉的需求更多的是出于奢侈和装饰的目的，而与等级血统很少联系，珠玉的"神性"开始衰减，而世俗化的民间信仰和祥瑞寓意成为主要的内容。唐宋以降，城市商品经济的发展和市民阶层的兴起，使得珠玉真正地完成了世俗化甚至商品化，神权和君权时代无法用商品价值衡量的奢侈品现在可以用作商品交换，珠子在不同阶层和不同场合承担的是多种内涵。可以想象，在礼仪尊卑的西周贵族眼里，唐代贵族的装饰形式是如此轻慢，而在唐人眼里，西周贵族的珠玑组佩是多么的笨重和不合时宜。珠子在不同的文化背景中被赋予了不断变化的内涵和审美标准。

按照上面所说的线索，这本书的内容也可分成三段来看。第一段就是我的第一章，那些文字是对珠子的一般性认识，也是我这些年收集和好奇珠子的一点心得，这一部分可以是很个人化的，也可以是一般性的。书中的第二段从第二章的"村寨文化的珠子"一直到第八章的"魏晋南北朝的珠子"，这是我给出的上古珠子的时间段。这一时期的珠子所具有的共性是，它们是神圣的和重要的，它们承担的是神性、权利和等级的严肃任务；这一时期的文献资料相对较少，因为上古流传下来的文献很有限；而特别是对于史前没有使用文字的时期，珠子的研究多基于人类学的办法，也就是用残存在我们今天的世界中的上古孑遗来阐释远古人类的思维；所幸的是这一时期的出土资料很多，原因是上古的珠子只属于王室贵族所有，加之古代中国的珠玉殉葬制度，使得我们能够在某些大墓的出土资料中集中看见这一可观的场面。

细心的读者会注意到，唐代以前也就是我所谓的上古的章节都是用考古遗址作为标题，而唐代以后的文章标题大多与文献有关，这也就是本书的第三段。唐代以降，珠子的出土资料明显减少，因为从这一时期开始，珠玉这类装饰品已经世俗化，它们不再集中在少数王室贵族手里，而是大量分散在民间，无论是作为传世品还是陪葬使用，都无法集中在一起；另外，不同于上古阶段的葬俗也是影响到出土资料的因素，特别是曹魏时期结束了中国数千年的珠玉殉葬制度和唐代佛教盛行的影响，两者改变并长期影响了中国古代的葬俗。但是这一时期的文字资料特别丰富起来，除了历代正史中有明确记载的舆服制度必须涉及珠玉一类的装饰品，大量诗词歌赋和文人札记中也保留了不同角度和不同程度的记载，使得古代中国的珠子一类装饰品一直保持了连续的线索。

在我们生活的现代社会，珠子可能显得不那么重要了，它已经不再承担早期那些神圣的任务，而更多是单纯作为装饰品。然而在不经意间，珠子这样的装饰品仍然是具有某种魔法的东西，如果你在商店挑选这类东西时稍微留意一下自己的想法，就会发现你并非为着单纯的装饰目的而购买它们，特别是打算为了某个纪念日或者把东西赠送给你喜欢的什么人时，某种神秘的想法就更明显。如新人订婚，他们往往会选择钻戒而没有人会选塑料，这里涉及的并非仅仅是价值本身，更重要的是千百年来就凝结在钻石里的寓意，这些寓意其实仍然是古老巫术的孑遗。由于我们可以用科学理论解释古人难以了解的现象，让我们更相信可以证实的东西，而忽略了许多现象在心理学和宗教意义上的解释。有些东西我们视而不见，是因为我们忽略了它们的存在。

 # 第二章 村寨文化的珠子

（公元前5000年—公元前3000年）

## 第一节 村寨的闲暇时光

我们知道珠子的历史早于文字记载的文明史，就是说在史前[10]部分珠子就已经有相当长的一段历史。前面已经提到中国境内最早有考古地层依据的珠子属于2万到1.8万年前旧石器时代的山顶洞人，山顶洞人不仅会利用骨管的天然孔来穿系，也能在美丽的小石子上做一个人工穿孔。另一个旧石器时代晚期遗址——河北阳原虎头梁出土了距今1万年前的夹砂黄褐色陶片，是华北地区旧石器时代地层里发现的最早的陶片；同时出土的还有穿孔贝壳、钻孔石珠、鸵鸟蛋壳[11]和鸟骨制作的扁珠，若干珠子的内孔和外缘相当光滑，说明这些珠子都曾被长期佩戴过。

新石器时代的到来是以陶器的普遍使用和磨制工具的技术发明来界定的，这大约发生在1万年前（图020）。磨制工具标志着人类已经能够制作更加精致的工具用于更加精细的目的和工艺。这一时期的考古资料十分丰富，除了揭示人类在生产劳动中的创造，还伴随有大量个人装饰品出土。

---

10 史前一般指有文字记载以前的历史，古代中国最早使用文字是在公元前1500年左右的商代，即所谓"甲骨文"，这种文字就是我们今天仍在使用的汉字的前身。

11 用鸵鸟蛋壳制作的珠子在非洲也有发现，它们非常古老，大约有3万—4万年历史。有人类学家认为，早期的人类曾使用鸵鸟蛋壳作为碗或锅一类的容器，特别是在陶器发明以前，有一定厚度的坚硬的圆形蛋壳是作为容器的最好选择。当一个用鸵鸟蛋壳制作的容器被摔碎时，原始人就用这些碎片来制作珠子。在地域跨度可观的非洲和亚洲都能发现旧石器时代的鸵鸟蛋壳制作的珠子（和其他手工制品），表明早期的人类在比较相似的生活环境中所能采用的相近的生存方案。

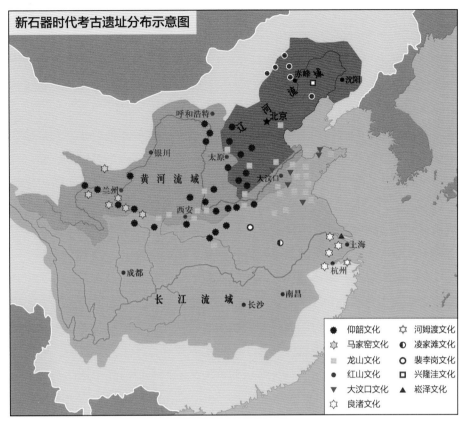

图020 新石器时代考古遗址分布示意图。所有这些遗址都有珠子出土。早期所使用的材料一般硬度不高，比如骨头、萤石、蚌贝等，只有北方兴隆洼使用硬度比较高的透闪石；到新石器时代中晚期，三大流域都有制玉的风气，并且都能制作硬度极高的玛瑙和石英质的珠子。

从新石器时代到文明[12]的发生，我们的先民还有漫长的一段路需要走，就在文明到来之前的这几千年里，人类发明了对后世永久性影响的工程技术——灌溉农业，这项革命催生了都市文明。

　　都市文明之前的村寨时期，先民们过着一种游耕状态的生活。那时还没有发明灌溉和施肥，人们经常是在一个地方耕种两三年，当地力耗尽时，他们就扔下这一小块地方搬迁到别处再重新开垦一小块土地，我们称这种农业为园圃农业。园圃农业时期，人类还没有完全驯化野生植物成为栽培作物，园圃里的产量也很有限，大家多要依靠采集和渔猎来补充。与我们的想象不同，那时的先民远远不是我们以为的整日劳作的艰苦形象，他们那时还没有土地占有的概念，也不懂得精耕细作，更不需要为地租担忧，只需解决个人温饱就足够。事实上，他们每天最多使用不到四分之一的时间来从事劳作，剩下的大量闲暇时间都是用于文化活动。

---

12　"文明"一词被经常使用，我们所说的文明是历史学和考古学意义上的专有名词。"文明"很难给出具体的概念，但它有一些具体的标志，比如都市的产生，文字、合金的发明，而都市的经济基础是集约化农业。正是由于人类发明了集约化农业，使得单位面积的产量足以养活一大批从农业中分离出来的人口，形成与粮食生产和粮食交换无关的社会阶层，比如祭司、官员、军队、手工业者等，他们与农业人口一起共同创造了文明。并非所有的文明都必须具有以上指标，美洲大陆的玛雅文化没有使用过金属，安第斯山的印加文化没有文字，但是文明也发生了。

这听起来像是一种浪漫的想象，但事实是先民们的确生活在完全宗教化的文化背景中。他们也不得不是宗教化的，他们还没有发明群策群力的工程（比如灌溉和大型建筑）和现代科技（比如航天飞机）来控制大自然，他们身边的一切自然现象都是难以解释的，只有宗教可以给予他们保护和生存的力量。于是，他们所有的闲暇时间都用于宗教活动，他们还把这些活动描绘在他们的陶器上，那些原始舞蹈的图像被后人看成是不可再生的原始艺术，其实对当时的人们而言，绝不是为着艺术的目的，而是为着生存的目的（图021）。同样，彩陶上的几何纹样是不同文化的产物，汤因比[13]说，"制陶的发明，使文化的差异有了一种看得见的记录。陶器形制和装饰的变化几乎像时装一样快"。他是想说明，这些纹样是不同文化的产物，他们可能源于不尽相同的宗教背景；而形制的差异却是地理条件和生活环境的不同造成的，这也是文化的内容。

由于这些富裕的闲暇时光，以及园圃农业的经济基础，村寨中还没有专业的手工艺人，几乎所有人都能在劳作之余充当兼职的手工艺匠人[14]。这种情况至今在云南、贵州民族地区的自然村落中仍旧存在，不同的是后者懂得将他们的土陶和染织用于交换。村寨中这些兼职的手工艺人除了制作颜色鲜艳的陶器，还有就是我们的主题——珠子。由于取材和技术工具的限制，先民们大多喜欢采用硬度不太高的材质，比如骨头。这些骨头珠子在黄河流域新石器时代中期的考古遗址中有很多出土记录。但是并非他们不能在硬度[15]更高的材料上打孔，早在距今7600年的河南新郑裴李岗遗址就

---

13　阿诺德·约瑟夫·汤因比 Arnold J. Toynbee （1889—1975年）是当代影响最大的英国史学家之一。他出身学术世家，以人文关怀与社会责任感著称，更以知识渊博出名。他也不是个纯粹书斋型学者，曾数次进入英国外交部工作，担任过英国皇家国际事务学会外交研究部主任与外交部研究司司长。这些经历使他成为一个——借用以塞亚·柏林的话说——"刺猬"与"狐狸"兼于一身的人物。汤因比的著作种类不算很多，但篇幅堪称等身。他的《历史研究》开始酝酿于1921年，1927年起撰写，后因担任公职与时逢战争而断断续续，在1934—1961年间先后出版了12卷，但按其设想仍属未完之稿。1946年、1957年D.C.索默维尔将当时已发表的前10卷缩写成两卷的简本问世（后来的曹未风等中译本把它分成上、中、下三卷出版）。1976年，牛津大学出版社出版了他另一叙事体世界通史《人类与大地母亲》。

14　在蒙古高原重要的新石器时代遗址塔木萨格布拉格（Tamsagbulag）的一间半地穴式住房的地面下，发现一个年轻女子的墓葬。其中有200多颗贝壳制作的小圆片珠和鹿牙磨成的珠子，另外还发现了尚未完工的贝壳珠子，它们已经被磨成小管，并打了孔，管子上有一圈一圈的切割线，表明正待切成小圆片作为珠子使用。这说明墓主人的珠子是自己制作而非专业工匠，这种业余手工很可能是她经常从事的手工之一。

15　石材的硬度一般用摩斯（MOHS）硬度表示，在摩斯硬度表中最高硬度为10，最低为1。这个标准由德国矿物学家Friedrich Mohs在19世纪初制定，它有助于鉴定所用石材的强度和硬度，以便在应用时采取相应的措施。下面是著名的摩斯硬度表：1.滑石 2.石膏 3.方解石（大多数是大理石）4.萤石 5.磷灰石 6.长石（花岗岩）7.石英（花岗岩）8.黄玉 9.刚玉 10.金刚石。摩斯硬度表就是用来测量石材的耐磨程度，例如硬塑料硬度等级大约为2，它不会刮伤等级为3的方解石（大理石）；硬度为6级的沙子会刮伤3级的方解石但不会刮伤7级的石英石即花岗岩；硬度等级越高，就越耐磨。

　　一般而言，硬度达到6度以上的天然非金属矿物单晶体可称为宝石，常见的宝石种类及其硬度如下：10度，钻石。9度，红宝石、蓝宝石。8度，黄玉、尖晶石。7.5度，祖母绿、水蓝宝石、红色绿宝石、锆英石。7.25度，红石榴石、黄石榴石、电气石。7度，紫水晶、水晶、翡翠（硬玉）。 6.5度，橄榄石、钙铁石、榴子石、软玉。6度，蛋白石、月长石、土耳其石（绿松石）。5度，青金石、琉璃。中国人自古偏爱的和田玉属软玉，硬度6.5。

图021　马家窑文化的彩陶。马家窑文化是黄河上游地区新石器时代晚期的文化，因最先发现于甘肃临洮马家窑而得名，年代约为公元前3800—前2000年。马家窑人在日常生活中制作大量陶器，彩陶的成就尤为突出，代表新石器时代彩陶制作的最高水平。新石器时期的彩陶图案一般是抽象的几何纹样，图案设计已经是成熟的二方连续或四方连续。各个不同地域的彩陶纹样具有不同的装饰风格，这是最早可见的人类之间的文化差异。

有人率先尝试了硬度更高的美丽石头，一具人骨颈下出土了两枚绿松石珠子，中间钻有圆孔，这两粒绿松石通体墨绿色，硬币大小，今天仍陈列在新郑博物馆；而同属裴李岗文化的河南舞阳贾湖遗址出土的绿松石珠子和坠饰达26件之多。与仰韶文化同时兴起的长江流域的河姆渡人，也已经能够在硬度为4度的萤石上打孔并制作珠子用来穿戴。

## 第二节　黄河流域的珠子——仰韶文化

由于还不懂得精耕细作，先民们还不能在同一块土地上长期经营和定居下来，这种游耕状态的生活带来的文化扩散比我们今天想象的地域范围更加广大。中国文明起源之一的黄河全长5464公里，贯穿了整个华夏版图，在这条伟大的河流的下游、中游、上游两岸同时生长着文明到来之前的数个新石器时代文化，它们是下游的大汶口文化、中上游的仰韶文化和上游甘青地区的秦安大地湾和马家窑文化。这一时期，整个黄河流域都流行彩色陶器，而在长江流域流行的则是刻纹陶器。无论是间接或是直接，工艺和文化在同一水域似乎都比较容易得到扩散。

现代田野考古是引进其他自然科学的学科办法来对考古遗址的资料进行整理，按照这种方法，一般将各个文化范畴的出土器物进行分类和类型排比，以便于在时间序列和地理区域上进行差异比较。考古学上的新石器时代是按照陶器形制来对文化类型分期和分区，制陶技术的扩散反映在各个文化遗址出土器物的联系和区别上。我们可以想象珠子这种带有信仰意义的装饰品也在游耕的状态中得到过传递，无论是间接还是直接，反映在出土资料中的事实是，整个黄河流域不同的文化遗址都出土骨质的珠子（也包括其他骨制品）。除了中上游的仰韶文化，黄河下游稍晚兴起的大汶口遗址也出土骨珠。山东兖州王因墓地属大汶口文化早期阶段的墓葬，墓葬出土的人骨，除了双臂戴有十余对陶钏，颈部位置还有用细骨珠穿成的串饰。就像整个黄河流域都流行彩色陶器那样，制作骨珠是这一流域的风气，并且这种制作骨珠和其他骨质小装饰的风气似乎成了黄河流域的传统，从史前的仰韶和大汶口，到后来的龙山，从进入文明的殷商到春秋战国，数千年里黄河流域的中原地区延续了这种骨珠和骨制品的传统，只是后来的工艺更加精美，形制更加丰富。

仰韶文化是黄河中上游地区重要的新石器时代文化（图020），它的得名来源于第一个发掘地——河南省三门峡市渑池县仰韶村。仰韶先民以擅长制作色彩鲜艳的陶器闻名，他们还擅长陶器上的平面美术的图案设计，这些图案一般都是抽象的几何图形，图案的构成方式与现在受过学院训练的设计师作品相比较毫不逊色。我们可以想象他们利用村寨生活的闲暇时间制作了大量的陶器，因为在上千处的仰韶遗址中，彩陶和陶片的堆积层最厚的可达5米。这样的文化堆积层距今7000到5000年之间，持续时间近2000年，地理范围包括整个黄河中上游现今的甘肃、陕西和河南，其中以陕西省的遗址最多，是仰韶文化的中心。

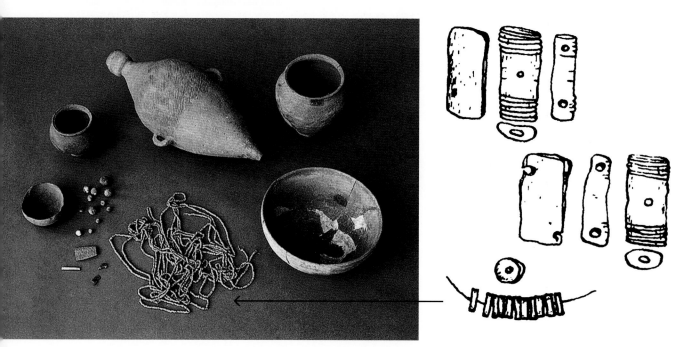

图022 陕西临潼姜寨少女的随葬品。它们是陶罐、骨珠串、石球和绿松石耳坠。这些骨珠的制作方法很可能分两种：1.天然骨管切段而成，18000年前的山顶洞人就已经掌握了这种方法；2.将骨头磨制成一段细小的圆棒，然后切成小圆片，再逐一打孔，就成了出土时的样子。这些珠子的外径一般在3-7毫米之间，孔径1-2毫米，厚度只有1-2毫米，基本上是小圆片。上右图所示为骨珠分解图。陕西历史博物馆藏。

图023　陕西临潼姜寨少女墓出土的玉坠。从左至右分别长3.8厘米、3.5厘米、2.5厘米。从工艺的角度看，形制的加工和表面抛光都还不太成熟。陕西历史博物馆藏。

　　位于陕西省临潼骊山脚下的姜寨遗址被分类为仰韶文化的半坡类型，这是一个远古的自然村落。遗存保存得较完整，有居住区、陶窑场和墓地，中心有大广场。广场周围分布着房子100余座，均朝向中心广场。这是孔子描述过的"大同"社会，天下为公，夜不闭户，道不拾遗。房屋围绕中心广场环形分布，意味着平等互利的关系，就像亚瑟王和他的圆桌骑士，围绕圆桌而坐，所有的人都有发言权。

　　先看看这一时期半山型遗址中几例有珠子随葬的墓葬：临潼姜寨M7为一个十六七岁的少女墓（图022），除了随葬的陶器、石质刮削器、石球、玉（绿松石）耳坠（图023），串饰骨珠多达8577枚；这些骨珠均为扁状，形制不很规矩，最大外径7毫米，最小仅3毫米，从出土位置看，除了戴在颈上，有的还缠绕在腰间。[16] 西安半坡村M152为一个三四岁的小女孩墓，墓内随葬有陶器、石球、玉耳坠，另有石珠69枚。陕西华县元君庙出土骨珠将近2000枚，成年女性和个别女孩的随葬品有陶器、蚌饰、骨笄、石球、骨珠等，而另一些小孩墓葬没有珠子随葬，并且也不是按照成人方式埋葬的，推测佩戴珠子与"成年"的仪式有关。这些骨珠是用禽类骨骼磨制的，形状不很规矩，但基本呈圆形，做工很精细，一般外径在3–7毫米之间，孔径1–2毫米，厚度也只有1–2毫米，基本上是小圆片。同样的骨珠还出现在甘肃皋兰糜地岘新石器时代墓葬中[17]，一具人骨在颈部绕了5圈骨珠，计1000粒左右，墓主人性别暂时不明。

16　《1972年春临潼姜寨遗址发掘简报》，《考古》1973年第3期。

17　《甘肃皋兰糜地岘新石器时代墓葬清理记》，《考古通讯》1957年第6期。

我们注意到，这一时期珠子的主人一般是年轻女子，随葬品也比较丰富，说明女性比较受到尊敬。支持进化原则的历史学家把这一时期的这种现象对应于"母系社会"，即社会和家庭关系是由母亲一方血统来维系。早在战国，庄子就说过，"神农之世，卧则居居，起则于于，民知其母，不知其父"。上古先民的这种群婚制度使得"圣人无父，感天而生"，创造了许多诸如吞玄鸟（燕子）卵生"契"、履"大人迹"（熊的脚印）生"后稷"[18]的神话故事，这些故事该是上古群婚现象的折射，所以才出现了华县元君庙那种两个小女孩与母亲合葬的现象。

这些墓葬中出土的珠子大多是骨珠，除了取材方便，骨头也是比较容易加工的材料，在没有金属工具和传动装置的新石器时代早期，这可能是选择骨头制作珠子和其他饰品的重要原因。临潼姜寨少女墓葬内还出土了绿松石的小坠和玉坠，推测是耳饰。绿松石的硬度比骨头高，取材也相对较难，这在当时是难能可贵的，这也许可以作为女性比较受到重视的佐证。但这并不是说这一时期的男人不戴珠子，可能只是形式上不及女性显得隆重而已。人类学家的调查显示，即使在现存于当代的封闭社会中，母权或者所谓"舅权"仍旧是该群体内部维系基本社会单元的办法，由于"娘家人"享有作为家长的决定权，她（他）们很可能佩戴有珠子一类的标志物以表示身份的特殊。在遥远的时代，珠子还没有承担等级标志的任务，因为当时还没有明显的社会等级。珠子可能更多的是护身符或者信仰的内涵，当然它也可能用于族群的区别。与彩陶纹样一样，我们相信珠子除了装饰的功能，更多被赋予了文化的内容。

## 第三节　长江流域的珠子——河姆渡文化

希罗多德[19]说，"埃及是尼罗河的馈赠"。文明的起源一定是与水环境密切相关的，无论是西亚的两河流域还是地中海南岸的埃及，文明都诞生在河流的两岸。简单地讲，人类得以延续的基础是农业，而且直到今天仍是这样。无论城市文明和科学技术如何发达，农业仍是地球上最可靠的基础。从新石器时代开始，先民们就懂得了这点，并且已经对他们赖以生存的地理环境有足够的知识。在还不懂得灌溉的新石器时代前期，他们一般会选择河谷边缘的山坡台地，这样的地势既能利用河水带来的肥沃的淤泥层进行耕种，又能避免在低洼地带被洪水冲击。

长江下游是由众多支流冲积形成的无数大大小小的沿江平原，平原边缘的丘陵是最好的园圃

---

18　《诗经·商颂·玄鸟》，"天命玄鸟，降而生商"，讲述了商人先祖"契"是其母亲简狄在野外沐浴时，拾得燕子卵吞食后受孕将其生下的故事。而周人先祖"后稷"是其母姜嫄"履大人迹"，即踩了某种非人类的脚印以后感应而孕，生下了后稷。

19　希罗多德，公元前5世纪出生于小亚细亚的古希腊作家。他先后到过埃及，并从尼罗河南下到阿斯旺，以及巴比伦、乌克兰、意大利和西西里，并在雅典住过一段时间。他把旅行中的所见所闻以及第一波斯帝国的历史记录下来，著成《历史》一书，成为西方第一部完整流传下来的历史著作。这部著作使他获得了罗马著名演说家西塞罗称其为"历史之父"的评价。

农业台地，河姆渡遗址就分布在余姚平原东部山地前的缓坡上（见图020），是长江流域重要的新石器时代早期遗址，共有4个文化层，距今7000—5200年，时间跨度近2000年。遗址最为著名的是干栏式建筑和人工栽培水稻的发现，前者成了以后南方文明最主要的建筑形式；而南方稻米文化则是与北方粟黍文化相对应的特征。河姆渡先民们十分爱美，遗址出土了相当数量和种类的个人装饰品，有骨笄、玦、璜、管、珠、环等。骨笄用以束发，上面刻有花纹；玦的形制为圆环开一小口（图024），这种形制早可见8000年前的北方兴隆洼文化，晚可到春秋战国的中原文化，时间跨度数千年，而一些南亚岛国至今仍有戴玉石耳玦的遗风。一般认为早期的玦是耳饰，而后来又衍生了其他含义和功能，我们在以后的章节会谈到这个问题。除了把虎、熊、野猪等兽牙当作珠子穿成项饰，河姆渡人也使用石材制作璜、管、珠子，它们多为半透明、硬度不太高、易于加工的萤石和滑石（图025）。

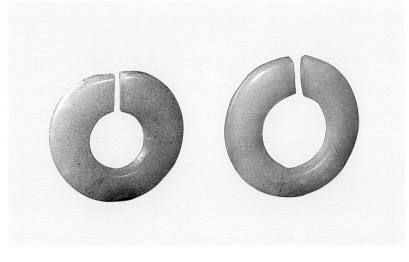

图024　河姆渡遗址出土的玉玦。外径为4-6.6厘米。河姆渡遗址博物馆藏。

图025　河姆渡遗址出土的玉珠。珠子高1.2-3厘米。河姆渡遗址博物馆藏。

这些珠子形制规矩，表面抛光细致，显然河姆渡人已经熟练掌握了制作珠子的技艺。这些萤石珠子（萤石的硬度为摩斯4度）和一些硬度不太高的地方材料制作的珠子，形制大致呈桶状，直径1到3厘米不等。我们知道那时还没有形成专业化的工匠阶层，这些珠子是村寨中那些兼职的手工艺人的作品，并且珠子的主人还没有特定的身份，与同时期的黄河流域一样，这里还没有明显的社会等级。虽然在那时珠子可能是随便什么人都可以佩戴的，但是由于材料的珍贵，加上工艺和技术的难度，成品的珠子会价值倍增。先民们十分珍惜他们的珠子，这些珠子由于长期的穿戴，甚至可能是几代人的传递，珠子的表面和内孔十分光滑，特别是内孔，其光洁度如同有过精心抛光（与穿系珠子的绳子长期摩擦造成的抛光效果），甚至比珠子表面的抛光有过之而无不及。

技术含量能够使得物品价值倍增，而制作珠子最难的技术部分是打孔。至少有一个穿孔是珠子必备的特征。对于打孔的认识是很重要的，无论是判定年代还是辨别真伪，珠子的打孔都能透露足够多的信息，这些信息主要包括技术工具的痕迹、实施技术的办法和珠子的使用痕迹。虽然所有的打孔方式归结起来只有两种：管钻和桯钻（实心钻），但是钻头的材料和形状、钻头的转速以及钻孔时使用的介质都会使珠子的打孔呈现出不同的特征。

河姆渡遗址出土了一些打孔的工具（图026），是一种尖头的石钻，这种石钻是精心磨制专门用于孔加工的。推测石钻是由绳索来驱动的，这可以从钻具上的圆周凹槽来判断，其原理是史前弓形钻和数千年来中国木工一直在使用的钻具的前身。但是，这种石钻却不是用来给我们的珠子打孔的。一般而言，在没有金属工具的石器时代，坚硬的石质工具多用于加工硬度较低的物质，比如用

图026 河姆渡遗址出土的尖头石钻，长6.9厘米，塔山遗址出土。石钻上留有弓弦驱动的痕迹，说明河姆渡人已经掌握了非常有效的驱动方法。一般情况下，钻具的硬度需超过待加工的材料的硬度才能在材料上造成打孔，河姆渡人的石钻可能是用于加工硬度低于石材的木材和皮革等材质。浙江省象山县文物管理委员会藏。

图027　河姆渡遗址出土玉玦、玉珠的半成品。均为萤石，灰白色。从残留在珠子半成品上的痕迹看，孔的底部呈环形弧底，孔壁有研磨痕，应该是实心钻借助比较细致的石英砂的摩擦力造成的打孔。浙江省博物馆藏。

玛瑙或石髓制作的工具多是用来切割动物的皮肉；而加工硬度较高的石材时，反而使用硬度较低但韧性较好的材料，比如使用皮绳或植物纤维切割石头，只是这需要借助石英砂这样的介质来完成。皮绳所起的是驱动作用，石英砂的硬度才是造成切割的原因，孔加工是一样的原理。河姆渡的石钻为普通石材，性坚脆，并不适合用于硬度较高的萤石等石材加工，它们很可能用于硬度相对较低的木头和皮革之类的加工。在河姆渡，木建已经是榫卯结构，这些榫卯也都是需要打孔的。

那么，河姆渡人又是用什么钻具给他们的萤石珠子打孔的呢？我们先从证据本身开始。遗址出土了一批珠子的半成品（图027），使我们得以窥见远古人们是如何制作他们喜爱的珠子的。我们知道钻头的材料和形状、钻头的转速以及钻孔时使用的介质都会使珠子的打孔呈现出不同的特征。一些经过初步磨砺的扁圆状和圆柱状的萤石半成品表面有大小、深浅各异的未钻透的圆孔，它们的共同特征是孔壁光滑，不见螺旋纹，但是有明显的研磨痕，是当时使用的研磨介质颗粒较粗造成的，底部皆呈较圆滑的环状底，而孔的开口较大，呈喇叭口状。这种圆孔表明不是尖锐的石钻头造成的，也不是管钻造成的，而是使用钻头较圆钝的实心钻，并借助石英砂一类的介质反复研磨造成的。

再来看工具本身。到目前为止，还没有发现制作珠子的实心钻头和配套的装置，但是我们注意到河姆渡人善于制作骨制品。除了骨质的装饰品，还有骨质工具，其中有小巧精致的骨针，这些骨针是仔细磨制出来的。如果河姆渡人能制作精致的骨针，就有可能利用骨头制作符合各种直径的精致的钻头。动物的骨、牙成分为羟基磷灰石，硬度并不低，健康的骨头密度为3.1，硬度可以达到摩斯5度，而且具备良好的韧性。将这样的骨质小钻头固定在木棍的一端，就是完整的钻具。其实

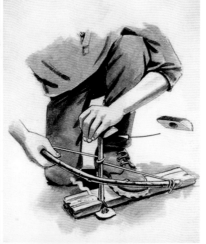
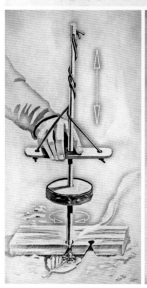

图028　钻木取火的发明很可能启发了给珠子打孔的技术。从简单地使用双手搓捻木棍到使用绳索驱动钻具，先民们是在钻木取火的长期实践中发现了用兽皮制成的绳索或者其他耐磨的植物纤维来带动钻具的可能性。这种发明是否也启发了弓箭的发明也未可知。实际上这种装置也是数千年沿用至近代的中国木工钻的前身。简单易行的装置一经发明，历经千年不衰，使用绳索驱动钻具的打孔方式与木工钻一样，几乎延续到现代。

这跟后来的金属钻头是一样的原理，不同的只是材质的硬度和耐磨程度以及驱动钻具的动力方式（图028）。

我们想象这样的骨质钻头被固定在木棍上以后，也是使用弓弦来驱动的，这显然更能提高工作效率。将待打孔的珠子固定在夹具上（木板上打一个凹槽就是简单方便的夹具），一只手固定钻具，另一只手拉动弓弦，借助一点研磨的介质，在耐心和技巧的帮助下就能造成穿孔（图029）。从半成品的图例看，用实心钻研磨出来的孔，一般呈喇叭口状，这种孔与后来有了金属工具特别是有了机械驱动装置时那种利落的直孔相比显得比较笨拙，但恰恰是这种笨拙，使得这些远古的珠子包含着感人的人类劳动并具有一种无法复制的个性。

河姆渡人的珠子大多呈圆桶状，这种形制的珠子在这一时期的其他文化遗址也能见到，比如北方辽河流域的玉珠和黄河流域的骨头珠子都有这样的形制，这种形制显然比正圆的珠子更容易加工。管子也是一种相对容易的形制，虽然由于长度的关系使得打孔有相当的难度，但是外形较其他形制却简单一些。我们第一次见到真正规矩的球状体的正圆珠子还要等到2000年以后的良渚文化（河姆渡出土的石头弹丸并不圆），这种正圆珠的制作涉及所谓"切角倒棱"的工艺，理论上讲具有相当的工艺难度，这使

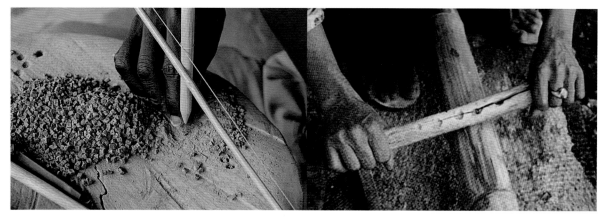

图029 制作珠子的原始工艺。明代的《天工开物》和清代光绪十七年（1891年）李澄渊绘制的《玉作图》，都显示有专门用于打孔的半机械装置，上有固定珠子（和玉件）的夹具和对钻具施加压力的装置，而驱动钻具的弦弓仍是人工操作。由于河姆渡时期还没有专门化的珠子匠人和行业分工，很可能使用的是更方便的打孔装置。事实上，一些简单有效的制作办法至今仍旧在印度民间和非洲一些部族中使用，这些办法和装置可能更接近原始的珠子制作工艺。1.打孔。将有待打孔的珠子卡在木板或木条的人工凹槽内固定住，可以先在珠子需要打孔的部位小心地敲击出一个小坑以固定钻头位置，一只手拉动弓弦驱动钻具以造成打孔。实际上，直到现在非洲和印度等一些地方的家庭手工仍旧在使用这种古老却简单有效的钻具。2.抛光。将珠子卡在木棍上的凹槽内，两手握住木棍的两端，将珠子在一只大竹管上来回摩擦直到产生预期的抛光效果。大竹管上也可以附着兽皮以加强抛光效果。

得我们经常惊讶于古人的工艺，但实际上，古人并不是我们以为的那么教条，他们在实际制作过程中所采用的通常是简单却是最有效的办法，我们将在第三章第二节中专门分析正圆珠子的工艺和古人可能采用的办法。而在手工制作还处于个体劳动的新石器时代早期，先民大多愿意制作外形更容易加工的珠子。

另外的出土实物表明，河姆渡人还使用了管钻，考虑到那时还没有金属加工技术和制作金属工具的可能，这种空心管钻可能是就地取材的天然竹管，而口径较小的管钻很可能是动物骨管，至少这是目前可能采用的比较合理的解释，这样的话，管钻的直径也可以在一定范围内选择。管钻是另一种常用的打孔方式，河姆渡人的管钻主要针对孔径较大的器物，从出土实物中的璜、鸟形器及一些玉石块的内弧和外弧看，均可以看到或垂直或成一定角度的两面对钻痕迹，孔壁斜直，常见螺旋纹，孔径较大，这是由竹管或者骨管这样的空心钻造成的。管钻由于工作接触面小，减小了钻孔过程的切削阻力，加快了钻孔的速度，器形较大的玉块内沿和器形较小的玉块内外沿一般都是用管钻技术加工的。

在以后的各个时代，珠子或其他小装饰品的打孔都是用实心钻和管钻两种方式进行的。由于合金的发明，后来的钻头可以做成任何可能的直径和形状；而一些机械原理的发现和应用使钻头的转速加快，这些不同形状的工具及操作办法（手工的或机械的）都能在打孔的过程中留下各自的痕迹。古人在实践中发明和改进以及驾驭工具的能力并不比我们发明现代科技的能力更差。

## 第四节　辽河流域的珠子——兴隆洼文化

　　辽河流域在我们的三大流域的最北方（图020），位于这一流域的内蒙古赤峰市敖汉旗的兴隆洼文化出土了我们所知最早的玉器，它们是一些距今将近8000年的珠子管子和一种被称为"玦"的装饰品（图030）。我们还记得在千里之南的长江流域的河姆渡人也在制作这种小饰件，他们使用的是萤石而不是兴隆洼人的透闪石玉。"玦"这种在环形上开一个缺口的玉器形制，从公元前6000年的兴隆洼开始，在后来的红山文化得以大量地制作；经过我们无法确定的传递方式，在文明中心的中原腹地延续到了战国时期；同样是经过我们暂时还没能考证的途径，由西南的古滇人将它一直保留到了西汉结束；而在东南亚一些地方则延续得更晚，实际上直到今天，东南半岛和台湾地区一些民族仍然有戴玉石玦耳饰的遗风。从东北亚到东南亚，从史前到今天，玦的地域分布广泛，时间跨度超过8000年。

　　史前的玉玦一般出现在墓主人的耳边，多数人因此相信是耳饰。实际上，与其他玉器形制一样，"玦"是后人给予这种形制的称谓，对于还没有使用文字的史前时代的远古手工艺品，很多名称都是后人根据后世文献中的名称附会的。在以后的数千年里，玦的意义一直在变化，至少在进入文明社会的商代开始，玦在中原文明地区已经不再作为耳饰，而是作为某种礼仪的象征。除了玉玦，兴隆洼还出土一种称为"匕形器"的长条状玉器，是这一文化的典型器。匕形器出土时的位置在墓主人的颈部、胸部或腹部，似乎是墓主人佩戴的项饰或衣服上的缀饰，由于织物已经分解腐烂，我们无法知道匕形器是怎样附着或缝缀在墓主人的衣服上的。这种在衣服上缝缀饰品的现象，在长江流域的良渚文化中也能见到，只是后者的年代更晚一些。

　　兴隆洼人突出的成就是他们征服了硬度极高的玉材，他们有最早使用透闪石玉料的记录，而这类玉料的硬度达到或超过摩斯6度[20]。玉管是兴隆洼比较典型的形制，它们均为佩戴在墓主人颈部的装饰品，目前发现的数量并不多，这大概与玉管的加工难度有关。这些玉管显示了较为成熟的加工工艺尤其是打孔技术（图031），我们知道打孔作为制作珠子的技术难题，其主要难度在于征服材料的硬度。在还没有金属工具和机械装置的新石器时代，先民们如何给具有相当硬度的石材造型、打孔和制作纹样，一直是研究者最感兴趣的也是最难得出明确结论的话题，因为目前仍然没有发现可靠的工具实物，即使我们做过工艺复原的实践，也只是一种可行性推测，这些工艺复原尽管不一定完全准确，却很可贵。

　　从兴隆洼文化开始，到与它有直接关系的沈阳新乐文化遗址，乃至后来著名的红山文化，这

---

20　摩斯6度相当于玻璃的硬度，就是说，普通的小钢刀不能对它造成划伤。可以参照的系数是，小刀硬度约为5.5，铜币约为3.5—4，人的指甲的硬度一般约为2.5，玻璃硬度为6。在没有金属工具的石器时代，加工硬度达到摩斯6度以上的石材时，最可行的办法就是利用硬度超过摩氏7度的石英砂作为介质，使用硬度不够高的工具作为驱动，对石材进行加工。

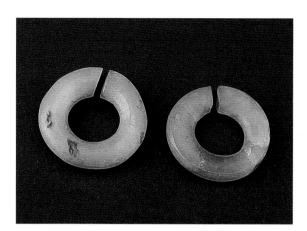

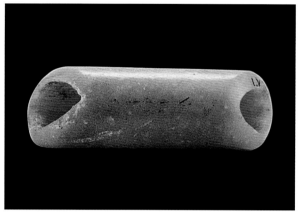

图030　兴隆洼文化的玉玦一对。左，直径2.9厘米、孔径1.4厘米；右，直径2.8厘米、孔径1.3厘米。内蒙古自治区敖汉旗兴隆洼原始聚落遗址M117出土。出土时在墓主人的耳边，一般认为是耳饰。兴隆洼文化遗址的玉器是迄今为止最早用透闪石玉制作玉器的出土记录。辽宁省文物考古研究所藏。

图031　辽宁阜新查海遗址出土的玉管。管子长3.13厘米，直径1厘米，管壁厚0.3厘米，孔径0.65厘米。查海遗址与兴隆洼同期并属于兴隆洼文化范畴，管子等玉器形制与后来的红山文化的玉管在形制上有明显的联系，特别是将管子两端做成一定角度的斜口的特征。辽宁省文物考古研究所藏。

一地域始终有装饰品选材多样的可能。比如在距今7000年前的新乐文化遗址，出土有雕刻器、尖状器、镞、泡形饰、耳珰形饰、珠子，而除了透闪石玉，还有玉髓、玛瑙、煤精和巴林石等多种材质。玉髓是一种硬度极高的隐晶质石英，它的色彩和质地很丰富，先民们多使用玉髓制作小工具，一般情况下，它的硬度足够应付各种常见的材质。而使用硬度不太高的煤精和巴林石制作珠子和其他装饰品，这在辽河流域以南的各个文化中并不常见。后来的凌家滩文化和西周贵族墓地曾出土过煤精制作的珠子，数量不多，是按照当时当地流行的形制制作的，推测这些煤精是通过贸易得来，而且当初引进的是原料而非成品。汉代曾兴起使用煤精制作各种祥符小兽当作珠子穿戴的风气，此时作为大一统的中国，装饰品原料的广泛贸易已经比较容易。而在北方地域，煤精和其他软料的使用，自兴隆洼先民到后继者红山人，又从夏家店人一直延续到文明边缘的草原民族，数千年的传统应该是得该地域出产地方材料多样之便。

兴隆洼人聚族而居，他们的村落营建在山坡台地上，房屋分布有序，组织严密。除了玉器，他们还擅长制作各种日用陶器和石质工具，但是我们现在仍然无法了解兴隆洼先民为什么制作玉器，只知道那些玉器从一开始就与实用无关。迄今为止，我们只知道中国人、美洲的古代玛雅人和大洋洲的毛利人制作玉器。玛雅人制作玉器的历史从公元前1000年开始，晚于旧大陆数千年，直至西班牙人到达新大陆的15世纪以后逐渐消失殆尽；而毛利人并未形成文化意义上的玉器制作和象征。也许当初的兴隆洼人从未想过他们为后来的中国人开启了一种独特的玉文化，这种文化直接影响了中国人数千年的装饰审美。

# 第三章　聚落文化的珠子

（公元前3500年—公元前1500年）

## 第一节　以祭坛为中心的聚落文化——三大流域同时兴起的祭祀文化

　　20世纪80年代，祭坛在考古遗址中的出现引起史学界的广泛注意，无论是南方的良渚文化还是北方的红山遗址，都有大型祭坛出现在聚落遗址的显要位置，它证实了祭祀文化在聚落时代的广泛性和重要性（图032）。这些祭坛的占地面积一般都有数米到数十米的跨度，夯土基础，有些表面还铺设了砾石，并有一些附属设施。80年代中期在辽西东山嘴、牛河梁红山文化遗址发现的祭坛还设有类似神庙一类的建筑，并出土了形体高大的泥塑人像和祭祀使用的陶土器物，其中以女性裸像最为著名，被认为是早期杰出的艺术作品和文化实例。

　　我们并不以为祭坛只是用来祭祀那些无法证实的神灵，实际上在先民眼中，神灵就是自然本身，不同的神灵可能代表的是不同的自然规律，而这些神灵掌控着先民的劳动、生活和收获，就如同我们使用现代科技企图掌控自然那样。祭祀只是一种载体，目的是为了与自然（神灵）沟通，以求得能够解释某种现象的规律，从而帮助人类自己。从现有的考古发掘情况看，良渚文化位于余杭瑶山和相距不远的汇观山的大型祭坛都不仅仅是单纯用于仪式的目的，它们所处的地理位置和祭坛本身的设计结构表明，祭坛也用于观测天象。由于季节变化及其规律与先民的生活直接相关，他们很早就掌握了相当的天文知识。当然，最大可能是当巫师或祭司在特定的日期进行天象观测的同时也进行仪式繁复的祭祀活动。现在有些人将祭祀活动与迷信混为一谈，并将其与科学实践相对立，这是片面的。从人类社会的发展进程来看，祭祀是古人传承文化最重要的活动。

　　我们这里要讨论的是都市兴起之前的聚落文化，这种文化的内涵大多与巫术和祭祀有关。如果

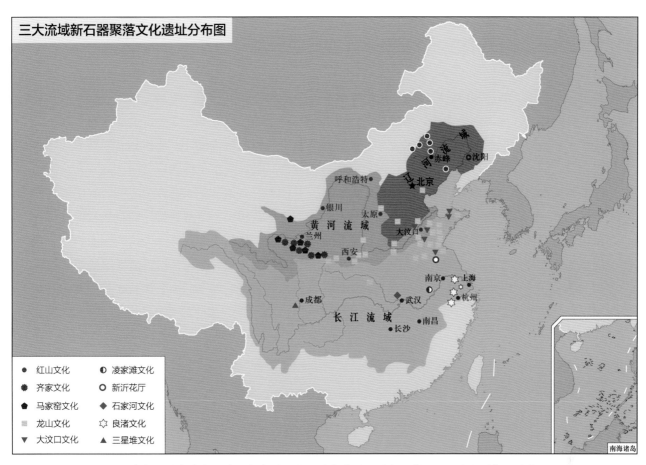

**三大流域新石器聚落文化遗址分布图**

图例：
- ● 红山文化
- ◐ 凌家滩文化
- ✦ 齐家文化
- ○ 新沂花厅
- ⬟ 马家窑文化
- ◆ 石家河文化
- ▣ 龙山文化
- ✩ 良渚文化
- ▼ 大汶口文化
- ▲ 三星堆文化

图032 三大流域新石器聚落文化遗址分布图。这一时期最明显的文化特征之一是大型祭坛的出现，这一现象意味着一些专门的社会阶层已经开始形成。所有这些文化遗址都出土用各种珠子组合起来的装饰品，这些装饰品并非简单为着审美的目的，它们是一些特殊人物的标志物，甚至是用于祭祀的物品。

说村寨文化时期的原始舞蹈和宗教活动多少有点自发性的话，这时已经有了仪式性质的祭祀，不用怀疑已经出现了专职的巫师或者祭司，考古遗址中的大型祭坛是他们职业化的例证。由于农业技术的进步使得聚落群体比以往更加扩大，与现代社会的情况一样，越是人口密集的地方问题越多，于是聚落群体中某位有着特殊才能的人开始成为受人尊敬的领袖或巫师（图033）。他们的工作并不轻松，他们可能是身兼数职的人物，比如医生、教师、参议员、组织者甚至工程师，是整个聚落群体的精神领袖和文化精英。

这些人的地位显赫而且受人尊敬，他们理应拥有与众不同的身份标志。珠子这类佩饰是最直接的辨识办法，于是这时的珠子不再是村寨时期那些兼职的手工艺人随便找到什么可用的材料，利用闲暇时间专心致志地制作出一个珠子戴在身上就可以，虽然珠子可能也承担了护身符之类的作用。聚落文化时期的珠子被赋予了特定的意义，它们是专门的工匠使用专门的材料，为着专门的对象——最大可能是聚落首领和神职人员制作的。如果说村寨文化时期的那些陶器图案和骨制工具看上去都那么质朴天真，聚落时代的美术形象则开始变得神秘威严。无论是红山文化的勾云佩，还是良渚人的兽面纹，我们惊讶的不仅是古人用什么样的工具和办法来实现那些复杂精美的工艺，更多的是对文化的难以解读和将这些文化见诸视觉形象的想象力。

这一时期长江流域的良渚、辽河流域的红山、黄河流域的大汶口等几个考古遗址都出土珠子，那些珠子和坠饰不仅形制各异，其组合方式也开始具备有意识的整体设计，那些具有强烈形式感的珠子以及它们与其他佩件的组合方式告诉我们，这些装饰品是被赋予了特殊意义的。这三大流域的珠子和坠饰都以玉料为珍贵，但美术风格各有特点，总体上北方偏造型而南方擅文饰。其中最为突出的是南方的良渚文化的珠子和组合形式，这些珠子不仅工艺精湛、造型独特，而且数量惊人，并具备繁复的穿缀和组合方式。从现有的出土资料来看，它们是聚落中那些特殊人物的标志物，它们可能被这些人经常穿戴在身上，因为出土的珠子有明显的长期穿戴的痕迹；也可能在聚落祭祀仪式中作为某种中介物直接参与祭祀。虽然那些形制各异、组合奇特的珠子和小装饰品在我们现在看来都难以解读它们真正的意义，但是在当时的聚落民众眼里，它们所代表的意义只是一个共有的常识。

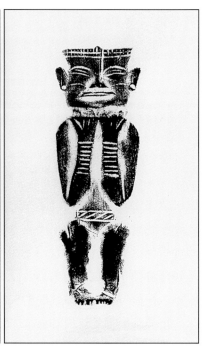

图033　安徽凌家滩出土玉人。玉灰白色，器长扁形，浮雕。高8.1厘米，肩宽2.3厘米，厚0.5厘米。长方脸，头戴圆冠，冠饰方格纹，冠上有一尖顶，顶上饰小圆纽饰。左右臂各饰8个玉环，背后是高颈脖服饰并有对钻的隧孔。玉人表面抛光。凌家滩文化距今5600—5300年之间，遗址出土数枚玉人，有人相信是当时的巫师形象，他们头上阴刻的发冠、扣饰，手腕上的玉环在数量和形制上都有区别，推测是身份和等级的标志。同时也出土了他们身上佩戴的这些装饰品的实物，皆玉质。安徽省文物考古研究所藏。

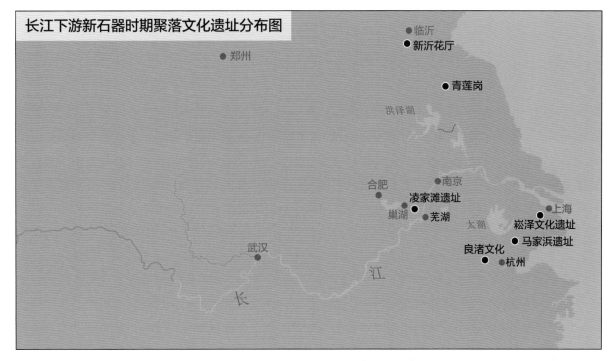

图034　长江下游新石器时期聚落文化遗址分布图。其中著名的考古遗址有太湖地区的马家浜文化、上海市青浦区的崧泽文化、安徽凌家滩、江苏青莲岗、苏北鲁南的新沂花厅和浙江余杭的良渚文化。所有这些遗址都出土精美的玉器和珠子，与同时期的黄河流域比较，长江流域制玉的风气更浓，工艺更发达。

## 第二节　良渚文化的珠子 —— 长江下游

　　"文化"一词的英文和法文都写作culture，它从古拉丁语演变而来，意义与耕种、居住和劳作有关。人类学家泰勒在他的《原始文化》一书中对文化进行了定义，"文化或文明，就其广泛的民族学意义来讲，是一个复合整体，包括知识、信仰、艺术、道德、法律、习俗以及作为一个社会成员的人所习得的其他一切能力和习惯"。因而我们知道，文化不能靠生物遗传而只能习得和传递。任何文化或者文明都不可能是凭空冒出来的，它一定是长期积累的结果，这里面包括技术、知识、宗教等各种文化要素的积累和沉淀。

　　如果我们相信文明是交流和碰撞的结果，就不难理解在某些著名的考古遗址中看到其他先期和同期文化的元素，就是说文化会在时间和地域两条线上传递。聚落时期的文化是祭祀文化，这一时期在大的范围内有北方辽河流域的红山文化、黄河流域的大汶口文化、长江流域的良渚文化。良渚文化仿佛是长江下游各个先期文化的集大成者，不难想象，它曾受到之前生长在长江下游的其他数个文化的影响。如果单从实物的表面形式看，反映出来的是一些相同或相似的美术形式，但是这些美术形式的背后是不尽相同的文化内容。我们所谓"有意义的形式"实际上是针对意义的，当文化变化时，即使借用相同的形式，仍然是不同的意义。对于珠子这样的装饰品而言，会因为不同的时间和不同的群体而承担不同的意义。

　　在良渚文化兴起之前，现今发现的长江下游苏皖地域内多个早于良渚的新石器时代遗址大多与良渚有一定的联系（图034），至少是反映在出土器物形制上的联系。之前有太湖地区的马家浜文化和上海市青浦区的崧泽文化，然后是安徽凌家滩、江苏青莲岗和新沂花厅。所有这些文化遗址都有用玉和制作珠子的传统，礼器是其中最重要的组成部分，其余多是装饰品，而这些装饰品相信也是被赋予了文化的意义。玉制的实用器很少，生活用具几乎没有用玉料制作的。玉器在史前是被神圣化了的精神产品，当进入文明后，它又被赋予权利和等级的内涵；直到春秋时期，孔子赋予了它多种完美的人性，这时它才慢慢开始脱离神玉的属性；玉器真正走下神坛却要一直等到中古时期。

除了我们现在定义的玉材即透闪石类的材料，长江流域还大量使用玛瑙、石英质材料。作为良渚文化源头之一的马家浜和崧泽文化遗址中都有玛瑙质的饰品出土，比如璜和玦（图035）。但是真正在硬度达到7度的玛瑙上打一个长长的孔，制作出精致的玛瑙珠和玛瑙管的是凌家滩人。安徽凌家滩遗址也曾被认为是良渚文化的源头之一，至少在很大程度上良渚曾得益于它的工艺发明。1985年发现于安徽省含山县铜闸镇凌家滩村的凌家滩遗址，距今5600至5300年，是长江下游巢湖流域迄今发现面积最大、保存最完整的新石器时代聚落遗址。除了大量玉质和玛瑙质的器物，凌家滩遗址中还出土了工艺精湛的玛瑙珠和水晶耳珰。这些制作精巧的小装饰品显示，凌家滩人已经掌握了非常精细的工艺技术，不仅可以征服玛瑙和水晶高达7度的硬度，还具有非凡的造型能力。珠子的制作显然不再是技术难题，不再被材料的硬度所困扰，出土的玛瑙珠管形制多样，造型奇特，抛光细腻，整体效果明显加入了审美情趣，比如在珠子表面做工（制作纹饰），在长度不到1.5厘米的玛瑙珠表面就制作了5道凸起的弦纹[21]，这实际上已经类似减地[22]的工艺，它比阴刻的工艺难度更大一些（图036）。

凌家滩人也使用其他硬度不太高的地方玉料制作表面有弦纹的珠子，他们还把这些珠子按照个体大小的渐变，有规律地排列起来串成项链，他们对形式美感的节奏变化很在行，珠子的排列既有变化又有秩序感（图037）。但这只是在形式美感上的强调，它的组合元素还比较单一，似乎还没有赋予装饰品更丰富更完整的意义，距离后来的新沂花厅人和良渚人那些多种形制和元素的搭配组合方式还需迈进一步。

凌家滩人已经能够制作硬度极高的玛瑙珠子和管子，但是跟其他文化遗址的发掘情况相同的是，仍然没有能够匹配的工具出土。尽管遗址出土了人工磨制的石钻，并且石钻的两端都做成了螺旋形，说明凌家滩人已经认识到旋转力和离心力的作用，但我们在河姆渡一节解释过，石钻通常不是用来加工硬度较高的石材的。我们曾对河姆渡人的珠子工艺进行过想象复原，他们的珠子可能是用骨质的钻头慢速研磨打孔的。但是河姆渡人用来制作珠子的材料硬度并不很高，而凌家滩人的玛瑙珠玛瑙管的硬度却有7度，要给硬度这么高的玛瑙管打一个长度3厘米、内径0.4厘米的孔，需要磨制一个长度超过3厘米（如果打孔时采用两面对钻的办法，钻头长度也必须超过1.5厘米）而直径

---

21　弦纹是装饰纹样的一种，指单一的或若干道平行的线条排列在器物表面作为装饰。

22　减地是玉器传统工艺的一种，也称减地阳纹或减地平凸，工艺手段类似浅浮雕，纹饰浅浅地凸出于地（平面）之上。这种阳纹是通过磨削"地"而实现的，即所谓"减地"。

图035 崧泽文化的小龙形玉珠。浙江余杭出土。直径1.4厘米，厚0.6厘米。余杭博物馆藏。浙江海盐县的崧泽文化遗址也曾出土形制类似的龙形玉珠，长1.1厘米，宽1.1厘米，厚0.4厘米，现藏浙江海盐县博物馆。崧泽文化距今5800—4900年，以首次在上海市青浦区崧泽村发现而命名。崧泽文化上承马家浜文化，下接良渚文化，是长江下游太湖流域重要的文化阶段。

图036 安徽凌家滩遗址出土的玛瑙珠，高1.4厘米，长径1.5厘米，短径0.9厘米。乳白色，半透明，器形扁圆。珠子表面琢磨出凹弦纹，两端对钻一圆孔，表面抛光晶莹润亮。安徽省文物考古研究所藏。

图037 安徽凌家滩遗址出土的玉项链。由12枚玉珠组成，按珠子的大小有秩序地排列，富有节奏变化，显然凌家滩人对形式美感非常在意。珠子表面均有弦纹，最长2.1厘米，最短1厘米，孔径0.3厘米，两端对钻孔，玉灰白色，表面抛光。安徽省文物考古研究所藏。

图038 打孔装置复原图。我们在前面介绍过单个珠子的打孔方式，这种效率更高的打孔装置曾出现在公元前3000年的埃及壁画上，与同时期的凌家滩不同的是，当时的埃及人已经使用合金，他们可以制作任何直径和长度的金属钻头。虽然凌家滩和良渚时期还没有金属工具，但此时的工匠已经专门化，也就意味着有更加专业的技艺和技术工具。我们想象用骨头磨制的理想钻头来代替埃及人的金属钻头，并采用与埃及人类似的专门装置和技术工人，完成硬度达到甚至超过7度而长度可观的玛瑙管的钻孔是可行的。

小于0.4厘米的钻头。如果要同时满足这种钻头的直径、长度和材料的韧性，我们能够想的办法仍旧是磨制骨质钻头。我们想象凌家滩人像制作他们的缝衣针那样，用骨头磨制出一个长度和直径都符合要求的钻头来，并将钻头固定在木柄上，用弓弦驱动，借助解玉砂[23]的摩擦力造成长长的打孔，这跟河姆渡人是一样的办法。

但是，与河姆渡不同的是，凌家滩有了专业的工匠。他们不再像村寨时期那些业余匠人一样使用最便利的工具，在业余时间慢条斯理地研磨他们的珠子管子。凌家滩的工匠很可能发明了一些专门的装置，以提高工作效率和产品的审美效果。这些装置虽然不能与现代工业机械相比，但由于装置本身的合理性和工匠对技艺的熟练程度，工作效率被极大地提高了，使得我们常常为墓葬中装饰品的出土数量和质量而惊讶。虽然目前并没有发现与打孔或珠子工艺直接相关的专业工具和装置，但是同时期的埃及壁画保留了一些可供我们参考的视觉资料（图038）。与凌家滩不同的是，这一时期的埃及已经在使用金属工具，但他们的打孔装置是木结构的，这些装置是长期实践的总结，我们相信凌家滩人在实践中也不乏创造。

凌家滩之后，另外一个与良渚文化有诸多联系的文化遗址是新沂花厅，地处苏北鲁南沂河、沭

---

23 古人制玉时，利用工具本身的硬度将玉料切割开片或者在玉料表面做工和打孔是困难的，需借助工具和玉料之间的介质，利用介质的硬度对玉料做工。这种介质称"解玉砂"，是从天然砂里面淘出来的，硬度可以达到 8—9 度。一般是将含有石英、石榴石、刚玉、金刚石的粗砂研捣为细砂粒状，放到器皿中沉淀，沉淀过程中，粗细自然分层。

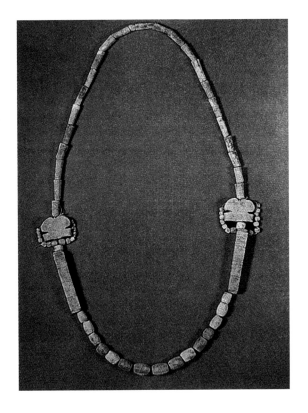

图039　新沂花厅玉项饰。江苏新沂花厅16号墓出土。项饰的组合按对称的审美原则展开，由2枚琮形管、2枚冠状饰片、23枚弹头形管、18枚鼓形珠组成，洁白光润，极为工致。其中的琮形管是良渚方形玉琮的缩小版，其表面阴刻图案也与良渚玉琮的表面图案一样。南京博物院藏。

河的冲积平原上（图039）。考古学家把花厅遗址归属在黄河流域的大汶口文化晚期，也有将其直接归属在良渚文化的，这不在我们的讨论范围。由于花厅出土的项饰在形式上与良渚有太多相似的元素，我们仍然把花厅的珠子放在良渚的章节，以便于与良渚的比较。花厅遗址所在位置是黄河下游的大汶口文化和长江下游的良渚文化的碰撞带，属大汶口文化中晚期遗存，而并行于良渚文化早期，同时并存有黄河下游和长江下游两种文化元素。遗址出土的玉项饰多有良渚特征，但是我们不知道这些良渚文化的因子是花厅人与良渚人交流的结果还是直接从良渚输入的实物。

　　现在来看我们的良渚文化[24]。"良渚文化"的名称几乎可以说是长江流域史前玉文化的代名词，但是它的盛名并非仅仅因为数量和工艺都十分可观的玉礼器，而更多的是因为这些玉礼器背后的史前文化。早在20世纪30年代，出生在当地的地质学家施昕更就发现了流散在民间的良渚玉器，但发生在距今5300到4200年的良渚文化曾因当时针对吴越一带是否存在新石器文化的论战而遭质疑，直到有了科学的考古发掘，才以浙江余杭良渚镇遗址命名，并确定了它的编年范围。目前共发现良渚文化遗址135处，中心地带是浙江余杭的瓶窑、安溪、良渚三镇，在33.8平方公里的范围内密布良渚遗址50多处。位于核心区域的良渚古城遗址有长达数千米的城墙，布局上有明显的规律，即以古城为核心，由近而远按等级有序地居住着首领、贵族、平民。

---

24　良渚文化涵盖的范围非常广阔，以环太湖地区为中心，北至黄河流域的苏北鲁南地区，南至浙江的宁绍平原，东及舟山群岛，西达皖赣境内。较为典型的遗址有江苏钱山漾，吴县（今苏州市吴中区、相城区）草鞋山、张陵山，上海青浦福泉山，江苏武进寺墩，浙江余杭反山、瑶山等。

我们知道良渚已经有了大型的祭坛和专职的祭师，围绕祭祀文化制作玉礼器的工匠也已经专门化，这些工匠熟练掌握了专门的技艺并拥有专门的工具。遗址中，那些新石器时代早期的骨、陶首饰明显减少，而石、玉首饰大量增加，特别是珠、管、坠、钏等玉饰，数量既多，制作亦精，这的确是工艺和技术工具的改良带来的变化，但更多的是专门化的劳动组织方式带来的变化，后者是被现代经济学者称为"无形资产"的组成部分，有时候，它比技术发明更加有效。劳动组织方式的改良使得良渚的手工艺品技艺专精而且数量惊人，珠子的形制十分丰富，有桶形珠、束腰形珠、直管、球形珠、半球形珠和各种变形的小坠饰（图040、图041、图042）。

图040　良渚文化有兽面纹的管子和锥形坠。浙江余杭瑶山出土。长2—3.5厘米。管子有方形和圆柱形等形制，锥形坠一般作为坠子穿系在项饰上。兽面纹是良渚文化特有的纹饰，这种纹样也出现在良渚的玉琮和玉璜上。浙江省文物考古所藏。

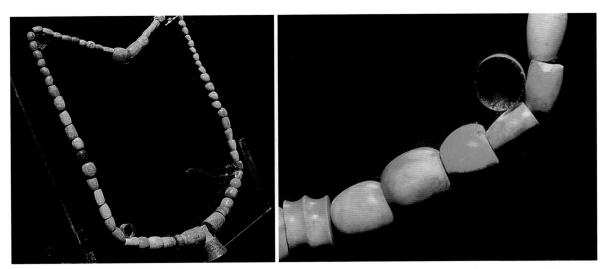

图041　良渚文化穿有绿松石珠的玉项饰。由大小和形状不同的穿孔管、珠、坠共71粒穿成环形。其中多为腰鼓形和圆珠形，中间的玉坠呈铃形，柄部有一穿孔，玉色乳白，素面无纹。玉坠的两侧各有一枚玉管对称穿系，浮雕双目和嘴组成兽面纹。制作珠子的材料包括玉和绿松石，玉珠有的呈鸡骨白。工艺精致，搭配有序，具有对称的美感。1982年上海青浦墓葬出土。上海博物馆藏。

图042　良渚文化有玉管的墓葬复原。公元前3000年。江苏昆山市赵陵山77号墓。该墓葬是赵陵山已经发掘的85座墓中最大的一座，位于墓葬区的中心位置，随葬品丰富，共随葬玉、石、陶、象牙器近60件，反映出墓主人在当时占有大量的财富，享有很高的社会地位。墓主人为青壮年男性，当为部族首领或祭师。管子大约长5厘米，横截面呈三角形。管子表面保留了开料时的切割痕，制作成管子时，虽然经过表面打磨和抛光，仍可见线切割时留下的清晰台阶。南京博物院藏。

半球形珠子或称为扣饰，是打孔比较独特的珠子（图043）。可能我们都会好奇这种背面有牛鼻穿的半球形珠子的使用方法，如果只是作为穿系使用，在珠子中间打个直孔就可以，何必要在这么小的平面上做一对隧孔？这种打孔并不容易。其实这种珠子在凌家滩也有出土，如果我们注意到凌家滩出土的玉人头上的装饰，就会明白珠子的使用办法，至少是使用办法之一（图033）。凌家滩玉人一般都头戴圆冠，冠饰方格纹，冠顶上有一尖顶，尖顶上有半球形小圆扣钉缝在冠顶中央，这种小圆扣同时也有实物在凌家滩出土。良渚出土的半球形珠（扣饰）与凌家滩人的小圆扣是一样的形制，是否也是钉在某位重要人物的头冠上还无法证实，但它一定也曾用于钉缝在织物上作为装饰和某种标志。这种推测在良渚的出土资料中被证实，现藏南京博物院的一套江苏省高淳县朝墩头出土的玉串饰（图044），其中的半球形珠和小兽面珠多是背后对钻的牛鼻孔，与其他小玉件呈三行七排纵横排列，形成点状结构的平面而不是单列的串饰，推测是直接钉缝在织物上的，出土时织物不存，但仍旧保留了排列方式，其繁复的组合方式、形制的多样奇特和工艺的精致华丽表明，这件器物属于某位地位显要的祭师或者聚落领袖，很可能是作为祭祀时沟通神灵的媒介物。另外，良渚文化还出土背后有牛鼻穿的小玉鸟（图043），出土时一般在墓主人的小腿边，现场发掘人员推测其为织物装饰，当初钉缝在墓主人的衣袍的一角，除了用于身份的标志，很可能代表某种特殊的寓意。

图043　良渚文化的小玉鸟和半球形珠。背后有牛鼻孔。良渚人制作的这种珠子和小饰件个体都很小，小玉鸟出土时摆放在墓主人的下肢，推测本来是缝缀在衣服的下摆，出土时织物已经腐朽不存。这种在背后制作一对牛鼻孔的珠子或小装饰件并不是良渚文化所特有，红山文化也制作背后有牛鼻孔的半球形珠。后来的商代小玉鸟、西周的束绢佩、战汉时期滇文化的乳突玛瑙扣饰也都是这种打孔方式。这种形制和穿孔方式与珠子本身的用法和功能有关。

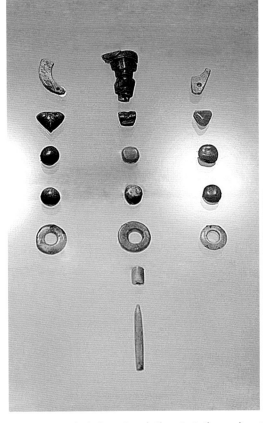

图044　良渚文化的玉串饰，公元前2500年，江苏高淳朝墩头出土。珠子有半球形和兽面等，背面多是牛鼻穿，与其他玉饰三行七排纵横排列，推测当时是缝缀在织物上，中间显要位置是一人形玉饰，大约高5.5厘米。这件串饰很可能是祭师或聚落首领用于祭祀时穿在身上的神物。南京博物院藏。

　　除了良渚和凌家滩，这一时期远在北方辽河流域的红山文化遗址中也能见到这样的半球形珠子，形制和打孔方式与良渚几乎一致。我们无法知道这种珠子在比较一致的时间内出现在跨度很远的不同地域的原因，也无法了解它们之间确切的关系，但是这种形制上的联系不是孤立和偶然的，因为我们也在大汶口文化的玉项链上看到了红山文化的小玉环和双联璧，它们是作为珠子的功能穿系在一起的，具有强烈的形式感，这样的形式感是被赋予过宗教内涵的，而美术形式的传播显然要比它的文化内涵更容易。在以后的各个时期也能见到这种所谓"牛鼻穿"的打孔方式，中原地区的商王朝出土过这样的小装饰件，比如小玉鸟的背后就有这样的穿孔，是否与良渚的小玉鸟有关联无法确定，但商人来自东方并且同样崇拜鸟图腾这是事实；西周项饰和腕饰上的束绢形佩也是在侧面做牛鼻穿，估计是为了避免在玉件正面看见穿孔；战汉时期的云南滇文化中有一种被称作乳突扣饰的玛瑙小装饰品也使用了背部的隧孔，其用法可能跟良渚人一样，除了用于穿系，主要用于直接钉在衣服或者其他织物上作为装饰；当然古滇人也有自己的发挥——把扣饰用于他们青铜牌饰上的镶嵌。虽然我们无法了解这些在形制和工艺上都有某些关联的小东西之间确切的关系，但是我们可以说，不同时期和地域的人们在针对物件的相同功能和使用方法时采取了一致的方案。

在各种形制的良渚珠子中，制作难度最大的是正圆的球形珠，它的制作涉及"切角倒棱"工艺。[25] 这是有史以来我们第一次看见古人制作的正圆形制的珠子（图045），它们呈现在我们眼里的效果是浑圆规矩、光洁细腻、毫无破绽，其规矩程度让人吃惊。切角倒棱工艺在现在可以使用现代圆球雕磨机来完成，理论上的"切角倒棱"是一种难度较高的工艺，无论对机械装置还是工艺本身都要求较高的精确度，而良渚时期没有这样的精密机器可供使用，出土资料中也没有显示任何相关工具或装置的信息，我们只能再次对先民的制作工艺进行可能性的推测。[26] 实际上，先民采用的方法可能既简单又实用，比如将多粒初步切割的小方块与一定量的解玉砂一起放入袋囊或某种容器中，使用旋转装置使小方块和小方块以及解玉砂之间在不断地翻滚中相互磋磨，形成球体。其实这种方法并非想象，出生在20世纪六七十年代的一代人大多小时候都有过玩玻璃弹珠的经历，那些斑斓浑圆的小玻璃珠一般由一些小型加工厂制作，其方法是将切成小方块的玻璃块一起倒进一个大筛盘中利用机械装置不停地筛动筛盘，让玻璃小方块不断地相互摩擦直至形成圆珠，然后挑拣出形制规矩的珠子等待下一步抛光，剩下不规矩的一起倒入下一拨方块中再一起筛动摩擦。这种方法简单而有效，所需要的装置并不复杂。我们的先民并非我们以为的那么教条，他们总是在实践中总结理论而不是先设计理论再指导实践，以最简单有效的方式达到他们的目的。我们受训于现代科学理论，我们的思维有时候被我们的"知识"复杂化了。

现在的研究表明，良渚人用于制作玉器和珠子的玉料取自不远的周边地区。除了这种地方玉料，绿松石也是良渚人用来制作珠子和镶嵌件的材料（图046），但是对良渚人而言，绿松石显得比较特殊，因为环太湖地区绿松石蕴藏非常稀少，浙江至今没有绿松石矿被发现的报道。作为良渚文化中心的环太湖地区，在良渚之前没有使用和制作绿松石的传统，而出现在良渚文化中的绿松石制品仅限于珠子和小镶嵌品，并且数量不多。而黄河流域特别是黄河中下游使用和制作绿松石的记录最早可以到7600年前的裴李岗文化，绿松石也一直是黄河流域的传统。从良渚出土绿松石制品的情况来看，很可能是他们从山东、湖北等富产绿松石的地方输入。从形制看，输入的可能是原料而非成品，因为良渚人的绿松石，无论形制和工艺，采取的是自己的方案。

新沂花厅和良渚文化的珠子是史前珠子的大宗，其可叹之处不仅在于珠子制作技术的高超，还在于花厅人和良渚人对珠子组合的设计意识，即穿系搭配的方式，可以说是后来在西周被礼制严格规定下来的"组佩"的先声。我们并不是说这些组合型项饰跟后来的西周组佩一定有联系，这种想象既不科学也没有证据。我们是想说明一个跟观念有关的问题，就是一定的形式感是可以被赋予一

---

25　切角倒棱是现代玉石圆球或圆珠制作工艺的专门术语。正圆球和圆珠的制作需经过"先方后圆"的过程，由于只能在一个正方体内制作一个内切球，因此制作一个正方体是获得正圆球的第一步。"切角"是将正方体的八个角切去，使其成为对称的14面体。"倒棱"则是将14面体的棱线磨去，得到近乎圆球的26面体。相关工艺可参见赵永魁、张加勉所著的《中国玉石雕刻工艺技术》一书（北京工艺美术出版社，1994年）。

26　相关的讨论可参见蒋卫东《神圣与精致——良渚文化玉器研究》一书（浙江摄影出版社，2007年）。

图045　良渚文化的正圆形球形珠，浙江反山15号墓出土。一端有一对隧孔。珠子为规矩的球体，这种形制的珠子理论上涉及难度较高的"切角倒棱"工艺，但实际制作时，古人很可能采用的是简单实用的方法。

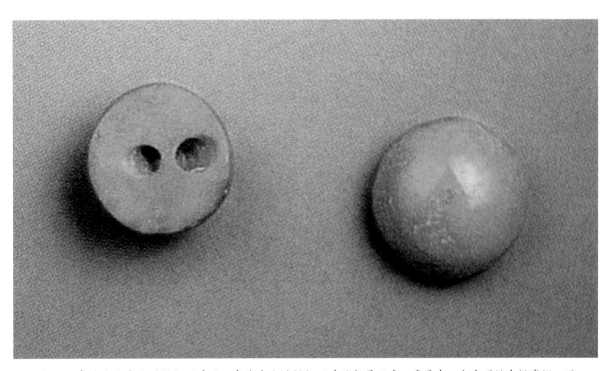

图046　良渚文化出土的绿松石珠子。良渚出土的绿松石珠子数量不多，多是在一大串项链中间穿缀一两个。除了珠子，良渚人也将绿松石用于玉器表面的镶嵌，显得殊为珍贵。鉴于环太湖和浙江至今没有发现绿松石矿，推测当时良渚的绿松石原料为贸易品，然后自己加工制作成他们喜欢的小装饰件。浙江省文物考古所藏。

定的意义的，这种人为规定的意义又会反过来强化这种形式，使人对某种事物产生被规定的辨识，这也许就是后世各种形式的装饰佩饰被制度化的原因。我们还不能确定良渚人对珠子与其他构件的组合形式是否有严格的规定，也不知道这些形式是否对应严格的身份，但至少我们知道这些组合起来的具有强烈形式感的组合珠串不是一般民众可以佩戴的，从目前的考古资料来看，它们大多只出现在具有巫觋或者首领身份的大墓中。

在一长串珠子或管子中间穿系玉璜是良渚人对项饰搭配的一大贡献（图047），这种将璜搭配在项饰中佩戴的形式也许最早就出现在长江流域，至少从目前的考古资料来看是这样。良渚的璜有半圆形和半璧形，表面做工，多兽面纹样，是良渚的经典纹样，这种纹样也出现在其他玉器特别是玉琮上面。良渚这种穿系有玉璜的项饰一般出现在女性墓葬中，它们可能既与身份有关也与性别有关，尽管我们相信良渚聚落文化时期是以男性为主导的社会，但是一些特殊身份的女性仍拥有崇高的社会地位。玉璜作为装饰主题延续了很长时间，后来的西周贵族组佩也是以玉璜作为装饰主题，其他配件和各种材质的珠子围绕玉璜的数量和形式展开。我们无法证实良渚佩璜的形式跟西周组佩之间有什么样的渊源，良渚人是东方民族，而一千年后的西周人来自西方，在时间跨度上也相距甚远。我们暂时还没有确凿的证据来证明很多在形式上相互联系的美术现象之间的关系，某种美术形式跨越遥远的时间和空间的现象在美术史上并不罕见。一种有着固定装饰主题的佩饰一定是被赋予过意义的，无论是良渚人还是西周贵族都不约而同地选择了玉璜作为装饰主题，璜一定有它特殊的意义。《山海经·海外西经》说夏后启在舞蹈时"左手操翳，右手操环，佩玉璜"，夏后启是否就是一位伟大的巫师或者他的舞蹈是否就是巫术本身都只是推测，但可以肯定的是，玉璜自远古以来就是特殊身份的标志。

除了我们前面提到的具有强烈形式感的项饰出现在等级较高的大墓中，珠子和管子也出现在一般民众的墓葬中，但没有刻意的组合形式，并且一般表面都不做工（纹饰），这种现象也许也有助于说明良渚的珠串佩饰的组合形式是跟身份对应的。同样，材料的选择也可能与身份有关，矾石珠也是良渚文化中常见的珠子，形制有与玉珠相同的桶形和另一种比较短的小直管。矾石的硬度较低，一般在摩斯2.5度左右，表面丝质或蜡质光泽，较之玉石更容易加工，材料也更易得。这些矾石珠多出现在一般的良渚墓葬中，估计是玉珠的替代品，一般民众也能够佩戴。（图048）

## 第三节　石家河文化的珠子——长江中游

具象的动物形象肯定是讨人喜欢的，对现代人而言，它似乎比史前那些抽象的几何图案更容易理解，因为它比较"直白"。按照我们理解的史前美术，造型一般是抽象的，纹样一般是几何的，因为这样的美术更具备"神性"，史前先民也多遵循这样的原则。但是石家河人喜欢制作比较具象的珠子，他们把虎头、蝉、鹰等动物形象用圆雕的办法制作出来，而且形体一般只在2厘米左右，

图047　良渚文化穿有玉璜的玉项饰。由12颗玉管和1个半圆形玉坠组成。玉管长2.7—3厘米，玉坠高4.2厘米，直径1—1.1厘米。玉管呈鸡骨白，有茶褐色斑。玉璜正面微呈弧面，浅浮雕和阴刻线相结合雕琢一神徽图像。神人头戴羽冠，有上肢，双手隐没，下肢省略，与兽面纹复合。玉璜背面平整，两上角钻孔，与玉管串联，组成项饰。1986年浙江余杭墓葬出土。浙江省文物考古研究所藏。

图048　良渚文化的矾石珠。这种珠子一般出现在等级较低的墓葬中，由于矾石的硬度较低，珠子制作难度相对较低，出土时一般都有相当的数量。私人收藏，由彭涛先生提供藏品。

大多有穿孔，精致小巧，逼真动人。不过，这些珠子并非我们看见的那么"直白"，它们仍然是难以解读的，虽然它们的造型或图案一目了然，但我们却不了解石家河人为什么制作这些形象，也不知道他们给这些形象赋予了什么样的意义。这些珠子当然也不是什么随便的珠子，也不是随便什么人都可以佩戴，它们大多出土于成人瓮棺[27]之中，而且数量有限。在有玉器随葬的瓮棺中，多则几件，少则一两件。到目前为止，石家河文化出土数量最多的是小玉蝉，有33件，虎头9件，鹰只有1件；另有一种玉人头像是石家河文化最具典型意义的玉器之一，个体也很小，造型比动物形象抽象一些，总数有10余件。

石家河文化处在铜石并用时期，距今4600到4000年之间，因发现于湖北省天门市石河镇（今石家河镇）而得名，大致与黄河流域的龙山文化平行，也有考古学家把石家河文化归属在龙山文化的范畴。从它的下限时间来看，中原已经要进入城市文明的初期。就它独特的美术特征，特别是玉器和珠子的美术造型，与同时期的考古文化比较有明显的不同，尤其是石家河人擅长肖生的玉器。玉器品种主要分装饰品和生产工具两大类，装饰品包括人头像（图049）、虎头像（图050）、蝉、鹰、鹿头像、羊头像、环、玦、璜、笄、坠、珠、管、柄形饰等，用于个人装饰；生产工具有纺轮、刀、锛、凿等，但是这些所谓生产工具并非实用器而是礼器的性质。石家河出土玉管和玉珠，形制都十分规矩，做工精细（图051）。另有数量较少的天河石和绿松石珠子出土，材料和形制与石家河其他玉件相比较，显得比较突兀，可能是外地输入。

蝉是备受先民喜爱的形象，早在公元前6000年的北方兴隆洼文化遗址就出土了玉蝉，之后的红山文化和良渚文化也都有玉蝉发现，但是石家河人制作的蝉最为具象（图052）。制作玉蝉的传统从史前一直延续至清代，时间跨度至少8000年。每一个时代，玉蝉的形象都随当时的审美和文化内涵变化而变化，或抽象，或具象，或简练，或雕琢，但是都寄予了古人所希望的意义。或许即使今天的我们，所认识的蝉的寓意与古人也相去并不太远，至少我们都对蝉的一种生物现象很叹服，就是蝉能够蜕变，羽化后又"饮而不食"，这种神奇的"再生"无疑是古人今人都有的美好寓意，以至于汉代人把玉蝉作为琀放入死者口中，希望死者进入冥界天界后能够再生。

虎头珠的形体比玉蝉大一些，造型生气十足（图053）。虎是神威勇猛和不可战胜的象征，我们相信石家河人比我们更了解这种动物的品质，他们比我们更接近自然。我们很愿意把虎的形象（不会是猫的形象，因为那时的中国人还不会养猫，猫是埃及人的宠物）想象成石家河人的图腾[28]，这种想象没有直接的证据，在没有更好的解释之前，我们只能把问题留下。如果考虑到这一

---

27　瓮棺即瓮棺葬，古代葬俗之一，以瓮、罐一类陶器作葬具，多见于史前时代，常用来埋葬幼儿和少年。石家河发现大量成人瓮棺葬，推测与当时的信仰有关。

28　图腾一词是音译，来源于印第安语totem，意思是"它的亲族"。著名学者严复在1903年翻译英国学者甄克思的《社会通诠》时最先引进这一概念和名词，成为中国学术界的通用译名。图腾作为狭义的理解，指远古时代的某一族群认为与之有亲族关系的崇拜物，可以是动物、植物甚至无生命的物质。图腾崇拜是任何民族都有的文化现象，作为一种思想意识或文化形象，图腾在文化史上占有重要地位。

图049　石家河文化出土的玉人头像一组。它们一般高2—4厘米，有穿孔，穿孔的位置和方式不尽相同。有些孔径较大，可能是用于穿插在其他物件上。湖北省荆州博物馆藏。

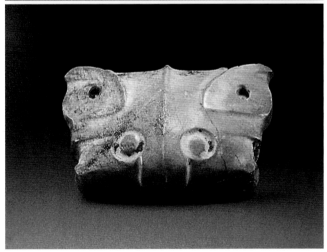

图050　石家河文化出土的玉虎头一组。它们一般高2—3厘米，都有穿孔，制作细致，工艺精湛。湖北省荆州博物馆藏。

图051　石家河出土的玉珠一组。这些珠子的高度在1—3厘米，有些孔径较大，为管钻孔。石家河遗址出土的珠子和小玉件制作都十分精致，但是数量很少，几乎没有像之前的良渚玉珠或者之后的西周玛瑙那样在民间流传过。

图052 石家河文化出土的小玉蝉。它们一般高2—3厘米,有些有穿孔,有些没有。推测有些用于穿系佩戴,而有些很可能作为琀一类的明器随墓主人入葬。湖北省荆州博物馆藏。

图053 石家河文化出土的虎头珠。石家河遗址出土的珠子和玉器数量都很少,并且它们从来没有像良渚或者红山的珠子那样在坊间流传过。国家文物局图片资料。

地域在后来的文化情境中仍旧经常出现虎的美术形象,那么可以说这种想象还不算太牵强。

石家河的小玉饰大多有穿孔,但是我们无法知道它们具体的穿系办法。从事发掘工作的考古人员根据当时的现场情况作了如下的推测:(这些玉器)从其形状及钻孔部位等特点分析,有些可能是用线穿连,悬挂于某一(人体)部位;有些则可能是用线缝缀于软质的冠服上;还有的可能是镶嵌或缚扎于木质之类的装置上。也不排除把玉蝉作为琀放在死者口中,寄予再生的寓意,因为我们发现有些玉蝉并没有打孔,作为琀是不需要打孔的。

## 第四节　大汶口文化的珠子——黄河下游

与大致同期的长江流域的良渚文化和北方的红山文化相比较，黄河流域的大汶口的制玉工艺不算发达。这一黄河流域新石器时代晚期重要的遗存，首先发现于山东省泰安县大汶口，其分布范围北濒渤海、南抵苏皖、西进河南。玉器多为佩戴的小型装饰品，有珠、环、镯、佩、坠等，还没有出现完整的玉礼器。但是我们注意到在早于良渚之前，大汶口人就有了设计组合的项饰，这些成组的珠子与坠饰搭配组合在一起，装饰形式完整有序，极富美感和设计意识。（图054）

我们在前面良渚一节提到过大汶口晚期花厅遗址的珠子和项饰（图039），花厅的珠子无论是形制还是珠子的组合方式都更接近长江流域的良渚，而大汶口遗址的珠子和项饰更偏向"北方风格"，也就是我们已经叙述过的红山。大汶口项饰中的构件比如四联环、双联环、单体环都与红山出土的类似，不仅是形制，甚至工艺上都很类似（图055）。这种形式上的联系也许不是偶然的，虽然我们不能确定两者之间究竟是怎样的联系，除了形式的相似，是否还有内在意义的联系？或者是借用了共同的形式却表达不同的宗教内涵？今天已经很难解读。但是可以确定的是，古代人类之

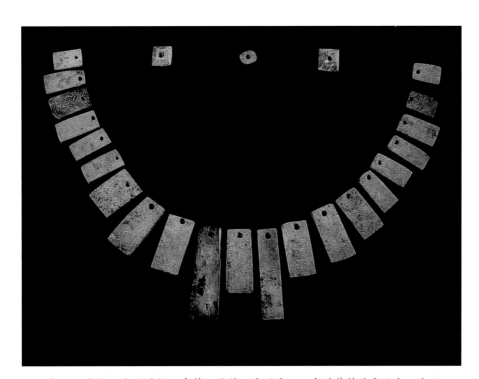

图054　大汶口文化的松石串饰。这件距今至少5000年的装饰艺术品由24块不同形状的绿松石片组成，长方形片顶部对钻一圆孔，方形和圆形在中部对钻一圆孔，孔两面对钻有台痕。表面抛光。构件有长方形，长2.2—4.6厘米，宽0.95—1.2厘米，厚0.2厘米；梯形长4.78厘米，宽1.1—1.4厘米；圆形外径0.66厘米，孔径0.18厘米。安徽省萧县皇藏峪金寨遗址出土。安徽萧县博物馆藏。

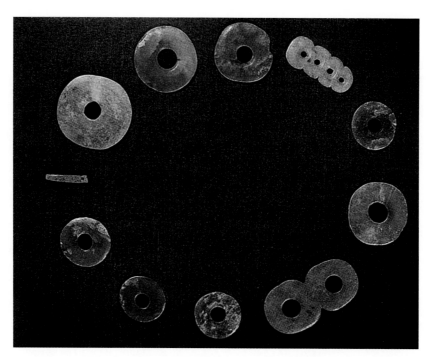

图055　大汶口文化的玉串饰。由青玉、白玉制作的单环、双环、四联环及绿松石坠等11件组成。四联环长4.8厘米，绿松石长3厘米。1971年山东省邹县（今邹城市）野店出土。山东博物馆藏。

间的相互交流，在时间和空间跨度上都超出我们的想象，也就是多数历史学家所认为的那样，文明是各个先期文化碰撞和交流的结果。

　　除了较早发展出了设计组合的项饰，大汶口文化还有一个值得我们关注的是它的镶嵌工艺，这种使用绿松石镶嵌在其他材料上的工艺从大汶口传递到后继的龙山文化，从龙山持续到二里头和殷商，西周时期这种工艺稍有衰微，到战国时期突然风行，特别是在青铜制品上的镶嵌，比如青铜带钩和青铜镜。战国末期，可能是由于战争的原因，中原的镶嵌工艺突然中断，却被西南的古滇人保存下来一直持续到西汉。除了镶嵌工艺，大汶口人偏爱绿松石和骨制品的传统在黄河流域也延续到了战国时期。黄河流域的这一传统可能得益于周边地区丰富的绿松石蕴藏，紧邻黄河中下游的汉江流域从陕西省东南部白河县到湖北省西北部郧县（今郧阳区）一直是绿松石的主要产区。

　　大汶口文化的制玉工艺虽不及同时期的红山和良渚文化发达，雕刻工艺品却有很高的艺术水平，数量也很可观。这些雕刻品有象牙雕筒、象牙琮、象牙梳、雕刻骨珠、骨雕筒、骨梳、牙雕饰、嵌绿松石的骨筒、雕花骨匕、穿孔玉铲、玉珠以及陶塑动物等，工艺都相当精细，造型优美，是大汶口文化中颇具特色的艺术作品。此时在广泛的地理范围内，先民们都已经能够征服相当硬度的材质，大汶口人一样能制作硬度极高的材料，但是他们仍然偏爱骨头珠子，这些骨头珠子出土时仍有相当部分保留了比较完整的状态，使我们得以了解那一时期使用骨、角、蚌等有机材料制作装饰品的情况。

## 第五节　龙山文化的珠子 —— 黄河中下游

　　大汶口文化之后，到公元前2800左右发展成山东龙山文化，也就是黄河中下游的龙山文化（图056）。龙山文化显著的特征是大量的磨光黑陶，这些黑陶取代了黄河流域长达2000年的彩色陶器。彩陶的消失可能与彩陶图案作为象征性表意功能的消失有关，即被新的表达信息的载体所取代，比如书写介体的发明。龙山文化磨光素面黑陶取代长达数千年的彩陶，正好是一些表意的刻画符号出现在陶器表面的时候。这不是一个巧合，正是表意符号的出现，取代了彩陶几何图案的象征性功能，结束了彩陶图案数千年来承担的表达意义和传达意图的使命。

　　龙山时代的黄河流域开始出现相当数量的玉礼器，如陕西神木石峁、山西襄汾陶寺等遗址都出土了礼器性质的玉器，琢玉工艺也很成熟。山东胶县（今胶州市）三里河遗址的龙山文化地层中，出土了以鸟形、鸟头形、玉珠等相配成组的玉器，这些组合方式除了具有形式上的装饰美感，还有更丰富的象征意义，只是我们已经无法了解它们的具体内涵。也就是从此时开始，黄河流域制玉的

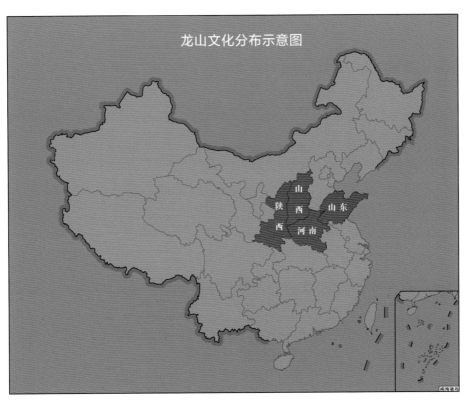

图056　龙山文化分布示意图。龙山时代的黄河流域开始出现相当数量的玉礼器，如陕西神木石峁、山西襄汾陶寺等遗址都出土了礼器性质的玉器，琢玉工艺也很成熟。所有这一时期的黄河流域的考古遗址都出土绿松石珠和骨质珠子；与长江流域同时期的文化遗址相比较，玉珠相对少见。龙山文化对于中原腹地文明的发生之重要，与后来在黄河流域冲积平原上兴起的几个都市有直接的渊源。

工艺和规模开始超越长江流域（图057），一个明显的理由是集约化农业开始在黄河流域的冲积平原上逐渐兴起，正是由于这一伟大的人类工程的应用，我们将看到都市在黄河流域的中下游地区建立起来，可以肯定的是，这一地区此时的制玉工艺和其他手工艺正是稍后那些都市手工业的先声。

如果非要把作为考古学定义的"龙山文化"与古代文献记载中的年代对应起来，它大致相当于传说中的"夏"。"夏"是我们熟悉的，那是一个英雄的年代，有中国人至今仍旧供奉和尊崇的"尧""舜""禹"。但是迄今为止，还没有发现一个与"夏"这个朝代具体对应的考古遗址，而只能在时间的外延上与某个考古遗址的年代上重叠，比如二里头文化和河南龙山文化，这些文化遗址大多分布在黄河中游的冲积平原上，正是这样的地理条件使得集约化农业和都市的兴起成为可能。

我们在前面大汶口一节中提到过，这一时期黄河流域的玉器制作不及南方的长江流域和北方的辽河流域发达，至少从现在的资料看是这样。但是我们也注意到，都市——也就是文明真正的发生，却是在这一流域的中心地带，即后来的文明中心地带——中原腹地。都市的兴起与这一地域的史前文明有直接的联系，二里头都市的兴起很可能直接源于河洛地区的河南龙山文化。虽然由于考古资料的缺乏，我们在这一节中无法直接呈现珠子一类的实物，但是考虑到黄河中下游的龙山文化对于中原腹地文明的发生之重要，对这一环节的叙述无法忽略。也许在将来，新的考古资料的出现将弥补该地域这一时段实物资料的空白。

华北平原不产石材，这可能是它早期的制玉工艺和规模都不及长江流域和辽河流域发达的原因之一。但是，都市的优势是有了专业分工和职业化的工匠，以及专门从事贸易的商人和大规模的贸易行动。制作奢侈品的原料能够通过贸易源源不断地贩往中心都市，并以聚落或部落文化无法企及的专业分工协作的高效率，生产出数量和质量都惊人的手工艺品。作为强势文化的都市，在文明发生之初像海绵一样吸纳了周边和遥远地域的物质资源和人力资源，并将都市的文化和文明随产品一同扩散。虽然史前的中原并未拥有像长江流域那么多的个人装饰品特别是珠子的实物资料，但是在进入都市兴起以后的文明时代，这里却是个人装饰品以及其他艺术品最丰富优美的中心。

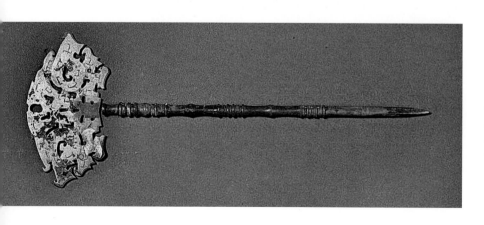

图057　龙山文化的玉簪首及玉柄。玉簪由簪首和玉柄组合而成，簪首图案对称，有镂雕和绿松石镶嵌工艺。簪柄呈多节形，富有节奏变化，做工精致细腻。山东省临朐县西朱封龙山文化遗址出土。中国社会科学院考古研究所藏。

## 第六节　马家窑和齐家文化的珠子——黄河上游

　　马家窑文化和齐家文化都是黄河上游新石器时代晚期文化，两者的地域范围大致重叠，马家窑为彩陶文化，而叠压在马家窑地层之上的齐家则已经进入青铜时代。马家窑文化因最早发现于临洮县洮河西岸的马家窑村麻峪沟口马家窑遗址而得名（图032），以它图案独特美丽的彩陶最为著名，这些彩陶无论是制作技术还是装饰效果，都可以说是彩陶文化的高峰（图021）。马家窑文化的人们死后一般集中埋葬在公共墓地，随葬品以陶器为主，除了少量石、骨质生产工具，另外还有石珠、骨珠、绿松石饰、蚌饰、石环等装饰品，这些小装饰在整个黄河流域都曾经流行过（图058）。

　　考古学上的齐家文化，是继马家窑文化之后兴起于黄河上游甘青地区的一支青铜文化，也有考古学家将其归为铜石并用时代，因1924年发现于甘肃广河县齐家坪而得名。碳–14年代测定距今4000年左右，晚期与中原地区夏商时代相当。分布范围东起渭河流域及泾水上游，西至湟水流域，南及白龙江流域，北至内蒙古阿拉善左旗附近。齐家文化的青铜合金用于广泛的制作，除了武器、工具，也用于装饰品制作，包括镜子、手镯、臂钏、臂筒、指环、耳环、发钗及各种泡饰，已经发展出了门类齐全的合金装饰用具。

　　迄今为止，从考古资料来看，只有齐家文化和夏家店文化出土过大量的天河石[29]珠子（图059）。这些珠子除了供本地使用，可能参与了对其他地域的贸易交换，成都平原的三星堆遗址曾有少量与齐家文化类似的天河石珠子出土。齐家文化和夏家店下层的起始年代比较一致，都是从公元前2000年开始，并同时开始制作青铜合金。两者的天河石原矿很可能都取自内蒙古中部武川县附近的天河石矿脉，但仅从天河石珠子的外观看，两者间仍然有比较明显的区别：一是材质本身的质地不尽相同，齐家的天河石色彩明显偏蓝；而夏家店的多为蓝绿色和淡绿色，这可能是采矿的具体地点不同造成的。二是成品的形制有所区别，从出土资料看，齐家的天河石珠子个体偏大一些，形制比较单一，多为管子和扁珠；而夏家店的天河石珠子形制更丰富，制作上也显得更细致一些。夏家店文化地域范围内，从下层文化直到后来的上层文化都有大量的天河石制作，除珠子以外，还出土斧头形状的小坠子、小直管、中鼓的管子、扁状的小圆珠和各种随形的小坠，年代一直延续到中原的战国晚期。

　　齐家文化的玉器与黄河中游出土的一样，大多素面无纹，或饰以弦纹一类简单的纹饰，器型以礼器类的琮、璧、环、璜、钺、刀、璋等称著。制作珠子的材料则有天河石、绿松石、骨头等。另外，大量的还有一种地方玉料制作的小管珠（图060），这种珠子的形制单一，颜色有白色、象

---

29　天河石又称"亚马孙石"，英文Amazon stone的意译。天河石是微斜长石的亮绿到亮蓝绿的变种，摩斯硬度为6度，蓝色和蓝绿色，半透明至微透明。天河石有明显的特征，它具有绿色和白色的格子色斑，且闪光。这是由于它独特唯一的双晶结构引起的。颜色为纯正的蓝色、翠绿色，质地明亮，透明度好，解理少的为优质品。代表产地有巴西、美国、加拿大，中国主要产地有内蒙古、云南、四川、江苏。

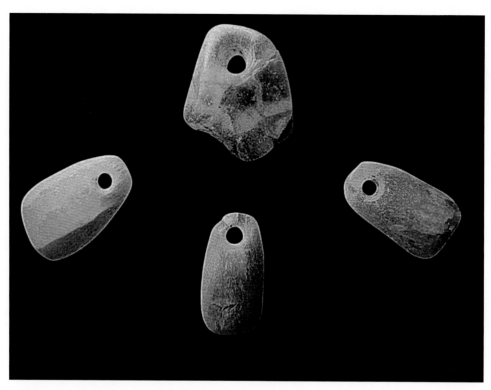

图058 马家窑文化的水晶坠。出土于青海同德县，长2.1—2.3厘米，青海省博物馆藏。马家窑文化以1923年首先发现于甘肃省临洮县的马家窑村而命名，是仰韶文化向西发展的一种地方类型，出现于距今5700多年的新石器时代晚期，历经了1000多年的发展。主要分布于黄河上游地区及甘肃、青海境内的洮河、大夏河及湟水流域一带。马家窑文化以彩陶著名，在中原地区仰韶文化的彩陶衰落以后，马家窑文化的彩陶又延续发展数百年，将彩陶文化推向前所未有的高度。

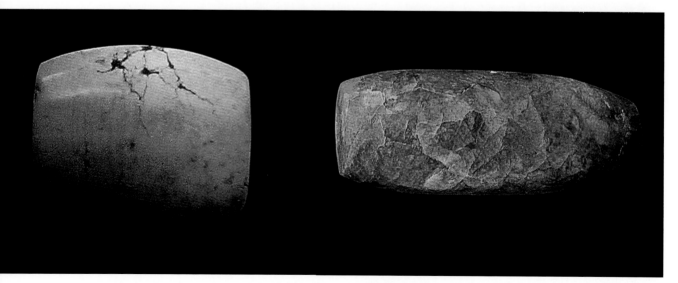

图059 齐家文化出土的天河石和绿松石珠子。天河石珠长3.7厘米，对钻孔，青海民和县出土。绿松石珠长1.18厘米，宽0.95厘米，孔径0.22厘米，厚0.66厘米；对钻孔，孔内螺旋纹清晰。青海民和县喇家遗址出土。青海文物考古所藏。

图060　齐家文化的小管珠。由白色、黑色、灰色等不同颜色的地方料制作。出土时数量很大，除了缠绕在墓主的颈项、腰部等部位，同坑的陶罐中也盛放大量珠串，推测这样的小管珠是专门为陪葬的目的制作的。这种小管珠随着齐家文化的消失而消失，直到公元前7世纪，由这一地域南下川西北一线的战国石棺葬内都出土同一类型的小管珠，形制和工艺与齐家相比较几乎没有太大的改变，但是表面抛光不及齐家文化时期的细致，光泽度差，材料硬度高一些，而制作较齐家的工整。

牙黄、灰色、黑色等几种，材质的硬度一般都不是很高，加工相对容易一些，出土时数量很大，除了缠绕在墓主的颈项、腰部等部位，同坑的陶罐中也盛放大量的珠串，推测是专门为陪葬的目的制作的。这一地域以及南下川西北一线，公元前7世纪前后的战国石棺葬内都出土同一类型的小管珠，形制和工艺与齐家相比较几乎没有太大的改变，但是表面抛光不及齐家文化时期的细致，光泽度差，材料硬度高一些，而制作较齐家的工整。我们不应该认为这一定是某种工艺或者相关传统的直接延续，因为这种形制的小管珠在商周时代的千年时间内没有再在这一地域出现过。我们前面说过，美术形式的延续不等于文化内涵的延续，相同的美术形式在不同的地域和时间承担的可能是完全不同的文化内涵。直到战国时期，这一形制的珠子大量出现在夏家店上层文化和川西北地区的战国石棺葬中，形制和个体大小基本一致，但所使用的材料可能是各自就近的地方料，这几个出土遗址正好分布在所谓"边地半月形文化传播带"上，我们将在"春秋战国的珠子"一章节中专门叙述它们之间的联系和可能的关系。

　　把珠子放在随葬的容器里的葬俗最早从什么时候开始的还不清楚，现在所知比较早的资料是印度河谷公元前2600年到公元前1900年的哈拉巴文化（Harappa）[30]，哈拉巴人将他们漂亮的玛瑙珠、费昂斯管子和黄金制作的小珠小坠一起放在陶罐里随墓主人入葬。齐家的墓葬也多在陶罐里放上成串的珠子管子，现四川境内的三星堆文化也有将玉管盛放在青铜容器中的出土记录；在战国时期的川西北氐羌系民族的墓葬中与齐家文化的情况一样。这种葬俗在殷墟有过，在长江流域的商墓中也能看到，只是盛放珠子的容器换成了青铜制品。推测这些珠子可能是作为财富的象征跟随墓主入葬的，也许它们还有我们无法了解的其他寓意。

---

30　哈拉巴文化（Harappa）的内容见第五章第五节，早期的费昂斯珠。

## 第七节　红山文化的珠子——辽河流域

"积石冢"、圆形祭坛、女神庙是5500年前红山人创造的地表遗存，考古发掘揭示的地表以下，是造型抽象、工艺精湛、形制独特的玉礼器，它们不同于前述任何诸种聚落文化的美术特征（图061），它们似乎比其他祭祀文化的玉器更难解读。我们只知道红山人是农业民族，与同时期的聚落文化的人群一样，他们生活在河流两岸的山坡台地上经营他们的园圃农业，有规模不算小的聚落群体（图032）。如果我们愿意，也可以将红山玉器用来比附任何与"文明的曙光"有关联的内涵。然而我们更关心珠子，它们并不缺乏可以比附的意义而且包含同样的工艺难度。所幸红山人不仅制作出了玉礼器，还制作了大量的玉管和玉珠用来穿挂佩戴。虽然他们没有发展出良渚人那种繁复庄严的组合项饰，但是他们可选择的材料似乎更多，而且他们的珠子更具备质朴天成的趣味。

红山比较典型的几种珠子形制有管子、扁圆珠、中鼓的珠子、束腰小管和背后有牛鼻穿孔的半球形珠（图062），这些形制在长江流域的良渚文化中也都出现过。红山人的珠子一般选料都比较精，青玉是比较常见的玉料，质地更加细腻的黄玉少见一些。红山人不像良渚人那样在玉器和珠子表面制作图案，他们的珠子几乎都是素面的。如果玉器表面偶尔有阴刻线的，也不是图案化的，而是简单的线条与器物本身的形制配合，表示出一种抽象的形体，而这些形体的内涵是我们今天无法解读的。红山人使用的玉料大多是就近取材，这些玉料为透闪石类，多为青色、微黄、青黄色玉，也能见到白色玉质。由于墓葬环境的原因，红山文化的玉珠、玉管经常会带有一些沁色[31]，有些呈局部红色沁，这种沁色在南方的墓葬环境中很难见到（图063）。

我们在上一章已经提到过，辽河流域在先于红山之前就曾有过兴隆洼玉器，它与红山文化的玉器在形制和工艺上的联系是显而易见的，也是迄今为止中国境内发现得最早的玉器。与兴隆洼人一样，红山人喜欢并擅长制作管子（图064）。在硬度超过摩斯6度的透闪石玉料上打一个长度超过3厘米的孔并非易事，但是红山人完全能够驾驭这种难度很高的工艺。先民对管子形制的偏爱也许来源于早期佩戴天然骨管的习惯，我们在第一章中推测过最早的珠子可能就是先民吃剩下的动物身上的骨头。利用天然骨管制作珠子，直到战国时期的西南边地民族还有这样的习惯，他们对装饰的喜爱和审美没有程式化的模式，任何他们觉得好看、可以穿系的东西都可以用来装饰佩戴。当先民们能够利用工具给坚硬的美石打孔的时候，他们就开始按照骨管的形状来制作他们的珠子。仿佛是为了炫耀和比赛自己打孔的技艺和耐心，他们制作的管子有些长度可观，表面抛光细腻，即使今天掌

---

31　古玉沁色，是指玉器因为长期瘞埋在土壤中，玉质本身的微量元素与土壤中的物质相互作用所形成的色彩变化。由于地域和土壤环境的不同，埋藏时间的不同，使得玉器上的沁色呈现出不同的色彩变化。清代的陈原心在《玉纪》中对玉器的沁色进行了详细的分类，其中说道："诸色受沁之源难以深考，总名之曰十三彩。"一般来说，我国的北方土壤多呈碱性，玉器沁色多为黄色或黄红土沁，南方土壤湿润呈酸性，玉器上的沁色则多为白色水沁。民间也将玉器沁色作为古玉鉴定的一项指标，但是由于目前仍缺乏系统的理论和数据支持，鉴定的有效性仍属于经验范畴。

图061 红山文化的绿松石枭形佩。红
山文化的肖生玉有枭、蝉、龟等不同
形制，造型有写实和抽象两种手法。
这些小玉件一般个体不大，有穿孔，
用于个人佩戴，也可能被赋予过具体
的文化含义或宗教内容。辽宁省博物
馆藏。

图062 红山文化的半球形珠。1982年巴林右旗巴彦汉苏木那斯台红山文化遗址出土，共68枚。珠子呈半球
形或扣形，最大直径2.48厘米，最小直径1.36厘米。玉质细腻光洁，黄色，半透明。现藏巴林右旗博物馆。

图063　红山文化的鼓形玉珠。玉珠高4.2厘米，直径3.9厘米，孔径0.9厘米，玉淡黄色，质地细腻温润，有枣红色沁斑，半透明。早年内蒙古赤峰市内出土。仔细观察这些出土实物的打孔，大多是孔道内壁十分光亮，似乎经过耐心的抛光，这种光亮的孔道最初是因为速度很慢的研磨式的手工钻孔造成的，而后来人们长期的穿戴则相当于为珠子的孔壁不停地抛光；有些孔口呈"锁形"，这也是长期穿戴造成的痕迹。赤峰博物馆藏。

握了现代科技的人们看了也为之叹服。

红山的玉管除直管外，还有多节状管，这种长管子有些个体很大，表面呈起伏的凹凸节状，制作工艺相对较难。这种管子应该不是用来佩戴而很可能是用于祭祀的礼器，只是我们已经无法了解这种多节状的形制本身所代表的意义。直管的表面工艺虽然不复杂，但是红山人仍然对管子佩戴时的效果做了周密的设计，比如有些管子的两端故意做成一定角度的斜口状，这种斜度是为了使一定数量的管子穿系在一起时有转弯的角度，悬挂时管子跟管子之间合缝美观。先民们在实践中总是能总结出一些为后世经久传送的规律和技巧来，这种在管子两端做出一定斜度的办法在后来的殷墟、三星堆文化遗址和汉代的云南、东南亚的东山文化中也能见到。

除透闪石玉珠外，红山人也用巴林石、煤精等硬度不太高的材质制作珠子和各种小坠饰（图065）。这几种地域性很强的软质石料成了这一北方地带的装饰品传统，直到后来的夏家店文化和中古时代的辽金人一直都在使用这些材料制作珠子。我们在兴隆洼一节说过，这些多样选择得益于这一地域丰富的原料储藏之利。

图064　红山文化的玉管。管子长3—4厘米，直径1.5厘米左右。黄玉和青玉，玉质温润，局部有红褐色沁，半透明，硬度高。有些管子两端斜口，是为了使一定数量的管子穿系在一起时有转弯的角度，悬挂时管子跟管子之间合缝美观。这种管子两端做出一定斜度的办法在后来的殷墟、三星堆文化遗址和汉代的云南、东南亚的东山文化中也能见到。辽宁省博物馆藏。

图065　红山文化的巴林石束腰形珠和管子。珠子高1.8厘米，管子高3厘米。巴林石是辽宁地区特有的石材，硬度低，切割、钻孔和抛光相对容易。明清两代曾大量用于印章的雕刻，优质的巴林石无论色彩还是质地都具有很高的审美价值。私人收藏，由戴炜先生提供藏品。

# 第四章　夏和商代的珠子

（公元前2070年—公元前1046年）

## 第一节　都市的兴起和二里头遗址的珠子

　　都市的兴起是文明发生的一个重要标志，也就意味着有一大批人从粮食生产中脱离出来，并且也不从事与粮食交换有关的活动。这些人是专门的祭司、官员和手工业者，而后者将为都市创造和制作出各种类别的奢侈品，虽然这些奢侈品当初并非单纯为着奢侈的目的而是宗教的目的制作的。由于这些奢侈品（后世称之为艺术品）的传世和出土，我们有了一部可见的历史。

　　多数历史学家相信，城市最初是一个祭祀中心，都市的兴起是围绕祭祀展开的，我们引用汤因比的一段话来想象一下都市最初的样子，"或许这些城市一开始只是举行仪式的祭祀中心。全社区的人定期在这里集中，举行宗教仪式或进行与大家密切相关的公益性工程的组织工作。一开始，这类祭祀中心或许只有少数长期住户，随着少数非农业人口数量的增加，特别是在这些人中间产生了祭司与世俗管理人员的分工（最初二者之间并没有分工）之后，这些人加上他们的文书抄写员、仆人、工匠都居住在祭坛四周的房舍里，祭祀中心就逐渐发展成为城市"。

　　我们在聚落文化的章节里讨论过祭坛的出现，以祭祀为中心的文化活动和支持这种活动的集约化农业使都市成为可能。然而最早的都市都没有出现在我们前面大书特书的几个聚落遗址中，无论是长江下游的良渚，还是北方的红山，先民们仿佛是在创作完一幅神秘庄严的祭祀图卷之后，便永远停在了那里。真正的都市和集约化农业发生在华北平原[32]的中心地带。灌溉农业使得先民们从经

---

32　华北平原是中国第二大平原。西起太行山，东到海滨，北依燕山，南到淮河，地跨北京、天津、河北、山东、河南、安徽、江苏7个省、市。东西宽700—900千米，南北长1000余千米，面积约31万平方千米。由黄河、淮河、海河等河流冲积而成。

营园圃农业的山坡台地走了下来，他们需要更大更广袤的土地施展他们集约化农业的才能。他们已经能够在很大程度上控制自然至少是控制由于季节变化带来的水患。由于对自然更多的理解和对生命更多的自信，他们比以往任何时候都想在一个地方定居下来，而且他们也真的在平原上创造了都市。迄今为止，人类任何伟大的发明都不足以与灌溉的发明比肩。

尽管现代人的生活得益于我们的先民无法想象（甚至我们自己也无法想象）的现代科技，但是如果没有先前的灌溉农业，今天的一切都不会发生。即使今天，农业仍是都市文明的基础。虽然在今天的都市，装饰品随处可见，它们既不重要也很廉价，因为它们与身份无关。但是人们并没有逃脱用物质来标志身份的办法，比如汽车和服装品牌。其实这不是什么新鲜的发明，舆服制度从两千年前就是朝纲，区别只在于车子驱动力的不同。如果涉及我们在装饰品方面与先民的不同，那就是我们的装饰品很少再承担身份标志的任务，更多的是奢侈的目的，须知生产奢侈品和浪费资源是现代城市文明的特征。如果说珠子这样的装饰品对现代人而言仍保有宗教的内涵，这种内涵仿佛也不再那么庄严。

《左传》中有晋献公命太子申生修建新城，首先令其建立宗庙，"凡邑有宗庙先君之主曰都，无曰邑"。礼仪制度完备的古人对所谓城市的内涵很明确，必须有祭祀祖先的宗庙的存在，才可称作"都"；如果不具备祭祀功能，无论建筑多么宏伟也只能算是贵族居住的"邑"。与古代西亚和埃及的宗教不同，古代中国更多的是祖先崇拜而非想象中的神灵，但是城市作为祭祀中心的功能在一开始是一样的。从考古资料来看，有比较严格意义的"城"的遗址是河南偃师二里头[33]（图066）。

我们前面说过，位于冲积平原上的都市不出产制作珠子的半宝石材料。但是这里出土珠子，这是都市的优势——资源控制和原材料的大宗贸易。都市也使得手工业成为专门的行业，并且在行业内部进一步分工。在二里头宫城城墙的基础下发现了绿松石废料坑，出土了数千枚绿松石块粒，相当一部分带有切割琢磨的痕迹，还有些因钻孔不正而报废的珠子（图067）。说明在当时，即使是手工行业内部，也开始了由于材料、工艺程序、手工产品种类的不同而引起的进一步分工。我们注意到二里头的珠子多绿松石，同时还有相当数量的绿松石镶嵌饰品，绿松石珠子和绿松石镶嵌工艺是黄河流域自史前就开始的传统，它们是大汶口和龙山文化的渊源。我们还记得在黄河下游的大汶口遗址中有绿松石镶嵌的象牙筒，在继大汶口之后的龙山文化中有镶绿松石的玉笄，属于河南龙山文化的山西陶寺遗址也出土了镶绿松石玉笄。

到1987年为止，偃师二里头遗址发掘了的56座墓葬大多数无饰品，可能为一般平民墓葬；而少

---

33　二里头遗址涉及"夏文化"的概念，我们含混地称这一时间段为"夏"。迄今为止，还没有发现一个与"夏"这个朝代具体对应的考古遗址，而只能在时间的外延上与某个考古遗址的年代重叠，比如二里头文化和河南龙山文化，所以夏文化并非考古学意义上的概念。这样的话，我们可能有某些考古遗址在时间的外延上与夏文化的时间范围重叠，但内涵却不一致。但是我们又不可能绕过夏文化这个概念去谈中原文明，因为没有夏文化，中原文明的开端和都市的兴起都无从谈起。夏是文献记载中最早的朝代，《史记》第二篇就是"夏本纪"。按照文献中提到的夏人活动的区域，我们暂时把二里头和河南龙山文化遗址出土的珠子断代在夏的编年范围内可能不会太错。

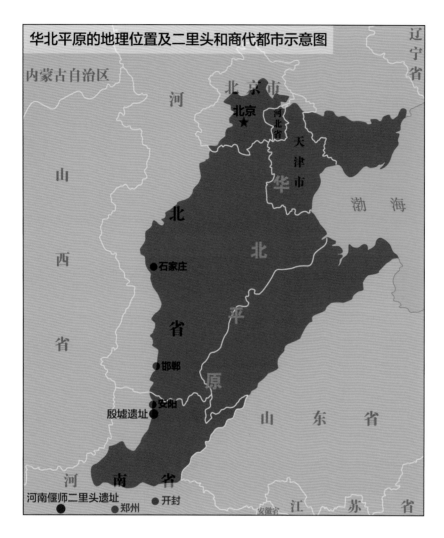

华北平原的地理位置及二里头和商代都市示意图

内蒙古自治区

辽宁省

河北省

北京市
北京★

天津市

渤海

山西省

河北省

石家庄

邯郸

殷墟遗址 安阳

山东省

河南省

河南偃师二里头遗址    郑州    开封

安徽省    江苏省

图066 华北平原的地理位置及二里头和商代都市示意图。都市的兴起是文明发生的重要标志，古代中国最早的都市文明发生在黄河中下游的冲积平原上，也就是华北平原。

数出饰品的墓葬明显身份显要，墓葬虽然大多被盗，但出土的绿松石珠仍有上千枚。宋镇豪先生在他的《中国风俗通史·夏商卷》一书中将二里头墓葬出土的饰品归纳为五类：镶嵌绿松石片的兽面铜牌饰（图068）；绿松石珠串成的项链；绿松石珠与陶珠混串的项链（图069）；陶珠项链；贝壳串成的项链。其中代表最高等级的饰品可能是颈部穿挂一到两串绿松石项链与胸部有绿松石镶嵌的兽面牌饰组合在一起的方式，而陶珠就质地和工艺以及墓葬等级而言，可能是绿松石一类半宝石珠子的替代品。

河南郑州上街的商代遗址与二里头有连续的关系，发掘报告显示这里出土有陶珠167颗，皆扁圆形，直径不到1厘米，中有穿孔，灰色和棕色两种，出土时大部分整齐排列，推测原本是穿连在一起的。由于图像资料缺乏，这种陶珠究竟是什么样子我们不得而知，只能根据描述初步判断珠子与二里头出土的陶珠类似，或者就是同一种工艺。但陶珠的流行时间并不长，二里头之前不见出土

图067　二里头遗址出土的绿松石料。它们有些是加工失误和切割下来的废料，有些是待加工的料坯。原料坑和手工作业遗址的发现证实了手工业对于都市的重要性。

图068　二里头遗址出土的镶嵌绿松石的青铜牌饰。牌饰可能是钉缝在墓主衣服上的装饰件。用于镶嵌的绿松石片一般在几毫米见方，厚度1毫米左右，可见其工艺的精致。这种绿松石镶嵌工艺是黄河流域源自大汶口文化时期的传统，最初是镶嵌在牙、骨类器物上；合金发明以后，开始用于青铜镶嵌，后者在中原的战国时期十分盛行，并且多是用于黄金等贵重金属的镶嵌。

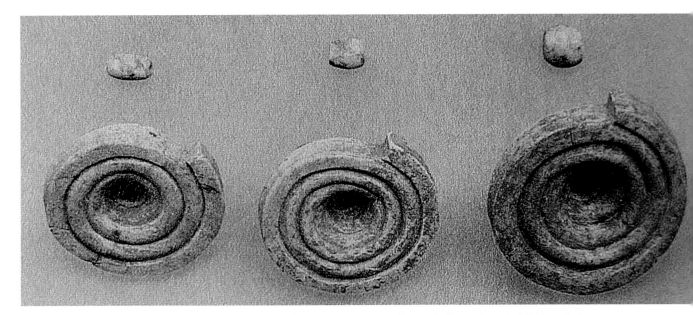

图069　二里头遗址出土的绿松石和白陶饰品。珠子和斗笠状的白陶饰品均在墓主头部，白陶饰中心有穿孔，可能是钉缝在织物上的装饰件，出土时织物不存。

记录，之后也没有在时间和地域上扩散。由于早期的制陶工艺很发达，推测应该有陶珠的制作，但奇怪的是现阶段发现的实物资料并不多，也许与陶器质地易碎有关。直到战国时期，中原才开始出现有眼圈图案装饰的陶珠，而这种陶珠的工艺很难说与早期陶珠关联，并且它的装饰灵感明显来源于当时盛行一时的蜻蜓眼玻璃珠。

## 第二节  殷墟出土的珠子——黄河流域的中原文明腹地

商代是中原文明第一个使用文字的朝代。商人可能是来自黄河下游沿海的东方部族。《诗经》中有"天命玄鸟，降而生商"，而鸟图腾正是东方部族共同的图腾；商人使用龟甲兽骨占卜的文化特征，在黄河中下游新石器时代的龙山文化中也出土了一些证据。在甲骨文发现以前，主张实证的史学家认为商代只是一个存在于文献中的传说中的王国。1899年（清光绪二十五年），任国子监祭酒的王懿荣最先发现了刻在兽骨和龟甲上的甲骨文，也就是我们今天还在使用的汉字的前身。但是真正对河南安阳商代遗址进行考古发掘却是1928年的事。这次发掘揭示了一个伟大的青铜文明。

来自东方的商人代表了当时中原最高的文明程度，他们拥有文字。我们知道中原文明的祭祀对象是自己的祖先而不是那些飘忽的神灵，这一点完全不同于西方。虽然我们还无法解释是什么原因形成了中原文明的祖先祭祀文化，但是很明显，东西方文明在思维方式上从一开始就已经分道扬镳。中国人的祖先亡灵是直接"参与"现实生活的，他们对现世家族的命运有巨大的影响力，因而商王每有事必占卜，还将占卜内容让他的巫师记录下来，这就是今天出土总数达15万片的有字甲骨。甲骨文成了我们研究商代历史风俗的第一手资料。

河南安阳是商代最后一个都城（图066），在之前的300年里商人6次迁移，平均不到60年就迁都一次。公元前14世纪上叶，商王盘庚迁都[34]到现今的河南安阳后再也没有迁徙，直至公元前11世纪周武王灭商。这将近300年的历史使殷墟堆积了丰富的遗存，其中1928年到1937年间"中央研究院"历史语言研究所组织的15次对殷墟的考古发掘、新中国成立后中国社会科学院考古研究所对妇好墓的发掘，除了著名的商王室占卜甲骨，还出土了大量令人叹为观止的青铜器和玉器等丰富的艺术品。同时出土的还有很多小装饰品，比如镶嵌件、发饰和珠子，材质有玉、玛瑙、绿松石、孔雀石、骨质、贝壳和黄金等。

殷墟发掘揭示的是一个成熟的都市城址。除了具有规模的宫殿、祭庙和家族墓地，还发现了青铜和玉器的作坊遗址，这些作坊遗留废料保留了当时的工艺痕迹。特别是青铜铸造，我们知道这种工艺制造需分工协作才可能完成，也就意味着技术和部门的组织管理。与不太经常发生的技术发明

---

34  盘庚迁都是商代历史上重要的政治事件。盘庚定都今河南安阳，当时称"殷"，因而商代也称"殷商"。司马迁在《史记》中曾提到周公将其弟康叔分封在"河淇间，故商虚"（《史记·卫康叔世家》）和项羽领军来到"洹水南，殷虚上"（《史记·项羽本纪》），可知在西汉时期就已经了解殷商统辖的大致范围。

图070　河南安阳殷墟西北冈出土的红色玛瑙珠。珠子的个体都比较大，所谓"研磨孔"为开阔的喇叭口和粗糙的孔壁，表明钻具的"笨拙"和起研磨作用的介质（石英砂一类）颗粒比较大。这种打孔效果反映的是工具和工艺本身的情形，至少可以推测是比较早期的工艺，甚至可能早于商代。这种玛瑙珠在殷商东北的夏家店下层文化有出土记录，形制沿用了相当长一段时间，涉及的地域也很广。出土于河南安阳妇好墓，摘自《殷墟玉器》，文物出版社。细节图（右图）为私人收藏，由洪梅女士提供藏品。

相比较，劳动力的组织方式才是真正的技术革命，它使得在工具和工艺进步没有多少变化的情况下仍然产生惊人的效率。甲骨文中有"工"和"多工"等官职名称，可能是分管手工业的职务。但这时的工匠、技术以及原料都属于王室和贵族专有，还不具备后世的行业性质，作为都市必不可少的工艺产品在殷商时代还不可能商品化，无论是青铜铸造还是玉器都是王室和贵族垄断。

　　商朝当年究竟制作了多少玉器，实在难以估算。《逸周书·世俘解》："商王纣取天智玉琰，琠身，厚以自焚。凡厥有庶，告焚玉四千。五日，武王乃俾于千人，求之四千庶玉，则销天智玉五，在火中不销。凡天智玉，武王则宝与同。凡武王俘商旧玉亿有百万。"文献中所述"天智玉"究竟指什么不得而知，只知道商纣王把它佩戴在身上自焚，自己烧为灰烬，"天智玉"却金身不坏。《逸周书》对商朝玉器数量的记载可能有夸大的成分，但至少可以想象商人爱玉制玉的情形。考古资料中，西周墓葬中有不少前朝遗物，《逸周书》说周武王得商王旧玉百万并非空穴来风。

　　殷墟出土的珠子（包括管子）有玉珠、红玛瑙珠、绿松石珠、天河石管、骨珠、贝珠和各种动物造型的小玉坠。其中一种扁圆形的红色玛瑙珠出土于妇好[35]墓中，在同时期的夏家店下层文化也能见到，形制和打孔方式都很一致（图070）。这种珠子最明显的工艺特征是"研磨孔"，即是

---

35　妇好是武丁王的配偶，生活在公元前12世纪前半叶。由于甲骨文记录了妇好领军出征的事迹，一些人很愿意把妇好想象成一位戎马生涯的女将军，这在习惯以男权主导来看待中国古代社会的今人眼里是难以想象的，以至于对妇好的族群有过很多猜测。妇好墓于1976年由中国社会科学院考古所在河南安阳小屯发掘，墓葬出土的殉葬品种类和数量惊人，出土青铜器210件，大多成对成套；还出土了大量玉器和陶、石、骨、牙、竹器，以及玛瑙、松石、天河石一类的半宝石装饰品。

用比较"笨拙"的钻孔工具，利用颗粒较粗的石英砂或金刚砂慢速研磨出来的穿孔，孔口呈大喇叭口，表面粗糙，显然是颗粒较粗的介质残留的效果。这种红色玛瑙珠很难说是商人自己的产品还是从北方夏家店输入，从工艺和材质来看，最大可能是后者（见第四章第五节）。

绿松石也是商人喜欢的材料，除了用绿松石来制作泡形的镶嵌件（图071），还有大量的绿松石珠子和管子（图072、图073）。这种珠子管子在长江流域的商代遗址比如江西新干大洋洲遗址和武汉盘龙城都有出土，在黄河下游的山东前掌大商代遗址也有出土记录。殷墟的绿松石原料很可能来自陕西白河附近的绿松石矿带，这一矿带集中在陕西与湖北交界的武当山隆起西南缘。我们将在下一节"长江下游商文化遗址的珠子"中叙述这种绿松石的来源。

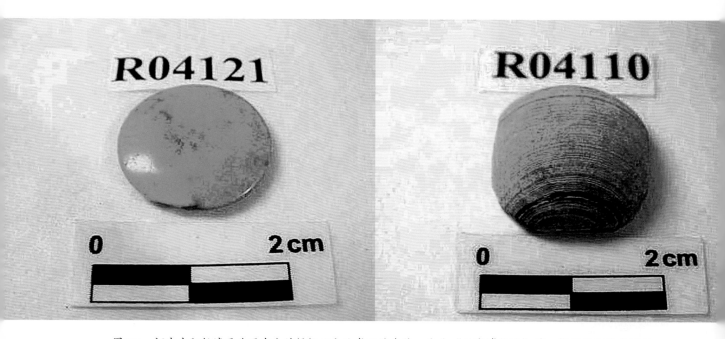

图071　河南安阳殷墟西北冈出土的绿松石和孔雀石镶嵌件。台北"故宫博物院"藏。推测它们多是用于象牙或骨器的镶嵌，与器物上的阴刻纹样一起构成完整的装饰图案。早在史前的大汶口文化遗址和良渚文化遗址都出土过绿松石镶嵌的象牙艺术品，与殷墟同时期的江西新干大洋洲商代墓葬也出土了绿松石镶嵌片。绿松石镶嵌技术一直是黄河流域的传统，除了用于骨牙镶嵌，春秋战国时期大量用于金器的镶嵌。

图072 北京平谷刘家河商代墓葬出土的绿松石串饰。由10件管珠、1件弦纹勒子和1件甲虫饰组成，可能是腕饰。首都博物馆藏。

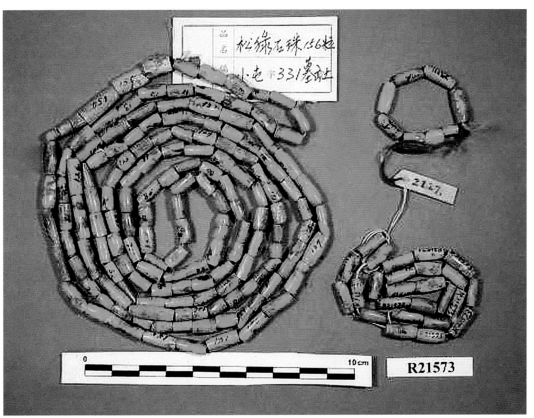

图073 河南安阳殷墟小屯出土的绿松石珠子和管子。这种绿松石珠子管子在长江流域的江西新干大洋洲遗址和武汉盘龙城商代遗址都有出土，在北京平谷刘家河商墓和黄河下游的山东前掌大商代遗址也有出土记录。新中国成立前"中央研究院"历史语言研究所发掘。台北"故宫博物院"藏。

骨珠和用骨头制作小饰品一直是黄河流域的传统，从7000年前的仰韶文化、6000年前的大汶口、高度文明的商代，直至战国时期，中原一直有骨珠骨管以及各种骨制的小装饰件出土。殷墟的骨制品很丰富（图074、图075），特别是用于束发的发笄，不仅数量可观，而且笄首的阴刻图案非常漂亮；同时还出土有大量橄榄形骨珠，由于墓葬环境的影响，这些骨珠大多呈现美丽的铜绿色沁。其中一枚骨质的兽面笄首，除了表面阴刻兽面图案，还在阴刻线槽内镶嵌有绿松石小颗粒。我们说过绿松石镶嵌是源自黄河流域史前的渊源，到殷商时代，工艺更加精致，这粒笄首的整体高度只有2.95厘米，而嵌在骨珠表面凹槽内的绿松石颗粒直径不超过1毫米。

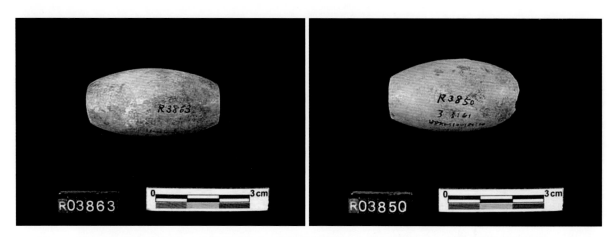

图074　河南安阳殷墟西北冈出土的橄榄形骨珠。根据新中国成立前"中央研究院"历史语言研究所的登记，殷商出土的骨珠形制大多是橄榄形，一般个体都比较大，高度在1—3厘米之间不等，珠子中段的鼓起部分最大直径有的超过1.5厘米。台北"故宫博物院"藏。

图075　商代镶嵌绿松石的骨虎。河南安阳殷墟出土。骨虎长2.95厘米，表面阴刻线槽内有绿松石镶嵌，出土时部分绿松石嵌片已经脱落。这种绿松石的镶嵌工艺在之前的二里头遗址达到很高的水平，而殷墟则是将这种工艺进一步微型化了。河南安阳殷墟博物苑藏。

除了各种半宝石材料，殷墟还出土透闪石类的玉珠和玉管，一般是地方玉料制作，质地细腻，表面油润光泽（图076）。玉珠和玉管的形制都比较多样，管子有直管、中间略鼓的果核形管、束腰形管，还有一些管子表面有做工，一般是弦纹。这些管子除了作为个人装饰品，有些也用于马羁饰（图077），它们与其他装饰件搭配，钉缝在皮带上，这些皮带构成马羁套在马头上，装饰效果非常奢侈。

可能是由于青铜合金的使用代替了玉礼器在史前的祭祀功能，商代的玉器和珠子在造型和功能上有了一些变化，珠玉多少有了单纯为着装饰的目的，它们的组合形式没有之前的良渚和之后的西

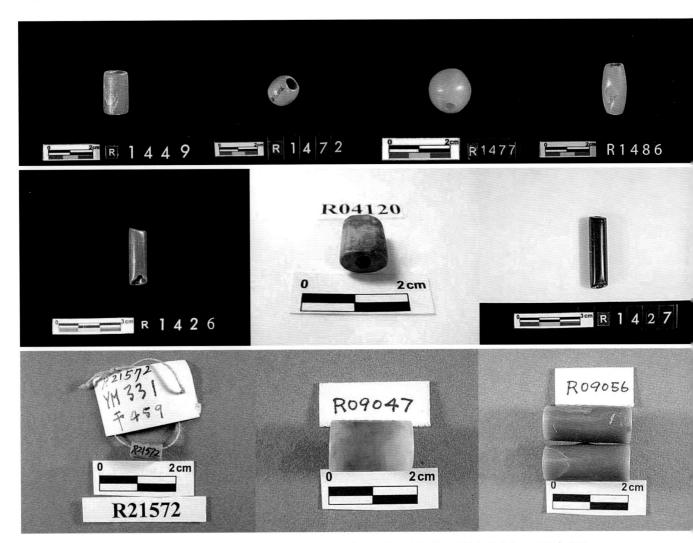

图076　河南安阳殷墟西北冈出土的玉珠、玉管和其他材质的珠子。珠子的材质和形制都很丰富，形制有扁圆形、中鼓形、橄榄形、直管等，材质有透闪石玉、绿松石、天河石和一些地方玉料。这些珠子管子当时在比较广泛的地域都出现过，除了商代都城，北方夏家店下层文化、南方长江流域的几处商代遗址、西南的三星堆遗址也都出土过这些珠子。新中国成立前"中央研究院"历史语言研究所发掘。台北"故宫博物院"藏。

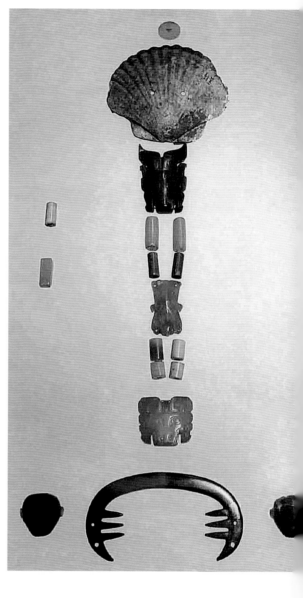

## 马羁饰复原图

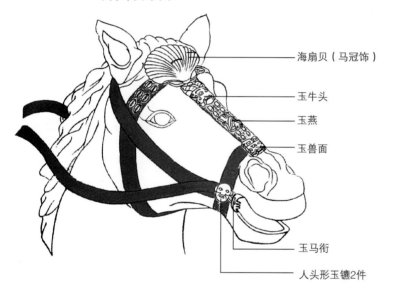

海扇贝（马冠饰）

玉牛头

玉燕

玉兽面

玉马衔

人头形玉镳2件

图077　河南安阳殷墟西北冈出土的马羁饰复原图。马羁皮带上缝缀有透闪石玉管，其他玉饰还有海贝、玉牛头、玉燕、玉兽面、玉人面和玉马衔。台北"故宫博物院"藏。

周项饰那种强烈的形式感和设计意识。商人喜欢制作各种小动物装饰件，有些只有珠子大小，有些则可当作坠饰佩带或者把玩。这些动物形象一般都比较生活化（图078），与商人在青铜礼器上那些狞厉森严的抽象图案形成鲜明的对比。从工艺的角度讲，这些小动物有圆雕和浮雕两种；表现手段则有抽象和具象的。这是商人很独特的思维，仿佛那些工匠是运用不同的形象思维来观察生命，他们既能够用装饰化的图案来构成一个抽象的动物，也可以用写实的办法寥寥几刀阴刻线就将小动物表现得生气十足，精巧可人。最典型的形象有小鸟、小鱼、小兔、小蚕，个体稍微大一点的有象、熊、虎、马、龙和一些想象中的动物。

　　《殷墟发掘报告》还著录了几件祭祀坑中人牲佩戴的项饰，涉及的形制和材质有：玉珠、玉鱼、玉鸟、玉璜，玉鸟背部有牛鼻穿孔一对；蚌泡、文蛤、玛瑙珠、蚌片、骨质、贝；安阳后冈圆形祭祀坑中出土一串珠饰，由2颗绿色扁圆珠、7颗红玛瑙珠、2颗蓝色管形珠、1颗蓝色不规则形珠及48片圆形穿孔薄片所组成，出土时已散落。这些串饰大多放置在墓主颈部，有些可能是戴在手臂上，材质丰富，造型多样，但组合上显得比较随意。推测这些人牲佩戴的珠玉可能是来自主人的赏赐，最后跟随人牲一同为主人殉葬。

　　殷墟没有发现青铜珠，这一点让国外研究珠子的专家比较疑惑，因为在其他青铜手工业发达的地区，通常都有青铜珠子伴随出土。我们在第一章最后一节解释过，装饰品在中国人的价值观中一直是美石珠玉高于贵重金属，中原文明的黄金等贵重金属工艺一直不及制玉精细和发达。从新石器时代起，玉器一直是古代中国的首选，无论商人还是西周贵族的组佩都是如此。春秋战国时期受游牧文化和西方美术的冲击，贵重金属饰品一度繁荣，黄金珠子和小装饰件丰富多样，但汉代的舆服制度仍明确说明黄金制品是玉的替代品，至少在隋唐前的皇家舆服，用贵重金属制作的个人装饰品都不是中原主流。与商代同期的北方夏家店下层和其他紧邻中原的边地文化有过青铜珠子的出土记录，特别是夏家店下层，曾受到北方欧亚大草原上安德罗诺沃文化（Andronovo Culture）的影响，后者出土的青铜珠和黄金饰品与夏家店在形制和制作工艺上都很类似。

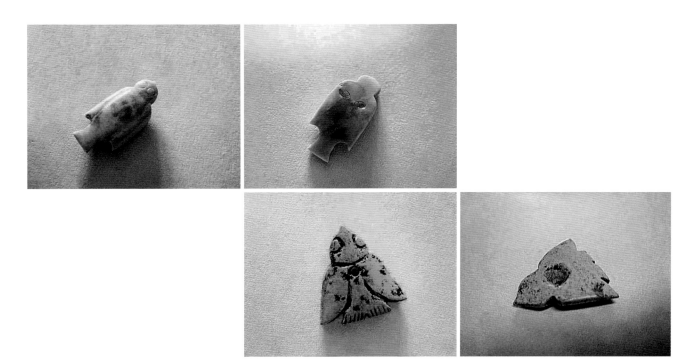

图078　商代的小玉鸟。材质有绿松石和玉，玉鸟背面有一对隧孔，俗称"牛鼻穿"，这种打孔方式在更早的良渚文化和红山文化中都有出土实物。绿松石鸟长1.8厘米，玉鸟长2.5厘米。私人收藏，由范文琳先生提供藏品和图片。

## 第三节　长江下游商文化遗址的珠子

当都市兴起以后，有了贸易的展开和随之而来的文化辐射现象。单从手工艺品的角度看，手工业门类的专门化和进一步分工协作，使得都市生产产品的劳动成本减少而产品数量增加，这种生产方式是聚落时代的手工匠人无法企及的。相当数量的产品的扩散实际上是文化的扩散，这种扩散不同于史前那些聚落文化之间的交流。那时的交流是产品和文化的对流或者相互吸收，而集约化农业时期的都市文化对周边甚至更远的地域文化的交流，更多的是单向的渗透。渗透的结果是相同或相似的艺术品和文化类型在遥远的地域被复制出来，甚至间接改变某一地域的社会风俗。这种强势文化对弱势文化的渗透从文明发生的初期一直到今天都十分明显。

商这个国家究竟有多大的地缘一直是史学家争论的话题。商人自称为"大邑商"，对自己的国家是相当自信的。但是就现在的文献和考古资料看，商人能够直接统辖的地理范围不会超过河南南部。不过这并不影响它作为强势文化的存在，它与甲骨文中提到的众多"方国"的关系也是饶有兴味的，至少我们知道商人的文化影响力远远超过它的地理范围。作为当时最强大的王国，它的文化显然影响了周边许多"方国"，远达长江流域。在长江流域发掘的武汉盘龙城和江西新干大洋洲商城出土了大量商代青铜礼器和其他商文化的艺术品，推测最大可能是商王国为了控制资源而派驻军队在这些地方发展起来的商文化的城址。

1963年，湖南宁乡黄材炭河里的河流中发现一件饕餮纹青铜提梁卣，卣内装满了小玉珠和小玉管。出土时除少部分散失外，现存者达1172颗。这些玉珠玉管的两端多作斜面，最长的4厘米多，最短的仅2毫米，直径在1厘米左右，有白色和碧绿两种。同样的玉管在山东益都（青州）苏埠屯的商墓中也有发现，同时还出土了贝壳珠3790枚，贝壳的背面均有磨孔。"磨孔"是将贝壳突起的一面直接在砾石上磨穿，形成可以穿系的孔，这是比较常见的针对贝壳的打孔方式。

把天然贝壳当作珠子早可到旧石器时代，我们在前面的章节已经提到过。这种喜好一直延续到商代直至西周，一些边地文化延续的时间更晚（图079）。山西晋侯墓地出土的西周组佩上就系有天然贝壳珠，而天然贝壳作为货币使用则一直延续到汉代的滇文化，古代滇人不像中原人那样用合金铸造货币，而是使用天然贝壳，并把他们的贝壳贮藏在青铜铸造的贮贝器里面。早在商代，技艺精巧的工匠就开始用玉料和骨料模仿贝壳制作珠子（图080），四川金沙遗址出土的一枚白玉贝（图081），工艺精致，玉料莹润，十分可爱。除了玉贝珠，还有使用骨头制作的贝珠，很多带有漂亮的铜绿沁，这种有沁色的骨头贝珠色彩独特，惹人喜爱。

除了黄河下游的山东滕州前掌大商代墓葬，长江流域还有江西新干大洋洲和武汉盘龙城商代遗址，而以上所有这些商文化遗址包括殷墟在内，都出土形制和质地类似的绿松石珠子和管子。江西新干大洋洲和武汉盘龙城商墓是长江中下游重要的商文化遗址，这里都出土相当数量的商文化形制和纹饰的青铜礼器，同时还出土一些个人装饰品，而绿松石珠饰特别丰富（图082、图083）。这

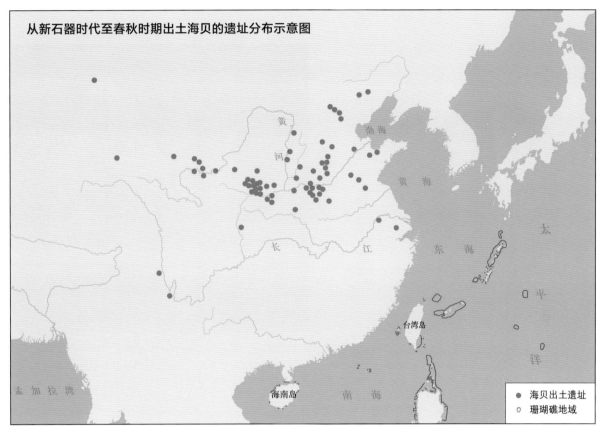

**从新石器时代至春秋时期出土海贝的遗址分布示意图**

● 海贝出土遗址
□ 珊瑚礁地域

图079　从新石器时代至春秋时期出土海贝的遗址分布示意图。

些绿松石有用管子穿系的项链；有泡形饰，是用于青铜器的镶嵌件，相同形制的东西在殷墟也有出土；另外还有一种用个体较大的方形扁珠穿成的腰带，这种用珠子穿成的腰带在同期的出土资料中仅见新干一例。

　　出自江西新干的绿松石珠子的特点是颜色好，铁线多，呈现一种较为独特的蓝色，它的原料产地可能在湖北。实际上，这一绿松石矿带的分布范围很大，整个东秦岭尤其是在陕西与湖北交界的武当山隆起西南缘，自陕西白河县经湖北鲍峡云盖寺、郧西、竹山至河南淅川一带，有长达400公里的淋滤型绿松石成矿带。陕西白河和湖北的郧县（今郧阳区）、竹山、郧西等地，自古以来就是松石的采矿点。"绿松石"的名称始于清代，又称作"荆州石"，元代称"甸子"，又有"襄阳甸子"的称谓，其得名可能跟它的富产地有关。元代以前不知其名称，古人以"美石为玉"，绿松石当是玉的一种。《说文解字》中"玉"部共计159字（含古文），其中必有绿松石，只是这些字多数我们都无法对应现在的名称。有人猜测"琳"是古人对绿松石的称谓，地质学家章鸿钊先生在他编撰的《石雅》中提出，绿松石是借松绿色之故，松从林，琳也从林，故"琳"即是绿松石的古称，其说仅为推测。

图080　天然贝壳珠和绿松石制作的贝珠。天然贝壳珠有铜绿沁。贝壳作为珠子的历史很长，它可能是人类最早佩戴的珠子之一。贝壳产自沿海，在内陆的长途贩运，增加了珠子本身的价值。海贝作为珠子出现在史前，进入文明时代以后它仍是受人喜爱的装饰品。商代墓葬中经常有穿系海贝的珠串出土，西周贵族组佩上有贝壳作为组件之一，直到春秋战国时代，贝壳仍是边地民族的重要装饰品。私人收藏，分别由作者和洪梅女士提供藏品。

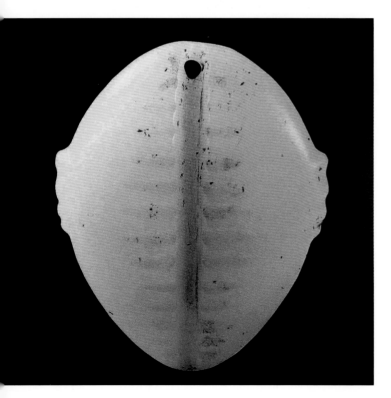

图081　成都金沙遗址出土的白玉贝。长3.2厘米，宽2.7厘米，玉质细腻莹润，有铜绿沁色。成都金沙遗址博物馆藏。

图082　江西新干大洋洲商代墓葬的绿松石珠子。珠子形体浑圆，中段略微鼓起呈鼓形，通体抛光十分细致，呈现出绿松石特有的油润的光泽。这种绿松石珠子管子覆盖的地域相当广泛（图073），很可能是在当时某一制作中心制作，作为贸易品广泛流传。江西省博物馆藏。

图083　江西新干大洋洲商代墓葬的绿松石腰带。用来穿腰带的珠子长5—9.8厘米不等，个体较大，长方形扁珠，边缘方折，打磨出一道棱面，大概是为了去掉方形珠子过于锋利的边缘线；纵向直孔，孔径较大，孔的内部可见螺旋纹，应该是管钻造成的痕迹。江西省博物馆藏。

## 第四节　成都平原的三星堆和金沙

由于没有文字资料，我们对三星堆和金沙的了解仅限于数量惊人、造型奇特、工艺精湛的出土实物，而这些实物背后的整个文化背景都只存在于我们的想象当中。一些追溯性质的文献零星而前后矛盾，并掺杂太多神话和传说的内容。而出土实物比传说更像迷雾，巨大的纵目人青铜面具、姿势奇特的大立人像、旋转的太阳鸟和刻满纹饰的纯金权杖，古蜀三星堆和金沙一派巫风神雨，神秘莫测。直到现在，对于这些被认为是古蜀文化的考古实物的解读仍只是推测。

考古资料中的三星堆和金沙是成都平原上一支区域性青铜文化，三星堆的绝对编年距今4800至2800年，而金沙遗址的出土器物大多相当于商代晚期和西周，下限可以到中原的春秋时期，与三星堆有明显的继承关系。遗址以造型奇特、工艺精湛的青铜器、金器和玉礼器闻名，与同时期其他青铜文化的美术形式迥然有别。但三星堆和金沙的器物都有中原殷商美术的影子，金沙还出土了长江下游良渚文化的器物，而用于祭祀的象牙数量更是以吨位计，这些惊人的数字至少说明三星堆和金沙人从事大宗贸易，而能够支持这种贸易行动的只能是中心都市。

三星堆和金沙遗址都出土一定数量的珠子（图084），其中有天河石管、绿松石珠、红色玛瑙珠和一些地方玉料制作的珠子和管子。相对于三星堆和金沙的玉器而言，这些珠子无论形制和材质都显得比较突兀，而我们在同时期的其他考古遗址中也能见到相同形制和材质的珠子、管子。比如天河石管是北方夏家店和齐家特有的材质和形制（图085）；而现藏四川大学博物馆的三星堆绿松石珠则与北京大学赛克勒考古与艺术博物馆所藏夏家店下层的绿松石珠如出一辙（图086）；红色玛瑙珠在三星堆和金沙的数量极少，在中原和夏家店却很常见；一种色彩在深绿至墨绿变化的地方玉料的管子在殷墟也有过出土（图087），这种管子在台北"故宫博物院"有收藏，新中国成立前

图084　三星堆遗址出土的海贝和虎牙。虎牙铜绿沁。海贝等物件的出土表明三星堆人与遥远地域的贸易往来，三星堆的象牙更是以吨位计，并有象牙制作的珠子出土。四川广汉三星堆博物馆藏。

由"中央研究院"历史语言研究所在河南安阳西北冈发掘。这种管子是一种质地较软的地方玉料，摩斯硬度为5度左右，外径一般不超过1厘米，长度3厘米左右，孔径较大，大多呈草绿到墨绿甚至黑绿的色阶变化，有的两端做成斜口，抛光细腻，质感油润。

成都平原几乎不出产以上所有这些制作珠子的材料，从质地和工艺看，这些珠子更像是从北方某地输入的贸易品，最大可能是夏家店下层文化。我们在后面战国的章节会引进一个"边地半月形文化传播带"的概念，这条传播带呈新月形沿中原文明的边缘地带分布，东北起于夏家店，向西经内蒙古、甘肃，折向南面沿川西北河谷进入四川境内并南下云南。这条传播带在战国时期异常活跃，但从沿途考古遗址出土的实物资料看，它的起始年代可能远远早于战国。三星堆和金沙的出土器物显示，他们并不只限于同北方的贸易，他们有东方的良渚玉琮、中原殷商的纹饰、南方的象牙和铜料以及来自北方的珠子，他们的贸易活动之频繁、地域之广泛已经超出我们最初的想象。

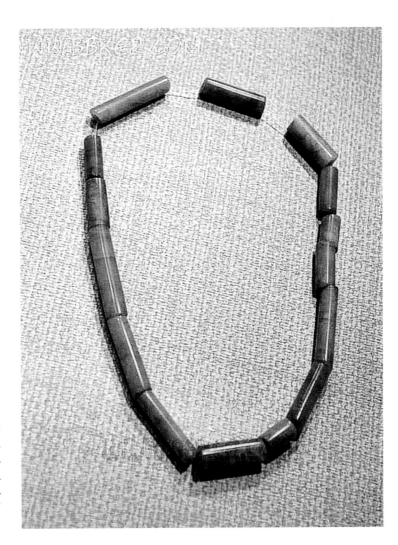

图085 三星堆遗址出土的天河石管。管子长3—5厘米，直径1厘米左右。这种天河石珠管也出现在与三星堆大致同期的北方夏家店下层文化和西北齐家文化遗址中，推测三星堆的天河石管子是来自北方的贸易品。四川广汉三星堆博物馆藏。

图086 三星堆遗址出土的绿松石珠。珠子长1—2厘米。1934年由私立华西协合大学（今四川大学）的外籍老师葛维汉和该校博物馆副馆长林名均在四川广汉月亮湾主持发掘所得，是首批三星堆遗址的考古发掘物。北京大学赛克勒考古与艺术博物馆藏有一批出自夏家店下层文化遗址与此类似的绿松石珠。四川大学博物馆藏。

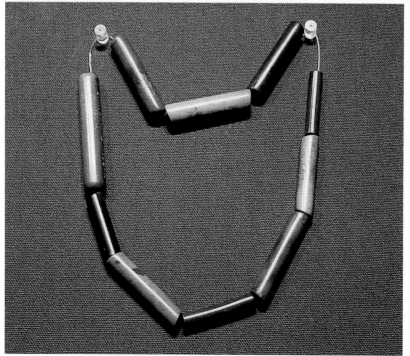

图087 三星堆遗址出土的地方玉料制作的玉管。管子长3—6厘米，直径1厘米左右。管子两端多做成斜口，质地油润，抛光细腻。类似的管子在殷墟也有出土（图076），新中国成立前由"中央研究院"历史语言研究所在河南安阳西北冈的商代墓葬中发掘出土，并由台北"故宫博物院"著录和收藏。四川广汉三星堆博物馆藏。

## 第五节　大甸子——北方夏家店下层文化的珠子

夏家店下层文化位于中原文明的东北面，分布在辽西、内蒙古东部和河北北部，大部分叠压在红山文化的上面，绝对编年在公元前2000年至公元前1500年，大致与成都平原的三星堆文化和黄河上游的齐家文化平行。夏家店人已经掌握了青铜铸造技术，他们的青铜礼器造型浑厚凝重，而陶器图案则显示出极高的审美和装饰水平。他们居住在依山而建的石头或土坯建筑的堡垒里，是从事耕营的农业民族。

要特别提到夏家店下层文化的珠子，是因为在它的正式发掘报告《大甸子——夏家店下层文化遗址与墓地发掘报告》中记录了几种半宝石珠子，而这些珠子在同期和以后的年代里曾广泛流传于中原和周边地域。其中一种"算盘子"（考古报告称）形制的红色玛瑙珠，我们在殷商和三星堆的章节里都提到过，我们怀疑这种珠子的制作最早就是从夏家店开始的（图088）。虽然早在夏家店之前的500年甚至更早的年代，西亚两河流域的乌尔王墓和中亚印度河谷的哈拉巴文化遗址就出土了类似的红色玛瑙珠（见本书第十五章），但是在东北亚的青铜时代和文明初始期，最先制作这种"算盘子"红色玛瑙珠的很可能是夏家店人（图089）。我们的理由除了现今可用的考古资料，还有这里所处的地理位置和该地域周边的半宝石资源。这里是联合国教科文组织定义的"草原丝绸之路"的最东端，并处于南面中原文明与北方草原地带的交会点（图090）。我们并不清楚夏家店人最初制作这种红色玛瑙珠的情形，这种珠子早在夏家店之前，西亚和印度河谷已经流行了数个世纪，但夏家店下层文化最先出土了中原文明范畴的红色玛瑙珠是事实。

大甸子是夏家店下层文化比较典型的聚落遗址，出土了青铜器、陶器、骨器和大量珠饰。珠子

图088　夏家店下层的红色玛瑙珠。赤峰市敖汉旗大甸子村出土。这种珠子在殷墟商代墓葬也有出土（图070）。

红色"算盘子"玛瑙出现的地域和时间示意图

（地图标注）
罗马
希腊
土耳其高原
两河流域
埃及
阿拉伯半岛
中亚
印度河谷
夏家店文化
安阳殷墟
滇文化
大 西 洋
太 平 洋
印 度 洋

两河流域（公元前2600年）
印度河谷（公元前2600年）
中亚（公元前2500年）
夏家店文化（公元前2000年）
安阳殷墟（公元前1500年）
希腊（公元前1500年）
土耳其高原（公元前700年）
罗马（公元前500年）
滇文化（公元前500年）

图089 红色"算盘子"玛瑙珠出现的地域和时间示意图。从现有的考古资料看，这种珠子最早出现在公元前2600年的印度河谷的哈拉巴和两河流域的乌尔王墓。而中原最早的记录是北方夏家店和黄河流域的殷墟。我们注意到，这种珠子越往中原以南，年代越晚，与所谓"大石文化"沿"边地半月形文化传播带"的分布一致。

的基本形制和材质有：绿松石珠（图091），呈扁体四边形和短管等形制；白石珠，一种白色大理石岩质（考古报告称），形状有管、算盘珠和圆片；红玛瑙珠，有算盘珠形制和短管；玉珠，皆圆管形，有长管和短管；另外还有用骨头制作各种坠饰，分析报告显示为人头骨。其中红玛瑙珠和绿松石珠都曾出现在中原及周边的广大地域。

红玛瑙珠的形制一般是珠子的直径大于高度，呈扁圆状，在大甸子考古报告中被称为"算盘子"。殷墟有过这种珠子的出土记录；在后来的夏家店上层文化保持了基本形制，但是打孔的钻具

**夏家店下层文化遗址的地理位置**

温带草原

安德罗诺沃青铜文化

夏家店下层文化遗址

里海

中亚

中原文明

北回归线

热带草原

图090　夏家店下层文化遗址的地理位置。这一地域处在东北亚的东端，也是联合国教科文组织定义的"草原丝绸之路"的东端，南面是中原文明，北方是欧亚草原地带。这一地域始终与北方草原联系紧密，并与中原地带交流频繁。夏家店文化不可避免地受到了来自黄河流域和北方安德罗诺沃文化的影响和发生双向的交流。

图091　夏家店下层文化的绿松石珠串。内蒙古赤峰市大甸子夏家店下层遗址出土。这种绿松石珠可能是在夏家店下层制作的，作为贸易品曾广泛流传于中原及周边地域。中国社会科学院考古研究所藏。类似的绿松石珠在河南安阳殷墟也有出土（图076），新中国成立前由"中央研究院"历史语言研究所发掘著录。四川广汉三星堆遗址也有出土记录（图086），现藏四川大学博物馆。

和表面抛光工艺明显改进；之后在中原的西周贵族组佩中作为重要的连接件反复出现；在春秋时期西北的山戎贵族墓中同样可以看到；在战国时期的西南众多或牧或耕的边地民族的石棺葬中也能看到；甚至在鸭绿江右岸云峰水库淹没区的高句丽积石墓葬群中也有出土记录，年代不晚于西汉。这种"算盘子"形制的红色玛瑙珠流行的时间跨度超过千年。

　　大概是由于硬度不算很高的关系，夏家店的绿松石珠子一般能够顺着最长边打孔。绿松石的硬度一般在摩斯5度左右，而硬度达到7度的红玛瑙珠则是选择最短距离打孔，材料的硬度是造成绿松石珠与红玛瑙珠子在形制上区别的重要原因。随着加工工具和手段的完善，夏家店的珠子越来越精致，形制也有了细节上的差异，但是基本形制一直没有大的改变。如果按照考古类型学的办法，如陶器那样，我们甚至可以将这些珠子分成某一型的某几式。这种最初由于技术因素造成的形制上的差别很可能最后形成了审美习惯，使得夏家店的红玛瑙珠始终保持比较单一的形制，即使钻具改进，仍旧保持了最初在最短边打孔的形制（管子例外），并且从没有将红玛瑙制作成与绿松石珠一样的薄薄的方形，在后来的中原及周边地区一直都是这样。西亚和印度河谷的情况则不同，由于很早就开始使用铁器，他们能够在玛瑙珠的任何方向打孔而不必在最短边，他们其他材质的珠子所拥有的形制，红色玛瑙珠也都有。

　　夏家店下层与中亚重要的青铜文化安德罗诺沃文化（Andronovo Culture）[36] 有相当多的联系，至少是在器物形制上的联系。在安德罗诺沃文化出土的喇叭口形黄金耳环，在夏家店下层文化也有出土。一些器物形制和美术形式在欧亚草原上得以迅速传播，这种喇叭口形制的金饰除了耳环还有臂环（图092），北京平谷刘家河商早期遗址出土过一对完整的臂环。从地理位置看，夏家店文化处于欧亚草原地带的最东端，安德罗诺沃文化处于这一草原地带的最西面，也许我们很难想象古代人类如何得以频繁穿越这一广阔的草原地带，但事实是，一系列相似或相同的美术形式在漫长的草原之路上被发现。这种扁喇叭口的金耳环以及其他相同形制的器物可能很早就经由联合国教科文组织定义的"草原丝绸之路"传入，也许是那些游走在欧亚大草原上的牧羊人使得这些美术形式和创造美术形式的技艺迅速传播。他们是最早驯化马的民族，这一发明使得本来就没有天然屏障的欧亚草原成为连接东西两端的走廊，因此也不难解释相似和相同的西亚王墓和印度河谷的珠子形制何以出现在草原东端。

　　迄今为止，已经发现的夏家店下层文化共有489处遗址，规模之大几乎是红山文化的5倍。但

36　安德罗诺沃文化（Andronovo Culture），西伯利亚及中亚地区的青铜时代文化。因发现于俄罗斯阿钦斯克附近安德罗诺沃村的墓地而命名。年代为公元前2300—前1000年。其分布西起乌拉尔，南到中亚草原，东至叶尼塞河沿岸，北达西伯利亚森林南界。该文化居民主要经营定居的畜牧和锄耕农业，发现有牛、马、羊等家畜的骨骼和炭化的麦粒，以及青铜镰刀、砍刀和石锄、石磨盘、石磨棒等农具。根据西部地区出土的骨镳判断，马在中期已用于乘骑。晚期开始形成半游牧经济，推测当时已有缝制衣服靴帽的皮革业和毛织业。金属制品有青铜锻造或铸造的武器、工具和其他日用器具，如斧、矛、镞、刀、短剑、锛、凿、锯、镐、鱼钩、锥、针以及铜箍，也有青铜串珠和牌饰，红铜和金、银的耳环、鬓环等饰物。

是这一文化在公元前1500年突然衰落，这也意味着农耕文明从这一地域永久消失。叠压在它上面的是夏家店上层文化，是不同于夏家店下层文化的另一群人，一般同意是"东胡"这一族群。他们显然没有了下层文化那种农耕文化的繁荣，遗址规模明显萎缩，出土器物偏向草原类型。青铜器以武器、工具、车马具和各种牌饰居多，礼器几乎不重要，另外，他们也是制作珠子的能手。这一变化与北方草原游牧民族兴起的时间一致，处于经济不能自足状态的游牧民族所需要的正是以上这类手工制品，同时更需要作为他们与南方农耕地区交换中介的定居点的存在。我们还不完全清楚夏家店下层文化突然衰落的原因，但是夏家店上层文化很可能正是为了满足草原文化的兴起这一要求而繁荣起来的。他们的活动并不仅仅限于针对北方的游牧民族，也与中原周边所谓"文明边缘"那些半牧半耕的边地民族交流频繁，在多个方面向这些人提供自己的手工制品，包括武器和装饰品。这些实物资料在战国时期的西南边地都有反映，我们将在后面的第六章第七节中专门讨论。

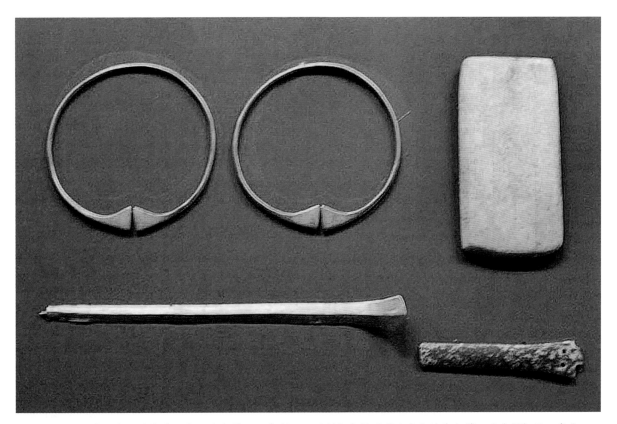

图092　北京刘家河早商遗址出土的金臂环，扁喇叭口形制与安德罗诺沃文化的黄金臂环及手镯相同。贵重金属的使用在早期的中原并不十分重要，黄金制品多是西亚和北方传统。这些黄金饰品的发现，是早期北方草原曾作为东西方交流通道的佐证。首都博物馆藏。

# 第五章　西周的贵族组佩

（公元前1046年—公元前771年）

## 第一节　礼乐制度的西周

　　《诗经》[37]中有一首名为《绵》的雅歌记录了古公亶父率领当时还处在部族形态的周人从西方迁至岐下的故事，岐下也就成了周人的发祥地——周原[38]。古公亶父即周文王的祖父，在受到西北戎狄侵犯而弃地东移时，司马迁说他"积德行义，国人皆戴之"，周边其他部族的民众视古公为仁人，也纷纷扶老携幼前来归附。周原水源丰富，气候宜人，土肥地美，适于农耕与狩猎，周族在古公亶父的率领下，开发沃野，营建城郭，设宗庙，立太社，发展农业，使周族逐步强盛起来。"居岐之阳，实始翦商"，周人羽翼渐丰，势力强盛，最后翦灭商王，建立了礼乐制度的周王朝。

　　西周是孔子理想中的国家模式，以礼乐制度明尊卑、别贵贱，符合孔子"仁"治的理念。不

---

37　《诗经》是中国第一部诗歌总集。它汇集了从西周初年到春秋中期500多年间的诗歌305篇。传由孔子编纂而成。《诗经》在先秦叫作《诗》或者《诗三百》，从汉代起，儒家学者把《诗》当作经典，尊称为《诗经》，列入"五经"之中。《诗经》中的305篇诗分为风、雅、颂三部分，"风"即是土风、风谣，也就是各地方的民歌民谣，比如"郑风"就是指郑国一带的民间歌咏。"风"包括了15个地方的民歌，即"十五国风"，共160篇。"雅"是正声雅乐，是正统的宫廷乐歌。"雅"分为"大雅"（用于隆重盛大宴会的典礼）和"小雅"（用于一般宴会的典礼），一共有105篇。"颂"是祭祀乐歌，用于宫廷宗庙祭祀祖先、祈祷和赞颂神明，现存共40篇。《诗经》的诗歌广泛反映了当时社会生活的各个方面，内容涉及政治、经济、伦理、天文、地理、外交、风俗、文艺等，被誉为古代社会的人生百科全书，对后世产生深远的影响。

38　周原位于陕西关中平原的西部，北倚岐山，南临渭河，西侧有汧河，东侧有漆水河。东西长70余公里，南北宽20余公里。岐山山脉绵亘东西，以西北诸峰为最高，山麓的平均海拔在900米左右。公元前1500年左右，周人迁至岐山脚下，开田筑屋，建庙营社，逐渐强盛起来，于公元前11世纪征服殷商。

过孔子并没有迂腐到只要形式上的礼仪，他重新定义了"君子"的内涵，君子不应该只是属于贵族的专称，而是指品德高尚的人。孔子还把君子那些完美的人格赋予了玉，即"仁、义、智、勇、洁"，玉器的人性化也意味着神性的衰退。孔子虽然极力推崇尊卑有序的等级制度，但他也是将学术推向民间的第一人，这发生在西周礼乐制度衰落的春秋时代。而王朝正兴的西周，玉器如同书写和学问一样仍是高不可攀的，仍旧是权利和等级的象征，它还与世俗无关。

周武王灭商以后，所征服的地域范围是商代的数倍。为了有效控制广大的地缘，武王实行了诸侯分封制度，这意味着王室和贵族阶层内部的进一步等级尊卑的划分。这与商代有很大的不同。以嫡长子为宗子、以血缘亲疏划分等级地位的宗法制是西周礼乐制度的中心内容，这种制度也帮助周王室有效地控制广大的地缘和庞大的社会分层结构。周人用礼乐文化代替了商人的鬼神文化。"组佩"成了贵族等级的个人标志（图093），实际上组佩也是礼乐制度的组成之一，而周人最重要的礼制表现在青铜"列鼎"的数量和组合方式的规定。

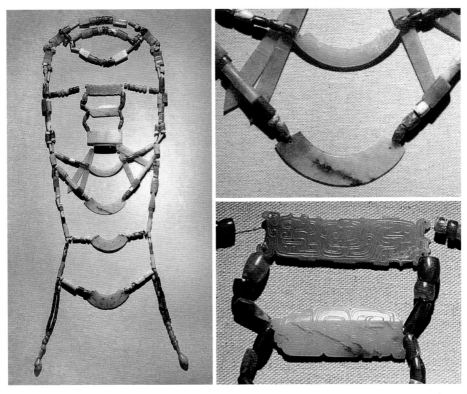

图093 山西曲沃西周晋侯墓地玉组佩。这套组佩为项饰，所使用的形制和材质十分丰富，有玉璜、玉圭形佩、束绢形佩、玉贝、玉珩、玉管和各种珠子、管子，材质包括透闪石玉、地方玉料、红色玛瑙、萤石和人工烧造的费昂斯珠。曲沃晋侯墓地是西周早期晋国王侯贵族家族墓地，埋葬时代几乎贯穿整个西周时期。由北京大学考古系和山西省考古研究所联合发掘，出土有大量华丽精美的玉器、青铜礼器等随葬品。随葬的玉器种类繁多，装饰华美，洋洋大观，是迄今为止同时期、同规格的墓地中保存最完整、排列最清楚、随葬品最丰富的一处，比较完整地展示了西周时期的贵族礼仪用具。山西博物院藏。

周人的钟鼎礼仪在形式上可能部分沿袭了殷商的传统，但是将列鼎的数量、规格和陈列方式秩序化则是周人的创新，至少在甲骨文和商墓中还没有发现类似的记录和现象。列鼎的秩序化和细化与周人复杂的贵族分层结构对应，与列鼎制度配套的是周人的组佩和组佩的搭配方式。但使用组佩标明贵族等级的办法和组佩的装饰形式是怎样兴起的却是个谜。商代没有组佩，至少从出土资料看是这样，这一点似乎比较奇怪，殷墟出土的珠子和珠串并没有像之前的良渚人和后来的周人那样显示出强烈的形式感，商人好像不太在珠子的组合上下功夫，他们的珠子更像是奢侈品和玩物。我们说过这也许与合金的使用有关，商代青铜礼器的出现在很大程度上替代了史前玉礼器的功能。

虽然还不能解释组佩是如何兴起的，但周人将珠玉组合的形式和意义都发挥到了极致。我们再也不会在之前和之后的任何时候看到形式如此优雅、构成如此繁复、组合如此多样的贵族装饰品，更不用说那种君子佩玉、行止翩翩的贵族风度。也许我们可以认为2000多年后的明王朝和清王朝的宫廷饰品可以与之媲美，但明清两代装饰品的华美与其说是装饰形式的繁复，不如说是工艺的繁复，而且后者尽管尊为皇室，装饰情调却是世俗化的。《诗经》中对周人佩玉的优美描写尽管抽象，但也足以让后世艳羡礼乐贵族们珠佩叮当、钟鸣鼎食的场景，"君子至止，黻衣绣裳，佩玉将将，寿考不忘"。《大戴礼记》中对君子佩玉之于礼仪风范的重要，描写得更加细致，"（君子）居则习礼文，行则鸣佩玉，升车则闻和鸾之声"，"上车以和鸾为节，下车以佩玉为度"，以及《礼记》"行步则有环佩之声"，这是对西周贵族风度最好的写照。在获得视觉审美效果的同时，还有玉佩之间轻轻撞击而发出悦耳的玉振之声，获得听觉效果。佩玉者的步伐与组佩的摆动相和谐，表现出雍容的仪态和从容的风度。周人在礼仪文化上的繁文缛节并非虚名，以至于孔子盛赞他们"郁郁乎文哉"。

## 第二节　贵族组佩

我们并不知道周人是如何将组佩这种装饰形式兴起和制度化的，那种安静、对称的形式感和包含着秩序的美感的珠玑玉佩以最完整的形式突然呈现在我们面前。最初，周人是因为西北戎狄的压迫而进入周原的，《诗经》描写周人的领袖"古公亶父，来朝走马。率西水浒，至于岐下"，而公元前13世纪到公元前10世纪，整个欧亚大陆都曾受到民族迁徙的冲击，从爱琴海到美索不达米亚，从印度河谷到中央亚细亚，民族大迁徙的后果和连锁反应是一些文明被征服，而另一些文明则崛起于世。周人就是在公元前11世纪取代了商殷。在当初归附古公亶父的西方民族中很可能有来自受到民族大迁徙冲击而东移的中亚民族，他们有装饰和珠子的传统，而且精通技艺。我们推测这些人可能将一些珠子的技艺带入周族，这也许就是为什么周原故地最先出土了原始的费昂斯玻璃珠和西周组佩上那些红色玛瑙珠在形制上与印度河谷和西亚王墓的玛瑙珠如此相似的一个原因。这只是一种可能性推测。但是，从公元前一千纪起，中亚草原和沙漠中的确有许多靠近水源的绿洲定居点，以集

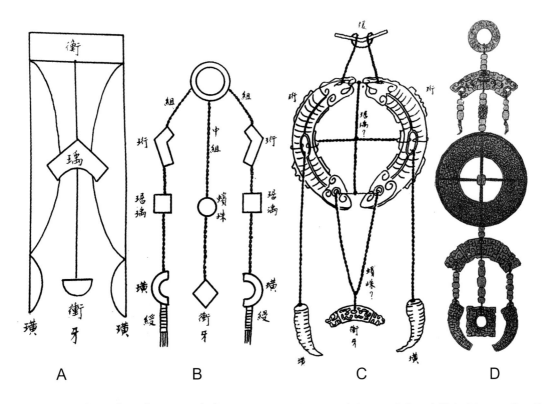

图094　根据《周礼》和《礼记正义》复原的组佩。这种搭配方式与西周的出土资料中的组佩形式不符，推测文献记载可能是一种理想化的规定，又因为《周礼》的最后成书时间晚于西周，最晚可至战国，所以也有人认为文献记载是战国人据当时的组佩形式对前朝的推想，现今出土的战国组佩证明了这点。不管怎样，文献记载的这种组佩形式都影响了后来的皇家装饰。图中A为清代学者根据《大戴礼记》等文献复原的组佩。B为清代学者根据《毛诗》等复原的组佩。C为郭沫若根据古代文献复原的组佩。D为考古学家郭宝钧复原的组佩。

中手工业制造（包括珠子和贵重金属的装饰品）和贸易集散的方式回应了北方草原民族和南方大都市的兴起。

　　郑玄《周礼注疏》对《周礼·天官冢宰·玉府》[39]注有对佩玉形式的记载，"佩玉上有葱衡，下有双璜、冲牙，蠙珠[40]以纳其间"。《大戴礼记·保傅》也有"上有双衡，下有双璜、冲牙，蠙珠以纳其间，琚瑀以杂之"。虽然不同时期经注家对衡（珩）、璜、冲牙、蠙珠、琚瑀等部件及其搭配方法都各有见解，但基本上大同小异（图094）。孔颖达在《礼记正义》卷三十解说得比较细致，"凡佩玉必上系于衡，下垂三道，穿以蠙珠，下端前后以悬于璜，中央下端悬以冲牙，动则冲

---

39　"冢宰"也称太宰，掌管王家财务及宫廷内务，相当于内务大臣。西周时的官职设置是，天官冢宰、地官司徒、春官宗伯、夏官司马、秋官司寇、冬官司空以及少师、少傅、少保，合为"九卿"。《论语·宪问》记载有"君薨，百官总己，以听于冢宰三年"，说的就是周武王死后，成王年少即位，无力国事，武王的弟弟周公以冢宰之职摄政、辅佐成王的故事。

40　蠙珠，蠙，同"玭"，《说文解字》谓"玭，珠也"。又《尚书·禹贡》有"淮夷蠙珠、暨鱼"，说蠙珠多产在淮水流域，因此一般认为蠙珠即蚌珠，也就是淡水珍珠。安徽省位于淮水边的蚌埠即以自古盛产河蚌命名，可佐证上古文献的说法。由于珍珠在酸性环境里容易分解，很难在墓葬中保存，这是我们在出土资料中难得见到珍珠的原因。但西周墓葬中还出土有用贝壳制作的珠子和其他小装饰件，有的保存得比较完整，推测这类珠子也属于文献所谓"蠙珠"和"蚌珠"。古代中国有使用贝壳和螺蛳壳作为嵌片镶嵌在漆器、硬木家具或雕镂器物的表面，做成有光泽的花纹和图案的工艺，称为螺钿。

牙前后触璜而为声"。奇怪的是，所有这些解说都与西周的出土资料显示的情况不符，倒是后世复古风起的明代严格遵守了这种形式。明代看不到西周的出土资料，只能根据上古文献来复原组佩，这可以解释明代组佩为何严格遵守了文献记载的形式。但西周的组佩显然不是文献中那种理想化的描写，他们的组佩形式比文献记载更加繁复多样、不拘一格。由于《周礼》的最后成书时间晚于西周，其中对一些礼仪制度的记录可能有后人附会的成分，特别是这种上有衡，下有双璜、冲牙，明显是腰部挂件而非项饰的组佩，形式上更多像是战国时期大为流行的腰佩，更少像是西周的出土资料。

我们说过《周礼》记载的组佩似乎是一种腰部挂件而不是项饰。从现有的出土资料看，西周的组佩至少有项饰、腰佩、腕饰三种大的类别。项饰的装饰主题是璜，与其他各种形制的玉件和珠子搭配穿系而成；腰佩的主题是一种作为擎领的梯形玉牌，下面悬垂多列各种材质和色彩各异的珠串，梯形玉佩一般都有繁复精美的纹饰，有的还有绿松石镶嵌；腕饰上的珠子和玉坠则比较活泼多样，似乎是生活化的而非制度化的装饰。这其中与身份等级的联系最紧密的可能是项饰。

《周礼》中没有"组佩"的称谓，《诗经》里也没有提到"组佩"但多次出现"杂佩"，后者多是男女间用来表达恩爱的信物，逻辑上讲不应该等同于礼仪用具的组佩。《后汉书·舆服志》称皇家佩玉为"大佩"，后来的《舆服志》都称"佩玉"或"佩"，也都没有"组佩"的称谓，但是有"以采组连结于璲"的说法，就是在玉佩的下面悬垂丝绸的结穗，这大概是后人称为"组佩"的原因。我们暂时按一般说法，将凡由两件或两件以上玉器（件）组合成的玉佩称为"组佩"。西周的组佩（项饰）的结构特点是以玉璜为主体，配以其他小件玉饰，用我们前面多次提到的红色玛瑙珠和后面将专门叙述的蓝色费昂斯珠，按照一定的装饰形式穿系起来。直到西周末年，这几种材质都是比较经典的搭配。

如果只是想看看西周贵族组佩的实物资料，三门峡虢国墓地（图019）、山西曲沃晋侯墓地（图095）、河南平顶山应国墓地（图096）、陕西韩城梁带村两周墓就足以叫人叹为观止。在装饰品神圣化、权利化的上古时代，民间几乎没有一窥豹斑的权利，这些装饰品全部集中在贵族和王权、神权阶层手里，这大概就是我们今天能够比较集中地看到这些东西的原因。两晋以后，江南的士人文化开始兴起，装饰品也出现在民间；唐宋间由于商业的发达和随之而来的市民文化的兴起，是珠玉世俗化的时期；从此，民间装饰品才大为改观。我们将在以后的章节中看到珠玉这种奢侈品是怎样一步步走向世俗和民间的，但是在西周，珠玉只属于权贵。

20世纪70年代在河南三门峡发掘了虢国一代君王虢季的墓葬，两次发掘共出土组玉佩44件（组），其中大型组玉佩3套，包括君王虢季墓出土的"七璜连珠"和虢季夫人墓出土的"五璜连珠"组佩。《周礼》规定了天子与各个等级不同的诸侯在礼仪用具上的数量，比如列鼎数量是"天子九，诸侯七"。按照这个原则，虢季身为诸侯国君，佩戴"七璜连珠"与身份正相符合（图019）。但是墓中出土的青铜礼器却是九鼎七簋，《公羊传·桓公二年》何休注说："礼祭天子九鼎，诸侯七、大夫五、元士三也。"可见列九鼎是周天子才可享用的形式，而虢季墓中的器物组合

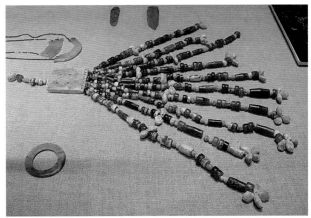

图095 山西曲沃天马—曲村西周晋侯墓地出土玉组佩。这套组佩应为腰部挂件，主题是一件作为掣领的梯形玉牌，上有阴刻纹饰和绿松石镶嵌，工艺细致精湛。玉牌下端悬垂多列珠串，使用了多种材质和形制的构件，有玉贝、红色玛瑙珠、红色玛瑙竹节管和绿松石珠等。这种腰部挂佩一直是古代中国具有特色的装饰品，西周可能是这种饰件的成熟期。战国时期，作为项饰的组佩衰落，腰上的挂佩却十分流行，并兴起水晶、玻璃等多种材质。汉代延续了腰部挂佩的传统，装饰形式大为改观；直至明清，腰部悬挂各种材质和功能的佩饰一直很流行。北京大学赛克勒考古与艺术博物馆藏。

图096 河南省平顶山市应国墓地出土的西周组佩。应国墓地主要是周代应国贵族的埋葬地，其中也包括应国灭亡后部分楚国贵族墓葬与两汉时期的一些平民墓。这件出自应国墓地M1的组佩一般认为是项饰，资料很少说明出土位置。但从复原效果看，更可能是悬挂在腰间的腰佩。配件的形制和材质有梯形玉牌、玉柄形饰、玉棒、玉珠、玉竹节形管、红色玛瑙珠、红色玛瑙管和蓝色费昂斯管，后由于费昂斯管腐朽难存，展示时被去掉。中间的四龙首纹梯形牌作为掣领；玉牌两侧有柄形饰、玉棒等串联；玉牌下端悬垂四列珠串，材质和色彩搭配有序，典雅庄严。

属于列鼎的最高形式。虢季身为一诸侯国国君，行的却是天子九鼎之礼，这种僭越行为背后的故事成了谜底。

另一个与文献记载中的规定不合的是山西曲沃晋侯墓地出土的"多璜佩"。这件组佩出土在穆侯夫人杨姞墓中，应该是项饰（图097）。组佩总长超过2米，由玉璜、玉珩、冲牙、玉管、蓝色菱形费昂斯珠、红色玛瑙珠、红色玛瑙竹节形管共204件串联而成，其中玉璜数量达到45件。杨姞是晋穆侯[41]的次夫人，所谓"杨姞"是指从杨国嫁到晋国的姞姓女子。我们很难想象杨姞是如何佩戴长度超过2米的项饰的，或者是从项饰的中部穿戴，身前背后各悬垂1米？我们不得而知。而这位次夫人的墓中随葬品多达4280余件，仅玉器就有800多件，作为权力象征的玉戈有12件之多。《周礼》《礼记》这种官方文书森严的面孔，使我们形成对古人过分形而上的想象，以为他们整日生活在羁绊他们的绳索之中，个人情感好像与他们无关。其实只要读一读《诗经》中那些率直坦然的民风，就会发现与生活在现代社会的我们一样，他们并不排斥个人情感的表达，更不拒绝生活情趣的体验，在某种程度上也许比浮躁的现代人更加率直和细腻。晋穆侯对次夫人杨姞的明显偏爱正是一个例子。

佩戴由珠子及其他构件组成的形式复杂有序的个人装饰品并非中原贵族所独有，古代埃及法老和贵族、祭师、宫廷护卫等都佩戴形式不同的珠饰，埃及壁画和数量惊人的出土器物无不反映那种奢侈华丽的面貌；印度的王公贵族也莫不如此，我们从佛教造像中全身披挂璎珞的菩萨形象就能得知，菩萨本是印度贵族形象，菩萨的个人装饰即是当时的印度贵族的风尚。由于资料的缺乏，我们不知道那些装饰是否也是制度化的，就是说，它们是否同佩戴者的身份对应，比如什么样的等级对应什么样的材质和装饰形式。埃及的情况是显而易见的，他们的珠子的穿系方式十分复杂，网络状的连接形成披肩式的华丽珠串，特别是他们的坠饰（pendants），形制繁多，内涵丰富，不同的形制代表不同的神祇和法力，可以说是埃及政教合一理念的物化形式。而古代印度在公元前1500年以后，其严格的"种姓"制度，使人相信他们的珠子和装饰风格是具有等级意义的。

礼乐制度衰败以后，西周式的贵族组佩也逐渐式微，特别是那种长及膝下、以节行止的项饰基本消失。最大的不同是悬挂在腰部的组佩大为流行起来，从战国起，这种悬挂腰间、迤逦裙边的腰佩成为最主要的组佩形式延续开来。各种材质和形制也竞相争艳，齐国有冷艳通透的水晶组佩；洛阳有悬挂玉舞人的金质项链；鲁国沿用了西周组佩以玉为主题的形式，但玉件的体量增大，形制饱满夸张，仍是一派战国时期张扬的气象；南方荆楚一带则使用了工艺和装饰效果都最为时新的蜻蜓眼玻璃珠，以丝绸结穗，风光旖旎，对传统视而不见。秦时组佩中断，直到东汉，玉组佩以新的装饰形式作为官方的舆服制度被规定并延续下来。东汉明帝白玉大佩；晋代天子白玉垂组；唐代君臣佩玉，天子白玉，王公玄玉；宋代玉珩、蠙珠、金兽面；明代复古风起，珩、瑀、琚、珠悉数古法，冲牙相触，玉滴有声，风度俨然。玉组佩作为古代中国特有的装饰形式绵延了数千年。

---

41　晋穆侯，姓名姬弗生，或名费王，是西周诸侯国晋国的第九任统治者，在位27年，于公元前785年去世。穆侯四年，娶齐国姜氏为夫人，后生太子仇和少子成师。杨姞为杨国姞姓女子，穆侯次夫人。

图097　山西曲沃晋侯墓地出土的"多璜佩"。玉组佩总长超过2米，由玉璜、玉珩、冲牙、玉管、蓝色菱形费昂斯珠、红色玛瑙珠、红色玛瑙竹节形管共204件串联而成，其中玉璜数量达到45件，最大璜长15.8厘米，是目前出土玉璜数量最多的玉组佩，为晋穆侯的次夫人杨姞拥有。这种搭配形式和数量与文献记载的礼仪制度不合，也可能是由于该项饰并非用于礼仪而是单纯作为奢侈品用于生活装饰的目的。山西博物院藏。

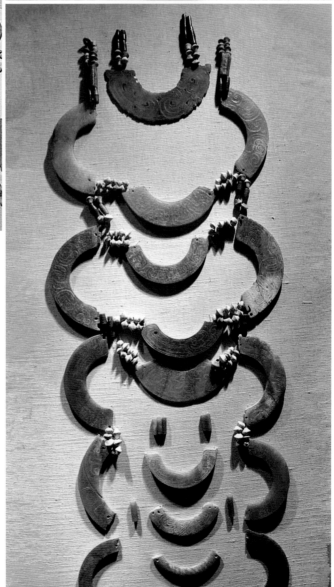

## 第三节　组佩中的珠子和坠饰

《诗经》中的"郑风"有一首《女曰鸡鸣》："知子之来之，杂佩以赠之；知子之顺之，杂佩以问之；知子之好之，杂佩以报之。"描写的是男女互相爱慕，并以杂佩相赠表达爱意的情景。《诗经》中多处提到"杂佩"，大多是男女互悦的信物，这应该是平常生活中的佩戴之物，不同于庙堂之上庄严正式的组佩。这也解释了出土资料中那些材质丰富、形制多样、搭配随意、式样活泼的珠串。

尽管孔子指责"郑声淫"，对郑国那种过分渲染男女欢情的诗句多有微词，在编纂《诗经》时也可能大刀阔斧地砍掉了相当一部分"淫秽"的郑声，但留存下来的部分还是让我们能够一窥不同于庙堂庄严的世俗风情。实际上，歌咏男女情爱的民风并不只限于郑国，只是郑国的民风可能更率直大胆一些罢了。《卫风·木瓜》有"投我以木瓜，报之以琼琚"，"投我以木桃，报之以琼瑶"，"投我以木李，报之以琼玖"，诗歌中连续提到"琼琚"、"琼瑶"、"琼玖"这样的美玉，也都是用作男女信物。《秦风·渭阳》有"何以赠之？琼瑰玉佩"，《齐风·著》还有"琼华"、"琼莹"、"琼英"的说法，皆指美石美玉。

西周时，人们对"美玉"的界定还相当宽泛，周人还没有在矿物学上给美玉分类，除了和田玉一类的透闪石玉和岫岩玉一类的蛇纹石，我们今天所说的绿松石、玛瑙、水晶等半宝石，在当时都属美玉。但是我们很难将《诗经》中名目繁杂的诸如"琼琚""琼瑶""琼玖"这些名字与现在定义的半宝石材料对应起来，这些名字现在读起来就像是一种诗意的表达而非具体的物件，然而它们确有所指。尽管古代中国人喜欢"珠玉"连称，但上古的"珠"却并非现代人所认为的广义的珠子。《说文解字》对"珠"的解释是"珠，蚌中阴精也"，《大戴礼记》也有"珠者，阴之阳也，故胜火"，说明至少在汉代以前，"珠"是专指水中生长、可以防火灾的"蚌珠"一类而不是珠子的泛称。按照这个逻辑，红玛瑙珠或绿松石珠都应该有专称，至少是与材质有关的专称，比如"琼"就是特指红色玛瑙珠，"琳"则可能特指绿松石珠，那么"琼琚"则是指红色玛瑙珠与"琚"这种玉件穿系在一起的杂佩。这种推测不无道理，但很难得到证实。虽然对周人的装饰材料难以逐一考证，但至少我们知道《诗经》中的杂佩是一些组合形式比较自由、材料选择也很多样的生活化饰品，也许就是我们在考古资料中看到的那些用红玛瑙穿杂着小蚕蛹、小动物玉坠的珠串。这些珠串当然是属贵族阶层，但是它们在周人的生活中可能更少是用来标志贵族等级，更多是作为审美装饰、表达情感和表明心意的奢侈品。

我们在前面把西周组佩分为项饰（图098）、腰佩、腕饰（图099）三个大类，这三类饰品都必须由各种坠饰（pendants）和珠子（beads）一起构成。按照装饰品研究的分类，它们都可属于珠饰。坠饰是装饰品分类中造型特殊的珠子（见第一章第二节），而古代中国的贵族组佩有其特殊性，组佩中坠饰的材质之特殊、形制之丰富、工艺之精美，是其他古代文明中比较少见的。也许古

图098　陕西扶风县强家村出土的玉组佩。长约80厘米。组佩由玉璜、人龙鸟兽纹佩、兽面、凤鸟纹佩以及其他抽象纹饰的玉件组成，由红色玛瑙珠、玛瑙管和黄色的萤石珠连接在一起，穿缀方式十分复杂，但井然有序，是西周组佩中样式活泼的一类。

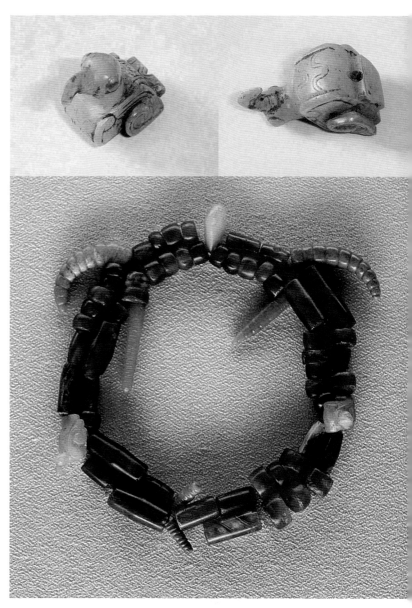

图099　陕西韩城梁带村出土的西周腕饰。现已探明陕西省韩城市梁带村两周墓地共有西周至汉代墓葬1200余座。2005年发掘的M19、M26、M27出土文物相当丰富，年代主要属于商、西周和春秋，个别玉器可能早到新石器时代。这件腕饰由红色玛瑙珠、红色竹节形玛瑙管、玉蚕、玉鸟、玉贝串联，玉蚕、玉鸟精致小巧，生动传神，与红色玛瑙珠搭配一起，活泼可爱，充满生活情趣。

代埃及的各种半宝石、贵重金属和费昂斯坠饰可以与之媲美，但是无论形制和内涵，两者都大异其趣。埃及坠饰的形制和材质之丰富堪称第一，但是与古代中国不同的是，他们很少在他们的坠饰上雕刻出变化多样、线条优雅、图案抽象、寓意神秘的纹饰，他们使用具象的造型、图形或者直接使用文字。埃及的每一种坠饰都代表一个神祇和他所拥有的法力，他们的珠子和坠子都与宗教内容密切关联。而古代中国特别是西周的坠饰，从用料到做工，从形制到纹饰，所承载的是礼仪和制度的内涵，甚至包括伦理的内容。那些抽象的纹饰在今天已经很难释读，我们除了叹服古人高超的工艺、完美的图案设计和丰富的想象力，能做的只是对它们进行考古学或者美术学上的分类以留待后来的研究。

西周组佩中的坠饰和珠子比较常见的形制和材质大致如下（图100、图101、图102）：璜、珩、觿、玦、环、束绢形佩、盾形佩、龙佩、兽面、梯形牌、贝，以及蚕、蝉、鸟、兔、鱼、龟背等各种肖生动物和各种抽象或变形的坠饰，这些坠饰大多用透闪石玉制作，也常见各种地方性的蛇纹石玉料；组佩中的管子有素面无纹的玉管、龙纹玉管、弦纹玉管、束腰形玉管、竹节形玛瑙管、几何纹管、萤石管、蓝色费昂斯管等；珠子比较常见的是红色玛瑙珠（算盘子）、萤石珠、玉珠、蓝色费昂斯珠和绿松石珠，北京大学赛克勒考古与艺术博物馆收藏的山西天马—曲村晋侯墓地的几串项饰上还有一种外径1毫米左右的煤精珠子，黑色、表面抛光、孔径非常细小，让人疑惑于它的打孔技艺。这一时期其他或肖生或抽象的玉件还有人、龙人、虎、熊、马、牛、羊、鹿、猴、鹰、鸮、螳螂、蛇等，它们不一定出现在组佩的组合中，可能还有其他的穿系方式。

璜是组佩中项饰的装饰主题，我们知道这种形制的玉饰非常古老，是最早的玉器形制之一。最早的璜出现在距今7000年的河姆渡文化，而在良渚文化中它已经专门作为项饰的主题出现。对于璜的起源和意义有过很多不同的猜测，《山海经·海外西经》说夏后启在舞蹈时"左手操翳，右手操环，佩玉璜"。如果夏后启如诸家学说认为的那样，是一位具有沟通神界能力的祭司或巫师的话，夏后启舞蹈便是一种祭祀或行巫的舞蹈，他身上佩戴的玉璜则是某种法器的象征，或者本身就具有法力。这种想象似乎在长江流域的新石器文化中得到过更多考古资料的支持。

西周组佩的构件之多样繁复，似乎我们很难对这些现在看来仍然能够打动人的古代美术作品逐一分析其意义，然而古代文献中难免保留一些有用的信息。觿本来是用象牙或其他动物角质制作的实用器，《礼记·内则》说成年男子平常都佩戴有"左右佩用，左佩纷（毛巾）、帨（手绢）、刀、砺、小觿、金燧（打火器具）"，觿是周人挂在腰上用于日常生活中解结的工具。《诗经》有一首《芄兰》讲述"童子佩觿"的故事，"芄兰之支，童子佩觿。虽则佩觿，能不我知。容兮遂兮，垂带悸兮。芄兰之叶，童子佩韘。虽则佩韘，能不我甲。容兮遂兮，垂带悸兮"。这首《芄兰》是卫国臣子讽喻卫惠公少年践位、佩戴觿角假装老成的样子。西周时，男子成年前佩戴的是"容臭"（香囊），成年后则佩戴觿角。正是这种实用性质的觿，演变成了悬垂在腰佩上的冲牙，并且成对出现，以使步履移动中轻轻地碰撞而发出玉振之声。周人使用"赋、比、兴"创作歌谣的手法像他们的组佩一样具有对称的排列、从容的节奏和暗喻式的象征。

图100 西周组佩上常见的各种形制的坠饰。它们是玉璜、束绢佩、盾形佩、兽面、蝉、蚕、玉、鸟等以及其他丰富的动物题材。其中束绢佩、盾形佩和蚕蛹等几种坠饰流行的时间大致只在西周，春秋时期基本衰落。束绢佩是刻意模仿束绢形状也就是我们通常所谓的"蝴蝶结"，这种形制还有用青铜制作的"马节约"，后者是西周贵族车舆上的机械部件。用硬度极高的玉料和青铜合金模仿娇俏的束绢，是周人独特的审美和想象力。与束绢佩一样，盾形佩一般是背面四组对钻的隧孔，以正面不见穿系的线为目的。盾形佩与青铜器上的皿字纹（或者叫鱼鳞纹）相似，或者就是直接来源于这种青铜纹饰，这种形制和纹饰的意义很难推测，并且也只在西周流行过，至少说明与西周时期的某种制度或宗教有关。周人对小蚕的喜爱无疑来自他们擅长的家蚕养殖和丝绸纺织，《诗经》中也经常涉及采桑养蚕的背景。台北"故宫博物院"藏。

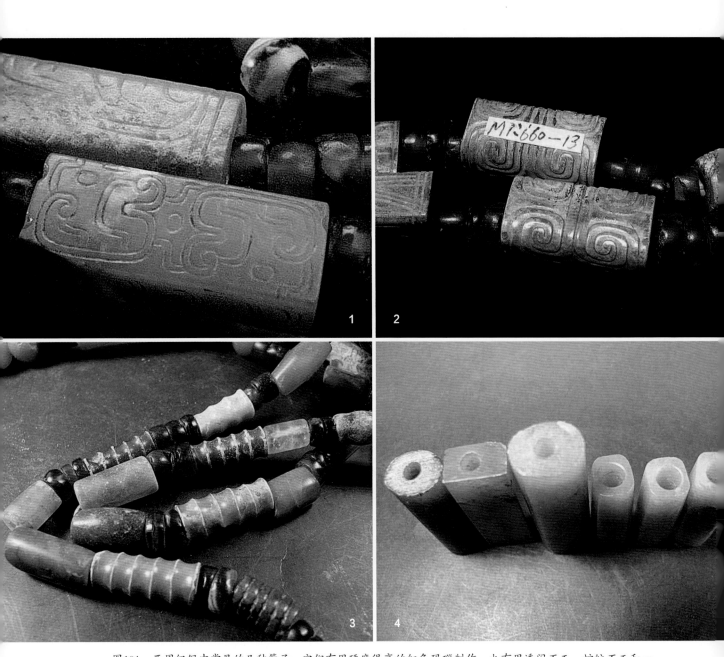

图101 西周组佩中常见的几种管子。它们有用硬度很高的红色玛瑙制作，也有用透闪石玉、蛇纹石玉和一些硬度不太高的地方料制作，天河石、绿松石和萤石制作的珠子和管子也经常见到。表面有纹饰的玉管多是抽象图案，一般为西周特有的"一面坡"斜刀工艺，无论是图案构成还是工艺制作都堪称经典。管子也有素面无纹的，横截面或方形或圆形或椭圆。1为陕西韩城梁带村两周墓地出土。2为台北"故宫博物院"藏品。3、4为私人收藏，藏品由孙伟女士提供。

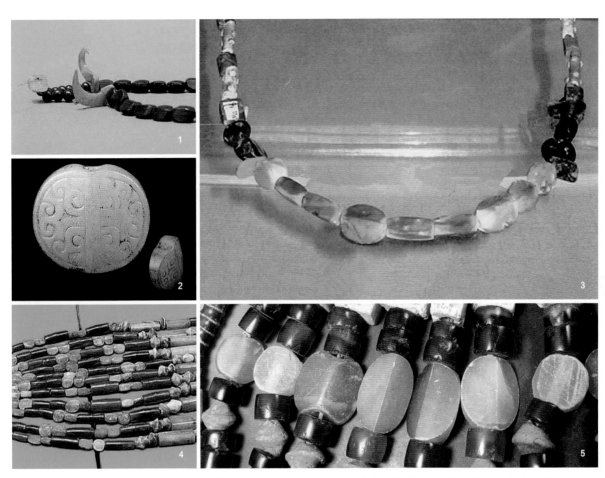

图102　西周组佩上的"龟背"珠。乌龟的题材出现得很早，最早的实物资料可到红山文化，良渚文化也有出土记录。先民们制作乌龟用意为何我们不甚清楚，但是显然它在早期社会是受喜爱的题材。制作所谓龟背形制的珠子并作为串饰穿戴大致只在西周最晚到春秋时期流行过，一般作为节珠穿系在组佩上，使用的材质有玉、煤精、绿松石等，以及人工合成材料费昂斯，而这种形制的费昂斯珠在埃及和印度河谷都出现过。1为西周的煤精龟背珠（陕西韩城梁带村出土）。2为出土的有纹饰的龟背珠。3为西周的绿松石龟背珠（河南三门峡虢国墓地）。4为西周的地方玉料龟背珠（陕西韩城梁带村出土）。5为龟背珠细节。私人收藏，由孙伟女士提供藏品。

## 第四节　西周玛瑙珠

上一节提到的西周组佩中用于连接玉璜和其他玉件的红色玛瑙珠在中原大量出现的时间是西周，这是它在坊间得名"西周玛瑙"的由来（图103）。要申明的是，这种民间的习惯称谓不具有学术意义，只是方便说话。这种珠子我们在第四章第五节中有过叙述，在从西周到战国的时间跨度内，它出现的地域范围十分广阔，从夏家店文化范围到中原、经甘陕一直到四川西北部高原沿河谷南下到云南。西周时期它主要出现在中原，当周王室衰微以后的春秋，它开始出现在正在学习中原礼仪文化的秦国贵族组佩和西北的犬戎贵族墓中，战国时期出现在整个西南边地，其路线也与童恩正教授所提出的"边地半月形文化传播带"相吻合（图133）。

"玛瑙"[42]的名称始自佛经，据称最早见于东汉时期安息国（即帕提亚，伊朗高原古国）王太子出身的僧人安世高所译《阿那邠邸化七子经》一书。安世高大致在汉桓帝（147—167年）前后来到中土洛阳，是佛经汉译的创始人。《阿那邠邸化七子经》中有文，"此北方有国城名石室。国土丰熟人民炽盛。彼有伊罗波多罗藏。无数百千金银珍宝车渠马瑙真珠琥珀水精琉璃及诸众妙宝"。其中"玛瑙"写作"马瑙"，可知玛瑙的称谓是东汉之后才有的。西周以前的称谓，多数人认为是文献中提到的"琼"。古时多用红玛瑙，《说文解字》中有"琼，赤玉也"，该是指红玛瑙，出土资料也可印证。南朝江淹的《空青赋》有"夫赤琼以照燎为光，碧石以葳蕤为色。咸见珍于东国，并被贵于西极"，说的也是产自西方的红玛瑙。

大概从曹魏开始，"玛瑙"的称谓代替了可能是"琼"的古称。"玛瑙"一词的推广除了佛教经典的传播，也得益于雅士文人的诗词歌赋的赞誉。魏文帝曹丕有《马脑勒赋》，"马脑，玉属也。出自西域，文理交错，有似马脑。故其方人因以名之。或以系颈，或以饰勒。余有斯勒，美而赋之。命陈琳、王粲并作"。曹丕佩戴有来自西域的玛瑙勒子，因为自己很喜爱便赋诗赞美。除了玛瑙，曹丕还写过《车渠碗赋》和《玉玦赋》，可知当时的上流社会对玉属一类装饰品仍很珍视。曹丕文中提到的王粲其人，就是在汉末兵乱、佩玉制度毁坏的情况下，首创曹魏皇家组佩形式的侍中大臣，《决疑要注》说他"汉末丧乱，绝无玉佩。魏侍中王粲识旧佩，始复作之。今之玉佩，受法于粲也"。王粲的组佩形式被后来的两晋和南朝传承。

周人还用红色玛瑙制作竹节形玛瑙管（图104），它是刻意模仿竹节的形制，也是组佩中重要的构件。它的作用更像是分割长珠串的节珠，使串饰呈现出一种形制和色彩的节奏变化。竹节管的形制在西亚王墓也有出土，后者在形制上不及中原的玛瑙管硬朗，也多使用红色玛瑙制作。但是中

---

42　玛瑙，英文名称Agate，玉髓类矿物，摩斯硬度6—7.5，半透明到不透明，是人类最早利用的宝石材料之一。玛瑙呈现各种颜色，有同心圆状和规则条带状纹理，可分为缠丝玛瑙、条纹玛瑙、苔纹玛瑙、火玛瑙、缟玛瑙等。其中红玛瑙被认为是各色玛瑙的上品，故在《格古要论》中有"玛瑙无红一世穷"之说。玛瑙分布广泛，几乎世界各地都出产玛瑙，古代中国文献中提到的富产地有西域、云南和北方各地。

原人将这种形制应用到其他材质上，并将造型进一步夸张，特别是战国时期的齐国人，他们使用最喜欢的白色玛瑙和水晶制作竹节，造型更加俊俏，线条更加硬朗，表面玻璃光泽，制作工艺十分精湛细腻，不啻为玛瑙和水晶珠饰中的精品。

图103　西周贵族组佩上的红色玛瑙珠和蓝色费昂斯珠。这两种材质、形制和色彩的搭配是西周时期特别是周王室礼乐制度完备时期的经典搭配。有趣的是这些珠子在西亚两河流域、中亚的印度河谷和地中海沿岸都出现过。作者收藏。

图104　西周时期的竹节形红色玛瑙管。这种管子一般长度在3厘米左右，两端口径1厘米左右。两端对打孔，孔径较大，管壁较薄，呈半透明。西周时期多使用红色玛瑙制作竹节形管，也可见硬度不太高的黄色萤石竹节管。到战国时，则多使用白色玛瑙和水晶制作。作者收藏。

## 第五节　早期的费昂斯珠

西周贵族组佩中经常与红色玛瑙珠搭配在一起的还有一种蓝色或者绿色的费昂斯珠，珠子大致呈菱形，也有管子，表面釉光，不透明。这就是被西方学者称为费昂斯（faience）的人工合成材料，一般认为它是玻璃的前身，是一种原始玻璃（图105、图106）。

从20世纪20年代起，由于像洛阳金村东周天子墓中大量玻璃珠及玻璃镶嵌品出土资料的公开，学术界开始注意中国境内古玻璃的研究。一些西方学者认为，中国境内发现的古玻璃都是从地中海传入的西方产品，在中国发掘出土的古玻璃都是埃及传入的。其他西方学者也认为中国古代没有制造玻璃的技术。直到20世纪30年代，西方一些学者对中国古玻璃进行了成分分析，发现在中国境内出土的古玻璃与埃及等西方玻璃的化学成分不同。英国学者Beck和Seliman于1934年、1936年在《自然》杂志的第133、138期分别发表了中国洛阳金村古墓出土一批玻璃珠的化学成分分析报告。他们用光谱分析法分析了54件战国和汉代的玻璃，其中有39件属铅钡玻璃，占总测数的72.22%。而我们知道西方地中海沿岸的古代玻璃是钠钙玻璃，不同于中国境内出土的铅钡系，由此大部分西方装

图105　西周组佩上的蓝色费昂斯珠。这些珠子在西周时期黄河流域各诸侯国的贵族组佩上都能见到；当周王室动迁洛阳并逐渐衰微后，这些珠子也随之在关东消失；随着战国时期边地民族的活跃，这些珠子大量出现在川西北沿三江流域南下的石棺葬中。作者收藏。

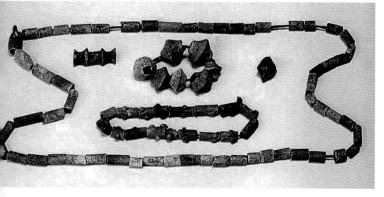

图106　西周的原始费昂斯玻璃珠。珠子直径8—10毫米。管子长18毫米，直径4毫米。陕西扶风县出土。这些珠子有瓷白色、天蓝色和麦绿色三种，呈圆珠、橄榄和管状，出土时表面氧化，呈半腐朽状态，为迄今最早的中国古代铅钡琉璃。周原博物馆藏。

饰品研究专家同意中国古代有自己的玻璃生产。[43]

西方学者称为faience[44]（音译费昂斯）的人工制品，最早出现在公元前3000年的近东地区（图107）。埃及人大量使用这种工艺制作珠串和其他装饰品，将这种工艺沿用了上千年，直到公元前1000年前后，地中海沿岸已经开始烧制真正的玻璃制品，费昂斯工艺仍旧在使用（图108）。关善明博士在他的《中国古代玻璃》[45]一书中把费昂斯和后来的玻璃工艺做了比较，说明了它们的区别和联系。费昂斯和真正的玻璃最主要的区别是工艺流程和烧造温度的不同，费昂斯的烧造温度较低，在1000℃左右（烧造玻璃的温度是1700℃），成品中仍有未经完全熔化的晶体，因此中国学者也有将费昂斯制品称为釉砂（表面为玻釉和石英砂）和玻砂（内部为玻璃和石英砂的混合体）的。而工艺流程的区别更加明显，真正的玻璃是先行生产玻璃料块，然后熔化料块，趁玻璃溶液还未冷却时"热加工"成型（图109）；而费昂斯是利用天然石英砂"冷加工"成型胎体，然后上玻璃釉再烧造成功。虽然费昂斯与玻璃的工艺流程不同，但使用的基本原料都是石英砂（加助熔成分），因此说费昂斯是玻璃的前身也是合理的。

一般认为，古代中国的玻璃工艺最早可能是从地中海沿岸经由北方草原之路进入中原，进而形成自己独有的配方和装饰特征。中原出土得最早的费昂斯珠子来自陕西的西周或先周墓葬，在年代上几乎比埃及晚1500年，在色彩和形制上却仍然有着埃及风格。多数学者同意这项工艺是由西方传入，在本土形成了自己的系统。另一个值得关注的事实是，最近几十年对印度河谷哈拉巴（Harappa）遗址的发掘，出土了数量和形制都很丰富的费昂斯珠和其他半宝石珠子，并发现了费昂斯的作坊遗址。哈拉巴遗址位于印度河谷上游、现今巴基斯坦境内，这一地区包括印度北部和阿富汗东北山区，得丰富的半宝石矿藏之利，数千年来就是一个大的生产珠子及各种小装饰品的基地，两河流域的古代文献多处记录了与印度河谷的珠子和原料贸易。如果说西方的费昂斯工艺是中

---

43　中国近年来开始重视古玻璃的研究，大部分学者同意古玻璃技术是在西周时期由埃及和地中海沿岸经北方草原之路或所谓玉石之路传入中原，并形成自己区别于西方的配方。从西周到战国的今渭水—黄河中下游流域（甘肃、陕西、河南、山东等地）和丹淅流域（河南湖北交界地）的古墓中出土了大量的费昂斯珠管，战国时期的四川西北与甘肃交界的地区，并沿川西北三江河谷南下，至云南境内同样有相当数量。中国社会科学院干福熹发表过数篇论著详细论述中国古代原始玻璃。

44　faience，音译费昂斯。西方学者对费昂斯的定义是，非黏土的表面玻璃化的矽酸盐制品。费昂斯是先用研磨细致的石英砂混合其他助熔成分和水，使用手工或模具"冷加工"成型胎体，然后上玻璃釉后烧造，使釉面固化并与胎体结合。最早的费昂斯制品出现在公元前3000多年的埃及，早期的费昂斯只限于制作小型装饰品而不是容器。埃及人给三类物质上釉，一是石头，包括石英和硬度不高的皂石（滑石）；二是石英粉制成的胎体，这发展成了后来的玻璃工艺；三是陶胎。从某种程度上讲，费昂斯不仅是玻璃工艺的前身，也是后来陶瓷、珐琅、搪瓷工艺的渊源。埃及人给滑石制作成的小珠子或石英砂胎体的珠子上釉，使珠子呈现光艳的蓝色和绿色，达到模仿绿松石和青金石一类的半宝石效果。除了埃及，印度河谷文明也出土费昂斯珠和上釉的滑石珠，并有作坊遗址被发现。这有可能是费昂斯工艺传入中原真正的源头。奇怪的是介于埃及和印度河谷两者之间的两河流域很少出土费昂斯珠，但是他们大量出土上釉的建筑装饰构件。

45　《中国古代玻璃》是香港中文大学关善明博士针对中国古代玻璃的专著，书中除了涉及玻璃的历史和工艺，还对数百件古代玻璃器分别进行考释和成分分析。该书2001年3月由香港中文大学文物馆出版。

**早期的费昂斯分布图**

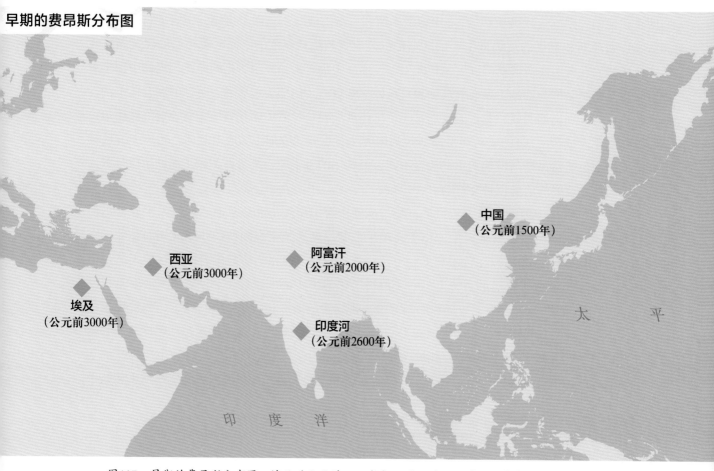

中国
（公元前1500年）

阿富汗
（公元前2000年）

西亚
（公元前3000年）

埃及
（公元前3000年）

印度河
（公元前2600年）

太　平

印　度　洋

图107　早期的费昂斯分布图。埃及（公元前3000年）、西亚（公元前3000年）、印度河（公元前2600年）、阿富汗（公元前2000年）、中国（公元前1500年）。

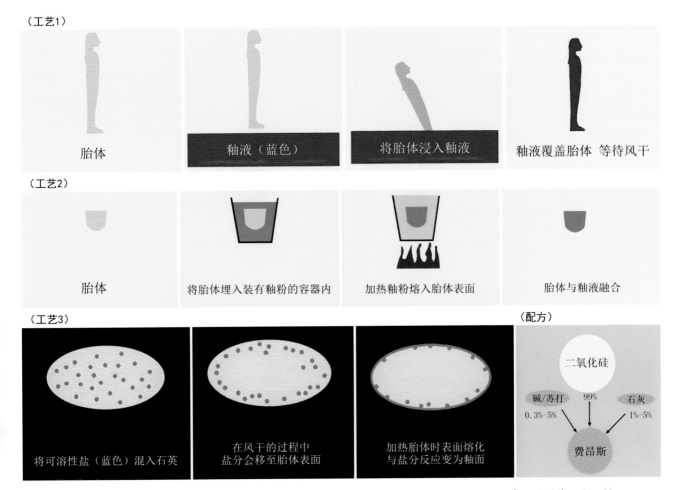

（工艺1）

胎体　　　釉液（蓝色）　　　将胎体浸入釉液　　　釉液覆盖胎体 等待风干

（工艺2）

胎体　　　将胎体埋入装有釉粉的容器内　　　加热釉粉熔入胎体表面　　　胎体与釉液融合

（工艺3）　　　　　　　　　　　　　　　　　　　　　　　　　　（配方）

将可溶性盐（蓝色）混入石英　　　在风干的过程中盐分会移至胎体表面　　　加热胎体时表面熔化与盐分反应变为釉面

二氧化硅
碱/苏打　99%　石灰
0.3%–5%　　1%–5%
费昂斯

图108　费昂斯工艺流程的示意图。制作费昂斯的图示早在埃及壁画中就出现过，分别有三种制作方法。制作流程一般是先研磨石英砂，然后加入石灰和草木灰，以帮助降低熔点，这也是所谓西方"钠钙"玻璃；在古代中国是加入硝石和方铅矿，也就是中国的"铅钡"玻璃。然后模具成型胎体，模具一般为陶模，古代埃及和中原都有陶模出土，印度哈拉巴文化还出土了滑石制成的模具。图片为埃及人制作费昂斯小神像和珠子的三种方法和费昂斯的成分。

图109　几种常见的玻璃珠制作工艺。玻璃的制作流程不同于费昂斯，制作玻璃珠需预先制作"生料"（fritting），即将磨细的石英砂加助熔剂熔化成胶糖状后冷却，将冷却后的生料再入高温净化，加入着色剂和澄清剂等成分，做成料块或料棒，冷却后待用；制作玻璃珠时，将料块或料棒熔化成黏液状态，这时，可使用所谓缠绕（wound）技法在金属棍上手工拉曳成型，冷却后即是成品（如1）；也可使用专门的工具吹制（如2）；另外也可采用注入模具的模铸（如3）。古代中国制作玻璃珠的主要办法除了使用模具，大多使用所谓缠绕技法，即将玻璃溶液缠绕于金属棒上，趁溶液还未冷却在金属或石板上滚动成型或使用专门工具一次造型。

原玻璃工艺的渊源，那么从印度河谷经中亚古老的贸易通道传入中原的可能性更大。

Jonathan Mark Kenoyer博士[46]带领他的学生在印度哈拉巴（Harappa）[47]发现了公元前2000年的费昂斯作坊以及残留下来的废料和技术部件，他们发现制作费昂斯珠子和坠饰的模具是用滑石制作和雕刻的。博士对这种工艺进行了复原，复原效果基本与出土珠子一致，证实了当初的工艺流程。哈拉巴文化是印度河文明的中心，也是世界最早的文明之一，它的编年在公元前3000年到前2000年之间。而印度河谷出土的费昂斯珠子，与无论是埃及和地中海还是中国的费昂斯珠比较，在形制、色彩甚至质地的外部效果都很接近。

这种工艺似乎在公元前11世纪的西周甚至更早的时间传入甘肃南部、陕西西南部一带并形成了一个长期的传统。碰巧这里是周人的发源地，由这种工艺制作的珠子似乎随着周人的东进沿黄河流域一直向东扩散，并随着西周王朝的衰落从黄河流域消失。但即使费昂斯在黄河流域衰落之后，这种工艺最早的（我们想象中的）"生产基地"——周原故地仍旧在继续生产费昂斯珠，并持续了数百年，出土的证据有，春秋时期填补了周王朝东迁后的关中地区秦国墓葬中的费昂斯珠；战国时期川西北氐羌系民族石棺墓中的费昂斯珠；沿川西北三江流域南下至云南的战汉时期滇文化墓葬中的费昂斯珠；中亚新疆绿洲小国直到战汉时期都在生产这种珠子。但迄今为止，中原还没有像印度河谷那样发现制作费昂斯珠子的作坊遗址。

---

46　Dr. Jonathan Mark Kenoyer现任美国威斯康星大学麦迪逊分校（University of Wisconsin-Madison）人类学教授，他出生在印度。后专门从事印度河文明的研究，从1986年开始主持对印度哈拉巴（Harappa）文化的发掘和调查工作，著有《Ancient Cities of the Indus Valley Civilization》和《The Ancient South Asian World》等书。

47　哈拉巴（Harappa）是印度河文明的中心，年代为公元前3000年—前2000年，位于萨西瓦尔（Sahiwal，距拉合尔约250公里）西南35公里处，也是印度河流域古文明遗址中发现最早的。哈拉巴考古遗址发现于1920年—1921年，后经数次发掘。在发掘的陵墓中发现，许多墓主人都戴着指环、滑石珠链、脚镯和手镯。墓里面还有小雕像、滑石印章以及不同形状大小的容器与水壶。女性尸骨上戴有小珠串成的脚镯和镶嵌着珍贵宝石的束腰。甚至在前哈拉巴文化，这一地区就十分流行珠子，材料从硬度极高的玛瑙到较软的滑石。

# 第六章　春秋战国的珠子

（公元前770年—公元前221年）

## 第一节　礼崩乐坏

由于西北戎狄民族的侵犯，周王室被迫东迁洛阳。随着诸侯列国的崛起和周王室的衰落，开启了诸侯争霸、逐鹿中原的春秋战国时代。这些诸侯国无论是宗周嫡亲还是旁系封地，都不再将西周延续了数百年的礼乐制度视为圭臬，先后弃礼仪典章不顾而采用各种新的国家策略以图强大，孔子叹其为"礼崩乐坏"。在这种"礼崩乐坏"背景下的装饰风尚和寓意都发生了改观，孔子最先赋予了玉以"仁、义、智、勇、洁"五种君子的品德，这种对玉的形而上的认知被中国古代知识分子认同和保持了2000年，这是玉所以备受文人雅士推崇的理由。直到明代，学者焦竑在他的读书笔记《焦氏笔乘》中还写道："王叔师[48]《楚骚注》曰，'行清洁者佩芳，德光明者佩玉，能解结者佩觿，能决疑者佩玦'。故孔子无所不佩也。"盛赞孔子的学识和品行。孔子关心现世民生，并不赞同人事对"神"的依赖，认为"未能事人，焉能事鬼？"这也能够解释孔子为什么置数千年来蕴于玉中的"神性"不顾，而主张玉的"人性"。这是神玉走下神坛、走向世俗的第一步。孔子这种认识也是基于春秋时代人文思想萌发的背景，虽然孔老夫子感叹"礼崩乐坏"，殊不知，他自己也是革新的一分子。

三门峡虢国墓地、山西曲沃晋侯墓地、河南平顶山应国墓地和陕西韩城梁带村两周墓地出土的

---

48　王逸，字叔师，南郡宜城（今属湖北）人。东汉文学家。历官校书郎、侍中。所著《楚辞章句》是屈原《楚辞》最早的完整注本。另有赋、诔、书、论及杂文等21篇，又作《汉诗》123篇。明代有《王叔师集》行世。

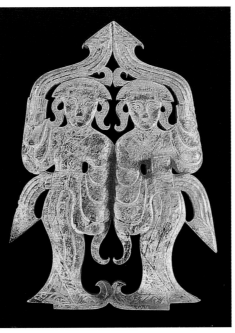

图110　传洛阳金村出土东周天子金链玉组佩。该组佩为项饰，由金链、玉舞人、玉管、双首龙佩和龙形冲牙构成。其中黄金链的工艺制作十分精致，这种"锁子"链的工艺常见于希腊和小亚细亚，中原的出土资料中并不多见，可能是舶来品。1928年出于周威烈王二十二年（公元前404年）到周赧王四十八年（公元前267年）墓地。美国弗利尔美术馆藏。

西周到春秋早期的贵族组佩都属于中原姬姓[49]大国。春秋时期，他们在逐渐"礼崩乐坏"的环境下或勉力维持宗周礼仪制度，或完全灭于其他崛起的诸侯国。除了春秋时期的超级霸主——晋国属于周王室嫡系，其他相继崛起的国家当中最为强大的是独霸西戎的秦、富甲东夷的齐和骁勇善战的南蛮荆楚，他们均非周王室姬姓嫡系。直到春秋时期，中原大国会盟还不许秦国、楚国这样的国家参加，对他们多以"戎狄视之"，以至于当楚国在后来崛起时，也要"问鼎中原"[50]，其实是树立自己在诸侯国家中间的威信和地位。

虽然周王室衰微，但中原传统姬姓大国仍然保有一些西周贵族风范的孑遗，比如洛阳金村曾出土一批周天子的装饰品（图110），其中不乏经典高贵的个人佩饰，但是组合方式和构件都已经不是西周组佩的样式。1928年出土于洛阳金村的战国金链舞女玉佩，以金链贯穿玉质舞女、玉管、双首龙佩和龙形冲牙；两舞女短发覆额，长袖善舞，博带飘飞；双首龙佩悬挂中央，左右各一龙形冲牙。整个组合清新爽利，已经不同于早期西周贵族组佩那种"以节行止"的审美追求，而更接近列国争霸时简洁硬朗的风格。

---

49　周人奉神农后稷为始祖，出自"长居姬水"的黄帝一支，姬姓，初躬耕于渭水流域，后灭商。先秦的姓实际上是早期氏族的标志，可能与远古的母系制度有关。它标志的是一个人出自某支氏族，故称"生"，由于当时知母不知父，写作"姓"，先秦姓氏也多有"女"字旁，如姜、姚、姬、嬴、妫、姒等。古代姓氏的数量并不太多，这些姓氏后来又衍生出很多姓，比如姬姓又衍生出周、王、刘、杨、文、武、关等。

50　问鼎中原的故事出自《左传·宣公三年》，"楚子（庄王）伐陆浑之戎，遂至于雒（洛邑，东周都城，今河南洛阳），观兵于周疆。定王使王孙满劳楚子，楚子问鼎之大小轻重焉"。鼎是权利的象征，列鼎是周礼严格规定的制度，列鼎的大小和数量对应严格的等级。楚国崛起前，中原列国视之为蛮夷，不属于鼎礼的文明之邦。楚庄王兵临洛邑，问周王室列鼎之大小轻重，以一种挑衅的态度显示楚国的强大。

战国时期组佩的最大变化是取消了西周的经典项饰，装饰重点转移到腰部挂件，而这种腰佩挂件的装饰习惯一直保持到2000多年后的清代末期，男女都佩。西周时，腰佩就已经有成熟的组合方式，即玉质的梯形牌下面悬挂多组珠串（见第五章第二节），但战国时期的腰佩是另一种全新的风尚。一是玉件的体量加大，造型一改西周的安静温婉一变而为张扬大气；组佩减少了珠子的数量，突出玉件的形制和纹饰，但多少仍保有传统的气息，作为宗周嫡系的鲁国保存了这种形式，延至汉代的南越王墓中有更加完整经典的样式。而另一种风尚则显得格外新颖，就是新的材质和工艺的应用，比如齐国的水晶组佩和楚国的蜻蜓眼玻璃珠，这些组佩无论是材质本身的质感还是组合方式，较之西周组佩都更加绚然飒利。

这一时期最值得一提的组佩是东方的齐国和南方的楚国，它们可能是战国组佩最精彩的部分，因为它们无论材质、工艺和审美风尚都是全新的。当中原西周宗室制度崩坏，组佩随之衰落时，东方正在崛起的齐国却大兴组佩之风，但这已经不是中原姬姓国家的传统样式，而且很难说是否还严格对应佩戴者的社会等级。齐国重商业，新兴的商业富裕阶层可能不是出自贵族门第，但是他们是齐国的新贵，不把宗周礼仪视为圭臬。当他们的邻居鲁国还在一意孤行地推行宗周礼仪的时候（图111），齐国人继承的是姜子牙[51]务实的传统，他们大刀阔斧地简化了烦琐的宗周礼仪，代之以教化过的东夷之风。当"仲尼之门，五尺童子羞称霸"的时候，齐国已经真正成长为雄霸东方的强国。

齐国盛产水晶和一种白色玛瑙，他们也发展出了自己特有的一套驾驭这种硬度极高的材料的工艺。齐人打破了西周组佩程式化的组合方式，取消了传统玉佩、红色玛瑙珠、蓝色费昂斯珠的材质和组合形式，代之以大量的水晶和白色玛瑙饰品作为连接件和组合件。山东博物馆现藏有一套1972年在山东淄博市临淄区齐都镇郎家庄出土的春秋时期水晶玛瑙串饰，由水晶环、水晶珠、水晶管和少量的玛瑙珠组成，其中有晶莹剔透的白水晶和色彩艳丽的紫水晶，四列纵队悬垂在最大的水晶环上，是中原自西周以来腰部挂件的新的变体，较之中原传统的款式显得更加冷艳迷离。

南方的楚国是个人装饰品的另一个新贵。楚国巫风炽盛，他们的装饰品更像是民间巫风的实物化形式。楚人以骁勇闻名，但真正让楚人引以为傲的是他们神秘瑰丽的文化和造型艺术。楚文化不同于温和敦厚的中原文化，后者经常是作为强大的文化势力占领和征服其他地域，而楚文化更具有渗透力，这种渗透力即使在后来儒家占领官方学说的地位时，也能够以实物形式占领民间信仰。楚人那些具有护身符和辟邪意义的个人装饰品从战国时期就开始影响中原人，到汉代，多数与民间信仰有关的小佩饰都是楚风仙道的实物形式。

---

51　齐国是姜子牙的封地，姜姓。西周初年周武王赐封功臣姜尚东夷之地，地理范围大致在今山东省东北部，都城临淄（今山东省淄博市临淄区），东与纪、蔡，西南与鲁，北与燕、卫为邻。周公旦摄政时，淮夷叛周，周公命令姜太公"东至海，西至河，南至穆陵，北至无棣，五侯九伯，实得征之"，齐由此有了征伐权，后来成为周王朝东方大国。

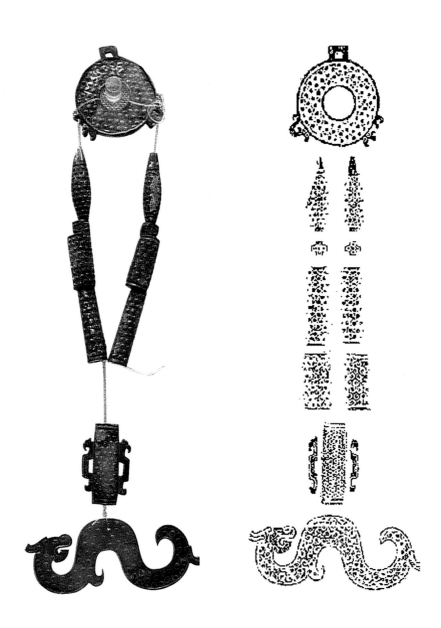

图111　战国时期的玉组佩。出土于山东曲阜鲁国故城。该组佩为战国时期大为风行的腰佩，由出廓玉璧、玉管、龙形玉佩组成。与传统的西周组佩比较，玉件体量增大，造型张扬，整体组合简洁而富于变化。孔府文物档案馆藏。

## 第二节　秦人的珠子和佩饰

我们说过，战国时期最精彩的组佩在东方的齐国和南方的荆楚。但这之前，必须提到秦国的佩饰和珠子，至少他们在春秋时期一度想要保持宗周的装饰传统。秦人在周王室东迁洛阳以后填补了周人发祥地——关中的空白。被中原国家视为戎狄之族的秦人，春秋初期在继承周人传统的基础上努力学习中原以玉器为物质表现的礼仪文化，并进而在玉器艺术方面形成了强烈的"秦式"风格。从陕西宝鸡茹家庄和凤翔秦景公大墓出土的玉组佩看，秦人并没有一丝不苟地将西周贵族的装饰形式保存下来，那些组佩的穿缀方式似乎还处于对西周佩饰的犹豫和学习中，倒是秦人独有的几何化图案和镂空玉器更能表现出他们果敢的作风。我们不知道这些组佩穿戴在秦人身上是何等效果，也许温文尔雅的贵族组佩与西戎气质的秦人并不搭配，《左传》中有一则晋公子重耳流亡秦国，与性格凌厉的秦国公主怀嬴遭遇的故事大概能说明秦人气质。晋公子不经意的一次小小失礼，惹得红颜一怒，被斥为轻慢，重耳不惜坦怀下跪，囚拘自己，虽然谦谦君子最后赢得了美人以媵人身份远归晋国，却不难解释西戎气质的秦人在战国时期何以能够如此果断地抛弃中原礼仪。

秦人擅长在玉器上镂空（图112），图案多使用硬性的线条和方折的几何纹样，图案的构成似乎比中原和东方列国更难解读。从宝鸡茹家庄和凤翔秦公大墓的出土资料看，他们的美术形式有强烈的戎狄之风，无论是玉器造型还是玉器的穿缀方式，秦人显然没有秉承西周那种温文尔雅的气质。他们的装饰图案硬朗，线条相互盘曲，产生复杂难解的图形，给人曲折的印象。从装饰形式来看，秦人实际上继承的是早期西周青铜纹样的装饰元素，并将这些元素转化为能够表达自己的风格。整体来看，这时的秦国人在艺术形式上显得比东方诸国保守和生硬。

秦人至少在春秋时期都一直保留着这一地区从西周就开始的费昂斯（faience，见第五章第五节）原始玻璃珠的传统（图113），陕西凤翔上郭店村墓地、陕西陇县边家庄村墓地、秦景公一号大墓、陕西宝鸡茹家庄等春秋时期的秦国墓葬都出土蓝色的菱形费昂斯珠和其他形制的费昂斯珠。这种珠子在西周时是贵族组佩上不可或缺的连接件，与红色的玛瑙珠搭配在一起贯穿各种玉佩和坠饰。春秋时期，传统的组佩形式随着周王室的东迁逐渐衰落，关东诸国已经很少再佩戴穿缀有费昂斯珠的组佩，而这种珠子的烧制工艺似乎也在整个黄河流域地区随之衰落。而被秦人占据的周原故地却仍旧保留了这种原始玻璃技术，除了春秋时期的秦国墓地不时有费昂斯珠出土，此时的长江流域沿线也有了相同形制和质地的费昂斯珠。到战国时期，长江下游的楚文化范围出现了真正的玻璃珠的烧造工艺，即战国蜻蜓眼。而此时，费昂斯珠从关中折向西南，与长江流域正兴的蜻蜓眼珠一起出现在川西北三江流域沿线的氐羌系民族的石棺墓中。

秦国墓地还出土了这一时期北方草原异常活跃的斯基泰人的艺术品，多是装饰风格的动物题材的贵重金属，比如陕西神木县（现为神木市）出土的鹿形鹰嘴金质怪兽、银虎和银鹿，宝鸡益门村的春秋墓中也出土黄金的动物牌饰和黄金制作的珠子，它们都具有强烈的草原风格（图114）。目

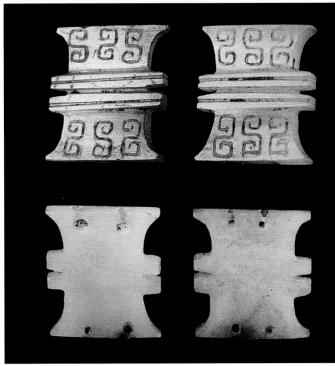

图112　秦国春秋时期的亚字形佩。陕西凤翔县秦公一号大墓出土。亚字形佩是西周束绢佩的一种变形，它的镂空工艺和方折的几何纹样是秦式玉的特点。周平王东迁洛阳以后，秦人填补了周人留下的关中的空白，并努力学习宗周礼仪，制作并佩戴玉组佩。直至商鞅变法，秦人抛弃了对珠子一类的审美和推崇。右下图为徐州狮子山汉代楚王墓出土的玉枕，其上镶嵌了从西周至战国的各种玉佩，秦式亚字形佩也出现在它以后400年的这件玉枕的中央位置。珍视前朝遗物并非是现代人才有的价值观，中国人尚玉爱玉的传统延续了数千年。

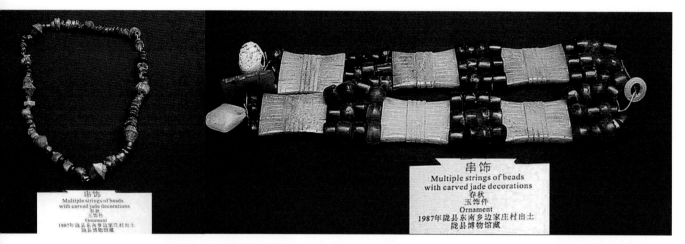

图113　陕西陇县边家庄村春秋墓地出土的珠串和穿系有束绢佩的项饰。这些秦国珠串的穿缀方式较传统的西周贵族饰品简单，由红色玛瑙珠、蓝色的菱形费昂斯珠和一些小玉件穿成，并不具备传统组佩的组合形式。这两种珠子都是西周时期贵族组佩上重要的连接件，但周王室衰微后，组佩也随之衰落，红色玛瑙珠、蓝色的菱形费昂斯珠等已经很少出现在关东诸国，而秦人却将其保存至春秋末年。陕西陇县博物馆藏。

前还不清楚这些手工艺品是秦人与草原民族之间的商业交换还是民族之间的外交往来，但斯基泰风格的草原艺术对秦人的艺术作品产生了影响，比如对贵重金属和动物题材的偏爱。秦国春秋墓地出土了大量金质装饰件，那些有着中原传统兽面纹样的金带钩和车马装饰件应该是秦人自己的作品，这些金饰上仍保留了黄河流域从史前就偏爱和擅长的绿松石镶嵌工艺。

春秋时期，无论是玉饰还是珠子，秦国都有比较丰富的出土资料。但是战国以降，珠玉的考古资料突然中断。秦人抛弃珠玉的做法发生在"商鞅变法"之后，在艺术形式上保守的秦国人一变而为意识上的新锐，法家刑名之说开始在秦人的意识中占据统治地位，而以宗法为载体、以礼仪为形式的中原文化遭到排斥，玉器和各种佩饰也随之衰落。战国时期的秦人忙于东进和取胜，他们的士兵忙于打仗和建立功名，而人民忙于耕种和军队补给，装饰对这时的秦人完全是多余的，他们干脆把中原臃肿的礼仪制度和装饰形式全盘否定，一概以新的国家制度代替。《后汉书》这样描写了秦人的决心，"佩非战器，韍非兵旗，于是解去韍佩……秦乃以采组连结于璲，光明章表，转相结受，故谓之绶"。

我们相信秦人的价值观在很大程度上改变了中原的装饰制度，至少是改变了官方的装饰制度，最大的影响是战国末年秦人以"绶"代"佩"，用最简洁功利的形式来标志个人身份，这种制度一直延续到东汉以后，即使隋朝时取消了佩印的制度，仍保留了象征性的孑遗。相同的情况也发生在秦人之后600年的曹魏时期，动荡的世局使得美术形式也为功利所用。但是正如秦人和曹魏都遵循过的法家之说——"趋利避害"是人之天性，在战争年代被解去的珠玉韍佩，在任何可能的情况下都会以新的装饰形式复苏。

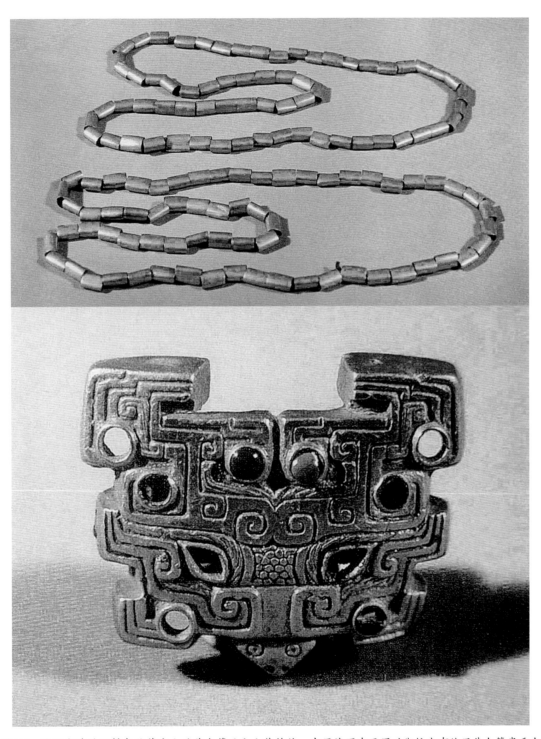

图114　陕西宝鸡益门村春秋墓出土的黄金管子和小装饰件。中原诸国在西周时期较少有使用黄金等贵重金属制作珠子和佩饰，春秋战国时期受西方和游牧民族冲击，黄金饰品明显增加。秦人的黄金珠串很可能是受到中亚和北方民族的装饰影响而制作的。陕西宝鸡青铜器博物院藏。

## 第三节　齐水晶

　　齐国从春秋时代开始依靠商业作为国家战略而崛起，一跃成为中原霸主，霸业一直持续到战国早期。商业所带动的手工产业使齐都临淄成为当时最著名的三大都市之首，冶金、纺织、制车、制陶、漆器、铸镜等手工业十分发达。《战国策·齐策一》记载了当时的齐都盛景："临淄之途，车毂击，人肩摩，连衽成帷，举袂成幕，挥汗成雨，家殷而富，志高而扬。"

　　志高气扬的齐人佩戴的水晶组佩是一种全新的装饰形式（图115）。仿佛是决意要与西周以来中原程式化的暮气沉沉的贵族风范决裂，齐人去掉了中原贵族组佩中必备的主题——玉璜，甚至干脆完全不用玉而全部以水晶、玛瑙代替；他们也不喜欢西周杂佩中那些富有情趣的小兔子、小蚕蛹等动物玉件，而是以水晶环、水晶竹节形管、玛瑙竹节管、玛瑙虎头珩、玛瑙觿这些抽象的形制代替。这些佩件在齐人那里取代了西周玉璜的地位，而且表面不再做工，没有纹饰，没有柔和的轮廓线，线条简洁，色彩冷峻，光气硬朗，整体呈现出一种俊朗的效果。这也许更像是齐人作风，他们比中原姬姓国家更讲求效率。这些色彩冷艳、工艺精湛的各式小组件以富于变化的节奏穿成几列纵队，系于直径最大的一个水晶环上，悬挂在齐国贵族甚至是新近被国君重用的士人，或者更可能是在商业中兴起的富商巨贾的腰上，这些人无视传统严格的贵族等级制度，积极参与齐国社会的各种改良活动，给齐国注入新鲜的空气和活力。可以想象那些有别于传统的水晶组佩悬挂在它们同样与传统割裂的主人身上，在那种志高气扬的步履中清脆作响，折射着耀眼的冷光。

　　在战国时期大为流行的齐国水晶，考古出土地层早可到春秋，这样的珠子多出在齐国故地和紧邻的鲁国，与齐国因势均力敌而一度相互承认霸主地位的中原大国晋国及其周边也有出土资料，毕竟是中原腹地，当时流行的任何奢侈品都会出现在这里，后者的水晶制品可能都是来自齐国。齐国盛产水晶原矿，现今的江苏北部和山东东南部，以东海县为中心面积数千平方公里的范围内盛产水晶，至今仍有"东海水晶"的美称，齐人的水晶饰品应该是得这一地区水晶矿藏之利。齐人不仅开发了水晶材料的应用，也发展出一套能够充分展示水晶材质本身通透晶莹的特性的高超技艺。

　　齐国水晶无论是珠子、管子，还是环，形制都很多样，其中多面体珠子是之前从未有过的形制，其切割面规矩而标准（图116）。除了水晶饰品，齐国人也喜欢一种半透明的白色玛瑙，这些玛瑙饰件一般制作成形制抽象的虎头珩、龙头觿、带突棱的环和竹节形管等（图117）。这些珠饰的形制是齐国特有的简练抽象的风格，而工艺制作更是高超精湛，几乎所有这些珠子和饰件的表面都呈现玻璃光泽，而最精致的细节是珠子和管子通透的孔道。我们相信这些能够制作出这种效果的工艺流程是某种机械装置才能办到的，虽然迄今为止都没有发现相关的实物资料。就像同样技艺高超的秦国兵器，部件可以精确到任意拆装互换的模件化的精度，却没有任何制造这种精度的机械装置被发现。

　　齐国水晶珠和水晶管的打孔最明显的特征是孔径较大，孔道透明（图118）。从实物看，一般

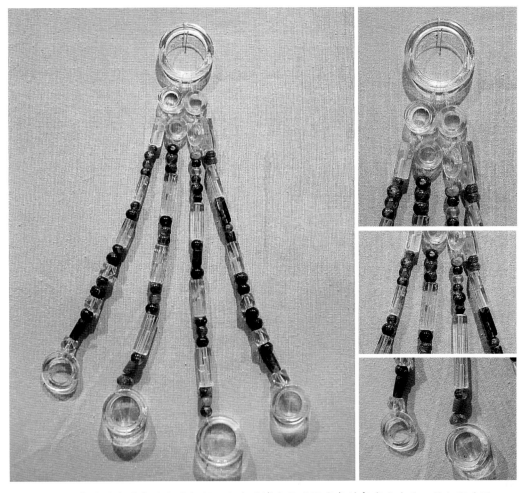

图115 东周时期的齐国水晶组佩。山东淄博市临淄区齐都镇郎家庄出土。该组佩为腰佩，由最大的水晶环作为擎领，悬挂四列由白色水晶和紫色水晶的珠管穿成的珠串，形制有水晶环、多面体水晶珠、长方形水晶管、圆形紫水晶管、圆形紫水晶珠等，穿缀形式简洁，整体光气硬朗，是齐国水晶组佩的代表作品。山东博物馆藏。

图116 齐国的水晶制作的各种形制的珠子和管子。这些构件有多面体水晶珠、方形水晶管、菱形水晶珠、水晶竹节形管、紫色水晶珠等。齐国组佩几乎只使用水晶和白色玛瑙，制作这些珠子管子的工艺是一流的，无论造型、抛光、打孔，每一个工序和细节都十分精湛，是水晶、玛瑙饰品的精品之作，甚至后世的水晶制作都没有超越过齐人的工艺。私人收藏，藏品由洪梅女士、孙伟女士分别提供。

图117 齐国的玛瑙制作的各种形制的珠子和管子。这些玛瑙制品有红褐色玛瑙管、白色玛瑙竹节形管等。齐人还使用白色玛瑙制作形制抽象的虎头珩、龙头觿等构件。私人藏品，由孙伟女士、杨易先生分别提供。

图118 齐国水晶珠的孔道细节。这种打孔技艺高超，效果通透，整体上从不破坏水晶材料晶莹剔透的特征。从工艺的角度讲，这种打孔所耗费的时间和成本都很高，但是，2000多年前的齐国水晶工艺尽善尽美，在后来相当长的时间内都没有被超越。私人藏品，由孙伟女士提供。

是两端对钻孔，在珠子中间部分相互贯穿，一般稍有错位，孔底呈环底状，这种状况显示为实心钻头造成的痕迹。这里出现的一个问题是，实心钻头的工作接触面大，阻力大，因而转速慢，做工时间长；但是齐人不仅选择了慢速的实心钻，还使用了直径较大的钻具，使得做工时间和劳动成本都加大，我们不禁要问为什么？可能的答案是，齐人故意为之。

实心钻而且是直径较大的实心钻，由于阻力大（水晶的硬度和工作接触面大），转速一定不会很快，这种慢速旋转可以避免高速钻头在接触高硬度材料的瞬间造成接触面崩裂，形成粗糙的接触面；在水晶材质上，这样的接触面一般表现为白色的毛面，表面粗糙，没有透明度。齐人为了避免这种白色毛面的孔道，选择了耐心地慢速钻孔，以避免破坏水晶珠通透晶莹的整体效果。另外，这种研磨式的慢速钻孔一般需要加入金刚砂或石英砂一类的介质缓解钻头的磨损，同时也起到研磨的效果；齐人充分利用了介质的作用，在慢速旋转中一边打孔一边利用金刚砂对孔道内壁进行打磨抛光，使得他们的水晶珠无论从任何角度观察都呈现通透晶莹的视觉效果。时间和耐心的投入使得齐国水晶历经千年仍然熠熠生辉而后继者再也没能超越。直到今天，战国时期的齐国水晶仍使我们有惊艳的感觉。

## 第四节　楚国的珠子和佩饰

楚人最早也是居于中原，大致在商王武丁（公元前1250—前1192年）时迁至南阳盆地，其后"或在中国，或在蛮夷"，发展缓慢。西周初年，楚王熊绎正式受封，纳入周王朝的诸侯国体系，爵位却是较低的子爵。但是楚国后来居上，春秋时期先后吞并周边的申、吕、邓、应、曾、许等近20个小国，疆界广阔、国势强大，是继齐国之后兴起的南方新贵。楚人除了骁勇善战，也是勤劳实干的民族，并以神秘瑰丽、浪漫奇幻的艺术著称。他们的帛画上是那些若虚若实的天境冥界和非人非神的奇特生物，他们的诗歌是神游太虚的瑰丽和浪漫，他们生活在神雨巫风的世界中。崛起的楚人对个人装饰的理解不同于传统的礼仪制度，如果说齐国人想要表现的是刚健新锐的理想，楚人则更多是信仰的内容。而后者将在以后相当长的时期内影响整个中原对个人装饰品的理解，实际上，生活在仙道巫风中的楚人的佩饰最后成了中原装饰风格的主流。

楚人擅长造型艺术和工艺制造，并且得本土金属和矿藏之利，他们的青铜、冶铁、黄金、白银、髹漆、织造和玻璃，从工艺到审美都是一流的。特别是他们的玻璃工艺，以独特的装饰纹样和成熟的烧造工艺著称，即"蜻蜓眼"玻璃珠（图119）。这种珠子大致在战国时期制作和流行过，在当时，是一种全新的人工合成材料。这种珠子的个体一般都比天然材质制作的珠子大，由于工艺的原因，蜻蜓眼的孔都是预留孔，孔径一般都很大，可便于使用绢绸织物穿系。它的穿系方式与先前的贵族组佩不同，以绢缯打结，穿系一二珠子和玉件或者其他材质的佩饰，不甚规矩，多样而随意。湖北江陵地区出土的几件玻璃珠佩饰大致能反映当时的穿系搭配方式，其中有的是棺椁装饰，有的在墓主腰边，理论上讲，可能与当时荆楚一带日常佩戴的方式一致。

除了新兴的人工材料，楚人也很珍视传统的制玉和佩玉，战国楚墓出土的彩绘木俑为楚人的佩玉方式提供了视觉资料（图120）。与战国时期中原其他国家一样，楚人的组佩也多是腰佩，组合穿系的方式也极大地简化，突出玉件本身的造型，主要有璜、环、珠子，用绢缯穿系打结，悬挂腰部垂至膝下。曾侯乙墓的出土资料是这些玉璜、玉环和珠子的精品，环的材质比较丰富，有玉环、玛瑙环、骨环，珠子有水晶珠、玻璃珠；其中玛瑙环和水晶珠很可能来自齐国，形制、质地和工艺与齐国产品如出一辙。

图119　湖北随县曾侯乙墓中出土的战国蜻蜓眼玻璃珠。湖北江陵雨台山楚墓出土。荆楚本土擅长工艺制造，尤其是髹漆和玻璃工艺。出土的蜻蜓眼玻璃珠形制多样、色彩鲜艳、图案华丽、工艺精致，经分析大多是本土工艺成分，另一部分则是西方舶来品。湖北省博物馆藏。

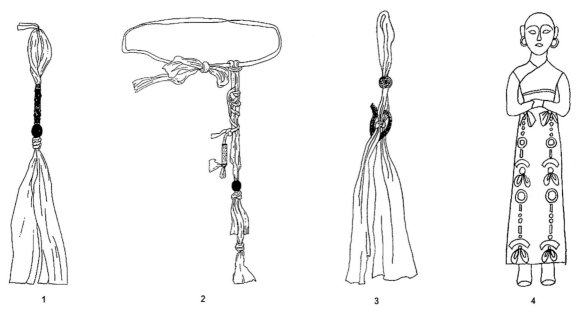

图120　蜻蜓眼玻璃珠的穿系方式。1.湖北江陵马山一号战国楚墓，黄色绢束穿系蜻蜓眼玻璃珠1个、玻璃管1只，棺椁装饰挂件。2.湖北江陵马山一号战国楚墓，黄色绢束穿系蜻蜓眼玻璃珠1个、玉管1只，墓主腰部挂件。3.湖北江陵杨场战国楚墓，几何图案绢束穿系蜻蜓眼玻璃珠1个、骨鞢1只，墓主腰部挂件。4.战国楚墓出土的彩绘木俑。湖北江陵纪城一号墓出土。这些木俑身上绘有不同的几种佩饰和穿系方式，佩饰用绢缯穿系几种有限的组合件，主要有璜、环、珠子。

## 第五节　随侯珠

　　"随侯珠"的名称最早出现在战国文献中，最著名的是李斯在他的《谏逐客令》中将其与和氏璧等多种当时最为珍贵的物产并列，"今陛下致昆山之玉，有随和之宝，垂明月之珠，服太阿之剑，乘纤离之马，建翠凤之旗，树灵鼍之鼓，此数宝者，秦不生一焉，而陛下说之，何也？""随和之宝"即是随侯珠与和氏璧的并称，李斯上书劝谏秦王应该像偏爱秦国不曾出产的"随和之宝"、"太阿之剑"等他国物产那样，信任和重用来自秦国之外的有识之士。这并不是文献第一次提到随侯珠，有关随侯珠的比喻和故事经常见诸战国文献，《庄子·让玉》讲了一段与随侯珠有关的故事，"今且有人于此，以随侯之珠，弹千仞之雀，世必笑之。是何也？则其所用者重，而所要者轻也"。取笑有人以随侯珠为弹丸去打小鸟雀，得不偿失，因小失大，成语"随珠弹雀"便出于此。《墨子》也说："和氏之璧，随侯之珠，三棘六异，此诸侯之所谓良宝也。"几乎都将随侯珠与和氏璧并称为"良宝"，可见随侯珠在当时人们心目中的价值，但是这些文字都没有提到随侯珠究竟是什么样的珠子。战国之后仍然经常有文献提到随侯珠，西汉淮南王刘安在他的《淮南子·览冥》中说："譬如随侯之珠、和氏之璧，得之者富，失之者贫。"随侯珠的价值不减。东汉史学家班固的《答宾戏》一文，"宾又不闻和氏之璧韫于荆石，随侯之珠藏于蚌蛤乎？历世莫视，不知其将含景耀，吐英精，旷千载而流夜光也"。班固的《答宾戏》和东方朔的《答客难》、扬雄的《解嘲》是三篇自嘲自解的名篇，文中喜用珍稀物品作为文学比喻，但并非针对物品本身的来历。

　　直到东汉王充在他的《论衡·率性》中才专门提到了究竟何为随侯珠，"天道有真伪。真者固自与天相应，伪者人加知巧，亦与真者无以异也。何以验之？《禹贡》曰'璆琳琅玕'者，此则土地所生真玉珠也。然而道人消烁五石，作五色之玉，比之真玉，光不殊别，兼鱼蚌之珠，与《禹贡》璆琳皆真玉珠也。然而随侯以药作珠，精耀如真，道士之教至，知巧之意加也"。他说得明白，"鱼蚌之珠"的珍珠以及玉石类材质的"璆琳"珠，都是天然材料的珠子，而随侯用"药"来制作珠子，精光耀眼不差真珠，这种"以药作珠"的随侯珠是一种人工合成材料。

　　关于随侯珠究竟是什么珠子，一直都有很多猜测。如果按照王充的说法，随侯珠是一种人工合成材料的话，它的珍贵则取决于它的工艺难度和装饰效果，而最关键的可能是它在当时的工艺秘密。20世纪70年代末，湖北随县曾侯乙墓中出土大量战国蜻蜓眼玻璃珠，分析的结果是，有舶来的钠钙系西方玻璃珠，也有本土自己生产的铅钡系珠子。墓葬出土随葬品1万余件，有青铜礼器、乐器、车马器、兵器和金器、玉器、木器、漆器、竹简等，无不奢华珍稀。从文献记载的曾侯及其国家的地理位置来看，证实曾国即是随国。曾国姬姓，是周王室在淮水上游和汉水中游地带赐封的"汉阳诸姬"之一，其文化并不比中原腹地的姬姓大国落后，特别是玻璃和髹漆工艺甚至领先中原。公元前687年到前679年间，随为楚国所灭，是否这也是战国蜻蜓眼玻璃珠的制作突然中断的原因，我们不得而知。这种我们今天称为"战国蜻蜓眼"的玻璃珠是否就是李斯等人所说的"随侯

图121 战国时期的蜻蜓眼玻璃珠和陶胎玻璃釉珠子。这些珠子大多在
当时的楚国制作，代表了当时最新的工艺制作和装饰风尚。现今可见的
考古实物资料也比较多，这种被后人称为"战国蜻蜓眼"的珠子，是否
就是文献中提到的随侯珠仍只是推测。日本美秀博物馆藏。

珠"，也都只是基于文献和实物的牵强比附。就像和氏璧一样，随侯珠是中国古代美术品另一个有
趣的悬案（图121）。

## 第六节　战国蜻蜓眼

　　20世纪20年代，一批欧美收藏家亲自到中国的文物市场及文物大省收集中国文物，弗利尔
（Charles Lang Freer）是其中的代表人物。弗利尔在中国期间，经常出没于上海的文物市场，在专
家的指导下，收购了大量良渚玉器和据传出于洛阳金村的东周玉器。加拿大的怀履光（Williams
Charles White）以传教士身份长期住在河南，替加拿大皇家安大略博物馆收集中国文物。当洛阳金
村古墓被盗之后，他趁机以低价大量收购金村墓葬出土遗物，包括青铜器和玉器，其中包括几种形
制和制作工艺都不同凡响的战国蜻蜓眼。怀履光后来著有《洛阳古城古墓考》，该书是20世纪30年
代洛阳金村8座东周墓葬的原始记录，主要记述了金村大墓的平面分布、墓葬形制、结构以及随葬
器物。这些器物的年代为周威烈王二十二年（公元前404年）到周赧王四十八年（公元前267年），
均出自洛阳金村东周天子的墓葬群。

　　洛阳金村的玻璃珠引起了西方人对古代中国玻璃工艺的关注，西方学者首先公布了他们对这些
玻璃珠样品的分析结果，证实了古代中国本土的玻璃制造，最后多数人认同这些玻璃珠大多是由中
国人自己生产而不是之前认为的都是舶来品，也就是我们现在所称的"战国蜻蜓眼"玻璃珠。战国
时期如何称谓这种珠子也是受关注的话题，有推测为古代文献中经常提到的随侯珠，我们在上一节
中专门叙述了文献记载与出土实物的对应关系，这种对应仍是推测的成分居多。但无论战国玻璃珠
在当时被称作什么名称，至少证实了古代中国有自己独特配方的玻璃制造工艺。

图122　战国蜻蜓眼玻璃珠。著名珠饰研究专家Mr. Jamey D. Allen收藏的一批战国蜻蜓眼玻璃珠，这些珠子一般个体都比天然半宝石材料制作的珠子大，其中被称作"角锥眼"的珠子代表了当时蜻蜓眼玻璃珠制作的最高水平，其工艺制作和装饰效果都堪称完美。一批出自洛阳金村东周天子的墓葬群的相同形制的玻璃珠，由加拿大传教士怀履光于20世纪20年代在中国收集，现藏加拿大皇家安大略博物馆。

　　"蜻蜓眼"是根据珠子上面一圈套一圈像蜻蜓复眼的眼圈纹命名的，称谓可能最先起源于新中国成立前日本人在中国收集古代玻璃（图122、图123）。眼睛纹样最早起源于埃及，它是大地女神依希丝（Isis）的儿子霍路斯（Horus）[52]的眼睛（图124）。这种纹样的珠子和坠饰在埃及流行了数千年，公元前8世纪左右，领航地中海海上贸易的腓尼基人将带有眼睛纹样的玻璃珠传遍整个地中海沿岸和小亚细亚，并贩往东方，罗马帝国时期制作的眼圈纹样的玻璃珠更是在中亚各国盛行。在古代埃及，珠子更多承担的是护身符的作用，每一种不同的珠子和坠饰代表不同的神祇，具有不同的法力。而远在东方的古代中国，珠子较少承担护身符的作用，更多是身份象征。当这种被后人称为"蜻蜓眼"的珠子样式在战国时期传入中原时，中国人采用了自己独特的方案来制作它们，不仅是原料和助燃剂等配方的不同，在工艺和装饰办法上也区别于西方。

　　战国蜻蜓眼玻璃珠出土比较集中的地方在长江流域上游支流、下游荆楚地区、中原腹地、川西北的战国墓葬、沿长江顺流而下的江汉平原，以及陕西、山西、山东等范围内的大诸侯国。由于没有发现这一时期的玻璃作坊遗址，很难确定中原国家的蜻蜓眼玻璃珠是自己生产的还是来自长江流域，出土资料显示这里出土工艺和装饰都是最上乘的玻璃珠，其中包括明显是西方舶来品的珠子。如果随侯珠就是蜻蜓眼玻璃珠的假设是正确的话，中原的蜻蜓眼很可能来自长江流域的荆楚地区，这也可以解释为什么中原人在他们的文献中保留了对随侯珠的深刻印象。

　　除了烧造玻璃质的蜻蜓眼，中国人还创造了新的蜻蜓眼品种（图125、图126）。其中一种被称

---

52　霍路斯（Horus），具有多种神性的埃及神祇，大地女神依希丝（Isis）的儿子，通常显现为鹰头人身的年轻人。他是法老的化身、天空和太阳的象征、胜利和勇气的源泉。他的眼睛被认为是太阳和月亮，当天空中的太阳和月亮都消失时，他便失明；当太阳或月亮出现时，他就能恢复力量和法力。古代埃及人多制作霍路斯的眼睛作为护身符，它是战胜邪恶的力量的象征。

图123　战国时期的蜻蜓眼玻璃珠和陶胎玻璃釉管子。蜻蜓眼玻璃珠是当时新兴的工艺和装饰风格，并且只在战国时期的200多年间流行过，它的兴起和消失与特定的文化和经济背景有关。荆楚一带是战国时期玻璃珠制作最发达的地方之一，他们生产的蜻蜓眼玻璃珠无论工艺还是装饰都明显受到西方的影响，而这种工艺和装饰风格是如何传入楚地的，有海路和陆路两种说法。日本美秀博物馆藏。

图124　霍路斯的眼睛。眼睛纹样最早出现在埃及，公元前后的数千年里在整个地中海沿岸流行。霍路斯是埃及著名的神祇之一，他是法老的化身、天空和太阳的象征、胜利和勇气的源泉，他的眼睛被认为是太阳和月亮。古代埃及人制作它作为战胜邪恶的护身符和力量的象征，是埃及最常见的坠饰形制之一。图中作品大多制作于古代埃及公元前15世纪，除了费昂斯还使用各种半宝石材料。大英博物馆藏。

图125 战国时期各种形制和装饰风格的蜻蜓眼玻璃珠。这些珠子一些是西方舶来品，一些是中国本土制作，其中方形的蜻蜓眼珠、带突眼的玻璃管、陶胎蜻蜓眼及其装饰图案是中原所独有，西方地中海沿岸还没有发现过相同形制和装饰图案的玻璃珠。装饰效果的不同很可能意味着不同的工艺制作手段，从外观看，地中海玻璃珠的眼圈图案是在烧造前先预制好有图案的料棒，将料棒的横截面切片嵌入还未冷却的玻璃珠上熔入其中，冷却后即是成品；中原除了采取这种工艺，另有一种独特的镶嵌眼圈的工艺，将几个大小渐次的玻璃圈一圈套一圈镶嵌在中心图案周围形成眼睛纹样，工艺制作显得更加精致独特。这种工艺目前并未做过复原实践。图片下排为同时期的地中海玻璃珠，藏品来自Virtual-egyptian-museum.org网站。图片上排为中原本土制作的蜻蜓眼玻璃珠。私人收藏，藏品分别由孙伟女士和作者提供。

图126 战国时期的蜻蜓眼珠。尽管蜻蜓眼玻璃珠的工艺和装饰风格受西方玻璃传统的影响，但中国本土创造出了独有的装饰图案和工艺手段。图中的珠子无论图案、色彩和工艺都有别于西方有眼睛图案的玻璃珠，玻璃珠图案在透光状态下，石英质部分呈透明状，而非石英质部分则呈现不透明状。这种使用不同材料在同一颗珠子上构成图案的烧造工艺十分复杂，至今没有实践过完整的工艺复原。私人收藏，由孙伟女士提供。

为陶胎蜻蜓眼的珠子和管子，其装饰图案是古代地中海和西亚所没有的。这种工艺可能与早期的费昂斯有关，很可能是采用费昂斯那样的"冷成型"工艺，将陶土（或者石英混合物）制成胎体，然后在胎体上使用色料绘制图案后烧造成成品。另一种比较独特的工艺是在陶胎（或者石英混合物）上镶嵌玻璃质的眼睛，这种镶嵌工艺的具体流程迄今还没有做过复原的实践，推测是先"冷成型"基本的陶质胎体，然后将已经烧制好的玻璃质眼圈镶嵌在陶胎上，再烧造成品。陶胎蜻蜓眼珠子是否真的该叫作陶胎还有争议，这取决于珠子内部胎体使用的是石英砂还是黏土，一些实验表明，当时使用的原料并不单一，制作这些品种丰富的珠子的工艺和原料成分可能比我们想象的复杂。我们暂时采用通常的说法，称其为陶胎蜻蜓眼。

　　方形的蜻蜓眼珠子和蜻蜓眼管子是中国人自己的创造，与上述圆形的蜻蜓眼一样，它们可以是陶胎的，也可以是玻璃质的，还可以是陶胎镶嵌玻璃的。这些珠子不仅工艺复杂，装饰图案也十分细腻。在方寸间的珠子管子上构成复杂抽象的图案，所使用的色彩从暗红一类的暖色到海蓝一类的冷色，变化极其丰富。除了佩戴，这些珠子也用于其他器物上的镶嵌（图127），比如玉剑首、青铜带钩、青铜镜等。这些镶嵌艺术品中最为人称道的是洛阳金村周天子墓出土的嵌玉环镶蜻蜓眼青铜镜和河南辉县固围村魏国国君墓的镏金嵌玉镶玻璃珠银带钩，这两件作品集中了当时多种最为复杂优美的工艺，无论是设计构思还是制作技艺都堪称古代手工艺品的经典作品。这些所谓蜻蜓眼的珠子和用这种珠子制作的镶嵌手工，大致只在战国时期流行过，它们的消失可能是因为制作工艺在战争中被毁，也可能是因为文化的变更。在战国末年特别是秦统一中国后，似乎连同玻璃工艺在内的一些手工艺传统都突然中断，玻璃工艺的再兴起还有待时日，而蜻蜓眼的装饰工艺则从此在中原永久消失（图128）。

图127　战国嵌玉环镶蜻蜓眼镏金青铜带钩。这种镶嵌工艺和装饰手法的带钩在战国风行一时，美国大都会博物馆、英国大英博物馆等多家海外大型博物馆都有藏品。除了带钩，这种工艺也用于铜镜镶嵌，装饰效果十分醒目。图片中的作品由日本美秀博物馆藏。

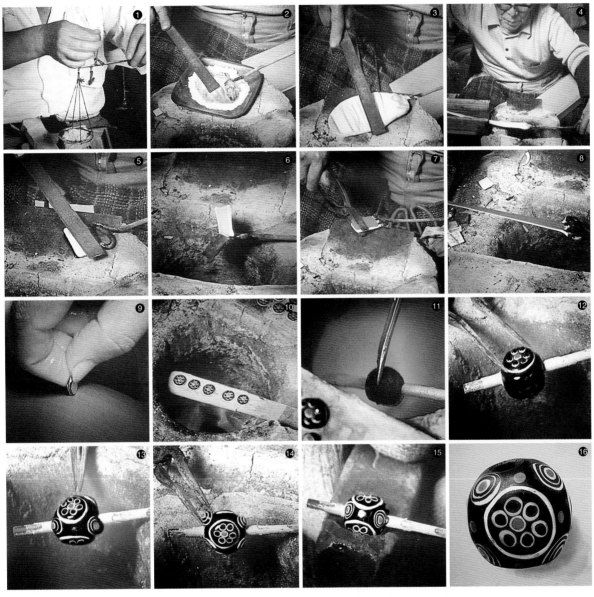

图128　蜻蜓眼玻璃珠的工艺复原。日本学者在复原中国古代玻璃工艺方面做了大量工作，他们对古代工艺进行了复原实践。这种工艺实践可以解释西方和地中海沿岸的蜻蜓眼工艺的制作过程，但没有解决中原有镶嵌的蜻蜓眼和其他工艺制作的复原。图例引自日本学者由水常雄所著的《古代玻璃》一书。

## 第七节　夏家店上层文化的珠子

　　夏家店下层文化的衰落是一个多解的谜题，可以用作答案的推测有很多，但是我们注意到同时期的几支青铜文化如西北的齐家、四坝、朱开沟以及西南的三星堆等在几乎一致的时间内衰落，这可能与华北平原上几个中心都市的兴起有关。似乎经历了几百年的间歇期之后，公元前1000年，在夏家店下层文化的地层上面，另一个族群兴起。一些学者认为他们是文献中提到的"东胡"，而另一些人则把他们想象成"山戎"，认为《史记》和《左传》中记载的春秋五霸之首——齐桓公"北伐山戎"就是跟夏家店上层的人作战。这些推测多是由于《史记·匈奴列传》中有"燕北有东胡、山戎"的记载，夏家店上层文化的编年和地理范围正好被附会在司马迁这段记载上。也许一些出土证据也能够用来佐证他们的确是东胡和山戎之类的族群——夏家店上层出土大量青铜兵器、马具和草原风格的、毫无实用价值的青铜牌饰。这些东西看上去的确像是好战民族的证据，但也有另一种可能——商业贸易。

　　就像我们在"大甸子——北方夏家店下层文化的珠子"一节提到的那样，夏家店上层文化的人们的农业远远没有下层文化的繁荣，他们的遗址规模比叠压在下面的夏家店下层文化小很多，耕作方式也比较粗放，文化堆积层不够深厚。这些证据可以解释为半牧半耕的经济结构，但是却不能解释夏家店人为什么要过半牧半耕的生活。我们推测在公元前1000年，正当欧亚大草原的游牧文化兴起，夏家店人在一致的时间作出了回应，他们定居在这一草原文化与农耕文明交会的地方，就像中亚沙漠中的绿洲定居点一样，生产兵器、马具、金属牌饰、各种半宝石珠子和装饰品，向北方草原民族和南方山地那些牧耕结合的边地民族提供他们的手工艺品。他们的农业的确不够发达，因为他们从事手工业和贸易。

　　由于地理环境的因素，这里不能像华北平原的中心地区那样开展集约化农业，而始终处在河岸台地的园圃农业状态，相似的经济状态呈半月形从东北到西南分布在华北平原的边沿地带，我们称之为"边地文化"。它们在整个青铜时代都是作为重要的角色与中原文明——也就是我们所谓华北平原的集约化农业文明发生各种联系，有时是战争，有时是贸易。夏家店的珠子最为繁荣的时期是在春秋战国，这一时期，中原和南方都有大的都市兴起，北方草原和各个边地民族也异常活跃，夏家店上层大量制作青铜武器、青铜饰品和珠子的情形是对这一现象的回应。从北方草原到西南边地，都出土一些相似的实物资料。

　　贸易交流使得夏家店上层文化的器物呈现出不同的文化因子，南面的中原文明和北方欧亚草原文化在这里都有可见的影响。我们在夏家店下层文化的章节里曾经提到过中亚一支重要的青铜文化安德罗诺沃文化（Andronovo Culture）对夏家店下层文化器物形制的影响，当公元前1500年夏家店下层文化衰落后，安德罗诺沃文化仍活跃在欧亚草原的西端，它很可能持续了对夏家店这一地域的影响，一种颗粒不大的青铜串珠和一些青铜小装饰件在安德罗诺沃文化和夏家店上层文化都有出土，这种珠子和小饰件在四川西北部战国墓葬（或者更早）中也有出土，并且在这里演变出一种青铜镏金的小直管，类似的镏金小铜件也能在甘肃境内的战国墓葬中见到。

夏家店上层文化的珠子是明显的"边地"风格，材质丰富，形制多样，不求规矩，意趣天成（图129、图130）。然而我们在前面多次提到的、在夏家店得以大量制作的红色玛瑙珠和夏家

图129　夏家店上层文化的地方材料珠子。赤峰市宁城县小黑石沟出土。直径0.5厘米左右，高0.1—1厘米不等。这种用黑色和白色地方石料制作的珠子是夏家店典型的材料和形制之一，同样形制的珠子也出现在甘肃和川西北沿线的战国石棺葬中，材料可能是就近取材。石材的硬度不高，加工相对容易，出土数量很大。

图130　夏家店文化的珠子和小坠饰。它们是各种可以利用的地方材质，除了一些硬度较低的材料比如煤精和巴林石，还有天河石、绿松石和玛瑙。其中一些小坠饰很可能早于夏家店上层文化。私人收藏，由赵彦博先生提供藏品。

图131　夏家店上层的天河石珠、绿松石珠和地方材料制作的珠子。双孔和三孔的珠子是用作佩饰的提领或者节珠，这种形制的用法在辽宁博物馆收藏的高句丽组佩上可见。私人收藏，由孙伟女士提供藏品。

店特有的天河石珠子所使用的原料却不是本地所产，至少目前还没有发现本地出产这些原料（图131）。夏家店遗址所处的内蒙古赤峰的半宝石资源是叶蜡石、萤石、煤精和水晶，他们的天河石原料可能来自内蒙古的武川，而玛瑙原石则来自库伦或者更北方。原料的长途贩运也能说明夏家店的手工业的繁荣，除了我们经常见到的"算盘子"和圆鼓状珠子，夏家店人还利用这些材料制作各种管子和小坠饰。这些坠饰与中原人喜欢在表面做工的风格不同，多是素面无纹，以形制和材质本身的美丽色彩取胜，比如那些大大小小不甚规矩的天河石和绿松石小坠，它们经常是利用材料的剩余部分制作的，半随形的样子是天然雕琢的审美趣味。就半宝石材料而言，善于造型、不重纹饰似乎一直是这一北方地域的传统，从红山到夏家店，这种风格都表现得比较明显。

　　我们在前面的章节中多次提到的"西周玛瑙"的红色玛瑙珠，随着西周组佩在中原消失也从中原销声匿迹。前面说过，这种红色玛瑙珠最早可能就是出现在夏家店下层文化，然后是中原殷墟、受商文化辐射的长江流域几个商代遗址、西南的三星堆和金沙；西周时，资料最多的是中原几个姬姓大国，而此时的夏家店下层文化已经结束，在它上面的夏家店上层文化还没有兴起，这种珠子无疑是中原人自己制作的，而且很可能是周人自西方迁来岐下时就带来了制作这种珠子的技艺；春秋战国时期，中原不再流行西周的红色玛瑙珠，而是齐国水晶珠和楚国蜻蜓眼玻璃珠的天下，红色玛瑙珠则主要出现在夏家店上层和西南边地，特别是沿川西北三江流域南下沿途的氐羌系石棺葬，云南滇文化也有相当数量，战国时期是这种珠子在边地文化的繁荣期，但也正在接近最终消失；汉代还有一些零星的资料，似乎是前朝遗物。

　　到目前为止，这种从公元前1500年甚至更早就出现在夏家店下层文化和殷商大墓中的红色玛瑙珠正在接近它的尾声，到战国末年最终消失的这1500年里，这种珠子由于加工工具特别是钻具的改良而呈现不同时段的工艺特征，尤其是它的打孔方式（图132）。早期的珠子由于钻具的笨拙，内孔一般都很大，呈喇叭口、表面粗颗粒的研磨孔，这使得珠子的个体一般都比较大，最大者外径甚至超过2厘米。西周时期，中原周人制作的这种玛瑙珠则显现出精湛成熟的制作工艺，保留在珠子上的工艺痕迹显示周人使用的是较为精致的钻具，所使用的起研磨作用的金刚砂一类的介质也经过淘洗沉淀，这与周人制玉的高超技艺相一致，只是要特别注意到玛瑙的硬度一般高于玉料，所以，有相当一部分西周玛瑙的孔口边沿残留有钻孔之前用某种凿具敲击出的坑点，以固定钻头的位置；另外，这一时期的玛瑙珠多是两端对钻孔，在中间相互贯穿；如果有单面钻孔贯穿到底的，钻头的入口一般比出口大。战国时期，这些工艺痕迹仍然经常可见，但更多的是那种利落的所谓"直孔"，这可能与一些机械装置的发明有关。汉代的北方草原地带特别是匈奴人还有佩戴这种红色玛瑙珠的风气，但由于珠子可以长期流传和匈奴人本身游牧的特性，他们的红色玛瑙珠可以是掠夺的战利品，也可以是前朝遗物，更可以是舶来品，所以很难确定其具体来源和制作时间，只有一点可以肯定，这些珠子不是他们自己制作的。

图132　"算盘子"红色玛瑙珠的形制和工艺沿革的比较。由于技术工具的改进，比如合金技术的成熟和后来冶铁技术的出现以及一些机械装置的发明，这种珠子的打孔和形制有一些变化。从右至左：1.夏家店下层文化的红色玛瑙珠。由于材质的硬度和技术工具的原因，这种珠子还不够精致，珠子个体较大，喇叭形孔是使用锥形钻具利用颗粒较粗的金刚砂研磨出来的。这种珠子在殷墟的商代贵族墓葬也有出土。2.西周玛瑙珠。由于合金的成熟和工艺的进步，珠子的表面抛光和打孔明显改进，制作工艺显得很成熟。这种珠子也出现在西南地区的三星堆和金沙文化遗址。3.春秋战国时期的红色玛瑙珠。保持了西周以来的基本形制和工艺特征。这一时期的中原文明已经不再佩戴这种珠子，出土资料反映在春秋时期的秦国墓葬和西北戎狄墓葬，战国时期则出现在整个沿川西北南下西昌直至云南的滇文化的"民族走廊"沿途石棺墓葬中。私人藏品，作者提供。

铁的使用和某些机械装置的发明，给许多手工制作都带来技术上的革新。生产效率的提高，也是战国时期无论中原还是边地的手工业都十分繁荣的原因之一，这使得手工制品的数量猛增。很可能在战国时期，西南边地民族已经能够自己制作这样的红色玛瑙珠，特别自川西北沿岷江、金沙江河谷沿线南下至现在四川的西昌、盐源一带，战国时期异常活跃的氐羌系民族的墓葬中大量可见这样的红色玛瑙珠。由于审美和原料的差异，后者也具备一些比较细小的地域特点。直到现在，在金沙江及其支流的江岸还出产一种天然红玛瑙原石，质地与这种玛瑙珠一致，推测战国时期的当地民族就是利用这样的玛瑙原石自己加工制作了那些石棺葬中大量出现的红色玛瑙珠。

## 第八节 "边地半月形文化传播带"上的珠子

在聚落文化和商代的章节中我们看到，在公元前两千纪前后，从北方的夏家店到西北的齐家，从中原的二里头再到西南成都平原的三星堆和金沙，几乎是在同一时间兴起了几支青铜文化。然而在黄河流域中原腹地的殷商大都市成熟的同时，其他几支青铜文明则逐渐萎缩，以至于最后消失。真正的都市依靠的是集约化农业的支持，而这种革命性的生产方式只发生在河流两岸的冲积平原上。都市成了强势文化，它对周边地域各种资源的吸纳和控制引起的冲突导致了自身的更加繁荣和周边地域那些正在生长中的文明逐渐萎缩和解体，或者形成与都市的依附关系，成为围绕文明中心的所谓"边地"文化。

"边地半月形文化传播带"是四川大学童恩正教授应用人类学和考古学方法在20世纪70年代提出的（图133）。童恩正教授认为，中国古代从东北，经内蒙古、甘肃、青海到西南，存在着一条"边地半月形文化传播带"。在这一传播带上，从东北至西南，都存在着若干大体相同的文化内涵。在墓葬方面，童先生举出了这一地带上广泛分布的"大石遗迹"即石棺墓、大石墓和高大的石笋，以及若干随葬品的相似或一致性。这一传播带的南半段，即沿川西北三江流域南下云南的路线，学术界又称为"民族走廊"，是西南民族文化、经济对外交流的重要渠道。古代西南民族中流行的火葬、崖画、船棺、瓮棺、双耳陶罐、随葬石块的习俗、动物纹饰的牌饰和动物立体造像，断肢葬、解肢葬、妻妾殉葬、随葬猪下颌骨，在"边地半月形文化传播带"的北半段都能找到相同或相似者。而我们所关注的珠子，在这条传播带上广泛流传的是一种红色玛瑙珠（我们在西周和夏家店的章节中多次提到）、一种地方材料制作的白色小管、蓝色费昂斯、蜻蜓眼玻璃珠、单色玻璃珠和白色的砗磲管子，它们或者用于生前佩戴，或者穿系在一起或者钉缝在织物上作为珠襦覆盖在棺椁上。

然而，这个文化传播带并非仅仅围绕中原腹地展开，它可以极大地延展到中央亚细亚和北方草原地带。这条路线从辽宁东部经由内蒙古，到达甘肃便分成两路，一路折向四川西南的安宁河、金沙江流域的高山地区，一路继续向西延伸到中亚荒漠草原。整个传播带上最显著的地表遗存是

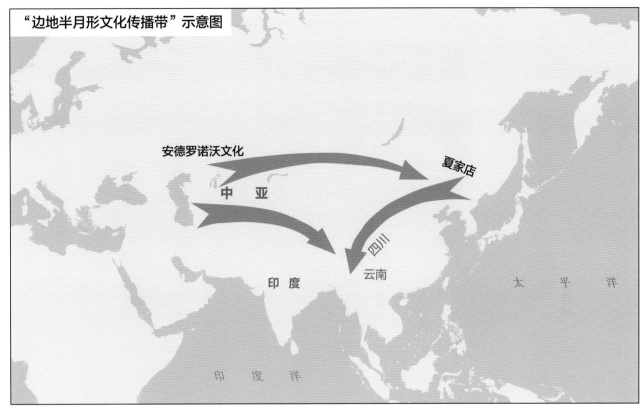

图133 "边地半月形文化传播带"示意图。在这张图中我们除了能够看到珠子跨地域的传播路线，还能看见相同形制的珠子在相当长的时间范围的传递。

"大石遗迹"，它们是"鹿石"[53]、独石、石棚、大石墓等多种类型，都属于墓葬类和宗教祭祀类建筑物；在生态地理环境方面，中国的大石遗迹分布区也与广义的北方中亚荒漠草原地区相似，多为气候较为干旱寒冷的山地高原；在经济类型方面同中亚草原和西亚山地的古代文化类似，游牧、狩猎经济占有很大比例，属于边地游牧活动频繁的地区。亚洲地区广泛存在的这些形式、功能都比较一致的大石遗迹至少表明两点，一是亚洲大陆一些不同族群的古代民族在相似的地理环境和气候条件下选择了相似的经济类型；二是这些古代民族在相当长的时间内存在着广泛的交流，这些交流可以是贸易，也可以是民族迁徙，无论是直接的或间接的传递，一些一致的文化因子像坐标一样标明了文化传递的路径。

这条传播带上所谓"民族走廊"的南半段，战国时期异常活跃，从川西北沿河谷南下经过邛

---

53 鹿石是一种伫立在欧亚草原上的碑状石刻，因碑体上雕刻了著名的图案化的鹿纹样而得名，是古代草原民族的雕塑艺术遗存。鹿石或独身向东傲立于古墓前，或成群列布于克列克苏尔祭祀天坛遗址，气势恢宏，体现着草原居民特有的气质和精神。精美的鹿石都经过人工艰辛细致的敲凿雕刻成形，图案非常华丽，具有很高的艺术价值。同时，学者们对它流行年代的认识也趋向统一。一般认为鹿石无疑是青铜时代的遗存，这样一来，鹿石对欧亚草原岩刻画及其他一些难解课题的研究就有着独特的参考价值。"边地半月形文化传播带"上的鹿石可能是受北方草原民族的影响产生的，这跟草原风格的动物图案出现在这个传播带上的青铜牌饰上的情况是一致的。

图134 战国时期的"边地半月形文化传播带"上的珠子。有红色玛瑙珠、地方玉料小管珠、蓝色费昂斯、蜻蜓眼玻璃珠、单色的玻璃珠、砗磲管子。四川西北汶川一带出土。同时出土的还有青铜兵器、青铜珠子和一种连珠形制的青铜制品。连珠形饰是一种广泛流行于北方草原地带的装饰品，相同形制的青铜制品和模范在内蒙古赤峰市翁牛特旗黄土梁子的夏家店上层文化遗址也有出土。有理由相信川西北石棺葬内出土的相同的青铜饰品来自北方夏家店。红玛瑙珠也广泛流传于"边地半月形文化传播带"上，最东端是今内蒙古境内的夏家店文化，经甘肃和川西北南下今西昌，最后到达云南滇文化。私人收藏，作者提供。

都夷领地（四川南部的西昌）进入云南的沿线都出土夏家店类型的器物，包括珠子（图134）。川西北岷江上游的汶川到松潘一带，司马迁在《史记·西南夷列传》中称为"冉駹"之地，有"六夷、七羌、九氐"等各种土著。族群种类繁多是"民族走廊"上显著的特点，大范围的移动使得这一游牧兼贸易的通道上的族群相当混杂。童恩正教授在他的《古代的巴蜀》中专门讨论了川西的大石遗迹，不少古代文献也记载了这些遗迹，即使在现今的成都，仍然有很多与大石文化有关的地名保留下来并一直沿用，比如"石笋街"、"支矶石"、"五块石"、"天涯石"等，这些遗迹在两晋到唐宋都仍然作为地表遗存存在。《华阳国志·蜀志》："蜀有五丁力士能移山，举万钧。每王薨，辄立大石，长三丈，重千钧，为墓志。今石笋是也。"早在两晋，学者就认识到了这些高大的石笋是古代民族的墓表。

成都作为战国末年到西汉时期重要的商业都市，特别是作为"边地半月形文化传播带"上南

图135 四川西昌战国时期石棺葬出土红色玛瑙珠。战国时期居留在现西昌一带的民族属邛都夷，他们是司马迁在《史记》中记载的属"魋结"的西南夷的一支，他们的居留地处于"民族走廊"的某一节点，其装饰品既有来自南面的古滇人的影响，也有来自北方民族的影响，除了玛瑙一类珠子，他们也很喜欢使用黄金制作装饰品，这种装饰风尚与整个金沙江流域产金沙原料有关。四川省西昌博物馆藏。

图136 金沙江河岸出产的天然红玛瑙原石。战国时期的西南边地民族十分活跃，由于中心都市的刺激和贸易通道的开通，边地民族很可能已经能够自行生产一部分装饰用的奢侈品，西南边地民族通道上的石棺葬大量出土这种红色玛瑙珠很可能是他们自己生产的，原料除了贸易来源，也可以取自周边地方。与古代印度的情况一样，制作红色玛瑙珠的玛瑙原石也可以在河岸边找到，这种原石因为地域的不同而有色彩和质地的差异。私人收藏，作者提供。

半段最重要的贸易集散地，难免会有文字记录"大石遗迹"这样的地表遗存，而考古资料也不断充实。1992年3月，茂县牟托发掘了一座战国时期的石棺葬和3个埋葬坑，墓中出土170余件随葬品，除青铜兵器和陶器外，以丝、毛、麻织物与红色玛瑙珠、绿松石穿坠的珠襦覆盖在棺中的木板上[54]。这种红色玛瑙珠就是我们前面多次提到过的"算盘子"、坊间称为"西周玛瑙"的珠子，从战国或者更早开始，从东北的夏家店文化，经甘肃[55]沿整个"民族走廊"出现在川西北氐羌系民族的石棺葬中，至川南的西昌出现在"邛都夷"的大石墓中（图135、图136），最后到达云南滇文化；汉代以后，这种玛瑙珠基本消失。除了红色玛瑙珠，《华阳国志·蜀志》曾记载会无县（治今四川会理县）："故濮人邑也。今有濮人冢，冢不闭户。其穴多有碧珠，人不可取，取之不祥。"记载中提到的大石墓内出"碧珠"，与今天的考古发掘的实物吻合，而考古出土的珠子中有绿松石

---

54 《四川茂县牟托一号石棺墓及陪葬坑清理简报》，茂县羌族博物馆、阿坝藏族羌族自治州文物管理所，《文物》1994年第3期。

55 2006年11月，甘肃天水张家川战国犬戎墓中出土数以千计的红色玛瑙珠，也就是坊间称为"西周玛瑙"的珠子。这种珠子自春秋初从西周贵族组佩上消失以后，大量出现在战国时期边地民族的墓葬中。

珠，可能就是文献中提到的"碧珠"。《穆天子传》卷二也说，"甲子，天子（周穆王）北征，舍于珠泽"，晋代对"珠泽"的注释是"此泽出珠，因名之曰。今越巂平泽出青珠是"，越巂也即现在的西昌，在汉代并归中原，文献提到这里出"碧珠"早可到西周穆天子即周穆王执国的时期。至少在晋代，这里仍以出土"青珠"闻名，也就是晋人所谓"碧珠"和现今考古出土的绿松石珠子或者蓝色的费昂斯珠，另外还有战国时期在长江上游极为流行的蜻蜓眼玻璃珠和单色的玻璃珠，它们也有很多呈现蓝色胎体的，这些也都可能是文献提到的"碧珠"。

我们说过这条传播带可以一直延伸到中亚草原，最大可能是，这条路线早于战国时期就已经是东西方的贸易通道。如果我们不把《穆天子传》仅仅视为神怪小说的话，从中得到的模糊的信息是，在公元前一千纪甚至更早的时间，新疆已经具有相当发达的文明，只是这些文明有别于我们认知的文明模式。由于地理环境和其他因素，中亚荒漠中似乎很早就有许多沿河流两岸的绿洲定居点，这里的农耕环境比较脆弱，因为水源有限；然而大量手工艺匠人依附在这里从事各种手工制作；提供商贸服务的中转站和补给站鳞次栉比，这样的城市功能和设施正是连接游牧和定居、西方和东方的节点。另外要提到的是现今的甘肃境内，这里不仅是东起夏家店文化的半月形传播带折向西南的转折点，也是来自西方的贸易品进入关内的第一站。这里经常有各种形制和材质的珠子出土，这些珠子从材质、形制和工艺看，有很多是来自中亚。从史前到唐代，这里的民族成分都比较混杂，与西域新疆一样，这一地域出现任何西方舶来品都不奇怪。

出现在"边地半月形文化传播带"南半段即川西北战国氐羌墓葬中的这种珠襦，在云南滇文化李家山贵族墓葬中以更加繁复精美的形式出现，其装饰更加复杂、材质更为丰富，整体效果极为华丽奢侈。但所谓珠襦的殓葬形式并非西南民族或滇文化所独有，这种用成千上万颗形制各异、材质不同穿连起来的所谓"珠襦"早可到公元前2000多年的西亚和埃及王墓、战国到汉代的中国南方其他地域的墓葬中经常有发现，我们将在"珠襦"一节专门讨论它的来源和这种形式的扩散。

## 第九节　古典的结束

《韩非子·内储》讲了这样一个故事：叔孙为鲁国国相，地位至尊。他有个叫竖牛的亲信很善于利用叔孙的信任弄权。竖牛妒忌叔孙的儿子壬，蓄意要除掉壬。于是邀请壬一同拜谒鲁国国君，国君赐给壬一只玉环，壬受赐后却不敢佩戴，便请竖牛帮忙请示自己的父亲叔孙。竖牛欺骗壬，说已经请示过了，叔孙允许。于是壬就将玉环佩戴在身上。竖牛又将国君赐环而壬擅自佩戴的事情告知叔孙，叔孙召见了自己的儿子，果真见壬佩有玉环，于是"怒而杀壬"。

壬在不知情的情况下没有经过其父叔孙的同意擅自佩戴了鲁国国君赐予的玉环，这种僭越的行为激怒了他的父亲并招致杀身之祸。这事发生在孔子感叹"礼崩乐坏"的春秋时代，佩戴个人装饰品的僭越行为仍然受到如此严厉的惩罚，可以想见在被孔子尊为理想制度的西周，佩饰制度该是何

图137 东周时期的小系璧。玉璧的形制出现得很早，新石器时代的玉璧一般认为是作为礼器。西周时期的组佩上并不常见玉璧作为构件，到春秋战国时期，玉璧成为腰部挂件上重要的构件。这时的玉璧可能具有了某些不同于先前的象征意义，《左传》中记载晋文公流亡途中，受其他列国礼遇，其中有赠送玉璧的记载，可能是作为某种外交默契的象征。

等严肃。鲁国姬姓，也许是因为周王室嫡系，其礼仪制度一直保持得比较完备。直至战国，鲁国还有大型组佩出土，但是已经完全不是西周时期中原腹地几个姬姓大国的组合形式，珠子数量减少，玉件体量增大，整体效果张扬大气。这种组合形式战国以后中原不见，但是被南方的南越国保存下来，根据出土实物看，南越王组佩中的构件有些是前朝遗物，而有些则是自己的工艺，但基本保持了战国遗风。

贵族"组佩"这种精彩华丽的个人装饰，战国末年基本从中原消失（图137）。《后汉书·舆服志》是这样解释它的消失的，"古者君臣佩玉，尊卑有度；上有韨，贵贱有殊。佩，所以章德，服之衷也。韨，所以执事，礼之共也。故礼有其度，威仪之制，三代同之。五霸迭兴，战兵不息，佩非战器，韨非兵旗，于是解去韨佩，留其系璲，以为章表。故《诗》曰'鞙鞙佩璲'，此之谓也。韨佩既废，秦乃以采组连结于璲，光明章表，转相结受，故谓之绶"。

由于佩戴烦琐的组佩不方便作战，秦人首先解去了各种佩饰。事实上，秦人解除贵族组佩的另一个重要原因，是商鞅变法以后的军功授爵制度动摇了传统的世袭贵族制度。秦国将以往固定的贵族等级制度一变而为动态的军功授爵制，二十级爵位依靠军功大小来决定升迁，而非世袭的贵族身份。在功名特权机制的刺激下，爵位的变动更加剧烈，陈旧的组佩标志制度对战争中的秦人完全是多余的，秦人选择了最简便功利的形式"印绶"取代了烦琐陈旧的组佩。以"绶"代"佩"意味着古典组佩制度的结束，从汉代开始，"印绶"被用作个人身份的标志，并形成等级区分。也是从汉代开始，珠玉佩饰作为朝纲被写进《舆服志》，皇帝和朝臣都各有规范，这些制度都是在前朝的基础上损益而成。这种舆服制度作为朝纲在中国被保持了2000年。

# 第七章　汉代的珠子

（公元前206年—公元220年）

## 第一节　秦制楚风

尽管"重人轻神"的哲学在春秋战国已经遍及中原列国，南方的荆楚仍然是人神杂糅、巫风炽盛的世界。充满神雨巫风情怀的楚人以千奇百怪的想象、热烈真诚的情感、变幻莫测的形式来营造他们的艺术世界，也营造他们的现实世界。王国维说，"南人想象力之伟大丰富，胜于北人远甚……此种想象，决不能于北方文学中发见之"。闻一多认为这样的艺术想象，"在《庄子》以前，绝对找不到，以后遇着的机会确实也不多"。当项羽和刘邦一路兵戎自荆楚到中原，也把屈原《楚辞》中那种浪漫瑰丽、神秘奔放的楚风带进了质朴写实、温柔敦厚的礼仪中原。楚辞开汉赋先河，楚风也成为汉代艺术的主色调。

战国末年，组佩制度中断，忙于战争的秦国以"绶"代"佩"标志个人身份，"负剑佩印"（图138）成了秦人的等级标志。西汉沿用了这一制度，继续以印绶和佩剑的办法来标志等级，但舆服礼仪是一国之尊，秦人"负剑佩印"的形式毕竟太功利，庙堂之上似乎凌厉有余而庄严不足，所以《汉书·五行志》说，"行步有佩玉之度，登车有和鸾之节"，对先朝的礼仪制度仍是向往和尊敬的。到汉武帝时，本意要"议立明堂，制礼服，以兴太平"，但是，"会窦太后好黄老言，不说儒术，其事又废"（《汉书·礼乐志》），由于窦太后喜清净无为的黄老之说，不信儒家传统礼仪，武帝只好放弃建立礼仪制度的打算，这大概也是为什么我们没有在《汉书》中看到《舆服志》的原因之一。而真正的原因是汉代沿用的秦以来的郡县制，这种中央集权下的行政制度是对贵族特权和封地制度的否定。尽管西汉初年迫于形势分封了同姓和异姓藩王，但总体上一直是压制的政

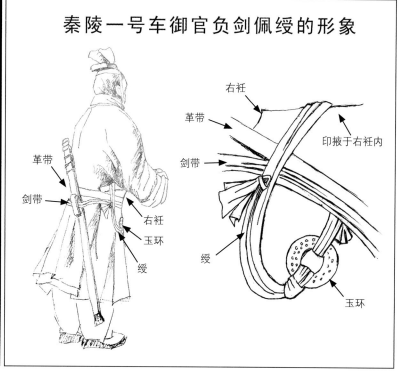

秦陵一号车御官负剑佩绶的形象

右衽
革带
印掖于右衽内
剑带
绶
玉环

革带
剑带
右衽
玉环
绶

图138　秦陵一号车御官负剑佩绶的形象。绶的一端系在皮带上，中间连接有玉环，另一端可能系有印章，掖于腋下右衽的衣服内侧，使用时可将印章取出。这种佩戴方式方便日常行动和作战，由于穿系印章的绶带有色彩和质地的区别，对佩印者的身份一目了然。汉代开始，佩印者又佩鞶囊，将印章放入鞶囊内，不必再掖入衣服内侧。后来，鞶囊本身也发展成了等级标志。

策，特别是"吴楚七国之乱"[56]以后，进行了大量的"削藩"以消解封地对中央集权的威胁。在这种背景下，作为特权标志的组佩从未受到提倡，这可能是我们在西汉考古资料和文献中都很难见到完整庄严的组佩的原因。尽管当时的汉帝国可称得上雄霸东方，舆服和"明堂"这样的祭祀礼仪却没有真正地制度化，以至于《汉书·礼乐志》感叹道，"今大汉继周，久旷大仪，未有立礼成乐，此贾谊、仲舒、王吉、刘向之徒所为发愤而增叹也"。

　　直到东汉孝明皇帝时，舆服佩饰才被正式规定下来并纳入朝纲。《后汉书·舆服志》一共整理了上下两篇，"韨佩既废，秦乃以采组连结于璲，光明章表，转相结受，故谓之绶。汉承秦制，用

---

56　"吴楚七国之乱"发生在汉景帝三年（前154年），参与叛乱的七国藩王有吴王濞、楚王戊、赵王遂、济南王辟光、淄川王贤、胶西王卬、胶东王雄渠，其中吴王濞为这次叛乱的主谋。这些西汉初年分封的藩王土地辽阔，户口众多，享有特权，很快与中央形成干弱枝强的趋势，以至于最终发生叛乱。"吴楚七国之乱"平息后，景帝趁势收夺各诸侯国的支郡，取消了王国自行任命官吏和征收赋税的特权，规定诸侯王不得治理民政，只能"衣食租税"，即按朝廷规定的数额收取该国的租税作为俸禄，王国的地位已与汉郡无异。

而弗改，故加之以双印佩刀之饰"。说明西汉到东汉孝明皇帝之前，朝野上下都没有戴玉佩的具体规定和风气，至少没有制度化的规定，而是一直沿用战争期间秦人留下来的印绶制度，包括佩刀。佩刀实际上是佩剑，这种形式至少在战国末年由实用目的演变成一种身份标志。荆轲刺杀秦王时，秦王拔剑自卫，却因为剑身太长一时拔不出来，可见秦王的佩剑并非实用而是一种装饰，象征至尊的身份。汉代继续沿用这种既佩印又佩剑的制度，并且在剑的装饰上下足功夫，无怪乎现今大量出土西汉的"玉具剑"，指剑身上兼有装饰和实用功能的玉剑首、玉剑格和玉剑璏，汉代的画像石、画像砖上也多有仗剑人物，君臣上下都是随身佩剑的。《汉书》中有汉武帝朝臣东方朔拔剑割肉的故事：某日，武帝邀请几位大臣，打算分送一些肉炙给他们带回家，几个人守候在一捆肉炙旁久等大官丞却迟迟不见，于是东方朔拔出佩剑，自行割下一大块肉炙扬长而去。第二天，武帝责问东方朔何以如此无礼，东方朔道："朔来！朔来！受赐不待诏，何无礼也！拔剑割肉，一何壮也！割之不多，又何廉也！归遗细君（妻子），又何仁也！"武帝笑："使先生自责，乃反自誉！"又赐他酒肉带回家中。这时在朝堂之上的佩剑似乎就只是装饰的作用和东方朔用来嬉戏的道具。

除了佩剑，印绶也是沿自秦人，但是汉代加入了另一种印绶形式，其功能更少是身份的标志，更多是信仰的内容，即《后汉书》中所谓"双印"。这种双印在《后汉书·舆服志》中有解释，是一种通常被称为"刚卯"和"严卯"的方柱形印，合称"双印"，考古出土的实物证实了《舆服志》的说法。"双印"更像是秦人佩印制度与汉代承自楚风的方仙道思想的结合物，民间的楚风仙道在当朝盛行，这些信仰多反映在汉代贵族墓葬的棺椁漆画和墓室壁画中，那些被现代考古学者称为《受禄图》《升仙图》一类的太虚世界的图像，与战国时期的楚墓图画同流。

"绶"原是用来穿系官印的绦带，所以称"印绶"。绶带在西汉时也发展成了区分官阶的重要标志（图139），由朝廷统一发放，在尺寸、颜色和织法上都有明显的区别，使人在识别佩绶者身份时非常便利。官员平常在外，必须把官印装在腰间的口袋（鞶囊）里，将绶带垂在外边以便识别。《后汉书》说秦人"解去韨佩，留其系璲"，就是指留下男子皮带上以前用来穿挂组佩的玉璲，现在用于穿系印绶。玉璲本来就是用于悬挂各种小挂件的，比如非实用的组佩和《周礼》中提到的实用功能的"左右佩用"。正如《诗经》所谓"鞙鞙佩璲"[57]，这种皮带上的小玉件由来已久。

---

57  对"鞙鞙佩璲"的解释一直有分歧，一般都直接采用李贤的注释，"鞙鞙，佩玉貌。璲，瑞也。郑玄笺曰：佩璲者，以瑞玉为佩，佩之鞙鞙然"。这里的鞙鞙是形容词，非具体的器具。但是这种解释可能有误。"鞙鞙"本来是贵族腰上的皮带，"佩璲"是指穿在皮带上的玉佩，称作"璲"，如佩剑的"玉具剑"中穿在皮带上用于悬挂刀剑的玉剑璏。《后汉书》说"解去韨佩，留其系璲"，就是将以前标志身份的玉组佩解去，留下皮带上悬挂组佩的玉璲，用彩色的绶带系在玉璲上来标明身份等级，这就是秦"绶"。西汉沿用了秦制，只是又加入了汉代兴起的"双印"和刀剑上的玉饰，后者称"玉具剑"，由玉剑首、玉剑格、玉剑璏组成，出土资料很丰富。"绶"的色彩、织法和尺寸的不同是区别身份的办法，比如《后汉书》"乘舆（君王）黄赤绶，四采，黄赤缥绀，淳黄圭，长二丈九尺九寸，五百首。诸侯王赤绶，四采，赤黄缥绀，淳赤圭，长二丈一尺，三百首"。这里的"首"是经丝密度的单位，单根丝为一系，四系为一扶，五扶为一首，绶广六寸，首多者丝细密，首少者粗。

图139　汉代佩带印绶鞶囊的官吏。山东沂南汉墓出土画像石拓片。这时的佩印比秦代的印绶在佩带方式上更进一步，佩印的同时又佩鞶囊，将印放入其中，而不是像秦人那样直接将印掖在腋下的衣服内侧。鞶囊随后也发展成了等级的标志，并一直使用至隋代废止，后世仅作为装饰使用。

　　到了孝明皇帝（公元58—75年），"乃为大佩，冲牙、双瑀、璜，皆以白玉。乘舆落以白珠，公卿诸侯以采丝，其视冕旒，为祭服云"。这时才将佩戴玉组佩的制度最终规定下来。组佩的组合方式是，一件大佩作为提领，大佩下面悬垂一对玉冲牙、一对瑀和璜；作为天子，这些组件都用白玉制作，连接这些组件的材料是白玉珠；而公卿诸侯的玉佩和组件是用彩色丝绸贯穿连接的，并且玉佩不能用白玉，按照等级严格限制了玉的色彩和质地。这种以大佩领衔其他组件的组合形式仍旧延续了战国时期流行的腰佩，我们在战国的章节中对各诸侯国的组佩风格都有过叙述。

　　刘姓家族入主中原后，结束了秦末动乱，也给战国以来个性张扬的艺术形式注入了新的内容，古代中国的艺术走入成熟稳健的境地。汉代珠玉一类的个人装饰品与之前最大的不同是文化内涵的转变，可以说，先秦的珠饰在很大程度上是与权利和社会等级关联的，与信仰和财富的联系相对较少，比如西周贵族组佩并非用于象征财富而是标志贵族等级，而汉代个人装饰品增添了祥符的寓意和与此相关的题材造型，更多的是信仰、装饰和奢侈的内涵。这些珠子坠子的题材和数量大多并不直接与社会等级严格对应，它们可以戴在贵族身上（汉初多是新兴贵族而非先秦的传统贵族），也可以戴在官员、商人和平民身上，区别仅在于使用的材质的珍贵程度。标志身份等级的贵族组佩制度虽然在秦末中断，但汉代并不缺乏珠串题材和样式，西汉至少保存和演绎了两种佩饰样式，一是战国兴起的悬挂玉舞人的项饰，一是穿系有辟邪小兽的小串饰，后者在寓意上多是楚地遗风，在形式上可能借鉴了民间和西方的题材，特别是辟邪类小兽，同时期伊朗高原的安息帝国和印度的孔雀王朝也都风行一时。这些装饰品在材质和题材的选择方面丰富多样，并注入了新的文化内涵，这些也都得益于汉代大一统的局面和陆路及海上贸易路线的开通。

## 第二节  厌胜佩

"厌胜佩"是中原文化独有的装饰题材，它不像珠子那样的装饰品能够在不同的地域和文化背景中广泛流传，只需被不同的文化赋予它不同的意义即可。厌胜佩的特殊造型和寓意是特定的文化和风俗的衍生物，它首先是护身符的功能，指向的是比较具体的寓意和内涵，如果这一文化背景中不具有相对应的邪恶概念，厌胜物是失效的，正如埃及的护身符和坠饰不会对中原文化背景下的邪恶观生效一样。中原的厌胜物很可能是南方楚人仙道巫风的产物，汉代盛行的民间仙道思想使得它们在朝野间流行开来。虽然汉武帝采用了董仲舒的"独尊儒术"，确立儒家作为官方学说，但当时的儒生并不排斥先秦以来术数名家的学说，并把《周易》这样的卜筮类方法推向纯义理的方向，扬雄甚至还写有《太玄经》，依照周易的办法对古代筮法进行探索，可知汉代对于可以用来实际操作的术数方法是很重视的。与阴阳五行有关的仙道术更是具有操作性，由此产生了很多物化的形式，各种厌胜物是最常见的实物。

所谓"厌胜佩"也叫压胜佩，佩戴在身用以驱鬼辟邪保祥福。我们知道汉承楚风，西汉初年这种风气开始在黄河流域的中原地带盛行，并影响了后世的民风民俗，南朝宗懔在《荆楚岁时记》中记录的那些楚地民风，有些在东汉时就已经被朝廷的祭祀活动采用，比如我们将在"魏晋南北朝的珠子"一章中叙述的"春胜"节，后世皇室至少沿用到宋代，而民间则流传至今。虽然我们大致知道这些厌胜物产生于民间巫风术数流行的文化背景下，却很难了解这种文化是怎样衍生出这些具体形式的，也不了解这些实物形式与什么样的具体内容关联，比如我们并不清楚作为科学仪器的司南仪何以衍生出辟邪的司南佩来。推测这些实物形式最早可能来自类似楚国民间那些可以具体操作的巫术和术数仪式中法器的应用，民间的巫术仪式虽不复杂，对于信仰者的心理却十分有效。汉代应劭的《风俗通义》和南朝宗懔的《荆楚岁时记》提供了一些相关资料。

"厌胜佩"是指刚卯（与严卯合称双卯）、司南佩、翁仲。"刚卯"也就是《后汉书》中所谓的"双印"，是刚卯和严卯的合称，有时候也直接称"刚卯"。《后汉书·舆服志》记载得很详细，"佩双印，长寸二分，方六分[58]。乘舆、诸侯王、公、列侯以白玉，中二千石以下至四百石皆以黑犀，二百石以至私学弟子皆以象牙。上合丝，乘舆以縢贯白珠，赤罽蕤，诸侯王以下以綟，赤丝蕤，縢綟各如其印质。刻书文曰：'正月刚卯既决，灵殳四方，赤青白黄，四色是当。帝令祝融，以教夔龙，庶疫刚瘅，莫我敢当。疾日严卯，帝令夔化，慎尔周伏，化兹灵殳。既正既直，既觚既方，庶疫刚瘅，莫我敢当。'凡六十六字"。尽管佩戴双印用意是辟邪而非身份识别，《舆服志》还是规定了不同阶层所使用的材质，乘舆（天子的代称）、诸侯王、公卿、列侯可佩戴白玉双印，普通官员佩戴黑犀（犀牛角），官员弟子佩戴象牙，而根据《风俗通义》的说法，民间则使用

---

58　汉代的长度单位是1尺=10寸，1寸=10分，而1寸相当于现在的2.31厘米。双印长寸二分，方六分，即长2.8厘米，方1.4厘米，与出土的刚卯（双印）尺寸大致一致。

桃木（图140）。

出土的玉刚卯呈柱形四方体，方柱中心有纵向的孔贯穿，可穿绳或丝，四面皆刻有文字，为驱鬼遏疫之辞，与《后汉书》的记载相符（图141）。刚卯与严卯的得名源于各自开首铭文的不同，一是"正月刚卯"，一是"疾日严卯"，此外还有铭文内容的区别，形制则完全一致。文献中记载的皇帝和公卿列侯使用的白玉刚卯有考古资料可见，而普通官员和私学弟子使用的犀牛角质和象牙刚卯至今没有出土资料，原因可能是后两者为有机物，在酸性环境中容易分解，因故没有实物流

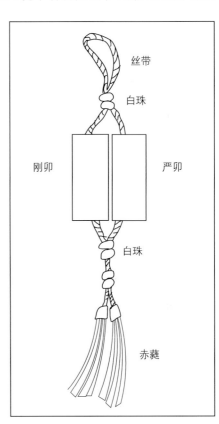

图140 汉代天子所佩双卯复原图。根据《后汉书·舆服志》及安徽亳州曹氏家族墓出土玉双卯资料。"佩双印（双卯），长寸二分，方六分……上合丝，乘舆（天子）以綟贯白珠，赤罽蕤……刻书文曰：'正月刚卯既决，灵殳四方，赤青白黄，四色是当。帝令祝融，以教夔龙，庶疫刚瘅，莫我敢当。疾日严卯，帝令夔化，慎尔周伏，化兹灵殳。既正既直，既觚既方，庶疫刚瘅，莫我敢当。'凡六十六字。"

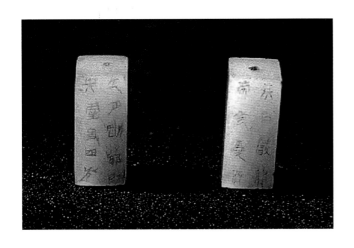

图141 东汉玉双卯。也称双印、刚卯。白玉质，由刚卯、严卯两件组成，各刻铭文。高2.25厘米，宽1厘米，厚1厘米。安徽亳县（现为亳州市）凤凰台1号汉墓出土。安徽省亳州博物馆藏。

传或出土。据称居延考古[59]中出土过桃木刚卯，未见详细资料，但这是可能的，因居延地处大漠，气候干燥，能够保存20000枚汉代木简也就能保存桃木刚卯。居延汉简大部分是西汉的边塞屯垦档案，桃木刚卯很可能是来自中原的屯垦驻地士兵的随身物。

刚卯虽然朝野风行，王莽曾一度禁止。《汉书·王莽传》："今百姓咸言皇天革汉而立新，废刘而兴王。夫'刘'之为字'卯、金、刀'也，正月刚卯，金刀之利，皆不得行。博谋卿士，金曰天人同应，昭然著明。其去刚卯莫以为佩，除刀钱勿以为利，承顺天心，快百姓意。"王莽废除刚卯的理由是"刘"这个姓氏的过错，因为刘字带有卯、金、刀，属凶器，不应该通行于民间，因而废除，实际上是为自己废刘姓而代天下找一个符合当时盛行的五行之说的解释。王莽新朝灭亡，东汉刚卯又兴；至魏晋，又因为"桃印本汉制，所以辅卯金（刘姓）"再度废除，从此再也没有作为制度通行。但两晋南朝时期的辟邪风气更盛，刚卯虽然废止，其他形式的厌胜佩兴起。明代复古风气起，制作了大量刚卯仿品，其玉质一般都细腻致密，用料上乘，但整体风格与汉刚卯有别。清代甚至有多棱体的仿品传世，形制类似佛家经幢，大概是迎合当下审美；特别是铭文字体，汉代刚卯的字体为古代殳书[60]，减笔假借，非常难认，一般认为字体清朗可读者为后人伪刻。

刚卯铭文是它辟邪的法力所在，甚至刻文都应该在新年正月初卯时动刀，故曰"正月刚卯"。唐代颜师古引用东汉经学家服虔的话，"刚卯，以正月卯日作佩之，长三寸，广一寸，四方，或用玉，或用金，或用桃，著革带佩之"。但颜师古所说的刚卯的尺寸显然是错的，唐代的一寸略等于3.1厘米，颜师古的刚卯几乎是长度10厘米、宽度3厘米的方柱，用于佩戴既不可行也不合理。铭文"灵殳四方"是指刚卯四面各刻殳书，殳书本是先秦的兵器铭文所使用的字体，用于刚卯也是辟邪的寓意。铭文还告诉佩戴者，天帝已让火神祝融警告夔龙不可作恶，而百病因有刚卯也不可近身。刚卯有如此"神效"，难怪汉代朝野流行，直至元代，文学家方回还在病中写诗《五月初三日雨寒痰嗽》感叹，"佩符岂有玉刚卯，挑药久无金错刀"。

司南佩，其形来源于司南仪（图142）。司南仪的原生状态目前的资料并不十分清楚，东汉王充（公元27—约97年）在他的《论衡》"是应篇"中说，"司南之杓（杓，古代指北斗柄部的三颗

---

59  居延汉简的考古发掘共有3次，1970年代的发掘共出土汉简约20000枚。这些汉简的年代集中于公元前84—公元24年，属汉昭帝至王莽更始时期。同时出土的器物还有木器、竹器、苇草器、角器、料器、陶器、铁器、铜器、皮革和织物等。古代居延泛指今甘肃省金塔县北部至内蒙古额济纳旗的黑河流域，亦称"弱水流沙"。因东西两侧有巴丹吉林沙漠和北山山脉作天然屏障，居延自古便是游牧民族从蒙古高原进入河西走廊的交通要道，为"远控天山，近逼酒、张"的战略要地。汉武帝太初三年（公元前102年），"置居延、休屠"两县，派18万戍卒在这里耕田，并大规模修筑军事设施进行戍守，这种活动一直延续了近200年，至今在居延地区仍然保留着大量的城障烽塞遗迹以及汉代文献资料——居延简牍。

60  殳书为秦书八体之一，即秦朝八种书写字体之一，汉代许慎在《说文解字》中说，"秦书有八体：一曰大篆；二曰小篆；三曰刻符；四曰虫书；五曰摹印；六曰署书；七曰殳书；八曰隶书"。殳书是刻在兵器上的文字，从秦"大良造鞅戟"和"吕不韦戈"上的文字看，结构不脱小篆，书法作风和秦权、秦诏版上的一样，草率省便而近于隶书。刚卯使用兵器书体，其用意也是驱恶辟邪。

图142　东汉司南佩。两件，左长3厘米、宽2.3厘米，右长2.5厘米、宽2厘米。皆白玉质，两者形制略有差异。河北省定县（现为定州市）43号墓出土。河北省定州博物馆藏。除了玉质的司南佩，其他半宝石材料也曾用于司南佩的制作。下图为青金石制作的司南佩，横截面可见"杓"与"地盘"的配合样式。私人藏品，由戴炜先生提供。

星，也指勺子），投之于地，其柢（根部）指南"，他解释这种原理是"亦天性也"，即自然现象。根据这个记载，司南仪是指示方向的装置应无异议，但具体形状却有争论。早期研究者认为是天然磁石为勺，配合地盘，这种想象有出土的汉代地盘和河南南阳东汉墓出土的石刻司南勺图佐证，但并无完整配合的装置出土。也许司南佩的出土实物可以作为复原古代司南仪最直观的资料，但考虑到手工艺品的装饰性，司南佩是否就是准确的司南仪的拷贝还有待证实。

　　现在可见的司南佩实物多为玉制，也有青金石、绿松石和煤精等材料制作的。司南佩的整体形制是在"工"字两端另雕琢出一把小勺和一个小盘，"工"字中间凹细处有一横向穿孔，为穿绳用。有人认为这个"工"字实际上是叠胜，也就是玉双胜和后来两晋流行的"金胜"的原型，"胜"的出处和形制将在"魏晋南北朝的珠子"一章中专门讨论。司南佩两端的小勺、小盘各自代表文献中记载的磁石勺（杓）和地盘，玉匠临摹其状而琢成佩饰。但我们并不清楚介于磁石勺和地盘之间的"工"字为何物？如果司南佩是汉代司南仪的缩小版拷贝的话，这个"工"字在司南仪中作为构件又是什么功用？更不清楚汉代人为什么选择司南仪作为创作原型和这种形制的寓意为何？也许是借司南仪能辨方向、不会迷途的作用表示趋利避害的寓意，在现代人眼里的科学仪器对古人而言却是超自然的力量。

司南佩还衍化出一种被称为"工字佩"的厌胜佩（图143），即去掉司南佩两端的小勺和小盘，截面就是"工"字形，"工"字腰部凹细处横向穿孔，用于穿系佩戴。工字佩整体器形呈扁平状，是平面化了的司南佩，形制比司南佩更加简练硬朗，制作工艺也简单一些，因而有不少实物流传。现在可见的出土资料是作为小配件跟其他珠子、坠子一起穿系在腕饰和项饰中，推测当时也可由丝藤单独穿系起来佩戴。除了玉质，工字佩还有用玛瑙、骨质、煤精、琥珀等多种半宝石材料制作，比其他厌胜佩的材质丰富，这些材质在汉代也经常用于制作各种有祥福寓意的小兽和坠饰。明代曾大量制作工字佩的仿品，但用意并非刻意仿古辟邪，而是取其祥福意义，表面加饰各种吉祥题材的浅浮雕纹样图案，精致美好，风格更加世俗化。

　　另一种在形制上与司南佩相关的厌胜佩是双胜（图144），双胜佩的出土资料早可到西汉，"胜"的意义多与文献中记载的西王母有关。由于在两晋南朝大为流行的金胜是由玉双胜衍生出来，我们把双胜佩放在"魏晋南北朝的珠子"一章中专门讨论。

　　翁仲是厌胜佩中唯一的人物造型（图145），故事和身世演绎却最为丰富多变。"翁仲"其名最早见于《晋书·五行志》，"景初元年（曹魏明帝年号即公元237年），发铜铸为巨人二，号曰翁仲，置之司马门外。按古长人见，为国亡。长狄见临洮，为秦亡之祸。始皇不悟，反以为嘉祥，铸铜人以象之。魏法亡国之器，而于义竟无取焉。盖服妖也"。这段文字出乎我们意料之外的是，晋人对翁仲的看法与前朝相反，认为翁仲并非祥瑞而为服妖，认为长狄（北方胡人）现身临洮（现甘肃省临洮县）本是亡国之祸，始皇帝不仅不悟，反而以为祥兆，铸造胡人铜像守护宫门，魏明帝效法始皇帝将这种亡国之器立于司马门外，显然是服妖之灾。

图143　西汉有工字佩的串饰。琥珀质，高0.7厘米。工法规矩，小巧精致。"工"字中部凹细处横向穿孔。江苏扬州市邗江甘泉姚庄101号墓出土。扬州博物馆藏。左图为私人藏品，由洪梅女士提供。

图144　西汉双胜佩。白玉质，两件，分别高0.8厘米和1.2厘米。中部凹细处横向穿孔。造型精巧，工艺精湛。江苏扬州市邗江甘泉桃庄101号墓出土。扬州博物院藏。

图145　东汉玉翁仲。白玉质，高4.1厘米，腰部横向穿孔。江苏扬州市邗江甘泉双山广陵王刘荆墓出土。南京博物院藏。

遭晋人谴责的秦始皇铸造十二铜人的事迹见于《汉书·五行志》，但文献并没有提到十二铜人中有叫"翁仲"的。至北魏时，地理学家郦道元在他著名的《水经注》中将翁仲的故事演绎完整，"按秦始皇二十六年，长狄十二见于临洮，长五丈余，以为善祥，铸金人十二以象之，各重二十四万斤，坐之宫门之前，谓之'金狄'"，这时的铜人叫"金狄"意即"铜铸的胡人"，而不叫"翁仲"，然后由李斯题字，刻于十二个铜人的胸前："皇帝二十六年，初兼天下，以为郡县，正法律，同度量，大人来见临洮，身长五丈，足六尺，李斯书也。"汉代刘姓入主长安，将这十二个铜人从秦始皇的阿房宫搬迁至未央宫前作为守护者，并正式取名"翁仲"。大概汉代也是在这时开始制作玉翁仲的。三国战乱，董卓销毁其中九个用来铸钱，剩下三个曹操的孙子魏明帝想搬去洛阳，但搬到临潼就再也搬不动了（这个故事与《晋书》的说法不同），临潼今天还有叫铜人塬的地名。百年之后，十六国的后赵皇帝石虎迁都至邺（河北省临漳县西南），从陕西的铜人塬上把剩下的三个铜人搬运到邺宫作装饰。不久，前秦皇帝苻坚攻占了邺，又把三个铜人运回陕西，并销毁其中先行抵达的两个铸了钱，剩下最后一个一直停留在路上。公元383年11月，淝水之战苻坚战败，搬运铜人的苦力们得知消息后便把停在半路的铜人推落在"陕北河中"即黄河中，于是秦始皇的十二个"金狄"（翁仲）全部消失。

奇怪的是，晋人之后却没有人受到晋人指责翁仲为"服妖"的影响，仍旧把翁仲看成守护者，并最终成为"墓前石人"，所谓"墓前石人曰翁仲"。翁仲什么时候开始作为石人守护陵墓的并不清楚，至少汉代和南朝没有实物资料可见，这一时期的墓前守护者是辟邪一类的神兽而非石雕人物。"翁仲"的称谓最早见于唐代房玄龄编纂的《晋书》，至少到唐代，建陵的守护石人已经被称为"翁仲"，柳宗元有诗"翁仲遗墟草树平"。明代孝陵的守护石人也都有翁仲，同样是在明代，翁仲被演绎成了孔武有力的英雄形象，《大明一统志》称，翁仲姓阮，秦时安南（现甘肃酒泉地区）人，身长一丈三尺，气质端勇，异于常人。始皇并天下，使翁仲将。翁仲死后，铸铜为其像。不仅赋予翁仲以"阮"姓和具体的出生地，还说始皇帝曾用翁仲为将。明代的启蒙读本《幼学琼林》还有"墓前石人，原名翁仲"的句子。最有趣的是清代乾隆皇帝的故事，说乾隆有个翰林学士，把"翁仲"误写成"仲翁"，于是乾隆批打油诗一首："翁仲如何作仲翁？十年窗下少夫功。如今不许为林翰，罚去江南作判通。""通判"本是官名，清代设于各府辅佐知府处理政事，地位当然不及翰林清贵，乾隆故意把"翁仲""功夫""翰林""通判"倒写，嘲讽那位一时笔误的翰林，并革了他的翰林，将他贬作通判。

与翁仲有关的故事着实不少，但汉代玉翁仲的出土资料却很少，使用的材质也仅见玉质，还没有其他材料制作的实物资料被发现。现在可见的玉翁仲是藏于南京博物院的东汉实物，江苏扬州市邗江甘泉双山广陵王刘荆墓出土，造型简练，工法利落，寥寥数刀即是人形，腰部横向穿孔用于穿系。美国大都会博物馆也藏有玉翁仲2枚。故宫博物院藏有一件据称出自汉代的玉翁仲，造型与汉代的典型风格不同。清代有翁仲仿品，穿孔为从头至足的通天孔或从头到胸腹间分穿的"人"字孔，造型有刻意仿古的，也有迎合当下审美的，做工一般都很细致，明显的清代工艺。

厌胜佩中的刚卯、司南佩（包括工字佩）和翁仲大致只在汉代盛行过，而双胜佩直到两晋南朝仍旧延续，并衍生出在两晋时期风行的"金胜"，我们将在下一章专门讨论金胜及相关的民风民俗。两晋南朝虽然放弃了汉代厌胜佩中的大部分实物形式，但佩戴其他形制的厌胜佩的风气更盛，而这些形制大多是汉代厌胜佩的衍生物，晋人则多采用其他半宝石材料和贵重金属制作。无论这些厌胜佩如何演变，其中汉代的司南佩、工字佩、双胜佩和后来的金胜在形制上的联系都显而易见。

## 第三节　玉舞人

玉舞人可能是古代中国最特殊的坠饰之一，它的题材仅限于舞蹈中的年轻女子，流行的时间仅在战国末年到汉代的300年间，与汉代兴起的厌胜佩一样，流行时间的确不算长。虽然早在史前，古人就已经用玉制作人物形象，商代和西周还有为数不少的女性玉人，造型庄严，姿态僵硬，似乎不完全是现实人物，有些还加入了一些想象的细节，至今我们都很难解释这些人物的寓意。汉代玉舞人的寓意却几乎很直白，题材本身是世俗化的，造型更是世俗情调，这可能是古代中国玉器出现得较早的世俗化题材之一，它既不像厌胜佩那样具有特殊的寓意，也不像西周组佩上的玉璜那样标志社会等级，它可能只是一种审美风尚，带有浓郁的世俗风情，不只是王室和贵族阶层专有，也能在新兴的地主和富商巨贾中风行（图146）。

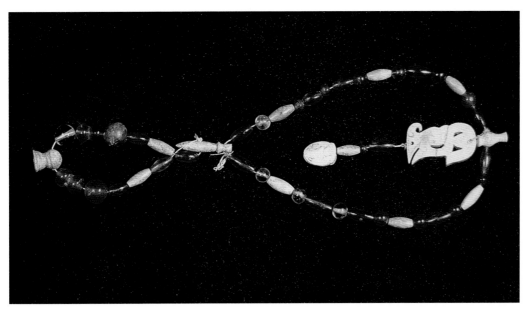

图146　汉代玉舞人水晶玛瑙珠饰。项饰，由舞人、蝉、瓶形、花蕊形、连珠形玉饰及水晶、玛瑙珠穿系而成。出土时散落在墓主人胸部，根据出土位置复原。河北满城汉墓窦绾墓出土。河北省博物馆（现河北博物院）藏。

玉舞人一般是作为坠饰悬挂在项饰或佩饰上，个体较小，多呈扁片状，也有少数圆雕作品，大多不超过5厘米高，小的仅高2厘米左右，姿态曼妙，精巧可爱（图147、图148）。舞人都是用玉制作，出土资料中还没有见到过其他材质的。最早的玉舞人实物出自战国墓葬，现藏美国弗利尔美术馆的玉舞人据传出自洛阳金村的东周天子墓地，是美国人弗利尔（Charles Lang Freer）20世纪20年代在当地收集到的（图110）。汉代的玉舞人出土资料更多，南方北方都可以见到，大多造型简洁、姿态优雅，形制和刀工是飒利的"汉八刀"[61]风格。一些地方也出土造型和刀工都比较古拙的作品，比如河北省定县43号汉墓出土的玉舞人一对，略显稚拙粗糙，却也另有一番趣味，推测是当地工匠模仿当时的主流作品所为。内蒙古鄂尔多斯市准格尔旗的匈奴贵族墓葬曾出土一对玉舞人，与有龙、螭虎题材的透雕白玉装饰42件一起出土，题材和工法都是中原作品，推测是与中原和亲的产物，同时期的内蒙古包头出土了"单于和亲"瓦当，另有和亲砖，上有篆体汉字"单于和亲，千秋万岁，安乐未央"。

玉舞人题材的兴起与战国以来"礼崩乐坏"、列国称雄的时势不无关系。《礼记·乐记》有魏文侯好古乐的故事，这位魏国百年霸业的开创者衣冠整齐、威襟正坐想要受熏于古代雅乐，不料雅乐还没有奏完，就已经昏昏欲睡，便对孔子的学生子夏说："吾端冕而听古乐，则唯恐卧；听郑卫之音，则不知倦。"说他自己一听古乐就老想睡觉，一听郑卫之音，就一点也不觉得疲倦。魏文侯所说的古乐正是西周宫廷雅乐，用于庙堂祭祀歌舞，而"郑卫之音"为民间歌舞，被孔子斥为"淫声"，却正好符合列国诸侯对世俗情调的享乐要求。虽然子夏当即替雅乐辩解，但《汉书·礼乐志》还是说："终不见纳，自此礼乐丧矣。"民间歌舞终究兴起而雅乐尽废。

列国那些带有民间舞蹈性质的宫廷乐舞最终代替了西周时期作为礼仪象征的庙堂雅乐，战国青铜器上就有表现宫廷乐舞的场面，四川成都百花潭出土的战国错金银宴乐渔猎攻战青铜壶，中层部分就是一幅生动的宫廷宴饮乐舞场面。到汉代，"高祖乐楚声"，汉高祖刘邦最先将起源于民间巫舞的楚国舞蹈引入宫中成为宫廷乐舞，这些宴乐场面更多被保留在了汉代画像石、画像砖上。这时的歌舞不再是西周王廷之上礼仪尊严、雅乐和鸣的"八佾舞"[62]，而是具有享乐情调的世俗宴乐，长袖善舞的舞姬们也不再是礼仪的象征，而成了欣赏的对象，她们曼妙的舞姿被定格在了质地优柔的美玉之中。

---

61　所谓"汉八刀"是指汉代殓葬用的玉猪和玉蝉上简约有力的刀法，其寥寥数刀就能生动表现器物的造型。"八"并非确指，而是说明其简练。这些刀工并非刀刻，都是玉匠用砣轮砣出来的，由于砣玉时需要加水和解玉砂来帮助高速旋转着的砣轮在硬度很高的玉料上做出预先设计的纹饰，玉匠在操作时，实际上看不见手中玉器的纹样，只能凭借长期的经验和感觉来判断做工的进展程度。所以，一件好的玉器一定是最熟练和专门的玉匠所为。由于汉代玉器的整体风格偏向简洁，也多用"汉八刀"来形容其他玉器造型。

62　"八佾舞"是西周象征礼仪制度的宫廷舞蹈。"八佾"是指舞蹈的行列，也表示与社会地位对应的乐舞等级和规格。一佾指一列八人，八佾八列共六十四人。按周礼规定，天子八佾，诸侯六佾，卿大夫四佾，士二佾，不能僭越。然而春秋时期，诸侯崛起，周王室衰落，诸侯们纷纷在自己的都城上演"八佾之舞"，传统的秩序不复存在，此种"礼崩乐坏"引得孔子十分感慨，《论语·八佾篇》记载孔子目睹这一现象时愤然道：八佾舞于庭，是可忍也，孰不可忍也？

图147　各种造型的玉舞人。玉舞人的题材只在战国到西汉的几百年间流行过，与当时兴起的宫廷舞乐风气有关。这些来自不同时间和地点的玉舞人，工艺水平和造型手法各不相同，其中扬州妾莫书墓出土的玉舞人姿态曼妙优雅、线条简练流畅，堪称汉代造型艺术的经典手法。

图148　南越王墓出土的玉舞人。圆雕，跪姿，头顶有一孔贯穿到底部。高3.5厘米，宽3.5厘米，厚1厘米。南越王墓西耳室出土，出土时玉人脸上有织物压痕，可能是穿系用的丝缯。圆雕的玉舞人很少见，这件作品造型优美，工艺细腻，使用了阴刻、减地等多种技法。广州西汉南越王博物馆藏。

## 第四节　祥符题材的小兽和串饰

汉代的个人装饰品与先秦最大的不同是大量祥符题材的出现，除了我们在前面叙述过的厌胜佩，各种有祥符寓意的小兽也十分流行（图149、图150）。制作小巧的动物用来穿戴并非汉代才开始有的风气，史前先民就擅长肖生玉器，商代也有用绿松石和玉制作的小鸟小鱼，一般都有孔，或是用于佩戴，或是钉缝在织物上作为装饰。西周杂佩上穿系有很多具象的小蚕、小鸟，个体也都小巧精致，惹人喜爱，带有世俗趣味。但是直到汉代，用玉和其他半宝石材料制作的小动物饰件才与具有护身符意义的民间信仰联系起来，我们在前面讨论过这些题材的出现与汉代流行的仙道思想有关，它们与先秦那些对应社会等级的饰品不同，更多的是奢侈的目的和辟邪的意义。

这些小饰件一般个体都很小，制作精美，题材丰富，除了玉，还使用玛瑙、水晶、琥珀、煤精、玳瑁等各种半宝石，以及玻璃和金银等贵重金属制作，常见的题材有辟邪、羊、鸟、鸡、鸭、龟等，这些具象的小动物与形制抽象的工字佩、双胜、其他坠饰以及珠子搭配在一起，穿系在腕饰和项饰上，色彩丰富跳跃，富于节奏变化，充满世俗情调。这些题材大多写实，其中羊的题材在后世一直延续至今，"羊"通"祥"，"龟"同"寿"，这大概是它们备受喜爱的原因，而鸡鸭一类的家禽多有民间情趣，尤其具有感染力。

这其中最特殊的题材是辟邪兽（图151、图152）。辟邪题材最早出现在汉代，并非现实中存在的动物，基本特征是狮身、有翼。古代文献最早提到"辟邪"一词是《左传·昭公十六年》，"辟邪之人而皆及执政，是先王无刑法也"。这时的"辟邪"还只是一个形容词，意为"不正"，并没有作为名词指称任何具体内容。西汉史游所作的启蒙读本《急就章》有"系臂琅玕虎魄龙，璧碧珠玑玫瑰瓮。玉玦环佩靡从容，射魃辟邪除群凶"，射魃、辟邪已经作为神兽的具体名称，但辟邪究竟长得什么样子，文献没有记载。战国成书的《山海经》卷十二"海内北经"中提到过一种神兽，说它"状如虎，有翼，食人从首始"，与辟邪相类，但书中称为"穷奇"而不叫"辟邪"。战国时期中原有不少青铜制作的有翼神兽陆续被发现，比如河北平山县战国中山王墓曾出土错金银青铜神兽4尊，张口露牙、兽身、有翼，造型凶猛有力，但没有证据把这种神兽与辟邪的名称联系起来。位于河南南阳卧龙岗汉碑亭两侧有石兽一对，原为东汉汝南太守宗资墓前的镇墓兽，其中一尊右翼刻有"天禄"二字，另一尊右翼刻有"辟邪"二字，兽身、有翼，造型与后来南朝帝陵前的石兽相似。北宋欧阳修的《集古录》中也记载了这对石兽，"宗资，南阳安众人也，今墓在邓州南阳界中，墓前有二石兽刻其膊上，一曰天禄（鹿），一曰辟邪"。这恐怕是迄今可见最早的有自铭的辟邪，它的自铭使我们能够将西汉出现的可以与之比附相同特征的玉制和铜制的神兽命名为辟邪。南京现存有王侯墓前的大小石雕辟邪22只，都是南朝时期的作品，这时的辟邪已经很常见。

范晔在《后汉书》中记载有安息（帕提亚）使者来汉朝献"师（狮）子""符拔"，后来的经注家对"符拔"的注释比较混乱，"天禄""辟邪"的说法都有，但无论是狮子还是想象中的辟

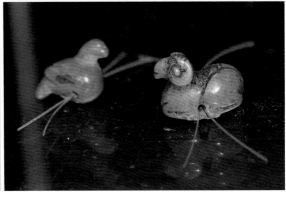

图149 西汉有祥符题材的小动物串饰。项饰出土时置于墓主人（女性）胸前，由28件坠饰和珠子构成，最大者1厘米左右，材质有金、玉、玛瑙、琥珀、玻璃等，形制有珠、管和双胜、辟邪、鸡、鸭、壶等各种坠饰。其中金质小壶有宝石镶嵌，工艺和造型具有罗马金器风格。江苏扬州邗江西湖胡场14号墓出土。扬州博物馆藏。右下图片中的绿松石小羊和小鸟出土于广西合浦汉墓，这些实物的出土反映出汉代祥符小动物的题材在地域上的广泛分布和流行程度。广西合浦县博物馆藏。

图150 东汉的绿松石子母鸽。长1.2厘米，造型准确，表面光润，工法细腻，母子二鸟的神态和细节均生意盎然，不啻为微雕的精品。江苏省徐州市土山汉墓出土。南京博物院藏。汉代有不少动物题材的微雕作品出土，河南永城芒山镇僖山汉梁王墓、北京大葆台汉墓等都有出土资料。

图151 西汉的玉辟邪。陈设玉，残件。玉质青色，高18.5厘米，长18厘米，宽6.7厘米。张口露牙、兽身、有翼，造型线条流畅，张力十足。辟邪兽是汉代较典型的辟邪题材，并流传后世相当长时间。陕西宝鸡市北郊墓葬出土。宝鸡青铜器博物院藏。

图152 汉代各种题材的祥符小兽。这些作品一般个体都很小，造型工法俱佳，多是腰部横向穿孔。所用材质丰富，除玉质外，绿松石、青金石、琥珀、煤精、玛瑙、玻璃等各种半宝石和有机宝石也都用于雕刻，铸件则有金、银等贵重金属和一些合金，玻璃的动物小铸件也很常见，题材有辟邪、羊、鸟、鸡、鸭、龟等，造型生动，充满世俗情调，具有很强的感染力。

邪，都不是中原所产，汉代人慕其威严，借用了这一形象将其命名为辟邪并赋予其辟邪的寓意。几乎是与史游在《急就章》中提到辟邪的同时，辟邪被制作成了小装饰件穿系在项饰和腕饰中用来实施史游所说的"除凶"的功能。有意思的是，同时代伊朗高原的帕提亚即《史记》中记载的安息帝国和印度的孔雀帝国都出现了相同题材的小坠饰，包括小辟邪、羊和蛙一类，多是用玛瑙、琥珀、水晶、绿松石等半宝石材料，个体小巧、有穿孔，也是用于穿戴的小饰件，制作它们的半宝石材料均是当地富产。中原的小辟邪的也多是这些材质，而玉质的、用于穿系佩戴的小玉辟邪在出土资料中很少见。但是擅长玉作的中原人大量制作体量稍大、无孔、可能是作为陈设的玉辟邪，这些玉件造型优美、工法细腻，堪称汉代中原玉作的经典作品。

## 第五节　北方匈奴和高句丽的珠子

匈奴可能是中原民族记忆中最早的最剽悍的草原民族。其实整个欧亚草原与欧亚定居国家交界的地带，上千年来都在上演草原民族不断进犯定居民族的历史剧。如果我们不带有那么多的戏剧情感和情节来看这些历史剧的话，草原民族进犯定居民族虽然是野蛮的但可能也是不可避免的，这是由游牧经济的内在缺陷引起的悲剧。研究游牧社会与定居文明的冲突历史的学者都相信这样一个原则，即游牧经济不是一个自给自足的经济，它要依赖与其他经济形式如农业经济之间的交换，以获得草原上无法生产的农业物资，才能弥补其非自足的特性。这种交换经常不能以和平贸易的方式进行，而是暴力劫掠，那些天生就是马上弓箭手的草原民族任何时候都是箭在弦上的骑兵，在上千年的冷兵器时代，他们一直对缺乏军事素养的定居民族保持着军事上的优势。游牧民族侵扰定居文明的目的并非军事占领，而是掠夺物资并建立不平等的贸易关系。美国人类学家Thomas J.Barfield还创建了一个解释中国历史上北方民族与中原王朝复杂关系的公式。根据这个公式，每当中原内出现统一和强盛的王朝时，北方草原上也会随即诞生一个强大的草原帝国。游牧民族这种对定居文明的互动，保证了他们对南方定居民族的对抗力和获得游牧经济所必需的农业物资。

匈奴墓葬在蒙古草原的广大地区，中国境内沿长城一线的陕西、内蒙古、甘肃、青海、新疆等地都有发现。内蒙古境内比较重要的匈奴墓地有杭锦旗阿鲁柴登、准格尔旗西沟畔、伊金霍洛旗石灰沟；陕西境内有神木县（现为神木市）纳林高兔；新疆境内有托克逊县阿拉沟等处。这些匈奴墓葬多出土黄金装饰品，有首饰、剑鞘饰、马饰、带饰，如项圈、耳坠、串珠、冠饰以及各种动物形饰片或牌饰。动物题材的牌饰最为常见的题材是牛、羊、马、鹰、狼、虎等以及动物间相互搏杀的场面，构图趋于图案画，是典型的草原风格。

内蒙古东部的匈奴墓地与夏家店上层文化有重叠，这一地理区域始终有制作珠子的传统。目前并不清楚匈奴与夏家店的关系，但是匈奴墓地出土夏家店人的红色玛瑙珠和绿松石珠。如果文献中燕国名将秦开在战国末年击败的东胡正是夏家店人的话，迫使其"却千余里"或者正是夏家店人消失的原因之一。也正是此时匈奴兴起，从墓葬情况看他们是在这一时期进入内蒙古东部夏家店文化曾经覆盖的区域。同时出土的还有相当数量来自中亚的珠子和贵重金属装饰品，这使得匈奴人的饰品显得很混杂，如果考虑到这是一个驰骋在整个欧亚草原上的马背民族，这种混杂的现象是合理的。内蒙古鄂尔多斯市准格尔旗的匈奴贵族墓葬曾出土一对作为头饰组件的白玉螭虎透雕耳饰（图153），题材和工法均为中原风格，与水晶珠、玛瑙珠、琥珀珠、玻璃珠和黄金镶嵌的母贝一起构成一副完整的头饰，有浓郁的草原风格。这对白玉透雕件很可能是中原与匈奴和亲的产物，这一时期的匈奴墓葬还出土了有"单于和亲"字样的瓦当和方砖。

高句丽的历史始于公元前37年，据铭刻于公元414年高句丽第19代王谈德的"好太王"碑记载，其为扶馀别种朱蒙所建。最初的势力范围在现今辽宁省的东部浑江、鸭绿江中游的小片土地，后于公元668年灭亡。现今发现的高句丽早期墓葬多积石冢，与《后汉书·东夷列传》"高句丽"条"金银财币尽于厚葬，积石为封，亦种松柏"的记载相符。《后汉书》又说："（高句丽）地方二千里，多大山深谷，人随而为居。少田业，力作不足以自资，故其俗节于饮食，而好修宫室。"由于地理条件不利于耕作，高句丽人很可能因此致力于其他手工技艺，《后汉书》说是"好修宫室"，而唐代的《翰苑·蕃夷部》则说："其人亦造锦，紫地缬文者为上，次有五色锦，次有云布锦。又有造白叠布、青布而尤佳。"这种善织造的能力也印证了《后汉书》记载他们"衣服皆锦绣，金银以自饰"的情形。

辽宁桓仁满族自治县浑江岸边山坡上的高句丽早期积石墓地，出土了珠串和金饰片、金耳环及银镯一类装饰品，与文献记载高句丽人喜欢金银饰品的风俗相符（图154）。珠串上的珠子和坠饰形制和材质多样，源自不同地域，其中红色圆形玛瑙珠可能是夏家店人的作品，这种珠子也出现在匈奴墓地和前面叙述过的广大地域；多棱水晶珠，这种珠子在广西合浦的汉代墓葬出现过，是西方舶来品；彩色玻璃坠，汉代的新疆大量出土过这种玻璃珠和玻璃坠；蓝色玻璃珠，是汉代合浦生产的钾玻璃；天河石管子和双孔扁珠，是夏家店人特有的产品。这些来自不同地域和文化、不同材质和形制的珠子拼凑在一起是一件有趣的作品，从珠子的穿系形式看，很可能是受到中原组佩的装饰形式的影响，但它却算不上真正意义上的组佩，而是高句丽人自己的审美。其中没有任何玉件，这也是多数中原周边民族的特点。

另外一次较大的发掘是鸭绿江右岸云峰水库淹没区的积石墓葬群，其中石湖王八脖子年代不晚于西汉的墓群出土的耳珰和指环一类的金银饰品，同时出土的还有夏家店文化"研磨孔"形制的红玛瑙珠，这种珠子的年代最早可以到商代，我们在第六章第七节中有专门叙述。从几处高句丽早期墓葬出土的珠子来看，多是外来产品，而年份最早的是商周时期的夏家店下层出土过的所谓"研磨孔"的红色玛瑙珠。对于高句丽的珠子，我们还有很多疑问无法解释，首先，这些珠子是战争还是贸易的结果，或者是其他途径？其次，年份早到商周的夏家店珠子是如何跨越这么长的时间跨度流传至公元1世纪左右的高句丽墓地？这些空间和时间跨度都很大的流传不容易解释，或者是前人遗物，或者是贸易交换，或者是战利品。

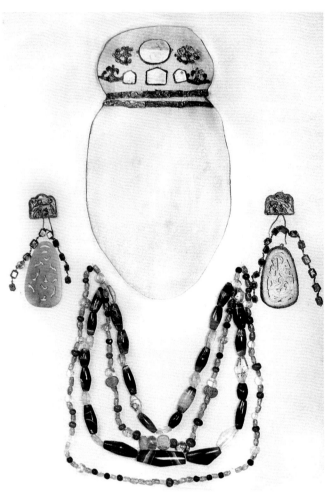

图153 匈奴贵族饰品。内蒙古鄂尔多斯市准格尔旗西沟畔匈奴贵族墓出土，公元前4世纪—前2世纪。头饰由镶金蚌贝、金花、金发箍组成，发箍周围悬有垂珠；耳环为有鹿纹的黄金镶白玉螭虎透雕饰；项链两组，由水晶、玛瑙、琥珀、玻璃多种材质的珠子组成。匈奴的珠子一类构件大多来自不同地域，但整体的装饰风格是浓郁的草原特色，比如贵重金属和动物题材的使用，其中白玉螭虎透雕来自中原，而珠子则来自中亚。鄂尔多斯博物馆藏。

图154 汉代高句丽的玛瑙珠串。辽宁省桓仁满族自治县出土，公元1—5世纪。由天河石三孔珠作为提领，下穿系三列珠串，有红色玛瑙珠、白色多棱水晶珠、彩色玻璃坠、蓝色钾玻璃珠、天河石管、天河石珠等。这些珠子材质丰富，来自不同地域。辽宁省桓仁满族自治县出土。辽宁省博物馆藏。

## 第六节 南越王的组佩

南越王赵眜墓葬出土的是迄今可见的西汉时期最完整优美的玉组佩（图155）。这一点很有趣，我们在前面说过，文献中记载的汉初，长安当朝并没有真正完善玉组佩制度；从出土资料看，西汉的几个大的诸侯王墓葬：河北满城中山靖王墓、北京大葆台汉广阳顷王墓、江苏徐州狮子山汉楚王陵、安徽寿县淮南王墓、临淄齐故城齐王墓、河南永城文帝之子梁孝王墓、江苏高邮神居山武帝之子广陵王刘胥墓等，这些墓葬中出土文献记载的"金缕玉衣"[63]和"黄肠题凑"[64]已不罕见，工艺精湛的玉器也堪称前朝不及，并时有穿系玉舞人或辟邪小兽一类的珠串出土，但是几乎都没有形式完整、搭配周密的组佩。不过，目前为止，位于长安城和咸阳塬上的西汉11座帝陵及后陵还没有一座被正式发掘过，西汉皇帝和后妃的佩饰是什么样子还没有实物资料。现在探明仅武帝茂陵四周的陪葬坑就有155座，在帝陵的外围还有外藏坑245个，就是说，光茂陵周围的外藏坑就有400多个。汉代兴厚葬风气，帝陵的陪葬品一定是惊人的，但如果真如《后汉书》所说，秦末中断的组佩制度是在东汉孝明皇帝（公元58—75年）时才重新恢复的，那么11座西汉帝王陵上千个陪葬坑里也许真的无组佩可见。

"汉承秦制，用而弗改"，东汉孝明皇帝恢复的组佩是"乃为大佩，冲牙、双瑀、璜，皆以白玉。乘舆落以白珠，公卿诸侯以采丝"，形式是战国时期大为风行的腰部挂件。然而在先于孝明皇帝的150年，遥远一隅的南越蛮地却保存和延续了战国以来那种张扬大气、形制多样、组合完备的玉组佩。南越王墓出土的珠玉不计其数，材质、做工和艺术造型都堪称经典，除了玉作和金器，玻璃珠可能也是当地的工艺，特别是其中的蓝色钾玻璃，在西汉时期曾广泛流传于南方各地，包括港口城市合浦和西南滇国，中亚新疆也有实物资料可见，我们将在下一节专门叙述。

南越王墓位于广州象岗山，是西汉初年南越国第二代国君赵眜的墓葬，其公元前137年至前122年在位。1983年发掘出土的文物中有"文帝行玺"金印一方及"赵眜"玉印，证明了墓主人身份。陵墓开凿于象岗山的山体内部，共有7个墓室，出土器物有金器、银器、铜器、铁器、铠甲、错金银器、玉器、玉衣、玉组佩、陶器、丝绢、锦绣、象牙、珍珠、药材、玻璃器、漆器、乐器等，甚

---

63　《汉书·霍光传》："赐金钱、缯絮、绣被、百领、衣十五箧，璧、珠玑、玉衣、梓宫、便房、黄肠题凑各一具……皆如乘舆制度。"汉代刘歆的《西京杂记》也记："汉帝送死皆珠襦玉匣，匣形如铠甲，连以金缕。武帝匣上皆镂为蛟龙鸾凤龟麟之象，世谓为蛟龙玉匣。"目前已经出土玉衣的西汉墓葬共18座，其中金缕玉衣墓8座，最具代表性的是河北满城一号汉墓出土的中山靖王刘胜的金缕玉衣，用1000多克金丝将2498块大小不等的玉片连缀而成，设计精巧，做工细致，堪称经典。

64　"黄肠题凑"一名最初见于《汉书·霍光传》，颜师古注："以柏木黄心致累棺外，故曰黄肠。木头皆内向，故曰题凑。"可知黄肠题凑是棺椁外层的一种木结构，"黄肠"是黄色的柏木芯，木材端头朝内构筑称"题凑"，即为"黄肠题凑"，是汉代厚葬之风的产物。根据汉制，黄肠题凑与玉衣、梓宫、便房、外藏椁属帝王陵墓的组成部分，经朝廷特赐，个别勋臣贵戚也可使用。著名的有北京大葆台西汉墓和石景山区老山汉墓，保存最完整、形制最复杂的是江苏高邮汉广陵王墓的"黄肠题凑"。

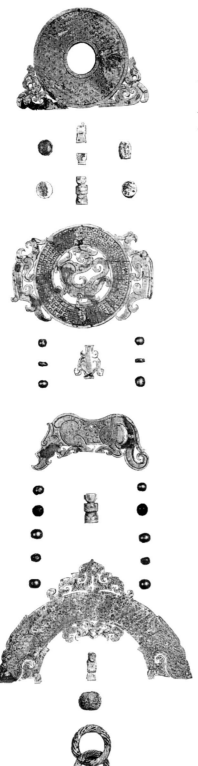

图155　西汉南越王玉组佩。出于主棺室，墓主赵眜。出土位置在玉衣侧佩剑的剑格位置向下分布，是战国时期流行的腰佩风气的延续。由青玉双凤涡纹璧、青玉龙凤涡纹璧、白玉犀形璜、青白玉双龙蒲纹璜、玉人、壶形玉饰、兽头形玉饰、玉绞索纹环、玉套环、玉珠、金珠、玻璃珠、煤精珠穿系。设计周密，秩序井然，是迄今可见的西汉时期玉组佩最完整的实物资料。广州西汉南越王博物馆藏。

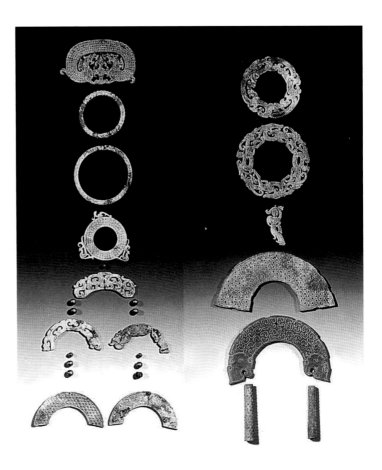

图156　西汉南越王左夫人和右夫人玉组佩。南越王玉组佩保留的是战国时期张扬大气的装饰风格，并遵循了战国时期的搭配方式。这些组佩样式在同时期的中原却很难见到，这可能与南越王第一代王赵佗在中原战乱、楚汉相争无暇他顾时叛离中原自立王国有关，赵氏王孙在刘姓天下无法辐射到的南越边陲得以保留当初从中原带来的战国时期的装饰传统。广州西汉南越王博物馆藏。

至还出土了织物印花铜版，实物涉及西汉时期社会生活的多个方面。其中出土完整的玉组佩有11套之多（图156），有玉璜、玉环、玉璧、玉舞人、玉管、玉珠、玉韘形佩、玉花蕾形佩、玉龙形佩等与金珠、蓝色玻璃珠、蜻蜓眼玻璃珠、煤精珠子等穿系在一起，设计周密，秩序井然，是迄今可见的西汉时期玉组佩最完整的实物资料。主墓室赵眜除了佩戴最为华贵的一套玉组佩，玉衣外面还覆盖珠襦，残留有穿缀和钉缝珠子的织物痕迹，织物已经腐朽不存，但收集到的彩色玻璃珠、玻璃贝、金珠子、金花泡、镏金铜泡、银泡等多达几千枚。

在东汉孝明皇帝恢复先朝组佩制度之前，中原腹地的玉组佩似乎出现了断档，从已经发掘的数十座西汉诸侯王墓葬的情况来看，一些王墓也出土有组佩构件，比如玉璜、玉觽，但没有出土完整周密的实物搭配。所幸远在蛮夷之地的南越国保存了战国时期张扬大气的腰部挂件的组佩传统，其中的原因可能与南越国本身的历史有关。南越王墓主赵眜为第二代君主、第一代南越王赵佗之孙，秦将赵佗于秦始皇三十三年（公元前214年）协助任嚣率军平定岭南，中原楚汉相争时中原当朝无暇南顾，赵佗自立为王，脱离中原。之后致力于岭南的开发，农业、贸易、手工业发展迅速，建立了"东南西北数千万里，带甲百万有余"的强大势力，后又与中原政权数度归附和叛离。赵佗为战国赵武灵王第四代后人，作为秦将自立，在位67年，一直保有战国时期的中原遗风，这可能是南越王墓出土战国风格的玉组佩的原因之一。这些穿系搭配的方式在中原因战争消失已久，孝明皇帝恢复组佩制度之前曾一直为贾谊等当朝大臣所憾，南越王赵眜墓葬出土的玉组佩也算得上弥补了西汉组佩形式的缺失。

与只存在于文字描述中的东汉孝明皇帝的"大佩"相比，实物形式的南越王组佩更为今人称道。有趣的是，早在三国时期，赵眜的祖父赵佗"以珠为殉"的故事就广为流传，东吴孙权曾派人来广州探查，无功而返。唐宋年间也有人对传说中南越王墓的珠玑宝物称羡，宋代编纂的杂著类书《太平广记》有一则仙道故事名《崔炜》，说唐贞元年间，崔炜误闯山中巨穴，其中"砌以金壁""饰以珠翠"，美不胜收；又遇青衣女子、白羊仙人，赠给崔炜明珠一枚。崔炜回到人间，听说自己已经离开三年；又携珠到"波斯邸"，应该是唐代驻扎广州的波斯商人的府邸，波斯老先生看了珠子，告诉崔炜他闯入的巨穴是"南越王赵佗墓"，珠子是"我大食国宝阳燧珠也。昔汉初，赵佗使异人梯山航海，盗归番禺（广州），今仅千载矣"，因"赵佗以珠为殉"，故而识得。自汉代开始，南方港口与西方贸易频繁，唐宋数百年间都设有管理对外贸易的"市舶司"。赵佗墓中被称为大食国的"宝阳燧珠"可能是来自波斯（大食）的舶来品而非波斯老先生所说的赵佗派"异人"远涉重洋偷盗而来。汉代的中亚和波斯盛产各种宝石和半宝石珠子，"宝阳燧珠"可能是其中材质比较贵重的一种。有趣的是，宋人不仅了解赵佗的墓葬是"以珠为殉"，还将舶来品附会了一段赵佗墓中的仙道故事。有关赵佗其人和赵佗墓葬的传说经久不绝，北宋初，南海主簿郑熊在他的《番禺杂记》中推测了赵佗墓所在的位置，其他一些古人札记中也时有猜测，现今的考古探测并没有探明赵佗墓所在的具体位置，至今"以珠为殉"的赵佗墓仍旧是谜。

## 第七节　南方港口的舶来品和钾玻璃

在汉代，世界海运的发达程度也许超出我们基于文献和出土资料对它的认识，这些资料只是当时海运景象的冰山一角。张骞出使西域，在大夏[65]看到了蜀布和邛竹杖（都是蜀地特产），当地人称这些东西来自"身毒"（印度），由此知道中原西南方向的蜀地有贸易通道通往印度。而印度正是东西方贸易的集散地，在它的北方是陆上交通必经的中亚，在南方则是海运的港口。这些港口在公元前后的几百年时间里，盘踞大量经商的阿拉伯人和地中海民族，那时的东方充满了异国传奇和各种香料、珍宝，对罗马而言，印度和东方就像是一团神秘富庶的迷雾，它诱发了罗马人骄奢淫逸的本性。老普林尼抱怨道：印度每年鲸吞了5000万塞斯特斯（Sestertius，一种罗马青铜铸币），全部是为了购买东方那些使人变得柔弱的多余之物，印度及其奢侈品把罗马变成了一个懦夫的城市。

不论老普林尼[66]的抱怨是否合理，一个事实是，由于海运技术的发达和成熟，东西方世界通过漫长的海上航线被连接了起来。合浦是汉代最为兴盛的港口，富商巨贾云集在这里，也为后世留下诸多遗存。在合浦廉州镇附近东南的清水江至禁山一带的汉墓群就有墓葬近万座，面积约68平方公里，长约13公里，宽约5公里，是著名的大型汉墓群之一。以"珠还合浦"[67]闻名的合浦县，自汉元鼎六年（公元前111年）武帝灭南越国设郡，县城所在的廉州镇一直是历代郡县、州、府治所。汉代继秦盛行厚葬之风，南来的官吏、将佐、富豪巨贾及西方商人等死后葬于合浦，陪葬品都比较丰富。在近30年间清理发掘的1000多座汉墓中，出土了珍贵文物逾万件之多，其中有青铜器、玉器、金银器、陶瓷器、漆器、古钱币、香料、玻璃器皿，以及玻璃珠、玛瑙、水晶、琥珀等饰物和工艺品及西方风格的黄金饰物，几乎在合浦发掘的每座汉墓中都有外国的装饰品和器物。

---

65　大夏为中亚古国，又译作"吐火罗"，属东伊朗人种。公元前174—前161年，西迁的大月氏途中与大夏相遇发生第一次冲突，战败的大夏人除一部分傍南山（今阿尔金山、祁连山山脉）东逃，进入陇西洮河流域外（汉时曾在此置大夏县），大部向西迁徙，翻越葱岭（今帕米尔高原）后进入中亚阿姆河以北地区，与同样受大月氏冲击而从伊塞克湖以西迁徙至此的塞种部落会合。约在公元前145年，他们同一部分塞人冲过阿姆河，占据巴克特里亚（今阿姆河与兴都库什山之间的地区），将盘踞此地200余年的中亚希腊人逐往兴都库什山以南地区。公元前128年，张骞出使大月氏至阿姆河时，见大夏人定居巴克特里亚，遂以"大夏"之名称呼之，后来的西方史家和阿拉伯人则称之为"吐火罗斯坦"。大夏人在巴克特里亚安顿不久，就被第二次西迁而来的大月氏征服。

66　盖乌斯·普林尼·塞孔都斯（Gaius Plinius Secundus，公元23—79年），又称老普林尼，古罗马百科全书式的作家，以《自然史》一书著称。全书记叙了近2万种物和事，内容上自天文，下至地理，包括农业、手工业、医药卫生、交通运输、语言文字、物理化学、绘画雕刻等方面。在17世纪以前的欧洲，《自然史》一书一直是自然科学方面最权威的著作。公元79年8月24日，维苏威火山爆发，普林尼为了了解火山爆发的情况，并且救援这一地区的灾民，乘船赶往火山活动地区，因吸入火山喷出的含硫气体而中毒死亡。

67　《后汉书·循吏列传·孟尝传》："（合浦）郡不产谷实，而海出珠宝，与交阯比境……尝到官，革易前敝，求民病利。曾未逾岁，去珠复还，百姓皆反其业。"说汉代的合浦盛产珍珠，由于过度捕捞，珠蚌迁移去了邻近的交阯（越南），孟尝任合浦太守时，整顿滥采之风，保护珠蚌资源，不久，珠蚌又回归合浦。

图157　广西合浦汉墓出土的蓝色钾玻璃珠。珠子有钴蓝、湖蓝、绿色等多种色彩，由不同的矿物颜料着色剂造成。这种钾玻璃可能是在合浦当地生产的，其中深蓝色的钾玻璃珠曾广泛流传于南方各地，除了合浦当地的汉墓，云南李家山滇国墓葬、高句丽贵族组佩、南越王墓中也都能见到。广西壮族自治区博物馆藏。

　　合浦出土的汉代玻璃珠（图157），据不完全统计有13347颗[68]，形制以算盘形的圆珠为最多，其次是渔网坠形、椭圆形、菱形、橄榄形、扁扣形、多棱面形等，颜色以蓝色为主，另外还有青、淡青、绿、湖水蓝、白、月白、砖红、紫褐等色，一般都半透明，不透明较少，均有穿孔。经化学成分分析，大都属于氧化钾–二氧化硅玻璃系统，一般称钾玻璃或者钾硅玻璃，与西方的玻璃含钾的成分有很大的区别，占出土玻璃总数的75%，这意味着这些玻璃制品可能是在当地生产的。其中深蓝色的钾玻璃珠在广州南越王墓、云南滇文化、新疆一些地方都有出土记录。

　　到目前为止，广西出土的古代玻璃制品，经科学测试有四种不同的化学成分。一是自西周以来至战国和西汉初期的铅钡系玻璃，这是国内外学术界公认的中国传统玻璃系统；二是$PbO-SiO_2$系玻璃，是继早期铅钡玻璃之后兴起的一种玻璃；三是$K_2O-CaO-SiO_2$系统玻璃；四是$K_2O-SiO_2$系统玻璃，也就是广西发现最多的钾硅玻璃，含钾量高达 17.63%，而氧化镁含量却很低，不超过0.7%，与西方中世纪钾玻璃氧化镁含量高达3%—9%有明显的区别。三国时期由万震编纂的《南州异物

68　据《广西考古文集·第二辑 —— 纪念广西考古七十周年专集》，《广西古代玻璃研究概述》一文，作者黄启善。科学出版社，2006年。

图158　广西合浦汉墓出土的玛瑙管和水晶珠。除了来自印度和中亚的红色玛瑙管和白水晶珠、紫水晶珠和缠丝玛瑙珠管等多种材质和形制的珠子，合浦九只岭汉代墓地还出土了来自罗马帝国的金珠子。这些珠子从形制到材质的丰富多样反映了当时中国与西方频繁的贸易往来。广西壮族自治区博物馆和广西合浦县博物馆藏。

志》记载："琉璃本质是石，欲作器，以自然灰治之。自然灰状如黄灰，生南海滨，亦可浣衣，用之不须淋，但投之水中，滑如苔石，不得此灰则不可释。"这段记载在时间和地域上与广西汉代钾玻璃的情况相符，推测广西的钾玻璃有可能是采用这种自然灰作为助熔剂的。

　　南方生产的这些小玻璃珠和小装饰件很可能还通过海上贸易贩运到过日本和周边其他国家，日本人所写的《玻璃学》一书说，"约在两千年前日本的弥生式文化时代遗迹，玻璃璧和铜镜一同出土，同时，又从静冈的登吕出现钴色玻璃小珠，这些玻璃可能是当时由中国输入"，其中提到的钴色小珠呈蓝色无疑，是否就是南方生产的那种蓝色钾玻璃珠也未可知。另一个日本人作花济夫写的《玻璃手册》[69]又进一步地说，"这些玻璃是含钡的铅玻璃并与汉代以前玻璃组成成分极为相似。这说明了汉代以前，中国与弥生时代的日本人之间已有了文化交流"，这可能是中国出口贸易珠最早的记录。

　　除了玻璃珠，合浦也出土数量不少的半宝石珠子（图158），形制、工艺和材质大多出自印度

69　《玻璃手册》，作花济夫（日本），蒋国栋等译，中国建筑工业出版社，1985年。

和中亚。其中舶来品的多棱面水晶珠，在同时期的云南李家山滇国墓葬中同样也有出土，在高句丽的贵族组佩上也能见到，在南越王墓中也有出土记录。我们不知道这种水晶珠究竟是从海上来到合浦，再扩散至云南和其他地方，还是从陆上的南方丝路进入云南，再贩往合浦。也许两者都有可能。除了舶来的水晶珠，合浦还出土印度的红色玛瑙管、紫水晶珠、缠丝玛瑙珠，甚至还有来自罗马帝国的金珠子。

## 第八节　中亚丝绸之路上的珠子

虽然"丝绸之路"是因为张骞出使西域而被载入史册，但早在张骞西行前很久就已经有中西

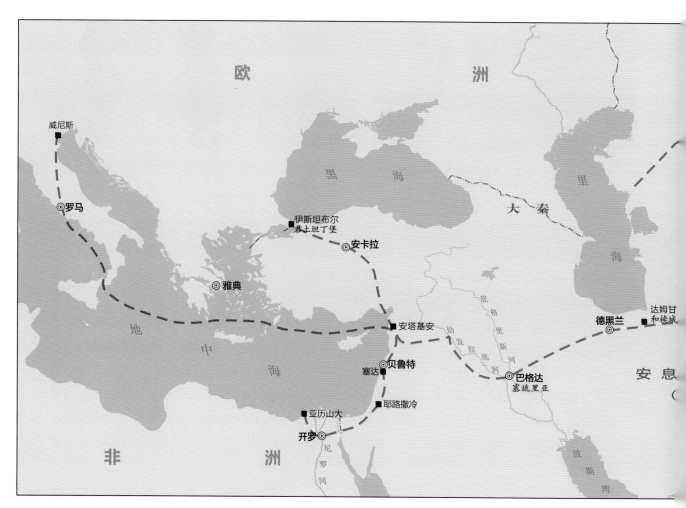

图159　汉代丝绸之路示意图。据司马迁记载，经敦煌出玉门关和阳关分别有南北两道，北道经车师（今吐鲁番）、焉耆（今焉耆）、疏勒（今喀什），过葱岭可到大宛和康居国（今撒马尔罕）；南道经楼兰（今若羌）、于阗（今和田）、莎车（今莎车），过葱岭可到大月氏（今阿富汗）和安息（今伊朗）。

贸易往来（图159）。按照联合国教科文组织对"丝绸之路"的定义，中原与西方往来的通道有四条：北方（草原）通道；西北（沙漠）通道；西南（佛教）通道；南方（海上）通道。这些贸易通道最早始于什么时候已经很难考证准确时间，但是对遥远外邦的好奇以及冒险和利益的驱动，使人类从远古时候就开始了长途的旅行。那些未知的世界也许不是理想的世界，但却是创造理想的世界，这种想象的天性直到今天仍旧是我们去远方旅行的原动力。

汉代中原人称为"西域"的地方包括我们现在所说的新疆及其所在的中亚。"西域"一词最早见于《汉书·西域传》，与张骞的名字是分不开的。西域是丝路上最精彩的一段，在当时，那里可能是全世界最吸引人的地方，因为那里充满冒险和机会。不同肤色的人们，说着不同的语言，怀着不同的目的来到这里。这些人中不乏身怀绝技的工匠，他们把各种可以用以维持生计甚或发财的

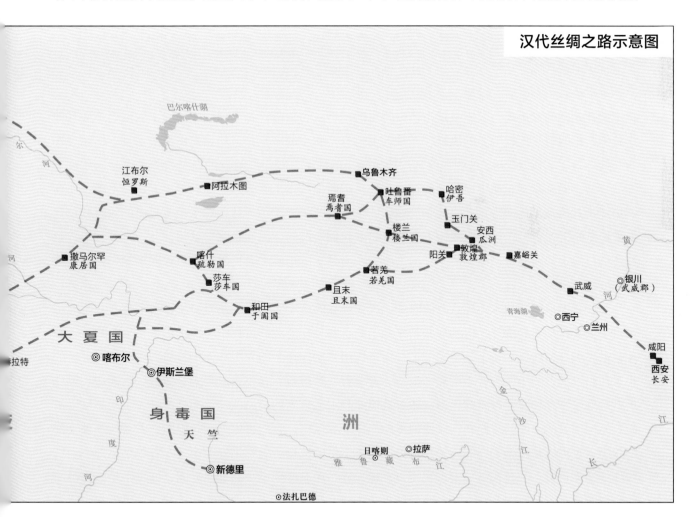

汉代丝绸之路示意图

图160 西域新疆出土的各式玻璃珠。它们有些装饰有眼睛图案，有些是随意的水波纹，而这些珠子无论是形制还是装饰纹样，大多在西亚和地中海沿岸都有相同或相似类型的珠子出土。私人收藏，藏品由蔡红阳先生提供。

技术和技艺带到这里来，其中玻璃工艺是常见的一种。在新疆，各个绿洲小国出土的玻璃珠或其他小装饰，都有各自比较明显的风格，在技艺上也有一些小的差别，但均出自中亚美术系，坊间多称为"楼兰珠"（图160）。这些有着强烈西域风格的珠子，跟早些时候的斯基泰美术作品比如黄金饰品一样，同样受到东端中原文明的过滤，这是中原地区出土新疆和中亚其他地方珠子不多，而在"边地半月形文化传播带"上总能看见这样的珠子的原因。于是，这些珠子带着自己的风格和技艺沿着斯基泰美术曾经走过的路线南下，仍然沿着我们所谓的"民族走廊"从川西北一直到云南；也许还通过海上丝路到过广西和广东，因为我们在南越王的组佩上看见过与西域相同形制、色彩和技艺的玻璃珠。

汉代是玻璃制造技术比较普及的时期，汉代新疆的珠子无论形制还是材质都很丰富，它们的制作看上去非常娴熟和随意，仿佛那些制作珠子的工匠是在游戏的过程中将珠子信手拈来。除了各种花色的玻璃珠，这里的珠子几乎用上了任何可以用来制作珠子的人工和天然材料，那些千奇百怪的小东西是：天然的小海贝、小海螺、玉石、青金石、绿松石、孔雀石、玛瑙、珊瑚、青铜珠、银珠子、金珠子和各种地方材质等；当然还有玻璃珠和工艺古老的费昂斯珠，而这两种人工制品可以被来自不同地方的率性的工匠制作成任何可能的样子和风格，它们可以是镶有眼圈或者其他各种纹饰的珠子，也可以是仿半宝石的样子，还可以是仿干枯的植物、色彩艳丽的小鸟、各种小坠饰……这些珠子造型可爱、工艺精湛、不求规矩、意趣天成，还有些珠子小到毫厘之间，如果不是因为艳丽的色彩和细小的穿孔，真让人怀疑这些细小的东西究竟是珠子还是沙漠中的沙粒。这里没有中原王朝的烦琐礼仪，珠子的搭配和形制都是如此自由，可以说是我们在之前和之后都再也不能看到的最丰富多彩和率性自然的样子。

图161 形制为小拳头状的"釉面石珠"。这种珠子独特的外观和工艺让人印象深刻，它出现在汉代的新疆和阿富汗等中亚地区。这种拳头形制的珠子还有用青金石和其他材料制作的，目前还不清楚这种独特形制的含义。埃及在公元前2000年左右发明了给滑石珠上釉的工艺，印度河谷文明也有滑石上釉的珠子出土，波斯高原也出土了公元前的有釉面的石珠。私人收藏，藏品由作者提供。

汉代的新疆和阿富汗都出土一种独特的珠子，形制是一只小拳头的样子，它的独特之处除了让人印象深刻的造型，还有制作工艺（图161）。这种珠子的胎体是一种天然的白色石料，很可能是印度河谷经常使用的皂石，胎体成型后再在表面着色，色彩多用群青和湖蓝，着色效果类似陶瓷釉面。我们没有这种珠子的工艺复原和成分分析资料，很难知道它所使用的具体材料、工艺和步骤。但是我们知道古代埃及最早发明了给滑石珠子上釉的工艺，并有早期的实物出土，印度河谷文明也出土了相同工艺的珠子，即在滑石珠表面施釉，然后加热滑石使釉面发色并与胎体结合，加热的同时也加强了滑石的硬度。阿富汗自古就出产各种古老形制和工艺的珠子，《汉书·西域传》记载，罽宾（今喀布尔河下游及克什米尔一带）国出产"珠玑、珊瑚、虎魄、璧琉璃"，新疆和阿富汗出土的这种小拳头形制的釉面珠很可能是来自印度河谷那种古老的釉色工艺。

汉代乐府诗有一首《羽林郎》，描写汉庭重臣霍光的家奴冯子都调笑西域来的胡人女子的故事，其中对胡姬的个人装饰描写得生动细致："昔有霍家奴，姓冯名子都。依倚将军势，调笑酒家胡。胡姬年十五，春日独当垆。长裾连理带，广袖合欢襦。头上蓝田玉，耳后大秦珠。"大秦[70]可能是当时远在西端的罗马帝国或者地中海沿岸的某个港口城市，大秦珠是来自地中海的珠子，除了罗马，腓尼基人也是制作玻璃珠子的能手。按照国外珠子的编年来看，这种珠子很可能是所谓"罗

70 《后汉书·西域传》记载：大秦国，一名犁鞬，以在海西，亦云海西国。地方数千里，有四百余城。小国役属者数十。以石为城郭。列置邮亭，皆垩塈之。有松柏诸木百草。人俗力田作，多种树蚕桑。皆髡头而衣文绣，乘辎轺白盖小车，出入击鼓，建旌旗幡帜。所居城邑，周圜百余里。城中有五宫，相去各十里。宫室皆以水精为柱，食器亦然。其王日游一宫，听事五日而后遍。常使一人持囊随王车，人有言事者，即以书投囊中，王至宫发省，理其枉直。各有官曹文书。置三十六将，皆会议国事。其王无有常人。皆简立贤者。国中灾异及风雨不时，辄废而更立，受放者甘黜不怨。其人民皆长大平正，有类中国，故谓之大秦。

马眼"珠子，它的工艺和形制都可追溯到3500年前的地中海，而出现在中原的时间早可到战国，即我们在"战国蜻蜓眼"一节中提到的舶来的"蜻蜓眼"。中原人自己制作眼圈纹珠子的时间并不长，战国流行之后基本消失。而此时的新疆和中亚其他地方仍广泛流传这种玻璃珠，由于它们来自地中海和罗马帝国，国外一些装饰品研究者也称其为"罗马眼"，其工艺、色彩和质地与中原战国时期风行的蜻蜓眼玻璃珠有比较明显的区别。

　　然而这种所谓"大秦珠"未必一定来自地中海，它们也可以是来自地中海沿岸的工匠在中亚和新疆当地制作的（图162）。亚历山大东征[71]曾将希腊文化带入中亚并强烈地影响了这一地区的艺术造型甚至工艺手段，一个明显的例子是始于纪元初的佛教造像。地中海的玻璃工艺是否就是跟随亚历山大的希腊士兵一同进入中亚的不得而知，但此时中亚开始出现地中海风格的玻璃珠是事实。最近几年在新疆的考古调查丰富了这一地区的实物资料，现在可知的出土有眼圈图案的玻璃珠的地方有：和田地区民丰县尼雅遗址、且末县扎滚鲁克墓地、罗布泊西北的楼兰遗址、洛浦县山普拉墓地、罗布泊西侧的营盘墓地等，这些玻璃珠子的编年从汉代一直到南北朝甚至可能到隋唐，持续近800年时间，直到公元6世纪突厥人进入新疆并开始了长达几个世纪的伊斯兰化才最终消失。我们在"战国蜻蜓眼"一节里讨论过眼睛纹饰的起源和流传，这种图案的用意是护身符的目的，而汉代的新疆盛行佛教，这些玻璃珠可能大多保有信仰的内涵，《法苑珠林》[72]所记佛教七宝是"金、银、琉璃、玻璃、赤珠、砗磲、玛瑙"，其他佛教经典有不同的说法，但大多将玻璃视为七宝的必选。

　　一种个体细小、色彩丰富的玻璃珠子经常在新疆被发现，这种被称为"印度—太平洋珠"（Indo-Pacific beads）的玻璃珠最早于纪元初在印度东南沿海的港口城市开始生产，那里是罗马帝国在东方的贸易中心（图163）。作为贸易珠，这种珠子历时千年，从中亚到中原，从南非到地中海，几乎在任何加入海上贸易的国家和地区流传，堪称贸易珠之冠。直到公元13世纪还出现在菲律宾等南亚诸岛[73]，而印度本土的少数工匠将这种技艺一直保存到了16世纪。这种珠子出现在中国的时间最早可到汉代，除了新疆大量出土，同时还广泛流传于中原及周边，云南滇文化和广州南越王墓都有出土记录，而最晚的出土资料是北魏时期的洛阳永宁寺。这种个体细小的珠子除了穿系佩戴，多用作"珠绣"，洛阳永宁寺出土的正是用作佛教绣像，我们将在"洛阳永宁寺的玻璃珠"一节里专门讨论。

---

71　公元前334—前324年，马其顿国王亚历山大对东方波斯帝国进行侵略战争。亚历山大的远征军连续10年作战，行程万余里，进行上百次强渡江河、围城攻坚以及山地、平原和沙漠作战，建立了西起巴尔干半岛、尼罗河，东至印度河的庞大的亚历山大帝国。亚历山大从小受教于希腊文化，希腊文化随着他的东征被传入东方，对中亚艺术产生了强烈影响，并持续几个世纪，这一时期被称为"希腊化时期"。

72　佛教类书。又名《法苑珠林传》或《法苑珠林集》，共100卷。唐代道世法师据各种经典编纂而成。全书百万余字，博引诸经、律、论、传等400多种，广引佛教经论，旁采百家之书。是中国佛教史上重要的文献史料。

73　Peter Francis 的《亚洲的海上珠子贸易》一书中公布了在菲律宾的印度—太平洋珠的出土资料，这些珠子在东南亚和南亚广泛流传，是印度针对周边国家持续了很长时间的出口贸易商品。

图162 西域新疆的珠子。它们形制丰富,材质多样,装饰风格自由而充满异国风情,是汉代丝绸之路上那些精彩故事的缩影。私人收藏,藏品由蔡红阳先生提供。

图163 印度—太平洋玻璃珠。最早在纪元前后的印度东南沿海港口开始生产,在世界各个地方广泛流传了数百年,是最著名的贸易珠品种之一。这种珠子色彩丰富,个体很小,有些甚至外径不足1毫米,显示出娴熟高超的制作技艺。这种珠子除了战国时期出现在四川石棺葬、云南滇文化,汉代出现在新疆、南越王墓等,在北魏洛阳永宁寺也有出土记录。私人收藏,藏品由作者提供。

## 第九节　滇文化的珠子

清代顾祖禹《读史方舆纪要·云南方舆纪要》的序文开篇云："云南，古蛮瘴之乡，去中原最远。有事天下者，势不能先及于此。"直到清代，正统文人尚且将云南视为蛮瘴之乡，可知之前的中原民族对云南所知多少以及怀有怎样神秘的想象。2000多年前的大西南，生活着众多风俗不同的民族群体，"滇"是其中较为强大的一支。对于古滇人，我们所知甚少，我们不知道他们是什么样的人，有着什么样的社会形态，过着怎样的生活。我们所熟悉的历史是书写者的历史，对生活在拥有文字的中原腹地的周边民族和群体所知甚少，因为他们没有文字书写自己的历史。只有当他们与中原民族发生战争、贸易或者其他偶然事件的时候，中原的文献才会提到他们。古滇国由于"庄蹻王滇"事件而被载入史册。

司马迁首次在《史记·西南夷列传》中记载了这一事件，"始楚威王时，使将军庄蹻将兵循江上，略巴、黔中以西。庄蹻者，故楚庄王苗裔也。蹻至滇池，地方三百里，旁平地，肥饶数千里，以兵威定属楚。欲归报，会秦击夺楚巴、黔中郡，道塞不通，因还，以其众王滇，变服，从其俗，以长之"。楚威王于公元前339年到公元前329年在位，遣将军庄蹻率兵西征，相继征服"巴"和"夜郎"后又征服了以滇池为中心的"滇"，正当庄蹻率军东归之际，正在崛起的秦国攻略了巴和夜郎，阻断了庄蹻归楚的道路。于是，庄蹻率众将折回，依靠自己拥有的武力在滇称王。司马迁说庄蹻"变服，从其俗，以长之"，可知庄蹻可能并没有真正使用武力，而是主动改穿当地服装，依从当地习俗，以服从当地文化的姿态来治理滇人。庄蹻来自楚国，可以想象他也因此为当地注入了更为先进的文化因素。一般认为，"庄蹻王滇"即是古滇国的开始。

20世纪在云南的几次大的考古发现揭示了古滇人社会生活的各个侧面，除了数量可观的珠子等装饰品，铸造在青铜器上的立体形象（图164）以写实的手法记录了古滇人集会、祭祀、人牲、战争、搏击、耕作、纺织、舞蹈等场景，描绘出一个独特的民族以独特的方式运作一个在我们常识之外的社会生活。我们在前面的第六章中具体讨论过"边地半月形文化传播带"这一学术命题，它是由四川大学童恩正教授在20世纪70年代最先提出的。这个传播所经过的地域广阔、流传的时间也相当长，而滇文化仿佛是它在时间和空间上的最后一站。古滇国吸纳了来自中原腹地、北方草原、西亚印度和东南亚民族的各种文化元素，经历了战国和西汉初期的繁荣期，到汉武帝收归"滇"为益州郡以后的百年间，滇文化逐渐消失泯灭。

古滇国的地域大致围绕现在的昆明湖和紧邻的抚仙湖周边地带，其考古遗址也在这个地理范围之内（图165）。20世纪50年代对晋宁石寨山的考古出土了著名的"滇王之印"金质印玺和各种玛瑙珠及金饰，M71号墓出土了由黄金、玛瑙、玉、绿松石等材质制作的各种珠子管子和五色玻璃珠穿系而成的珠襦。1972年春，李家山24号墓出土了工艺精湛、造型生动的牛虎铜案，20世纪90年代又出土了战国至汉代的大量文物，M47号墓出土了由数千粒各式珠子穿系成的珠襦（图166）。

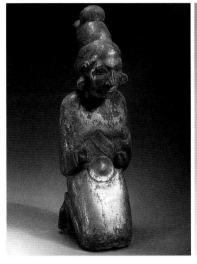

图164　佩戴滇文化典型装饰品的古滇人。古滇人喜歌舞、善装饰，不论男女，耳朵上都戴有玉或玛瑙制作的形制夸张的玦；腰带上装饰有镶嵌孔雀石珠子和玛瑙乳突扣的青铜牌饰，功能与中原人的带钩相同；手腕和手臂上均戴有宽镯或臂钏，有玉镯和镶嵌孔雀石或绿松石的青铜镯，还有黄金制作的手镯和臂钏；脖子上戴有穿系有材质和形制丰富的珠子的项链，样式不拘一格。这些人物形象均来自滇文化青铜器的生动造型，是古滇人形貌特征和服饰风格的第一手资料。

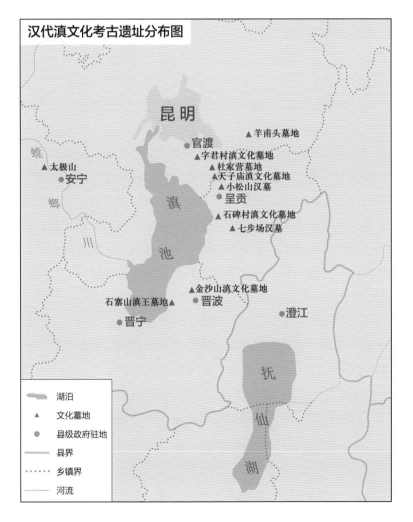

图165　汉代滇文化考古遗址分布图。滇文化遗址大多围绕昆明湖和紧邻的抚仙湖分布，其中以晋宁石寨山、江川李家山、昆明羊甫头等墓地最为著名。所有这些遗址都出土风格一致、工艺相同的珠子和其他小装饰件，反映出古滇国范围内的文化一致性。由于古滇国为当时西南周边最强大的王国之一，它对周围族群的影响超过了王国本身的地理范围。

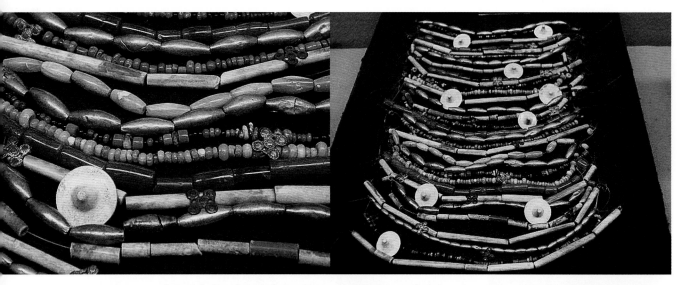

图166　云南江川李家山出土的珠襦。西汉。这种用数以万计的金、玉、玛瑙、绿松石、琉璃制作成的各种珠、管、扣等形制的装饰构件，横向缀成许多横串，串串相连，钉缝在一块织物上，大致呈长方形，宛如珠宝缝缀的"珠被"，覆盖在尸体敛衾上，在大、中型墓葬中经常出现。由于帛布腐朽，出土时多已散乱。图中所示仅为江川李家山47号墓出土珠、扣的一部分，按出土摆放位置加以复原。云南李家山青铜器博物馆藏。

1998年对昆明羊甫头墓的考古出土了大量玛瑙和其他半宝石材料的珠子和小饰件。这种"以珠为殉"的奢侈的殓葬物和殓葬方式我们将在下一节专门讨论。

　　我们可以毫不夸张地把古滇国称作"珠子的王国"（图167、图168）。从现有的出土资料看，古滇人的珠子形制丰富、材质独特、数量大而且技艺高超。当中原的佩饰制度和珠子技艺被秦末汉初的大战乱洗劫一空的时候，远在西南的古滇人在他们的铜鼓声中唱着滇歌、舞着干戚，以自己的节奏保存了战国时期那种在玛瑙材质上制作出玻璃光的精湛技艺，并将这种后人再没有超越过的抛光工艺保留到了西汉结束。古滇人制作玛瑙和珠子的工艺是否来自那些留在滇国的楚国士兵，我们不得而知，但古滇人最喜欢的材质和最擅长的技艺是玛瑙，几乎所有的玛瑙装饰品都呈现出战国时期那种独特的玻璃光泽[74]。古滇国常见的制作珠子的材质有玛瑙、绿松石、孔雀石，此外也使用玉料，是一种当地出产的地方材料，硬度不超过6度，多用来制作一种夸张的手镯。至今仍有"有色金属王国"美称的云南也是这些半宝石材料的富产地，明代地理学家徐霞客在他的《滇游日记》中记载过保山（古称永昌）、水富等地的玛瑙矿藏，并考察了玛瑙的开采情况。这里似乎完全没有中

[74]　石材的装饰效果取决于抛光工艺是否能够显现石材本身的美丽，除产品颜色外，主要反映在产品的光泽度上。古人很早就认识到抛光在美石表面产生的神奇效果，懂得抛光是使石材显现美丽质地的关键环节。抛光是机械的、物理的、化学的综合，其中机械作用是基本的。现在我们能看到的抛光办法，是将抛光磨石放在被加工的产品上，用机械设备快速运转来进行抛光，直至产品表面会出现很强的反射光，就是通常所说的光泽度。古滇人的抛光工艺十分精湛，推测有某种机械装置驱动以达到一定转速，才可能抛出犹如玻璃反射一样的光洁度。他们的抛光工艺从表面效果看，与战国时期中原地区的玛瑙制品相似，很有可能古滇国的抛光工艺来自中原。

图167　滇文化形制多样、材质丰富的珠子。这些珠子是玛瑙珠、玛瑙管、孔雀石珠、绿松石珠、金珠子、乳突扣和其他小装饰件。这些丰富多样的装饰构件不仅用于人生前的佩戴和装饰，或者镶嵌在其他器物上，也用于穿系制作成殉葬的珠衣。私人收藏，藏品由范文琳先生提供。

图168　滇文化的金饰片和金珠子。云南江川李家山出土。滇文化遗址出土大量金器，这与西南周边特别是金沙江流域产金沙有关，也与边地民族的传统装饰观念有关。金珠子由金片卷成，由一种独特的工艺造成中鼓而两端收缩的形制。这种珠子也出现在现今位于四川西昌境内的"邛都夷"石棺葬中；而最早的资料是公元前2500年的西亚乌尔古城王墓中的珠襦。云南李家山青铜器博物馆藏。右图为私人藏品，由洪梅女士提供。

原那种以玉为尚的理念，古滇国的典型器是玛瑙扣饰、玛瑙耳玦、玛瑙珠、玛瑙管、玛瑙冲牙、孔雀石珠子、绿松石制作的兽头珠子等。除了这些半宝石材料，他们还喜欢贵重金属，尤其是黄金，出土器物有各种黄金头饰、腕饰、金珠和银珠。

作为典型器的乳突玛瑙扣是一个有趣的题材（图169），它的形制是滇文化所独有的[75]，我们还不了解这种像斗笠一样的小饰件的灵感来自什么原型，或者寓意为何，背面牛鼻穿的打孔方式在同时期的其他地方也不常见。这种扣饰不仅作为珠子穿系，或者钉缝在织物上作为装饰，还经常用于每个古滇人都必备的腰带上的青铜牌饰的镶嵌。将背后有牛鼻穿孔的小饰件钉缝在织物上的做法，早在公元前3000年长江流域的良渚人就有，是地位显著的祭司或首领生前所有的装束，死后跟随入葬，这种装束可能与宗教祭祀有关。从滇文化的资料来看，玛瑙扣在墓葬中的位置和使用方式，一是从大到小排列于墓主人的胸前，有的还跟同样是背面牛鼻穿的绿松石珠子间隔，推测是钉缝在织物上的，很可能是墓主人生前就有的穿戴方式，死后跟随入葬；一是作为构件跟其他珠子、管子、金饰穿系起来或者钉缝在织物上构成珠襦覆盖在墓主人的身上，这是死后才享有的殉葬物。

乳突玛瑙扣另一个有趣的地方是它的制作工艺，国内一些学者有过简要的工艺分析，比如扣饰正面中心的乳突，一些学者推测可能是使用一种如竹筒之类中空的工具，加研磨料比如金刚砂这样的介质，将玛瑙块按在上面转磨，直至磨出中心的突起的尖。抛光是以同样的原理进行的，应该有某种机械装置驱动以达到一定转速，才可能抛出犹如玻璃光一样的光洁度。在没有做过实践性的工艺复原的情况下，这些都只是一种想象的推测。无论如何，古滇人制作玛瑙饰品的技艺都是一流的。一个可以确定的工艺步骤是，这些玛瑙扣饰背面的牛鼻穿孔是由空心管钻完成的，在内孔的底部一般都留有管钻留下的小乳突，从孔壁的细腻光滑度看，钻孔时使用了经过精细研磨的介质。从古滇人擅长青铜制造的工艺水平来看，这种小直径的空心管钻应该是人工合金，只是我们无法复原驱动这些钻具的机械装置和与钻头同时做工的介质。

与中原人把战国蜻蜓眼玻璃珠镶嵌在青铜带钩上的做法一样，古滇人也把他们自己的珠子和玛瑙乳突扣镶嵌在他们的青铜牌饰上，这种青铜牌饰实际上是古滇人的带钩（图170）。但是古滇人比中原人更有耐心，他们用来做镶嵌的孔雀石珠子直径一般只有3毫米左右，他们不仅要将数百颗细小的珠子镶嵌在青铜牌上，同时还要制作出有规律的装饰图案，将这些小珠子黏合在青铜牌上的黏合剂可能是一种混合了其他介质的树脂。这样的工艺过程是耐心的竞赛，而古滇人就是在这样的耐心中制作了大量的青铜牌饰。从出土的各式青铜牌饰来看，无论是王公贵族还是平民百姓，甚或奴役仆从，每一个古滇人的腰带上都有这么一件牌饰。

---

75　有国外研究者报道，玛瑙"乳突扣"的形制最早在古代中亚的Bactria地区被制作出来，大约在公元前1500—前600年间，这一地域一直在制作这种特殊形制的玛瑙装饰件，而且很明显它们是用于钉缝在衣服上作为装饰。中国汉代文献称Bactria为"大夏"，很早就与中国有贸易交流。乳突扣的形制和工艺是怎样传入云南滇文化的，暂时还不清楚，但是滇文化的美术形式中有明显的西北游牧因素。由于没有看到翔实的资料，文中暂不采用这一说法。

图169　滇文化的玛瑙乳突扣饰。云南江川李家山出土。直径2—5厘米，高2—4厘米；正面中心突起，背面牛鼻穿，孔口径0.4厘米左右，孔底部一般有管钻留下的小乳突；表面玻璃光泽。乳突扣饰是滇文化典型器，这种在中间形成乳突的工艺是使用什么样的工具和装置制作的，只是推测，目前没有任何能够提供线索的实物资料出土，但古滇人制作玛瑙珠和装饰件的技艺是一流的。

图170　圆形镶孔雀石青铜牌饰。西汉。直径17.5厘米，正面中心镶嵌白色玛瑙乳突饰，外围镶嵌孔雀石珠子和乳白色玉环，再外以孔雀石珠子镶嵌成卷云纹，单个图案之间又镶嵌白色玛瑙乳突饰。牌饰背面有用于连接腰带的矩形挂扣，为兼有装饰效果的实用器。晋宁石寨山出土。云南省博物馆藏。

滇文化的起源和族群一直是学者争论的话题。司马迁记载，"西南夷君长以什数，夜郎最大；其西靡莫之属以什数，滇最大"，生活在古滇人北面的"邛都夷"属"魋结"，而紧邻邛都夷的"昆明"族是"编发"。这些发式不同的民族的形象也都出现在了滇文化的青铜器上，他们或者是与滇人作战，或者是作为俘虏和牺牲。不论古滇人的族群和文化起源为何，不论滇文化的美术作品呈现出多少种文化的影响，它的美术造型都是独特的。由于古滇人对动物题材和搏击场面的偏好，许多学者认为这些美术题材和造型受到了北方草原斯基泰艺术的强烈影响，一些黄金饰品和青铜牌饰的图案也的确容易让人联想到草原艺术，特别是那种相互缠绕撕咬在一起的动物题材。然而草原艺术是一种更加图案化、平面化的装饰风格，而古滇人的作品几乎是写实的，那些野兽搏击、人兽搏击、人与人的近身肉搏的场景是如实的记录而非风格化的装饰，这与斯基泰艺术有很大不同。古滇人美术作品中反映出来的更多是来自南亚印度和伊朗高原的影响，这些美术元素很可能是通过南方丝绸之路被商人甚至工匠本人贩运过来，至少一些珠子的形制和工艺多与西方和印度有联系。比较明显的是金珠和金饰，一种由金片卷成的、工艺独特的珠子经常出现在滇文化墓葬中，包括战国西汉时期与滇文化密切接触的周边民族，比如现今位于四川西昌境内的"邛都夷"，他们的石棺葬中也经常出土这种金珠，而这种珠子最早出现在公元前2500年的西亚乌尔王墓的珠襦上，它们在形制和工艺上的联系显而易见。

## 第十节　珠襦

上一节中我们已经提到，"珠襦"并非滇文化所独有的殓葬形式，从现有资料来看，它最早可能来自埃及和两河流域的苏美尔王墓（图171）。考古资料中，这种用成千上万颗形制各异、材质不同的珠子穿连起来的所谓"珠襦"最早出现在埃及旧王朝时期（公元前2686—前2181年）的墓葬中，多是用蓝色的费昂斯珠和管子穿缀成网络状，覆盖在包裹好的木乃伊上。这种用珠子穿缀的、寓意"守护"木乃伊的殓葬物也在埃及新王朝（公元前664—前525年）时期被使用。另外，美国宾夕法尼亚大学博物馆现藏一套公元前2500年西亚乌尔城的苏美尔王墓的珠衣（图172），是用数千颗玛瑙、黄金、青金石等材质制作的珠子串联而成，国外的古代装饰品研究专家称这套珠衣为"beads cloak"（珠子斗篷），它的串联方式与埃及的网络状珠衣不同，倒是与中国战汉时期的南方墓葬中经常发现的珠衣更类似。由于资料所限，我们不知道古代苏美尔人使用珠衣的用意是什么，但这样的珠衣出现在王墓中，绝非仅仅是财富的象征，而更多可能与王权和信仰有关。

"珠襦"的说法最早出现在西汉，《汉书·霍光传》中有"太后被珠襦，盛服坐武帐中，侍御数百人皆持兵，其门武士陛戟，陈列殿下"的描写，可见珠襦也是用于生前的装束，而且是比较正式和奢侈的"盛服"。广州南越王主墓室曾出土一套由数以千计的玻璃珠、玻璃贝、金花泡、金素泡、镏金铜泡、银泡缝缀起来的珠衣，作为基底的织物已经腐朽，但珠子和花泡上大多残留有丝绢

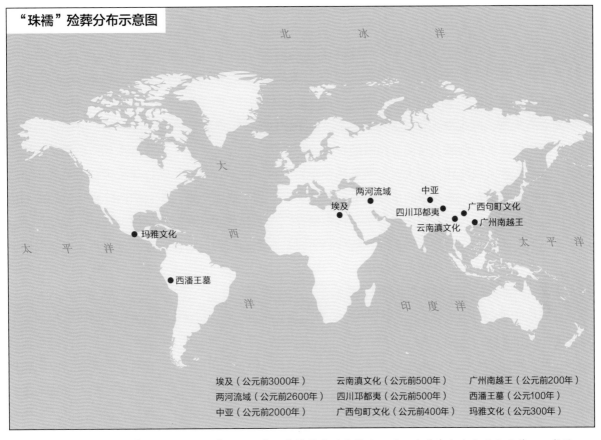

**"珠襦"殓葬分布示意图**

| 埃及（公元前3000年） | 云南滇文化（公元前500年） | 广州南越王（公元前200年） |
| 两河流域（公元前2600年） | 四川邛都夷（公元前500年） | 西潘王墓（公元100年） |
| 中亚（公元前2000年） | 广西句町文化（公元前400年） | 玛雅文化（公元300年） |

图171　"珠襦"殓葬分布示意图。珠襦的殓葬形式最早出现在埃及。西亚古城乌尔出土了公元前2500年的珠襦。战国时期出现在中国的西南地区，西汉的资料则广布于南方各地。

图172　公元前2500年西亚乌尔城苏美尔王墓的珠衣。以玛瑙、黄金、青金石等各种材质制作的珠子串联而成，最长36.2厘米。现藏美国宾夕法尼亚大学博物馆。

的痕迹。这也许就是与《汉书》中"太后被珠襦"类似的装束，很可能墓主人也用于生前穿着，死后跟随一起入葬。

这种生前穿着的珠襦在考古资料中并不常见，广州南越王墓或许是一例。而专门用作葬具的珠襦却时有发现，除了滇文化墓葬中的珠襦（图166），"边地半月形文化传播带"上的资料也很典型，四川西北部的茂县牟托的战国时期石棺葬中，出土了用数千颗红色玛瑙珠、蓝色费昂斯管子珠子、绿松石珠、玻璃珠等穿缀起来的珠襦，覆盖于棺中的木板上面，这些珠子当初也可能是钉缝在织物上的，因为在散落珠子的位置可见丝、毛和麻织物。西汉时期云南、广西、广东范围内的南方民族也多有"珠襦"的葬俗，1969年和1972年在广西西林普驮发现的以铜棺、铜鼓入葬的汉墓，铜鼓墓用四面相互套合的铜鼓做葬具，随葬品主要是铜器和玉石玛瑙器，一部分散布在铜鼓周围，一部分放置在铜鼓之内，最内层置放用玉管、玛瑙串珠子、绿松石珠等穿缀成的"珠襦"包裹的尸骨，墓主人可能是汉代句町族[76]的首领，墓葬是二次葬[77]。

与珠襦相关的葬具是玉衣。同样是《汉书·霍光传》，"光薨，上及皇太后亲临光丧。……赐金钱、缯絮、绣被百领，衣五十箧，璧、珠玑、玉衣，梓宫、便房、黄肠题凑各一具，枞木外臧椁十五具。东园温明，皆如乘舆制度"。由于霍光的特殊身份，他死后享有的是"黄肠题凑"这种"乘舆"（皇帝）等级的葬具，穿着有"玉衣"。《后汉书·礼仪志》记载了玉衣的等级，"大丧……黄绵、缇缯、金缕玉柙如故事……诸侯王、列侯、始封贵人、公主薨，皆令赠印玺，玉柙银缕；大贵人、长公主铜缕"。考古资料证实了文献记载的这种殓葬形式，与等级有关的"金缕"、"银缕"、"铜缕"之分的实物资料也基本与文献相合。西汉刘歆的《西京杂记》也记录："汉帝送死皆珠襦玉匣，匣形如铠甲，连以金缕。梓宫内，武帝匣上皆镂为蛟龙鸾凤龟麟之象，世谓为蛟龙玉匣。"这种使用玉片串联起来的铠甲式的玉匣、玉柙就是穿在死者身上的玉衣，与覆盖在棺椁或死者身上的用珠子穿系起来的珠襦是不同形式的两种葬具，它们或者可以同时出现，或者分别出现在不同的墓葬中。尽管文献中经常"珠襦玉匣"连称，但从现在的考古资料看，玉衣和珠襦同时出现的情况并不常见，中原使用玉衣较多，而西南和南方边地民族使用珠襦较盛。

汉时盛行的玉器贴身之葬，源于当时迷信玉衣能够保存尸骨不朽的说法。据《汉书·杨王孙传》记载，"口含玉石，欲化不得，郁为枯腊"。滇文化的珠襦在内涵上很可能受到中原文化的影响，而在形式上借用了西亚的传统，这可能跟古滇国对于中原人而言属蛮夷而无佩玉等级的传统有关，也跟当地出产的材质和地方风俗有关。同时不可忽略的是，古滇国是南方丝绸之路的重要节

---

76 "句町"一词首见于《汉书》。据《汉书·西南夷两粤朝鲜传》记载，汉昭帝始元五年（公元前82年）诏封统治句町地区少数民族首领毋波为"句町王"而得名。句町国在历史上存在了大约400年。句町可能是壮族先民建立的少数民族政权，其属地包括现在的广西西林、田林、德保、靖西、那坡及云南广南、富宁地区。

77 二次葬是南方少数民族的葬俗。人死后入棺埋葬，三到五年后把尸体的骨头拣起，擦干净后再进行第二次葬，叫作"拣骨头"。现在南方一些少数民族地区仍流行这种葬俗。

点，在西汉以前，它与西方的贸易活动比同中原的联系更多，贸易交流的同时也带来了文化的交流，西方葬俗对"珠襦"在形式上的影响比较明显，滇文化的"珠襦"中有不止一种珠子的形制与西方珠饰有关，除了从印度、中亚舶来的珠子和我们在上一节提到的卷片状的金珠子，还有一种被西方装饰品研究专家称为"quadruple—spiral beads"的黄金珠饰，在李家山出土的珠襦中也能看见（图173）。这种所谓"四方缠绕"形制的珠子最早起源于公元前3000年的苏美尔和伊朗高原，并在数千年的时间里在广泛的地理范围包括在北方草原和南亚被模仿和复制出来。Lois Sherr Dubin在《珠子的历史：公元前30000年至今》中专门谈到了这种珠子，他认为这种珠子流传的时间和地域之广的现象表明，这种形制具有重要的宗教意义，虽然我们已经无法了解当初的意义，在以后的数千年里，这种珠子又经历了材质的多样选择，除了黄金、银、铅锡合金，还有玻璃、费昂斯和玛瑙等。这种现象表明，由一种固定符号支撑的美术形式，其形制的变化往往比制作它的技术变化要慢得多。这种现象在古代中国的玉器形制和珠饰中也是一样。

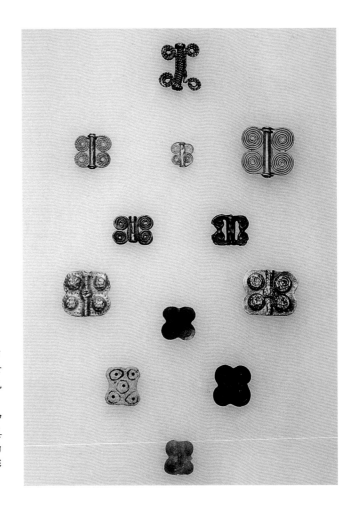

图173　西方装饰品研究专家称为"quadruple-spiral beads"的黄金珠饰。这种珠子最早起源于公元前3000年的苏美尔和伊朗地区，在相当长的时间被广泛地模仿和复制，北方草原的斯基泰人和滇文化李家山都有出土，滇文化的"四方缠绕"金珠是早期原始形制的一种衍生形式。

# 第八章　魏晋南北朝的珠子

（公元220年—公元589年）

## 第一节　动荡时期的珠玉

考古资料中，三国时期的珠玉资料比上古的资料少很多，给人的印象是，这是一个英雄辈出的时代，然而也是装饰艺术比较乏味的时代。珠玉一类装饰品的匮乏与东汉末年的战乱有关，也与曹魏尚简的风气有关，另外，北方战乱阻断丝路贸易通道，玉料难得也是原因之一。观安徽亳州曹氏家族墓地，东汉时期的曹腾、曹嵩（曹操的父亲）墓葬中还有玉冈卯、玉猪、玉衣等实物可圈可点；到曹魏时，曹操本人提倡薄葬，开葬俗新风气，墓葬中的珠玉资料乏善可陈。

早在建安十年（公元205年），曹操就下令"民不得复私雠，禁厚葬，皆一之于法"。曹操临终前还遗令对自己"敛以时服，无藏金玉珍宝"。曹操之子魏文帝曹丕认为天下动荡不安，而盗墓不止，都是因为前朝厚葬珠玉引起的，最终下令"饭含无以珠玉，无施珠襦玉匣"（《三国志·魏书·文帝纪第二》），废除了珠玉厚葬制度。从考古发掘来看，迄今尚未发现东汉以后的玉衣，而曹魏时期的墓葬中玉器出土也很少，现在可见到的实物资料，只有山东东阿县魏东阿王曹植墓中出土素面玉佩4件和一些玉珠。在曹操父子积极推行薄葬措施的影响下，两汉400余年来形成的葬玉制度最终消失。珠玉厚葬制度的结束，也使得古代中国自魏晋以降的墓葬中出土的个人装饰品特别是珠子等实物比汉代以前少了很多。

曹操尚简的作风影响了后来的审美取向。曹操的尚简并非偶然，是时代背景和个人经历两方面促成的。汉末战乱，儒学衰微，乱世之中，老庄思想抬头，曹操以法术刑名治天下，讲求通达分明，以图建立新秩序，这也是两晋兴盛的玄学崇尚通脱简要的背景。曹操戎马倥偬30余年，长期的

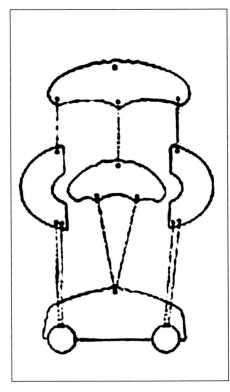

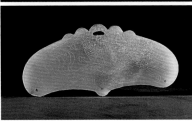

图174　王粲创建的组佩形式想象复原。这种由曹魏重臣王粲创建的组佩形式被两晋南朝、北朝和隋代沿用，唐代早期仍有部分子遗。这种形式的组佩有两晋到隋代的出土资料，山东省东阿县魏东阿王曹植墓出土玉组佩的构件，有云形玉佩1件、梯形玉佩1件，玉璜2件和玉珠。图中实物分别出自南京市中央门外郭家山东晋墓、山西省太原市南郊娄睿墓（北齐）、山西省寿阳县厍狄回洛墓（北齐），这些玉佩简约素洁，是魏晋时期尚简风气对审美的影响。

兵家浸染影响了他的人生观和价值观，通脱的作风也反映在他尚用、尚质、尚简的清峻文风中，"秋风萧瑟，洪波涌起。日月之行，若出其中。星汉灿烂，若出其里。"寥寥数笔，不加润饰，已是沧海景象，胸襟远阔。

魏武（曹操）的贵刑名，魏文（曹丕）的慕通达，子建（曹植）的尚玄虚，都造成了审美的简约。虽然出土的实物资料很少，但这一时期的文字写作中却常以珠玉比附，仿佛是对审美缺失的一种补救。汉代兴起一种特殊的文体称"连珠"，与赋体、格律诗、对联以及格言体都有极深的渊源。南朝沈约谓："连珠者，盖谓辞句连续，互相发明，若珠之结排也。"今天能见到的以西汉扬雄《连珠》为最早，继作者有演连珠、拟连珠、畅连珠、广连珠等称。所谓"历历如贯珠"，"义明而词净，事圆而音泽，磊磊自转，可称珠耳"（刘勰《杂文》篇），都是用贯穿的珠子来比附文体的形式美。曹魏时，曹丕写有《连珠》，"建安七子"中的王粲有《仿连珠》，内容与珠玉无关，文体却比附珠玉的形式美感，可见在当时珠玉仍是备受珍爱的对象。

正是写有《仿连珠》的王粲创建了魏晋时期珠子与玉佩的经典组合，《三国志·魏书·王粲传》："魏国既建，（粲）拜侍中。博物多识，问无不对。时旧仪废弛，兴造制度，粲恒典之。"西晋挚虞的《决疑要注》："汉末丧乱，绝无玉佩。魏侍中王粲识旧佩，始复作之。今之玉佩，受法于粲也。"说西晋时期玉佩的组合仍来自王粲创建的形式，这种形式简约肃静，有两晋时期的出土实物可见（图174）。

王粲创建玉组佩并非凭空想象，《决疑要注》说他"识旧佩"，可知他是在前朝的佩饰基础上改造创新的。文献中，西汉时期并没有恢复秦末中断的珠玉组佩制度，《后汉书·舆服志》说："至孝明皇帝，乃为大佩，冲牙、双瑀、璜、皆以白玉。"河北定县中山穆王刘畅的墓葬出土的一套组玉佩与东汉《舆服志》的规范大致相符，可能就是东汉初孝明皇帝恢复组佩制度时规定的形式，王粲应该是在东汉玉佩制度的基础上改创的形式。1951年，山东东阿县魏东阿王曹植墓中出土了玉佩4件，有云形玉佩1件、梯形玉佩1件，玉璜2件和玉珠等，皆青玉。曹植非帝王之躯，舆服制度中规定他该是青玉的等级，与出土实物相符。这种云形素佩及其组合方式，两晋南朝甚至北朝都有出土资料，山西寿阳北齐库狄回洛墓出土了阴刻凤鸟纹的云形玉佩一件，山西太原北齐娄睿墓出土了素面蝙蝠形玉佩一件，形制和风格深受王粲玉组佩构件的影响。直到唐代仍有余风；明代复古风起，宫廷玉组佩沿用的依然是这种基本形式。曹丕墓出土的几件玉佩均素面无纹饰，其中作为擎领的云形玉佩，基本形制可能是从东汉的双龙和双凤玉璜演变而来，这些玉璜一般有镂空和阴刻图案的工艺，形制和工艺都比较复杂，王粲在创建曹魏的佩饰形式时，可能基于当时尚简的风气，省略了汉代的装饰纹样和工艺手段，取简约的外轮廓线，线条变化更加质朴内敛，表面光素无纹，以契合当时的审美风尚。

## 第二节　魏晋风度以及玄学对审美的影响

魏晋风度以"竹林七贤"[78]为代表人物，被认为是真正的名士风度。他们轻裘缓带，不鞋而屐；简约云澹，超然绝俗；烟云水气，风流自赏。长期的战乱离愁使得曹操感叹"对酒当歌，人生几何，譬如朝露，去日苦多"。鲁迅形容魏初的文章"清峻，通脱"，将两晋时期"生于乱世"的违背礼教、遁世避俗著称为"山林诗人"。（《魏晋风度及文章与药及酒之关系》）

这种对个人生命的哀愁和思考唤起的是个人价值的觉醒，玄学集中反映了这种哲学。玄虚的哲学观带来的是"率性自然"的审美，自然才是"众妙之门"，在视觉上是虚灵化了的形象，无须刻意修饰和周折繁复，人和自然都是性灵化的，过度的修饰都不符合率性自然的原则，于是装饰品退为最简约的背景。

但这并不是说不要装饰，毕竟装饰品是最能表达意义的形式之一，哪怕是尚简的意义。在曹魏时期被王粲规定下来的玉佩样式，两晋、南朝甚至北朝都有出土的资料，其中作为玉组佩擎领的云形佩和玉璜这样的组件，贵族墓中出土多是青玉或青白玉，这与朝纲舆服制度相符（图175）。

---

78　魏晋时期七位名士的合称，包括嵇康、阮籍、山涛、向秀、刘伶、王戎及阮咸。七人常聚在当时的山阳县（今河南修武一带）竹林之下，肆意酣畅，世谓"竹林七贤"。七人是当时玄学的代表人物，虽然他们的思想倾向略有不同，政治态度上的分歧也比较明显，但大都"弃经典而尚老庄，蔑礼法而崇放达"。竹林七贤并没有能维持始终，阮籍、刘伶、嵇康对司马朝廷不合作，嵇康被杀害。王戎、山涛则投靠司马朝廷，竹林七贤最后分崩离析。

图175　南京仙鹤观东晋时期高崧家族墓出土的玉组佩。青白玉。由云形玉佩2件、玉璜2件、梯形玉佩1件、玉珠2粒共7件组成，另有数量不等的水晶、琥珀、绿松石和玻璃珠等穿缀其间。出土位置在墓主人的右侧。其穿缀方式合乎王粲创建的组佩形式，即最大一件云形玉佩作为提领，中间悬垂小云形佩，下接梯形玉佩；两边分别悬垂玉璜各一，下接玉珠，玉珠个体较大。佩戴时，悬挂在腰带上，垂于一侧，行动中玉珠与玉佩相碰，发出悦耳的"玉振之声"。南京市博物馆藏。

《晋书·舆服志》规定的是天子"佩白玉，垂珠黄大旒"，《南齐书·舆服志》又有"旧相承三公以下冕七旒，青玉珠，卿大夫以下五旒，黑玉珠"。可知白玉是天子所用，其他贵族和官员一般用青玉或者玉质更差一些的"黑玉"。这也不难解释为什么南京周边和其他地方出土的两晋贵族玉佩多是青色或者青白色，它们都非天子至尊的用玉等级。《晋书·舆服志》说天子"垂珠黄大旒"，"旒"在《尔雅》中有两种解释，一是（旗帜上的）飘带，一是悬垂的珠串，我们取后一种解释，知道天子佩的白玉组佩上悬垂的是"珠黄"，珠子肯定是白玉的，黄（璜）也该是白玉的（图176）。

　　虽然朝纲规定皇帝的玉佩都是白玉制作的珠和璜，冠冕上也悬垂白玉珠，但《晋书·舆服志》记载了一段有趣的皇家珠玉装饰。说魏明帝（曹魏的第二任皇帝曹叡）"好妇人之饰，改以珊瑚珠"，而且直到晋初仍旧沿用不改；晋王室南渡以后，冕饰仍是"以翡翠珊瑚杂珠"。由于魏明帝偏好女人装饰，将自己皇冕上的白玉珠改成了红色的珊瑚珠，这在现代人眼里也多少有点游戏的味道，何况礼仪尊卑的古人。直到宋代，皇家《舆服志》中还在批评这种审美，"若魏明之用珊瑚，江左之用翡翠，侈靡衰播之余，岂足为圣朝道哉"。珊瑚翡翠纵然好看，但确实不合先朝礼仪和含蓄的审美，于是东晋侍中顾和奏："旧礼，冕十二旒，用白玉珠。今美玉难得，不能备，可用白璇

图176　晋武帝司马炎戴垂十二旒白玉珠冠冕图。唐代阎立本绘《历代帝王图卷》，局部。阎立本绘有汉昭帝刘弗陵、汉光武帝刘秀、魏文帝曹丕、吴主孙权、蜀主刘备、晋武帝司马炎、周武帝宇文邕，均头戴十二旒皇冕，垂白玉珠。《晋书·舆服志》记载："（天子）冕，皂表，朱绿里，广七寸，长二尺二寸，加于通天冠上，前圆后方，垂白玉珠，十有二旒，以朱组为缨，无缕。"这种制度与之前在《后汉书·舆服志》中的制度一致。

珠"，由于晋室南渡以后，丝路阻断，玉料难得，但是玉珠仍可以用璇珠代替而不必是艳丽的珊瑚。可见直到东晋时，皇帝的冠冕才又改用白玉珠或者白璇珠的。据《隋书·礼仪志》引萧骄子云："白璇，蚌珠是也"，璇珠即蚌珠，自东晋成帝以后到南朝，因美玉难得，便以蚌珠代替白玉珠。

　　虽然魏晋名士强调的简约通达被后世看作是当时的主流文化，但这并不是说尚简就是尚无，况且"珠玉"的审美价值在古代中国是根深蒂固的概念。南朝刘义庆著有《世说新语》，其中《容止》一篇写到一则有趣的故事："骠骑王武子是卫玠之舅，俊爽有风姿。见玠辄叹曰：'珠玉在侧，觉我形秽。'"珠玉不仅与财富和社会地位相关，甚至用于形容面貌英俊风姿绰约的人物，这种文学比喻在中国古代文学不是第一次也不是最后一次，后来上千年的中国文学描写都难有不提及珠玉的。在两晋，另有一种比之玄学的放逸的人生态度，是两晋哲学的另类注解。西晋的石崇（石季伦)是奢侈骄纵的极致，时人谓"石氏之富，方比王家，骄侈当世，珍宝奇异，视如瓦砾，积如粪土"。石崇曾是西晋九卿之一的大司农，《拾遗记》说他"于太极殿前起楼，高四十丈，结珠为帘，垂五色玉珮，风至铿锵，和鸣清雅"，这种将珠玑玉佩串成帘子挂在门楼上的奢侈行为的确招摇，以至于引得晋武帝司马炎的舅舅王恺暗中与他斗富。直到清代《题红楼梦》绝句中还有"青蛾红粉归何处？惭愧当年石季伦"的句子。《拾遗记》还记录他有爱婢名翔风，擅长靠听声音辨玉质，能肉眼识别黄金的成色。石崇曾使翔风按照她的意愿分派金玉给工匠，制作"倒龙之佩"和"凤冠之钗"，让家中艺伎通通戴上，日夜歌舞。

故事反映出来一个不同的背景是，像石崇这样的世族大家都有自己私营的手工作坊，这些作坊和工匠的囤积，使得工匠部分地自由化。到魏晋和南北朝中期，以前的百工、伎作户逐渐成为"番役工匠"，即长期服役的制度逐步为番役制度所代替，工匠除每年上番时在官府作坊劳动外，还保留了属于自己的部分劳动时间。劳动时间的部分自主化意味着手工艺品能够作为商品出售而非王室和贵族专有，这也是珠玉从上古的神圣化走向世俗化的一个侧面。

## 第三节　金胜和六朝的祥符题材

尽管曹魏和西晋的装饰艺术比较简约，但晋王室南渡建康（今江苏南京）以后，门阀世族的出现形成了奢靡的风气。六朝时期开始有相当数量的珠玉装饰品出土，除了朝纲舆服制度针对皇帝和朝臣的规定，门阀士族[79]阶层也有比较自由的装饰形式。南京王氏家族墓地出土了可观的玉器和贵重金属装饰品（图177）。贵为门阀的王氏，个人装饰品可以达到当时很奢侈的水平，即便如此，这些珠子比之上古贵族装饰也可谓简约。它们已经不仅仅作为身份的标志，更多的是被赋予了信仰的意义。出土的无论是珠串还是作为佩饰的玉辟邪和金胜，多是与人生祥福的意义关联，如曹操感慨"龟虽寿"，对生命无常和个人价值的强调仍反映在两晋南朝人的文学和艺术题材中。

在将玄学的审美实物化的时候，所表现出来的不乏汉代的仙道思想，这其实也与玄学相为表里。我们前面叙述过汉代的三大厌胜佩，它们多是南方楚风仙道的实物形式，到两晋时，汉代风行的司南佩、玉翁仲和刚卯已经不再流行，但是与司南的形制有关的"胜"这种厌胜佩被延续了下来，并在形式上又有了新的发挥，成为比较典型的六朝装饰品。除了汉代就已经有的玉质的双胜，两晋南朝还出土了金质的"胜"，《宋书·符瑞志》称为"金胜"[80]，列为符瑞，有南京郭家山东晋温氏家族墓地出土的实物资料证实（图178）。

"胜"出现在视觉艺术中早可以到汉代，而文献记载则更早。战国成书的《山海经·西次三

---

79　门阀士族是东汉后期至南朝末年在社会上有特殊地位的官僚士大夫与自己的门生、故吏结成的政治集团。在东汉后期的士大夫中，一些累世公卿的家族已经形成，这些人一般也是大地主，世居高位，门生、故吏遍于天下，因而又是士大夫的领袖，他们是在经济、政治、意识形态上具有这些特征的大家族。他们的门生也多是官僚文人知识分子，其中一些人可能非贵族门第而是庶族出生，是一个精英社会群体。他们既是国家政治的直接参与者，同时又是中国主流文化艺术的创造者、传承者。

80　东汉许慎的《说文解字》有"脀"字，但这个脀字并非我们今天的"胜"，现在使用的"胜"是简化字，古代写作"勝"。《说文》的"脀"解释为"犬膏臭也。一曰'不熟也'"。其本字是"腥"，指腥臊。"厌胜"即是说厌压污秽物。

图177 南京象山东晋王氏家族墓地出土的手串。考古报告统计有各种形制的红玛瑙珠7颗、水晶珠3颗、蓝色玻璃珠1颗、缠丝玛瑙珠5颗、绿松石小兽1枚、煤精小兽1枚和腐蚀严重的兽形珠1枚。从形制来看，水晶和玛瑙珠在汉代的合浦有出土记录，为舶来品；松石和煤精小兽是自汉代以来流行的祥符题材。南京市博物馆藏。

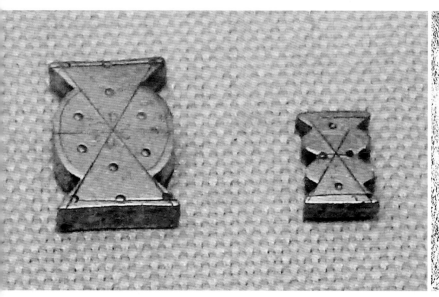

图178 南京郭家山东晋温氏家族墓地出土的金胜。金胜是两晋时期流行的题材，形制由汉代的玉双胜演变而来。《宋书·符瑞志》将金胜列为"符瑞"，是祥瑞的象征，同时具有辟邪的作用。"胜"的形制和来源均与传说中的西王母有关，《山海经·西次三经》描绘她"蓬发戴胜"。西王母的形象大量出现在汉代的画像石和画像砖上，山东省大郭村东汉画像石上的西王母头部两侧都戴有"胜"，这种装饰品成了识别西王母身份的标志物。南京市博物馆藏。

202

经》描绘西王母是"其状如人，豹尾虎齿而善啸，蓬发戴胜"。"胜"是西王母头上的装饰。东晋郭璞注，"胜，玉胜也"，即玉制的发饰。《尔雅·释鸟》"鹐鸟，戴鵀"，郭璞注："鵀即头上胜，今亦呼为戴胜。"我们知道"戴胜"实际上是这种叫作鹐鸟的鸟，也叫"花蒲扇""发伞头鸟"，因它头上长有花冠，古人称为"戴胜"，也就是西王母头上的"胜"。从大量汉代画像石和画像砖上的西王母形象看，她头上的发冠两侧总是左右对称各戴一支装饰物，如一只抽象的张开双翼的飞鸟。西王母以鸟形为装饰，似乎与《山海经》中描述西王母总是和飞鸟在一起的情景一致。《山海经·海内西经》："西王母梯几而戴胜。其南有三青鸟，为西王母取食。"又《山海经·大荒西经》："三青鸟赤首黑目，一名曰大鵹，一名小鵹，一名曰青鸟。"说西王母有青鸟三只，专为西王母取食。汉代的视觉艺术擅长将形象抽象化和装饰化，那些画像石和画像砖上的西王母头上的"胜"即被抽象成了两个梯形（鸟的两只翅膀）在一个圆形（鸟的身体）两侧展开的平面图形。

对"胜"的重视起于汉代，汉代已经有玉质双胜佩，其形制与汉代三大厌胜之一的司南佩有关（图179），我们在第七章"厌胜佩"一节提到过。南京博物院藏有东汉邗江县（今邗江区）甘泉山出土的玉质双胜一枚，它的立面与司南佩相似，基本呈"工"字形，而两端的截面即是"胜"的形制，这大概是各种书籍和考古报告称其为玉"双胜"的原因。金胜的形制是从早期的玉胜中分离出来的，它采用的是玉双胜截面的形制，实际是"单胜"，即文献中所谓"金胜"，这种形制也许更方便贵重金属的制作。

除了"金胜"，六朝也出土贵重金属制作的其他祥符题材。南京仙鹤观高菘家族墓地出土了金辟邪、小金羊、小金龟和玄武等金饰，有穿孔，都是用于装饰佩戴的小饰件（图180）。至于佩戴方式，参照同时出土的珠玉穿成的手串来看，这些金饰有些可能是与珠子搭配，穿在手链中间作为腕饰的，而有些可能是挂在腰间或者作为发饰戴在头上的。这一时期有相当数量的金饰出土，可能与玉料难得有关，而南方的荆楚自古就有使用黄金制作饰品的传统，这里有地方黄金资源的先天条件，两晋南朝的奢侈品制作可能得之于这一便利[81]。《晋书·志十五·舆服》，"汉制，自天子至于百官，无不佩剑，其后惟朝带剑。晋世始代之以木，贵者犹用玉首，贱者亦用蚌、金银、玳瑁为雕饰"。剑饰最贵者是玉制的，贱者才是金银等，可见贵重金属只是玉的替代品。

我们知道了"胜"的形制的来历，但是两晋贵族为什么要选择"胜"作为装饰物？不用怀疑，"胜"是被晋人赋予了文化意义的。《九家旧晋书辑本》有《何法盛晋中兴书卷三》"征祥说"，其中记录了金胜一类的祥符，"金胜一名金称。援神契曰。神灵滋液。百珍宝用。有金胜。金胜者仁宝也。不琢自成。光若水月。四夷宾服则出"。这种描写带有汉代以来的方仙道思想，对装饰题材多赋予祥符的意义。南朝宗懔的《荆楚岁时记》，"正月七日为人日，以七种菜为羹；剪彩为人，或镂金箔为人，以贴屏风，亦戴之于头鬓；又造华胜以相遗"。说的是荆楚一带过年的风俗。

---

81 2005年湖北鄂州曾发掘一座大型东吴墓，出土有相当数量的金银饰品，包括金珠、金指环、金手镯、金钗、银钗、银耳挖等。荆楚地区从春秋战国就开始的贵重金属装饰品传统一直延续下来。

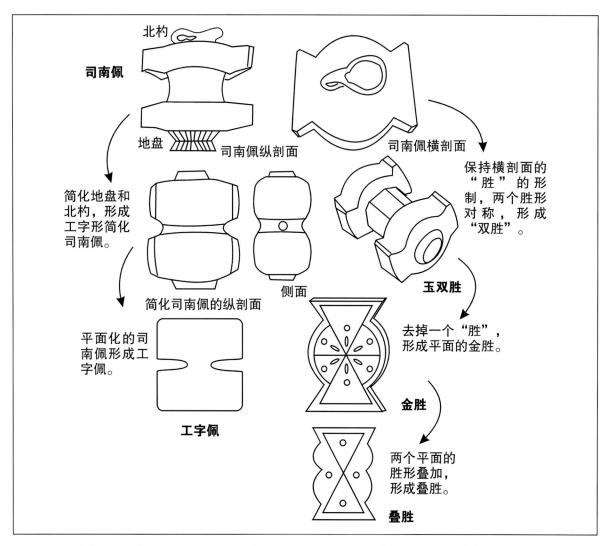

图179　司南佩、工字佩、玉双胜、金胜、叠胜的形制演变示意图。从图例所示可以看出这几件厌胜佩在形制上的相互联系。我们假定汉代的司南佩作为创作原型，工字佩则是司南佩的纵剖面的主体部分，而玉双胜的纵剖面是稍加变形的工字佩，玉双胜两端的胜形则演变出两晋的金胜的形制。

图180　南京仙鹤观高崧家族墓地出土的小金羊、比翼鸟和金辟邪。这些祥符题材的小兽大多长1—2厘米，工艺精致，造型可爱，腰部有横向穿孔，可用于项链等各种佩饰的穿系搭配。南京市博物馆藏。

大年初七，人们除了要用七种菜煮粥，还要用彩纸剪人形，家中殷实的或者用金箔刻出人形，贴在屏风上或者戴在头上；除此之外，也制作与金胜的形制相同的花胜相互赠送。宗懔描述的风俗，他自己说，"华胜起于晋代……像瑞图金胜之形，又取像西王母正月七日戴胜见武帝于承华殿也"。

汉武帝那位著名的朝臣东方朔写有《占书》，"天地初开，一日鸡，二日狗，三日猪，四日羊，五日牛，六日马，七日人，八日谷。其日晴所主之物盛，阴则灾。八日之中，尤以人日为重，又称人胜节"。这种与春讯有关的节气，到东汉已经成为朝野遵循的风俗，《后汉书·志第九·祭祀》，"立春之日，皆青幡帻，迎春于东郊外。令一童男冒青巾，衣青衣，先在东郊外野中。迎春至者，自野中出，则迎者拜之而还，弗祭。三时不迎"。这种汉代人头上戴的青幡以后又演变出了绢缯和镂刻金银的样式，或称作春幡、春胜。

看来"胜"与人的出生和岁后春天复苏有关，直到唐代这种民风仍然不减，唐代大诗人杜甫以《人日》为题作诗："此日此时人共得，一谈一笑俗相看。尊前柏叶休随酒，胜里金花巧耐寒。"除了杜甫提到的金胜，唐代还流行用双丝绢帛剪成小幡，时人叫作春幡，或称幡胜、春胜，在立春那天，作为节日礼物互相赠送，或簪于头上，或挂于柳枝，或贴于屏风，与两晋南朝同。同是唐代诗人的贾岛有《题戴胜》的七绝："星点花冠道士衣，紫阳宫女化身飞。能传上界春消息，若到蓬山莫放归。"不仅写"戴胜"鸟的体貌特征，还说它是春天的使者，能将人引入蓬莱仙境，这种寓意与早先的祥福意义仍是同出一辙。

直到南宋周密的《武林旧事》还有记载，立春日，皇帝"赐百官春幡胜，宰执亲王以金，余以金裹银及罗帛为之，系文思院造进，各垂于幞头之左入谢"，文思院是宋代官方的手工作坊，专门制作珠玉金银等细作。每到立春节气，就制作春胜分派给朝臣，材料有金、银镏金和绢丝的，按照朝臣的等级分别悬挂在幞头[82]的左面。朝廷将赠"胜"的风俗纳入宫廷礼仪的制度从东汉延续到了宋以后。温庭筠还有"藕丝秋色浅，人胜参差剪"，这里说的是剪纸的"胜"，"胜"也直接称"人胜"了；辛稼轩更是有"春已归来，看美人头上袅袅春幡"，这种与人的生命和生长有关的祥符一直以各种手工艺形式出现在不同时代的文化背景中。

由此看来，南朝的《宋书·符瑞志》将金胜列入符瑞一类不足为怪，推想在人生苦短的两晋时期，这也该是晋人赋予"胜"的意义。六朝时这类祥符题材成为主题，这与两晋玄学的空气有关。使用贵重金属制作这类题材也是从六朝开始，"胜"是比较常见的题材，与"胜"有关的风俗也流行开来，历朝历代都有文字可见，直至现在有些地方还在正月初七过"人胜节"。苏轼有一首《立春》，"春牛春杖，无限春风来海上。便与春工，染得桃红似肉红。春幡春胜，一阵春风吹酒醒。不似天涯，卷起杨花似雪花"。一首小令用了七个春字，真真春意盎然，"胜"的意义也与此相当。

---

82　幞头，又称襆头，始创于后周武帝，后周以三尺皂绢（皂即黑色）向头后幞发，故称为幞头。唐开元以罗制之，至中后唐始用漆纱裹之。其形式有圆顶、方顶之分，有软裹、硬裹之别。唐代以后，人们又在幞头里面增加了一个固定的饰物，名为"巾子"。

## 第四节　《玉台新咏》中的珠子

　　《玉台新咏》是六朝时期著名的闺情诗集，可用"浓艳"二字形容。书中堆满了脂粉和珠玑，保留了不少珠子这样的装饰品材料。自晋王室南渡，贵族和士人阶层不自觉地将文化南移，使得江南一带满目文雅风气，无论中原变迁还是王朝更替，这种传统一直持续到明清。士人或者文人文化中难免都有闺情和脂粉气，先看一首《少年新婚为之咏》，"山阴柳家女，莫言出田墅。丰容好姿颜，便僻工言语"。写女子姿容和作者的倾慕之情，接着是对女子饰品的描写，"盈尺青铜镜，径寸合浦珠"。我们还记得合浦是在西汉时期就开通的港口城市，直到今天，这里仍然出土汉代时舶来的水晶珠、玛瑙珠、地中海风格的玻璃珠和一种当地自己生产的钾玻璃珠。但是诗人倾慕的这位女子拥有的"合浦珠"可能都不是以上提到的珠子。《后汉书·孟尝传》，"（孟尝）迁合浦太守。郡不产谷实，而海出珠宝，与交趾（越南）比境，常通商贩，贸籴粮食"。孟尝在合浦任职太守时，当地的情况是不产五谷而是采撷海中的珍珠，与毗邻的交趾人交换粮食。这样看来，女子所持这粒直径将近一寸[83]的合浦珠应该是当地海域出产的珍珠，而且这种珠子自汉代就负有盛名。诗中没有提到珍珠是女子的佩饰，更像是女子手中的玩物。

　　再有一首《脚下履》，"丹墀上飒沓，玉殿下趋锵。逆转珠佩响，先表绣袿香"。这里提到女子转动中弄得珠佩叮当，可知当时的女子是戴珠佩的。遗憾的是诗人没有告诉我们是什么样的珠佩以及怎样的佩戴方式，这不像博物馆展品，没有实物材料和文字说明，我们只能想象女子佩珠时的曼妙模样而无法想象珠佩的样式。如果结合南京周边出土的两晋玉佩来看，诗中提到的珠佩应该是女子挂在腰间的饰物，所以才会"逆转珠佩响"。有一点是明确的，珠玉组合的佩饰这时已经不是贵族专有，虽然在朝纲舆服制中对玉的质地、颜色和组合方式有等级的规定，但是，就如前面一节中的石季伦家中舞姬一样，珠玉也可以是女子手中的玩物，更可以只为装饰的目的而佩戴。女子戴上款式新颖的珠佩，不再被视为僭越，更不必因此而被问罪，因为《玉台新咏》描写的那些女子，可能是大家闺秀，也可能是小家碧玉，还有可能是柳巷艺伎。

　　如果要收集齐全《玉台新咏》中提到的珠玑玉佩，再逐一分析和发挥，足可以凑成一本戏说的小册子。这里只看看珠子作为装饰品的多种可能，《咏玉阶》，"轻苔染珠履，微淀拂罗衣"，珠子出现在了绣鞋上，这种将珠子刺绣在织物上装饰的办法不是两晋才有的，我们将在"洛阳永宁寺的玻璃珠"一节里讨论这种工艺的渊源。《范靖妇咏步摇花》，说有妇人头上的步摇花"珠华萦翡翠，宝叶间金琼"，这种称为"步摇"的女子头上的装饰品因女子移步摇曳生姿而得名，一直是中国古代女子头上的经典饰物，而珠子是"步摇"上不可或缺的元素。《戏萧襄》，"明珠翠羽帐，金薄绿绡帷"，珠子是帷帐上的装饰。《咏照镜》，"珠帘旦初卷，绮机朝未织"，珠子也可以用

---

83　汉代和两晋都沿用的秦制，1尺＝23.1厘米，十进制。一寸的合浦珠相当于直径2.31厘米。

来做帘子，而这种珠帘从两晋开始，一直出现在各种文学写作中，直到宋明仍是诗人、文人、闲人描写闲情闺情时必备的布景。

到目前为止，珠子已经出现在了我们能想到的各种装饰品类别中，装饰手法也各不相同，多数情况珠子是作为背景出现的，无论是在实物中还是在文学描写中。这种情况一直延续到今天，我们仍然没有减少对珠子的钟爱，就像我们在第一章中说过，装饰是人类天性，并非因为装饰本身，而是由于我们能够赋予装饰品不同的意义。

## 第五节　平城的大月氏人琉璃作场

北魏鲜卑拓跋氏先世居于嫩江西北的大兴安岭地区，公元4世纪在"五胡乱华"的动荡时局中大举南下，于公元386年由道武帝拓跋珪建国，初称代国，同年改国号为魏，公元398年定都平城（今山西大同）。公元439年，太武帝拓跋焘灭北凉，完成了北方的统一，与建康（今南京）的南朝政权对峙。拓跋氏以北方蛮族之身入主中原，一方面笃信佛教，在平城时就有武周山云冈石窟凿凿千载不朽，迁都洛阳后又有永宁寺存于《洛阳伽蓝记》传奇般的记载，也才有了我们下一节中永宁寺佛主绣珠像的琉璃珠；另一方面，拓跋氏努力学习汉人文化礼仪，强制汉化，改汉姓着汉服，最后完全融合在曾经被他们征服的汉文化中。

游牧民族从来都很重视手工艺术品，每攻城掠寨都会掳掠工巧服务自己。北魏开凿云冈石窟的多数工匠都是战争中俘虏回来的，官府手工业中的工匠也都从民间强制征调，一种是自由的手工业匠人，一种是徒隶或俘虏，他们都是熟练的技术工匠。从立国初期，北魏就积极恢复和建立官方手工作场，收归战争中流散的各地工匠，并用明确的制度将工匠固着在本行业上，这为北魏皇室积存了手工艺制作的基础。

北魏工匠和工艺的来源并不只局限于中原北方，西方商人也带来了他们的贸易品和工艺，有些被北魏吸收利用，琉璃工艺是其中一种。自汉末和曹魏以来的战争，中原的工匠流散，古老的琉（玻）璃工艺失传，特别是以铅作为助熔剂的中原特有的古法琉璃基本消失殆尽。这时的琉（玻）璃多是依靠西方进口，价格和工艺都使中原人惊叹。《晋书·列传第十二》说王恺生活奢侈，晋武帝到他家，发现宴席上竟使用了成套的琉璃碗盘，十分惊讶，可见当时的琉（玻）璃器是很珍贵的，而且都是舶来品。

《魏书·西域传》大月氏条，"大月氏国……世祖时，其国人商贩京师，自云能铸石为五色琉璃，于是采矿山中，于京师铸之。既成，光泽乃美于西方来者。乃诏为行殿，容百余人，光色映彻，观者见之，莫不惊骇，以为神明所作。自此中国琉璃遂贱，人不复珍之"。北魏皇室引进了大月氏的琉璃工匠和工艺，在平城建立官方作场，烧造琉璃。这段文字一直被解读成大月氏人在平城烧造的是琉璃器皿，中原人因此也能使用琉璃制品的器物了。但仔细阅读和参证，可知大月氏人在平城烧造的并非是我们以为的琉璃（玻璃）器皿，而是作为建筑构件使用的琉璃瓦之类。

西亚很早就开始使用琉璃制品装饰墙面，最早的实物记录可以到公元前3000年的苏美尔人的神殿墙。《史记·大宛列传第六十三》对"黎轩"国的注释，康氏外国传云："其国城郭皆青水精为，及五色水精为壁。人民多巧，能化银为金。国土市买皆金银钱。"万震南州志云："大家屋舍，以珊瑚为柱，琉璃为墙壁，水精为础舄。"其中"五色水精为壁"和"琉璃为墙壁"说的就是早期的琉璃砖。两河流域降雨丰沛、地面潮湿，而两河流域的冲积平原上不出产建筑石材，古代苏美尔人很早便发明了用于保护泥坯墙面和支柱的陶钉和琉璃砖，现在还能看到的古代西亚以琉璃砖作为表面装饰的最壮丽的作品是收藏于柏林博物馆的公元前6世纪新巴比伦城的伊斯塔尔门（Ishtar Gate）。这种表面施釉的小块琉璃后来又发展出花样繁多的建筑饰材，"马赛克"[84]是其中常用的一种。到公元1世纪，西亚和小亚细亚地区都已经广泛使用这种建筑装饰材料。

我们知道，大约在公元前1世纪，地中海沿岸的玻璃工艺已经开始用吹制法逐步代替模铸法。公元5世纪，西亚的萨珊王朝、中亚的大月氏等民族都已经能够烧制透明玻璃，并且广泛使用吹制法，抛弃了模铸法，这是针对玻璃器皿而言的技术。他们烧制的这些玻璃器皿从南北朝到隋唐乃至宋代，一直是作为奢侈品进口中原。至少从宋代开始，文献中已经开始将这些质地透明并且耐高温的器物叫作"玻璃"而非"琉璃"，这点将在后面的"玻璃和琉璃的称谓问题"一节专门谈到。大月氏人在平城烧制出了琉璃后，北魏皇室"诏为行殿"，即下诏修建行殿，能够"容百余人"，可见是很大的一个行殿，其五色琉璃的装饰，着实让中原人惊叹了一番，"以为神明所作"。因为这种产品已经能够在本地烧造，所以"自此中国琉璃遂贱，人不复珍之"。这段文字所说的始终都是作为建筑构件的琉璃而不是日常器皿的玻璃。所以后来的中原贵族乃至皇家，仍然是进口西方玻璃器皿的，而且直到宋明时期我们本土的低温玻璃（文献中称其为"琉璃"）已经普遍流行时，西方透明玻璃器皿仍是皇家贵族才能使用并倍加珍视的。

这种作为建筑材料的琉璃烧造工艺也一直是山西的传统工艺，直到元明时期这里都以本地工匠和工艺支持皇都的宫殿建筑。虽然无法证明山西这种琉璃瓦工艺的渊源是否就是始于平城的大月氏工匠，但是这种建筑构件的使用应该是革命性的。《魏书》中记载的这种琉璃建筑我们今天已经无法见到实物资料，但至少到唐代已经有"琉璃瓦"的叫法，杜甫的《越王楼歌》有"碧瓦朱甍照城郭"，建筑顶部的瓦和甍（屋栋）都有色釉，应是真实写照。另一位唐人崔融在《嵩高上启母庙碑铭》中提到了该庙"遍覆玻璃之瓦"，这种壮丽的琉璃建筑让人印象深刻，使得诗人文人将其保留在了文字中。唐代的琉璃瓦烧造工艺从何而来不得而知，没有证据说明与北魏平城的琉璃工艺有

---

84　马赛克分玻璃马赛克和陶瓷马赛克，最早是两河流域的苏美尔人用于贴在墙面的建筑材料，早期并不是出于装饰的目的，而是为了加固泥坯的墙体和柱基。到了罗马时代，这种材料已经作为普遍的建筑装饰材料使用，之后的拜占庭艺术更是将拼画马赛克发挥到了极致，宗教题材的马赛克壁画几乎成了拜占庭艺术的标志。古代中国的建筑传统是木结构，基本不使用马赛克和琉璃砖装饰墙体和屋面，但至少从南北朝时开始使用屋顶的琉璃瓦和其他琉璃构件，这些琉璃制品的工艺渊源是早期西亚的建筑构件。

传承的关系。唐代与西方贸易沟通无阻，再次引进这种工艺或者在本地工艺的基础上改进都是可能的。

曾有人将唐代的琉璃瓦烧造工艺归功于隋代的何稠。《隋书·列传第三十三·何稠传》[85]记载了何稠受到绿瓷的启发，成功烧造琉璃的事迹。何稠的父亲何通"善斫玉"，是位玉匠，当时的工匠是家传体系，何稠应该是擅长珠玉类的；后来他跟随叔父何妥到长安做官，掌管的也是"细作署"，就是当时分工在"细作"类的金银珠玉的官办作场。当皇帝想穿上波斯曾经进献的锦袍时，何稠仿制的那件锦袍技压群芳，得到皇帝的赏识。之后，何稠受到绿瓷的启发仿制琉璃，"与真不异"，说明仿得很成功。但是文献并没有说清楚这种仿制品究竟是建筑用的琉璃瓦还是生活用的琉（玻）璃器。从何稠的出身看，他所擅长的是"细作"而非大型的建筑构件，但是琉璃瓦是色釉的工艺，这与绿瓷类似，从这一点看，何稠仿制的应该是琉璃瓦。

要特别提到平城的琉璃作场，是因为很久以来对文献的不同解读造成的混乱，一直都认为琉璃和玻璃是一回事。现在看来，平城的琉璃作场很可能是中原烧造琉璃瓦等建筑构件的肇始，这种工艺与我们后来在宋元文献中经常看到的本土低温小"琉璃"件诸如装饰品和玩物一类不是一回事，虽然它们使用了共同的名称，但这可能是早期的技术渊源和文献中的称谓造成的。需知古人是分得比较清楚的，宋代李诫的《营造法式》对"琉璃砖瓦"的制作工艺有过全面的总结，南宋范成大曾奉旨出使金国，回朝后著《揽辔录》，说金国的宫殿"两廊屋脊皆覆以青琉璃瓦"，可知当时琉璃建筑构件已经很普遍。

元世祖忽必烈在还没有入主中原时，就于中统四年（1263年）置"琉璃局"，专司监制琉璃砖瓦之事。当蒙古人进入北京后，开始大兴土木。为了营造那片"元大都"的宫殿，元中统四年元世祖将山西榆次县南小赵村的赵氏琉璃窑迁到北京宣武门外海王村，也就是现在北京和平门的琉璃厂，专门生产琉璃瓦以供营造宫殿使用。又于至元十三年（1276年）建"大都四窑场"，其中一种即"琉璃窑"，隶属于"少府监"。"大都四窑场"为首的官员称"提领"，为从六品衔；"琉璃窑"的为首官员为从七品。而制作低温玻璃玩物和装饰品的是"罐玉局"，奴属专司金玉珠翠犀象宝贝冠佩器皿的"将作院"，其为首官员仅为从八品衔。由此官衔的低微，可见玻璃制品的生产在元代宫廷中远不及琉璃砖瓦之烧造更为重要。所谓"罐玉"其实就是仿玉的目的。而真正制作金玉一类的细作设立的是"金玉局"，秩正五品，是更高级别的官衔。

明朝自永乐迁都北京之后，宫廷中烧造琉璃砖瓦的窑场规模更大，所需琉璃之品，改由"内官监"派官员在山东青州府的颜神镇监制提供（图181）。这一地区烧造琉璃和低温玻璃的盛状都

---

85 《隋书·列传第三十三·何稠传》："何稠，字桂林，国子祭酒妥之兄子也。父通，善斫玉。稠性绝巧，有智思，用意精微。年十余岁，遇江陵陷，随妥入长安。仕周御饰下士。及高祖为丞相，召补参军，兼掌细作署。开皇初，授都督，累迁御府监，历太府丞。稠博览古图，多识旧物。波斯尝献金绵锦袍，组织殊丽。上命稠为之。稠锦既成，逾所献者，上甚悦。时中国久绝琉璃之作，匠人无敢厝意，稠以绿瓷为之，与真不异。寻加员外散骑侍郎。"

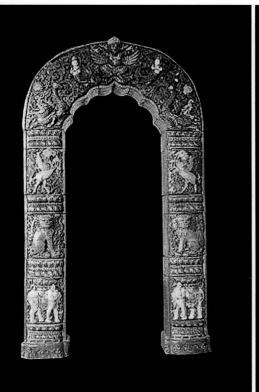

图181　南京大报恩寺的琉璃拱门及彩釉构件。北魏时期的琉璃建筑构件没有实物资料可见；但至少到唐代，琉璃建筑构件已经比较普遍，唐昭陵保留了琉璃制品的实物资料，作为冥器使用的"唐三彩"也是一种低温铅釉陶；北宋李诫的《营造法式》详尽地记述了烧造釉陶砖瓦也就是琉璃砖瓦的原料配方、生产工艺、产品规格和耗料标准等；元大都的兴建和明代迁都北京城的建设是琉璃瓦技术发展和应用的两次高峰，烧造的琉璃瓦及其他建筑构件从工艺到题材都十分成熟精湛。图中琉璃拱门及构件为明代实物，南京中华门外大报恩寺遗址出土。南京博物院藏。

记录在清人的《颜山杂记》里面。清朝入关后，照例大兴土木，烧造琉璃瓦自然也是当务之急。于是在内务府造办处之下设置"琉璃厂"，专司琉璃砖瓦之烧造。其厂址仍在元大都四窑场和明代琉璃窑场的旧址海王村，从此这里就有"琉璃厂"的得名。后来，大概康熙皇帝发觉了琉璃厂的砖瓦窑对京城的"生态环境"造成严重污染，便下旨将琉璃厂从海王村迁到京西门头沟的刘李渠村，这样，刘李渠村终于被人们称作"琉璃渠村"了。琉璃厂虽然搬走，但仍是造办处下属的一大机构，所以，当康熙三十五年（1696年）诏令造办处设立一个专门烧造低温琉璃的新厂时，只得避开"琉璃"二字而取名"玻璃厂"。而此时，北京人早就把琉璃砖瓦简称为"琉璃"了，而将那种低温烧造的玻璃玩物和小装饰品称作"料器"，低温玻璃珠叫"料珠"。

而在魏晋时期，生产小装饰和实用玻璃器及玻璃珠的地区仍旧是在南方而非北魏统辖的山西，晋代炼丹家葛洪在《抱朴子·论仙》中记载，"外国作水精碗，实是合五种灰以作之，今交广多有得其法而铸作之者"，交广即现在的广西广东沿海一带，那时的两广沿海港口已经自己生产玻璃制品，包括我们在"汉代的珠子"一章中叙述过的"钾玻璃"，它们的工艺如葛洪所说来自海外。而北朝至今出土的玻璃器皿和玻璃珠资料都很有限，玻璃器皿多是波斯风格的舶来品。就如我们在前面提到的一样，平城大月氏工匠烧造的"琉璃"应该是作为建筑构件的琉璃而非玻璃。

## 第六节　洛阳永宁寺的玻璃珠

上一节我们讨论过平城的大月氏人琉璃作场烧造的并非玻璃小装饰诸如珠子一类，而是建筑用的琉璃瓦。虽然玻璃和琉璃都源于早期相同的工艺，但早在公元前就形成了各自的系统，只是中原文献中经常混同使用名称而已。20世纪70年代，北魏洛阳永宁寺出土了大量五色玻璃珠，而这些色彩艳丽、个体细小的珠子早在汉代就广泛出现在中亚（新疆）、滇文化（云南）、南越国（广州）等地，无论是色彩、形制和工艺都如出一辙，这种被称为"印度—太平洋珠"的玻璃珠，我们在汉代的"中亚丝绸之路上的珠子"一节有专门的叙述，它最早于纪元初在印度东南沿海的港口城市开始生产，是历时最长、流传最广的贸易珠品种。

北魏洛阳永宁寺以其地宫出土的泥塑佛教造像和供养人像闻名，这些泥塑人物形态端庄、表情祥和，一派安然自若的神情（图182）。地宫同时还出土了总数达15万余颗的五色小珠子，即"印度—太平洋珠"（图183）。数量如此可观的小珠子究竟是做什么用的？先来看看《北魏洛阳永宁寺1979—1994年考古发掘报告》的叙述，"（串珠）出于西门遗址。出土时已散，散乱地混在灰土内，但分布十分集中。经清理，共清出大小珠15万枚。其中除极少数为水晶珠、玛瑙珠外，其余皆为料（玻璃）珠，分别呈各种红、蓝、黄、绿及黑色，色泽异常鲜艳。珠体最大的，直径约0.35厘米，小的直径不足0.1厘米。此类料珠皆作扁圆形，中有穿孔，当系由细管状料切割而成。鉴于此类料珠[86]极其细小，可穿而成线，又出于佛寺遗址，或者竟是装饰绣珠像的材料"。

北魏杨衒之的《洛阳伽蓝记》[87]记永宁寺，"浮图（佛塔）北有佛殿一所，形如太极殿。中有丈八金像一躯、中长金像十躯、绣珠像三躯（《三宝记》《内典》录"绣珠"二字作"编真珠"三字）"。杨衒之因感慨东、西魏战争给洛阳造成的一片疮痍，回忆（北）魏孝文帝元宏迁都洛阳后

---

86　"料珠"这种说法实际上起源很晚，虽然文献中所称的"琉璃"珠子与料珠大致是一回事，即都是中国本土烧造的低温玻璃，但"料珠"的说法是明代才有的，名称与它制作工艺的第一步即"料棍"和"料块"的准备有关。国内一些出土报告将清代以前的低温玻璃都称为"料器"和"料珠"，这种说法是不规范的。

87　《洛阳伽蓝记》，伽蓝，梵文音译，僧伽蓝摩之略称，意译为"众园"或"僧院"，为佛教寺院之统称。北魏洛阳佛寺及园林建筑志，五卷，北魏杨衒之撰，成书于东魏武定五年（公元547年）。杨衒之，生卒年不详，北平人，博学多才，以文章传家，与佛界人士多往还，亲睹洛阳城佛寺兴衰，感慨系之，乃撰此记。本书按地域分卷，其体例为先写立寺人、寺庙方位及建筑风格，再写相关人物、事件、传说、逸闻等，是一部重要的佛教典籍，也保存了许多洛阳地区的掌故、风土人情和中外交流诸事。此外，文笔生动优美，"秾丽秀逸，烦而不厌"，兼用骈俪，风格与《世说新语》相类，亦是上品文章，为我国早期地区专业志的佳作之一。

图182 洛阳永宁寺出土的泥塑供养人像。北魏杨衔之的《洛阳伽蓝记》实录了孝文帝元宏迁都洛阳后的繁荣昌盛，永宁寺塔是当时洛阳的标志性建筑。此时汉化和崇佛的风气很浓，这些鲜卑贵族也不再是草原上充满游牧气息的剽悍的马背民族，俨然是南朝那些充满玄学意味的安然优雅的世族大家。此女性为当时北魏贵族妇女世俗人物的写实作品，头束高髻，衣着素雅，形态端庄，表情祥和，一派安然自若的神情。

图183 洛阳永宁寺出土的玻璃珠。这种被称为"印度—太平洋珠"的玻璃珠产于印度半岛的南方港口城市，是最著名的贸易珠品种之一，在数个世纪内曾广泛流传于世界各地。洛阳永宁寺出土珠子的情况与北魏杨衔之的《洛阳伽蓝记》"珠绣像"的记载相符，是从佛像绣像上散落下来的用于珠绣的珠子。引自《北魏洛阳永宁寺1979—1994年考古发掘报告》。

的繁荣昌盛写成此书，该是实录。杨衒之记录的"绣珠像三躯"可能就是用这种毫厘之间的小珠子绣成。永宁寺考古报告推测这些小珠子为"装饰绣珠像的材料"是有根据的。

至此我们知道了珠子的又一个功用——作为绣品的材料。这种工艺起源很早，最早的实物资料可以追溯到埃及公元前1000年覆盖法老木乃伊的珠绣残片，而实际起源可能更早（图184）。其"一针两珠"的针法与现在的珠绣针法完全一样，细小的玻璃珠或费昂斯珠子紧密地排列成图案被钉缝于织物上。中原的珠绣起于什么时候还不确定，良渚文化曾出土可能是钉缝在织物上的珠子组合件，但显然还不能称作绣品；汉代有太后生前着"珠襦"的记载，南越王墓出土了散落的实物和残片，但这是将珠子穿系起来而不是绣品。我们之前在《玉台新咏》中读到过"轻苔染珠履"，可见南朝的女子已经穿着有珠子装饰的绣鞋，与此同时，北朝永宁寺也有了佛教珠绣像，可以肯定珠绣至少在南北朝时期已经很流行。这种手工艺延续的时间很长，现在能见到的比较早的实物是清代的"珠绣龙褂"和女子香囊、手袋之类的绣品。我们将这种使用细小珠子刺绣图案的手工艺称为"珠绣"，而用作刺绣的小珠子称为"米珠"。直到今天，还有专门的珠绣行业。

我们在"汉代的珠子"一章中专门叙述了新疆的琉璃珠和琉璃工艺，以及与这些珠子有联系的其他遗址和文化。如果我们再联系《魏书》中记载大月氏人在平城贩卖玻璃以及北魏皇帝引进大月氏工匠及其工艺进入中原的记录，就会留下这样的印象：这些工艺在中原以西的新疆中亚及印度、地中海一直没有中断过，它们是古代西方和中亚民族的传统工艺，对他们本民族而言是装饰品、实用器和贸易品，对其他民族特别是玻璃工艺一直不发达的中原民族而言是奢侈品。当丝绸之路这样的贸易通道畅通时，这样的珠子及其工艺就会随着它们的工匠和商人进入中原，当丝绸之路因为战

图184 古代埃及的珠绣残片。公元前1000—前300年。已经过人工修复，这种工艺复杂的珠绣作品是覆盖在法老木乃伊上的殓葬物，推测也用于生前服装的装饰。使用珠绣作为装饰的技术发生得很早，我们在红山文化和良渚文化中见到的史前时期那些背后有对穿隧孔的半球形珠子和小装饰件当初即是钉缝在织物上的，它们是珠绣的雏形。汉代的《乐府诗》和六朝时期的《玉台新咏》等诗歌集中都有珠绣服饰的描写，可知珠绣已经是常见的装饰手法。

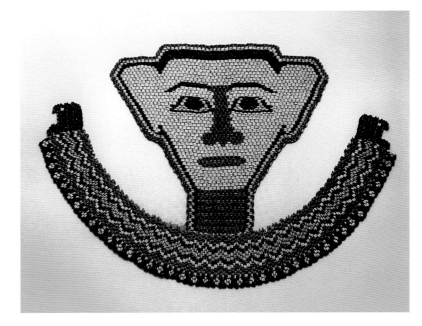

乱或者其他草原民族阻断时，这些玻璃珠也随之在中原消失。直到宋代，本土的低温玻璃（琉璃）才形成了持续的传统，一直延续到清代，并且仍旧是生产非实用的小装饰品，并非质地坚密、耐高温的使用玻璃器。

这里有必要讨论一下中国古代的玻璃工艺一直不很发达的理由。我们知道，玻璃是熔化石英烧造而成，从工艺和器形两方面讲它都不会比青铜铸造更难。古代中国曾经创造过装饰独特、形制复杂、狞厉之美的青铜艺术，是什么原因使得工艺较为简单易行的玻璃制作一直不太发达？Peter Francis 在他的《亚洲的海上珠子贸易》中专门讨论了这个问题，他认为是中国人有足够的替代品取代玻璃在西方所扮演的重要角色。他的观点代表了普遍的看法。在日常生活用品方面，油纸可以用于裱装窗户，而饮食用具和容器有陶瓷器；在装饰品方面，中国人偏爱玉器和某些半宝石，玻璃只是用来作为那些珍贵材料的替代品，是否实用对中国人并不重要，这就是古代中国的玻璃制品只制作小装饰而无须实用的原因。但是Peter Francis 同样谈到了中国并非不生产批量的玻璃珠，特别是中古时期以后，中国人开始大量生产珠子用于海上贸易，出口东南亚和南亚各国，是当时亚洲最大的玻璃珠生产和贸易国家之一。我们将在宋代和明代的章节专门叙述中国贩往南亚和东南亚国家的贸易珠。

## 第七节　青州造像的珠子

青州为《禹贡》"九州"之一，大体指泰山以东至渤海的一片区域，现为山东省青州市。南朝宋明帝泰始六年（470年），北魏夺青州，北魏、北齐、北周时期均于北朝治下。自北魏分裂为东魏、西魏，又北齐和北周继之，都是北方民族作为政权主体。我们把公元386年到公元581年间与南朝同时代的北方王朝称为北朝，其中包括北魏、北齐、北周，结束于隋炀帝杨坚灭南朝，完成统一。北朝虽为北方拓跋族开创，但是自北魏先祖皇帝开始就笃信佛教和崇尚汉文化。公元494年，北魏孝文帝积极推行汉化政策，令鲜卑朝臣和百姓着汉服、改汉姓，为了斩断与鲜卑旧俗的联系，甚至迁都洛阳。这时的他们已经不再是当初游牧在大草原上的居无定所的移动民族，而是经过战争洗礼和汉文化浸染的土地的主人。20世纪70年代，当洛阳永宁寺一批泥塑佛像和供养人像出于地宫时，我们看到的那些鲜卑贵族人物不再是草原上充满游牧气息的剽悍的马背民族，俨然是南朝那些充满玄学意味的安然优雅的世族大家。

北朝的珠子多是舶来品，现有的出土资料很有限，只有山西省寿阳县贾家庄北齐大将厍狄回洛墓（图185）、山西太原北齐娄睿墓、宁夏固原北周柱国大将军李贤墓、北周大将军宇文猛墓、北周大将军田弘墓等几处，这些北朝墓葬多出金银器、玻璃器以及玛瑙珠、水晶珠等，大多是西亚风格的舶来品。厍狄回洛墓曾出土一件青白玉阴刻凤鸟纹云形玉佩，造型简约、纹样精美，形制和工艺深受东晋南朝玉器的影响，或者就是汉人工匠所为。

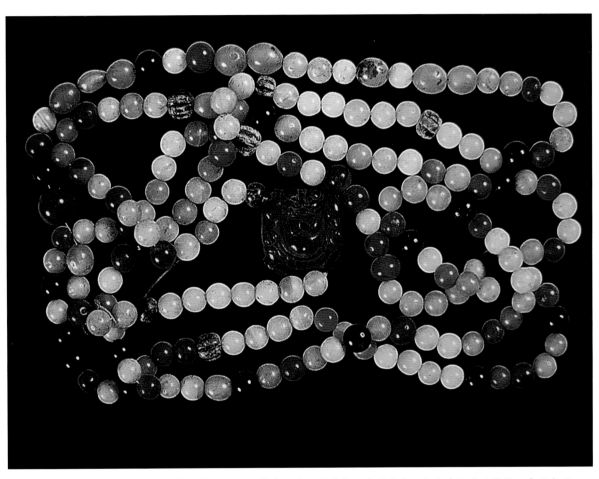

图185　山西寿阳县贾家庄北齐大将厍狄回洛墓出土的玛瑙珠串。有玛瑙珠、水晶珠和琥珀雕件，珠子直径
1.2—1.9厘米，兽形琥珀雕件高4.3厘米。为西亚风格的舶来品。山西博物院藏。

虽然北朝的珠子实物比较匮乏，但保留在青州造像的佛教人物身上的璎珞装饰却极其曼妙丰富。青州地处刘宋三齐之地，为汉文化背景下的被征服城市，即使为北朝所辖，仍与南朝交往密切，受南朝的影响远甚洛阳等地。1996年在山东青州龙兴寺遗址发现了窖藏的大批佛教造像，多为北齐时期的作品。这些造像雕造精美、彩绘富丽，佛陀无不含笑慈祥，菩萨无不华贵雍容，那些菩萨薄衣轻带、璎珞疏密，面容弯眉细目、蕴含笑意，一派安然自若的样子竟与洛阳永宁寺出土的佛僧弟子和鲜卑贵族泥塑神似，显然也受到南朝的审美影响。特别是菩萨和供养人的璎珞珠玑，从保存下来的彩绘效果看，珠子的材质丰富、形制多样、搭配巧妙，整体效果完整周密而又有节奏变化。这些璎珞除了由细密的小珠子穿缀在一起的穗状的组件，还有宝相花、玉璧、珊瑚枝、日月形佩、连珠形佩等连接件，甚至还有我们在本章第三节专门叙述过的金胜。作为南朝特有的祥符，"胜"出现在北齐的佛教造像上，是佛教美术本土化和汉化的一个侧例，而最明显的汉化特征是这些造像脱离了早期我们在云冈石窟中见到的刚健的犍陀罗[88]艺术风格，一派南朝世家贵族优雅的秀骨清相。从云冈时期的高大威严到青州造像的优雅安详，佛教人物造型世俗化的同时也完成了本土化，使我们相信佛国并非是遥远的世界，而是我们生前死后都可渡化的乐土。

青州造像的菩萨璎珞华美富丽（图186），与西域、印度和之前在云冈石窟出现的菩萨装饰相比较，装饰形式不尽相同。理论上讲，宗教造像大多会迎合本土审美习惯和时代风尚，就像其他宗教美术的神皆是本族形象一样，佛教美术在印度本土的菩萨是印度贵族的形象，在中国文化背景下则是中国人推崇的形象。这样的话，我们不禁会问，青州造像的菩萨璎珞是否就是南朝或者北朝贵族在现实生活中的装饰形式？之前有洛阳永宁寺出土的泥塑供养人，是北朝贵族的生活写照，我们说过那些深受汉文化浸染的鲜卑贵族已经是南朝的秀骨清像，他们面容祥和，褒衣博带，装饰形式却是极其简约清丽，从头饰到衣着都是以造型见长而不着珠玑玉佩。这样看来，青州造像的菩萨璎珞是保持了菩萨本是珠玑缠身的传统符号，提炼了南朝贵族的装饰元素，进而理想化了的装饰形式。虽然我们还不能肯定地说，青州造像的菩萨璎珞与南朝或北朝贵族的生活装饰类似，但是在以后的章节中，我们会看到，现实生活中的审美是如何影响和改造了佛教美术中的菩萨装饰，而这些美术作品中的理想化的个人装饰品又是怎样反过来影响了现实人物的装饰。由于中古之后大量文献和视觉作品被保留下来，使我们能够肯定宗教美术包括其他门类的美术作品与世俗审美之间的关系。

88　犍陀罗艺术指南亚次大陆西北地区（今巴基斯坦北部及阿富汗东北边境一带）的佛教艺术，形成于公元1世纪，5世纪后衰微。犍陀罗地区原为印度次大陆古代十六列国之一，孔雀王朝时佛教传入，1世纪时成为贵霜帝国中心地区，文化艺术很兴盛，犍陀罗艺术主要指贵霜时期的佛教艺术。因其地处印度与中亚、西亚交通的枢纽，又受希腊、大夏等长期统治，希腊文化影响较大，它的佛教艺术兼有印度和希腊风格，故又有"希腊式佛教艺术"之称。犍陀罗艺术形成后，对次大陆本土及周边地区的佛教艺术发展均有重大影响。

图186　青州造像的菩萨璎珞。璎珞最早是古代印度贵族的装束，早期在中原的佛教美术中，菩萨璎珞仍旧保
持了印度的风格。青州造像出土的菩萨所穿戴的璎珞样式丰富，构件复杂，造型完整，款式多样，除了珠子
还有宝相花、珊瑚枝、兽面等构件和坠饰穿坠在一起，其中一些已经是本土的题材和形制，比如在南朝流行
一时的具有辟邪作用的"双胜"也出现在了菩萨璎珞中。

# 第九章 隋唐的珠子

（公元581年—公元907年）

## 第一节 隋代的珠玉

隋代的寿祚很短，与秦朝相似，只有30多年。就在这30多年间，统一南北、镇服四夷、修运河、建科举，对中国的中古时代影响深远，其影响力也颇有些类似秦朝之于后世中国。晚唐诗人皮日休曾写诗赞扬隋代大运河，"尽道隋亡为此河，至今千里赖通波。若无水殿龙舟事，共禹论功不较多"。开挖运河和造桥一类的大型土建在隋代极大地发展起来，而手工业最为兴盛的是纺织、瓷器、造船等。官营手工业主要由皇室工部下设的太府寺掌管，而民间手工则逐渐集中到洛阳等大城市来，市井沿街形成规模，称为"铺"或者"作铺"，均是以生产商品为目的。这与先前只是专门满足皇室和上层社会的奢侈品需要有很大的不同，它们是唐宋时期城市世俗文化的肇始，也是中唐形成的民间行会组织的基础。并且由于手工艺品的商品化，也使得装饰品的审美倾向世俗化，隋唐之后的珠玉开始区别于之前那种力求神秘和高尚的只与身份有关的风格。

隋代寿祚短暂，资料有限，但珠玉之类的装饰品却可圈可点。隋大业四年（公元608年），贵为北周皇太后外孙女的小女孩李静训九岁夭亡，葬于西安玉祥门外，随葬器物共计230多件，大多精工细作，极其奢侈。除了各式陶俑和瓷器，还有金银器共31件，均放置在棺内墓主近身处，其中有金项链、金手镯、金戒指、金高足杯、金发饰、衣饰金花和其他金饰品。银器则有银碗、高足杯、小杯、长柄勺、小盒、小银炉、银盘、银筷子、指甲套、斧形饰和萨珊波斯王朝银币1枚，还有一些残碎银饰难辨器形。玉器大多佩于墓主身上，有玉戒指、玉杯、玉扣、玉刀、玉兽、玉佩饰、镶金边玉碗、玉钗、水晶头钗、白玉小珠、水晶珠、玛瑙珠串、琥珀饰件。玻璃器有瓶、蛋形器、杯、盒、管形器、杵形器、长形珠和玻璃小珠子。另还有骨梳、漆盒一类日常小家什和一些丝织物、贝、蚌等残件。

　　李静训墓葬中的装饰品材质多样、工艺精致，其中一件金项链，用28粒镶嵌各色宝石的金珠连接而成，尾部的金扣镶有深蓝色玉髓，玉髓刻有鹿纹，实际上这是当时广泛流行于西亚萨珊王朝和地中海沿岸的玛瑙印章（图187）。将刻有人像和动物纹样的玛瑙印章用黄金镶嵌成项链和戒指的风尚，自希腊和罗马帝国时代在西方就很流行，到萨珊时代更加精致化。公元7世纪，灭掉萨珊王朝的阿拉伯人继承了这种宝石镶嵌精工，对中亚首饰制作的风格和工艺产生很大影响。项链的最下

图187　隋代西安李静训墓出土的黄金镶宝石项链。这种黄金镶嵌宝石的复合工艺和造型风格在西方自希腊时期就很成熟，罗马帝国时期大为流行，并广泛影响西亚和西欧。公元3到7世纪的萨珊波斯王朝也擅长这种宝石精工，后来的阿拉伯人又继承了这种工艺制作。这串项链以及墓葬中出土的其他一些西方风格的奢侈品可能是来自萨珊王朝的舶来品。陕西省博物馆藏。

图188　隋代的彩色玻璃珠。西安东郊隋寺院出土。珠子直径1—2.2厘米，上有眼圈图案，西域风格，可能为舶来品。陕西历史博物馆藏。

端坠有复合工艺的坠饰，镶嵌有蓝玉髓、珍珠、红玉髓和心形蓝宝石，整件项链的工艺和造型都可称得上来自萨珊波斯王朝的精品，与项链同样来自萨珊的还有萨珊银币和其他一些金银饰品。从那些舶来品有限的数量和精致程度看，它们可能是皇家交好的礼物而非贸易品。除了李静训墓中出土的萨珊银币，1970年，甘肃张掖大佛寺也出土了6枚萨珊波斯王朝银币。1985年在西安东郊隋寺院还出土了西亚风格的眼圈纹样的彩色玻璃珠10颗（图188），另外还有一些水晶珠子或坠饰。这些资料虽然零星有限，但对于不到40年寿祚的隋代而言，是唐代百年开放盛世的先声。

萨珊为最后一个波斯王朝，于公元3到7世纪称霸西亚。萨珊素与中国交好，早在北魏，《魏书》记载萨珊使臣来中国交聘就有数十次之多，给北魏皇帝带来了各种奢侈珍物作为礼品，平城（今山西大同，原北魏都城）曾出土公元5世纪的萨珊和中亚的金银器和玻璃器。公元7世纪，阿拉伯人灭萨珊波斯，萨珊王子卑路斯和部下于661年向唐王求援避难，唐高宗曾封他为右武卫将军，在长安建立了波斯胡寺、波斯人会馆。这些西方人带来的手工艺品和他们的工艺及装饰风格对盛唐美术产生了很大的影响，也许对更后来的装饰品也产生了不小的影响，尤其是贵金属的精细工艺，这些工艺对中原手工艺品在细节上的改造和融合也是造成装饰品审美改变的原因之一。

## 第二节　大唐气象

唐代是开放宽松的社会，与西方的贸易和文化交流频繁，特别是前期的开元盛世。美国汉学家爱德华（Edward H. Schafer）把唐朝的统治称为"万花筒般的三个世纪"，他形容那种在开放状态下的交流盛况，"通往唐朝有两条道路，一条是商队走的陆路通道，另一条是船队航行的海上通道。定期往来于印度洋与中国海的大船，将急切的西方人载往灿烂的东方"。长安是当时的国际性大都市，身着各种服装、操不同语言的域外商人和使臣云集京城，兴贩贸易、交流文化。《长安志》记录的当时外来人口最多的"崇仁坊"一景就足以是长安盛景的写照，"一街辐辏（集聚），遂倾（超过）两市，昼夜喧呼，灯火不绝，京中诸坊，莫之与比"。

由于与西方的频繁交流，唐代的美术作品和个人装饰均受西域影响，女子着男式胡服或男子着波斯装束并不罕见，同时经由丝绸之路传入中国的西亚和中亚文化不止工艺美术和服装样式。盛行于唐代的宫廷宴乐，流行的是西域的"胡旋舞"，而舞人宫妓也无不是霓裳羽衣、珠玑璎珞，一派域外风情。《霓裳羽衣曲》是唐代最著名的歌舞大曲，是唐玄宗李隆基部分吸收了西凉节度使杨敬述所献印度《婆罗门曲》编创的。作者力图描绘幻虚中的仙境，诗人刘禹锡写道，"三千陌上望仙山，归作霓裳羽衣曲"；白居易在他的《霓裳羽衣歌》中对舞蹈的华丽场面和舞者的精湛表演赞叹道："案前舞者颜如玉，不著人家俗衣服。虹裳霞帔步摇冠，钿璎累累佩珊珊。"其中都有对唐代珠玑玉佩的描写。诗人郑嵎在《津阳门诗》中描写宫妓歌舞之后满地珠翠的场景，"衣孔雀翠衣，佩七宝璎珞，为霓裳羽衣之类，曲终，珠翠可扫"。

这些珠翠现有的资料，除了抽象的文学描写，墓葬或者地宫出土的装饰品实物、美术造像、陶俑和保存下来的绘画资料最为直观。通过丝绸之路的贸易，唐朝大量舶来西方奢侈品，特别是波斯的金银饰品、玻璃器和个人装饰品，《北周隋唐的京畿玉器》中著录的出土玛瑙珠、水晶珠、玻璃珠和一些宝石多是舶来品。其中陕西咸阳底张湾贺若氏墓出土的坠玉金头饰最为精致华美（图189），由数百件金花、金坠、珍珠、绿松石珠、小玉璜、小玉佩等缝缀在丝绸织物上，出土时织物已朽，但所有珠子、坠子等小构件的位置和原貌被保留了下来。这件作品的构件和穿缀方式结合了当时中原和西方最优美华丽的装饰特征，反映了唐代工匠擅长结合创新、精致高超的工艺水平。

我们注意到唐代的《舆服志》中，皇家和朝臣都没有"组佩"或者"大佩"的装饰，普通官员多是佩戴鞶囊和所谓"双佩"，官阶更高的佩有"双绶"。所谓"双佩"实际上是一种造型为双鱼对称的"双鱼佩"，根据官阶的不同也有材质的区别，但与传统组佩无关。唐代这种取消传统玉组佩的舆服制度与西域装饰风尚的影响有关，除了佩饰，甚至西方"胡服"也成为当时最时尚的服装样式。

佛教在唐代十分盛行，保留下来的佛教造像和壁画资料都很丰富，这些美术作品反映了当时的审美倾向。佛教美术中的菩萨形象在早期传入时是印度贵族的男子像，之后逐渐女性化，南北朝

图189 唐代坠玉金头饰。陕西咸阳底张湾贺若氏墓出土。头饰以金圈作为中心，在丝绸织物上缝缀有金花钿、金花叶、金花蕊、珍珠、镶绿松石金花扣、玻璃坠、青金石坠、蝙蝠形玉佩、玉璜、云纹梯形玉佩等形制和工艺多样的小构件数百件，出土时织物已朽，金圈仍在墓主人头上，其余构件散落四周。整件作品华美精致，工艺高超，反映了唐代美术中西结合的特点。陕西省考古研究所藏。

图190 唐代菩萨立像及所披璎珞。敦煌莫高窟第45窟。此时的菩萨璎珞与两晋南北朝时期相比较有所改变，前朝那种在前身后背交叉披挂的璎珞样式被取消了，而装饰重点是颈部的项饰，这种项饰被文献称为"珠璎"，对后来宋元乃至明清时期的民间装饰风尚产生很大影响。

始见女相菩萨，南朝时神态如青州造像等安详自若，端庄清丽。至唐代，城市生活和世俗情趣的兴起，使得佛教造像多少出现世俗情态，以至于《释氏要览》说："自唐以来，笔工皆端严柔弱似妓女之貌，如今人夸宫娃似菩萨也。""宫娃"和"妓女"皆指当时包括官妓或官伎在内的宫中美貌女子，唐代的菩萨造像肌肤圆润，曲眉丰颐，体态婀娜，衣饰华美，但身躯仍显健康之美，与大唐美术总体上的刚柔之气一致。实际上，菩萨造像不仅仅是造型和情态的变化，他们身上的装饰品也随当时的审美而变化，其中菩萨的璎珞样式与前朝典型的前后披挂的样式有所不同（图190），取消了整体的璎珞样式，装饰重点是颈部的项饰，这种项饰被文献称为"珠璎"。这种审美风尚的世俗化倾向从唐代开始表现得比较明显，西方的工艺和审美的冲击和城市市民阶层的兴起，对后来宋元时期的民间装饰风尚产生很大影响，最明显的风格流变是装饰品审美的世俗化。

唐代的衰落始于"安史之乱"。杜甫有一首《忆昔》，概括了唐代从盛世到渐衰的景象，"忆昔开元全盛日，小邑犹藏万家室。稻米流脂粟米白，公私仓廪俱丰实。九州道路无豺虎，远行不劳吉日出……百余年间未灾变，叔孙礼乐萧何律。岂闻一绢直万钱，有田种谷今流血。洛阳宫殿烧焚尽，宗庙新除狐兔穴。伤心不忍问耆旧，复恐初从乱离说……周宣中兴望我皇，洒血江汉身衰疾"。但是，即使经历了"安史之乱"的社会大动荡，唐王室至少在避难的过程中将中原文化扩散到了西南各地，特别是当时的四川与江南，出现了"小朝廷"的文化繁荣，一些出现在中原的西方舶来品和早期的工艺制作也都出现在这些地方，实际上这两处所谓"小朝廷"由于远离战乱和收容了大量避难的文人工巧，为后来在五代和宋代的经济和文化繁荣奠定了基础。

## 第三节　步摇垂珠和金镶玉

白居易在他著名的《长恨歌》中有"云鬓花颜金步摇，芙蓉帐暖度春宵"的句子，描写杨贵妃头戴"步摇"、清新出浴的曼妙样子。"步摇"这种中国妇女特有的传统装饰应该出现得很早，《释名》曰："步摇，上有垂珠，步则动摇也。"《释名》是东汉时期讲解物名的工具书，其中有专门的"释首饰"一篇，"步摇"的解释很周全，既解释了物件的构成，又说明了它得名的由来。《后汉书·舆服志》也有"步摇以黄金为山题，贯白珠为桂枝相缪，一爵（雀）九华（花）"。"步摇"一词出现在东汉，实物的出现应该更早，它可能是由早期的发笄演变而来，笄首垂珠也就成了步摇。由于审美和制作工艺的差异，步摇的材质和样式一定是变化的，但基本形制一直都是有"垂珠"悬挂其上，以求得"步则动摇"的效果（图191）。

"步摇"在唐代的风行与当时开放的装饰风尚有关，从保留下来的绘画和雕塑作品来看，唐代妇女在她们的头发上做足了功夫。轻衣薄衫的唐代仕女似乎不太喜欢用繁复的项链来遮掩肌肤圆润的项上风光，而是把所有耀眼悦目的首饰如珠翠、金银、梳篦、步摇乃至时令花朵全部堆在了头上，林林总总、不一而足，风气之夸张，以至于得来一个貌似极不讲究实则茂盛丰丽的名字：

"百不知"（图192）。宋代王谠的《唐语林》说："长庆（公元821—824年，唐穆宗李恒年号）中，京城妇人首饰以金碧、珠翠、笄、栉、步摇，无不具美，谓之百不知。"诗人元稹写有《恨妆成》，描写女子"满头行小梳，当面施圆靥"，王建的《宫词》也有"归来别施一头梳"的描写，可知女子头上满目琳琅。这些发饰都少不了珠子作构件，其中垂珠的"步摇"沿用的时间最长，历代文学作品中对妆颜华美的妇女的描写都少不了"步摇"，直到清代，步摇仍旧是妇女头上的经典装饰。

同步摇一样，"金镶玉"并不是唐代的发明（图193），在贵重金属件上镶玉或者在玉器上使用贵金属作装饰的办法早可以到商代的实物资料，战国时期用玉璧和蜻蜓眼玻璃珠镶嵌的金带钩是当时复合工艺的经典作品。但是，金镶玉工艺的个人装饰品是在唐代流行和完善的，这与擅长贵金属工艺的波斯美术的影响有关。当西亚的贵重金属作品和工艺通过丝路流传至中原，工匠们仍然采用了中国人所珍爱的玉作为主题，将西亚的贵金属工艺和装饰手法与珠玉巧妙结合，制作出华贵富丽的"金镶玉"个人装饰品，而"金镶玉"的名称也成为中国人指称富贵华美的代名词。除了步摇之类的首饰，唐代出土最多见的是朝臣佩戴的用于钉缝在皮带上的金镶玉带板和女性佩戴的金镶玉手镯，其中金镶玉带板的工艺制作、题材、造型都代表了当时此种工艺的最高水平，这种金镶玉带板直到明代仍然流行，题材和工艺更加精细化。

图191 安徽合肥西郊南唐保大年间墓出土的金镶玉步摇。长28厘米，整体形制像蝴蝶展翅，双翅为金镶白玉镂空花片，其下分垂穿有小珠子的金花，做工精致，造型优美，是当时做工和造型比较典型的步摇形制。

图192　唐代妇女头饰"百不知"。唐代的绘画作品和寺庙壁画中的供养人像保存了唐代妇女夸张的头饰形象，其中画家周昉的《簪花仕女图》和《捣练图》等均有生动的写照，《宫乐图》一类更是仕女艺伎人人头上"百不知"，而龛窟壁画中的供养人像则以敦煌石窟为多。这些贵族妇女头戴珠翠、金银、梳篦、步摇、时令花朵等，林林总总、不一而足，风气夸张，号称"百不知"，这种富贵华丽的风格正是唐代开放社会的装饰风尚。"百不知"头饰风格在唐代传入日本后，一直保留至今，日本妇女在传统节令时仍是满头"百不知"。

图193　唐代金镶玉手镯一对。陕西省西安市南郊何家村出土。以兽面形金质合页将三段弧形玉连接而成，玉质白色油润，内壁光滑，外壁突棱，工艺精致；其中一枚金合页可开启闭合，方便取戴，构思精巧，做工精致。手镯采用了金玉结合的复合工艺，整体造型华贵富丽，是唐代金镶玉的代表作品。陕西省历史博物馆藏。

## 第四节　绘画作品中的珠饰

从两晋开始，有了个人作品的图画资料被保存下来，这是除了考古出土资料、文献资料之外的另一种比较可靠的历史资料。唐代的人物画除了继两晋的历史故事、仙佛僧道的人物形象，还有世俗人物的题材，其中仕女和贵族妇女是画家喜爱的主题。保留了唐代个人装饰品的图像资料，一是绢帛绘画，一是墓室壁画，还有就是佛教龛窟壁画和造像。中原有专门画仕女的画家，他们的作品是我们了解唐代妇女装饰的第一手资料。唐代最著名的仕女画家有周昉和张萱，他们笔下的唐代贵族妇女情态生动、华装艳容，代表了当时中原妇女最为流行和经典的装饰风尚。

如果我们仔细回顾一遍自西周组佩以来的中原妇女的个人装饰品，会发现所谓"项链"一直都不是她们的装饰重点。西周时期组佩的装饰重点并不在颈项部分，而是类似埃及那种披挂式的大型装饰；战国的装饰重点是形式各异的腰部挂件，洛阳金村出土过金项链，是西方装饰影响下出现的不多见的作品；汉代《舆服志》中记载的装饰品，重点皆是在头上，男子是"冠"，女子是"假结、步摇、簪珥"之类，几乎没有所谓"项链"之类；南北朝保留下来的绘画资料和文献中均少有

图194　唐代舞姬陶俑。西安出土。舞姬衣着华丽，面容姣好，体态优美。上着袒胸帔肩，项链点缀；头上假髻高耸，满饰金银珠翠，华美异常。这种把整个装饰重点放在头上的风气一直是中原传统，男子是"冠"，女子是"假结、步摇"之类。无论文献还是图像资料，中国传统中对头上风光之重视有别于西方。

"项链"的装饰物。唐代有了世俗情态的仕女形象入画，这些仕女画中的妇女同以往一样，装饰重点仍旧是在头上而不是颈项，即使衣着袒项露肩、轻衣薄衫，项链对中原妇女而言仍旧只是点缀而已，而所有装饰题材如珠玑玉花、金银珠翠全部堆在了头上，号称上一节我们提到的"百不知"（图194）。

隋唐的中原妇女虽不太讲究项链，却偏爱手镯（图195）。除了我们在上一节提到的"金镶玉"手镯，唐代工匠还另有巧思巧作。工匠们也把珠子装饰在金属手镯上，除了珍珠一类，当时的玻璃珠还是珍贵物，安徽合肥西郊南唐墓出土的银嵌玻璃珠手镯，以两股银条为镯身外缘，宽面留出空缝，空缝间夹有一根银丝，穿有一排不同色彩的玻璃珠，构思新颖，式样新巧。

唐代还流行一种臂钏，又名"脱脱、跳脱、条脱"（图196），诗人李商隐的《李夫人歌》有"蛮丝系条脱，妍眼和香屑"的句子。其实早在东汉就有一位叫繁钦的诗人写的一首《定情诗》就有"何以致契阔？绕腕双跳脱"的句子，诗中涉及的女性装饰品还有金环、香囊、耳中珠、约指银、美玉、双针、金搔头、玳瑁钗等不一而足。跳脱也就是条脱、脱脱，是由捶扁的金银条盘绕旋转而成的弹簧状套镯，少则3圈，多则5圈、8圈、十几圈不等。根据手臂至手腕的粗细，环圈由大到小相连，两端以金银丝缠绕固定，可调节松紧。"跳脱"可能是早期传入中国的西域装饰品，名称为音译。这种臂钏在唐代的陶俑和绘画中经常可见，如1956年湖北武昌周家大湾隋墓出土的陶俑，唐阎立本《步辇图》抬步辇的九名宫女及周昉《簪花仕女图》中的贵妇，都戴有自臂至腕的金臂钏，也就是所谓"跳脱"。这种弹簧状套镯的形制延续时间很长，直到明代的南京徐达家族墓地还能见到这样的金臂钏。

与中原妇女形成鲜明对照的是西域新疆敦煌壁画中的女供养人。她们除了像中原贵妇那样盛装华丽、头饰夸张，项链的穿戴也极尽能事，甚至手中所持供养物和随行的华冠也都是珠玑垂悬、满目琳琅。敦煌莫高窟中的壁画，中唐时期的159窟出现了以吐蕃赞普为中心的各国王子图，赞普头戴红毡高帽，项饰瑟瑟珠，发辫结于两鬓，穿虎皮翻领衽袍，腰束革带，佩腰刀长剑，脚蹬马靴，与《唐书·吐蕃传》中的记载大致相同。敦煌壁画中有很多回鹘人形象，如莫高窟409窟东壁回鹘王及其眷属供养像。回鹘王面形丰圆，眼小，鼻高，头戴云缕冠，穿圆领窄袖盘龙纹袍，腰间束带，垂蹀躞七事[89]（打火石、刀子、砺石、解结锥、绳、针筒等），着长靴。回鹘女像头饰博鬓冠，上立金凤，四面插花钗，穿大翻领窄袖红袍，颈项上数圈半宝石珠子穿成的项链，色彩鲜艳、

---

89 蹀躞七事可能起源于中亚游牧民族的佩戴习惯，佩戴小工具在早期均是使用的目的。中原佩戴小工具的习惯由来已久，《礼记·内则》说成年男子平常都佩戴有"左右佩用，左佩纷（毛巾）、帨（手绢）、刀、砺、小觿、金燧（打火器具）"，《诗经》也有一首《芄兰》讲述"童子佩觿"的故事，说明在西周时佩戴小工具已经很常见，并且不仅是实用的目的，而已经是男子成年的象征物。中古时期类似的佩件也不时有出土资料，辽代陈国公主墓地曾出土白玉和黄金制作的小工具挂件，仍保有北方游牧民族的传统装饰习惯，既可实用也是身份的象征物。明清时期，民间流行佩戴"五兵"之类兼有辟邪和实用功能的小工具，其形制流变可能与蹀躞七事有关，更多地加入了民间信仰和辟邪降祸的寓意。

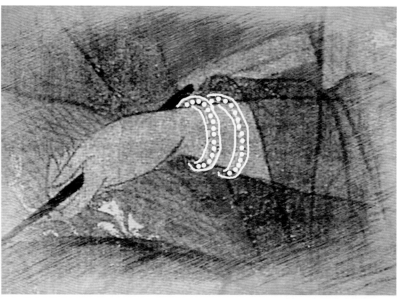

图195　唐代镶珠手镯。《簪花仕女图》，唐，周昉，绢本设色，辽宁省博物馆藏。画中贵妇左手腕上戴有两只手镯，为金银一类贵重金属制作成环绕状，并在其上串有白色珠子，珠子材质不明。这种手镯可能与安徽合肥西郊南唐墓出土的银嵌玻璃珠手镯的工艺类似，即以两股银条为镯圈外缘，宽面留出空缝，空缝间夹有一根银丝，串着一排不同色彩的玻璃珠，构思新颖，式样新巧。

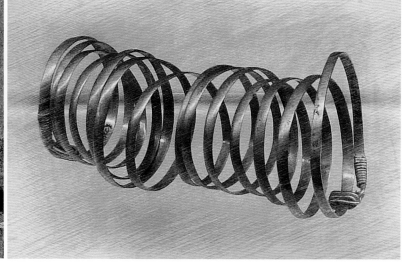

图196　唐代戴"跳脱"的宫女。《步辇图》，阎立本，绢本设色，纵38.5厘米，横129厘米，北京故宫博物院藏。画面描绘李世民接见来迎娶文成公主的吐蕃使者禄东赞的情景，几个宫女为太宗撑伞、张扇，宫女手腕上均绕有多圈"跳脱"。手镯是由捶扁的金或银条盘绕旋转而成的弹簧状套镯，少则3圈，多则十几圈不等，环圈相连，两端以金银丝缠绕固定可调节松紧。"跳脱"可能是早期传入中国的西域装饰品，名称为音译，这种臂钏在唐代的陶俑和绘画中经常可见，流传的时间也相当长，直到明代，各地藩王墓均有"跳脱"镯出土。

图197 回纥公主陇西李氏等供养像。莫高窟第61窟。五代。图中女性供养人皆盛装华服，满身珠玑。除了媲美中原妇女满头"百不知"的装饰效果，项链珠串更胜一筹。从保留下来的壁画色彩推测，这些珠子的材质涉及绿松石、珊瑚、青金石和贵金属，是西域中亚流行了上千年的制作珠子的半宝石材料。

样式华丽，是回纥贵族妇女的典型装束（图197）。

唐代佛教盛行，但是经历了由北魏以来的几次大规模官方灭佛运动，特别是唐武宗在会昌五年（公元845年）的灭佛，大型的开窟造像一类的供养方式在中原腹地基本终止。而比较隐秘的诸如寺塔地宫的供养形式开始流行，地宫供养物品的出土资料也多是在唐宋年间，这与佛教传播的历史和文化背景一致。地宫中一般有水晶珠串出土，水晶是佛教七宝之一，陕西法门寺地宫曾出土大量水晶珠串和玻璃供果，1994年山东汶上宝相寺（太子灵踪塔）也曾出土水晶珠串和佛牙1枚、舍利子936颗，轰动一时。佛教对中原文化的另一个影响是葬俗的改变，汉人千年来入土为安的土葬习俗在部分地方被抛弃而改为火葬，这也是这一时期珠玉等出土资料较为缺乏的原因之一。但是，除了我们在前面提到的绘画作品和其他美术作品等第一手资料外，唐代大为兴盛的诗歌和文学作品保留了不少对珠玉的描写，也都是可贵的文字资料。

## 第五节　唐诗中的珠玉情结

白居易的《琵琶行》中"大珠小珠落玉盘"的句子流传不绝，诗人将珠和玉都写进了诗里，既象声又象形。唐代诗歌善用珠玉联想听觉的不止白居易一人，这大概与盛唐歌舞升平、宴乐发达有关，韦应物的《五弦行》有"古刀幽磬初相触，千珠贯断落寒玉"，元稹更有《善歌如贯珠赋》，全诗围绕古曲展开听觉想象，描写更加丰富，"美绵绵而不绝，状累累以相成。……清而且圆，直而不散，方同累丸之重叠，岂比沉泉之撩乱。……似是而非，赋《湛露》则方惊缀冕，有声无实，歌《芳树》而空想垂珠"。其中《湛露》和《芳树》皆古曲名，《湛露》取自《诗经》中的雅乐，为宴饮乐，《毛诗序》说"《湛露》，天子燕（宴）诸侯也"，《芳树》则取自汉代《乐府诗》。

除了将珠玉用作文学象征或者比喻，唐代诗歌还有很多与珠子有关的故事。其中曾任国子监博士、人称张水部的张籍写有《罔象得玄珠》一诗："赤水今何处，遗珠已渺然。离娄徒肆目，罔象乃通玄。"罔象得玄珠的典故见《庄子》中《天地》一篇："黄帝游乎赤水之北，登乎昆仑之丘，而南望还归，遗其玄珠；使知索之而不得，使离朱索之而不得，使吃诟索之而不得也；乃使象罔，象罔得之。黄帝曰：异哉！象罔乃可以得之乎！"诗人的"罔象"也就是庄子所说的"象罔"。象罔能得"玄珠"，所得并非"珠"，而是"玄"，其实是庄子所谓"不可言"的自然之"道"，张籍所谓"通玄"也即是通"道"。除了张籍，白居易也写有《求玄珠赋》"与罔象而同归"，李白《金门答苏秀才》中也有"玄珠寄象罔"的句子，唐人对庄子的罔（无）象、玄（无）珠深得三昧。

唐人诗歌里用珠子作为背景的更不在少数，大凡能举出名字的诗人都有珠子的诗句流传。李白有"玉阶生白露，夜久侵罗袜。却下水晶帘，玲珑望秋月"，还有"美人卷珠帘，深坐蹙蛾眉"。除了李白，元稹也有水晶珠帘的情结，他的《离思五首》，"山泉散漫绕阶流，万树桃花映小楼。

闲读道书慵未起，水晶帘下看梳头"。王昌龄有"金井梧桐秋叶黄，珠帘不卷夜来霜"。杜甫的诗歌硬朗得多，有"朝罢香烟携满袖，诗成珠玉在挥毫"，他的《剑门》中有"珠玉走中原，岷峨气凄怆"的句子，说蜀地的珠玉财宝尽流入了中原，这说明当时中原与周边的珠玉贸易相当频繁。

从唐代的出土资料看，水晶珠一类的饰品多出在大墓和地宫中，可见其材料是比较珍贵的，如果要作为诗人咏唱的背景，大量出现在日常生活中，应该不是天然水晶制作的帘子，而是某种与水晶效果类似的替代品。现有的出土实物和文献对唐诗中经常出现的"珠帘"和"水晶帘"一类的材质没有比较充分的资料，而出现在宋人词曲中的水晶帘应该是玻璃珠子一类的替代品，这可以从当时玻璃工艺比较普及的记载来推测。唐代的情况却比较难解释，至少从现在的资料看，唐代的玻璃珠仍旧是珍贵的，成串地穿在帘子上实在太奢侈，不是诗人随便在哪都能见到的。唐人诗歌中弥漫着魅人的珠玉情结，却没有给我们解释他们歌咏的珠子之类究竟是什么材料制作的。

## 第六节　瑟瑟珠

"瑟瑟"一词见于文字最早是在唐代。盛唐诗人杜甫的《石笋行》曾记成都石笋，"君不见益州城西门，陌上石笋双高蹲。古来相传是海眼，苔藓蚀尽波涛痕。雨多往往得瑟瑟，此事恍惚难明论"。成都民间传说石笋下面是海眼，而石笋是"天地之堆，以镇海眼，动则洪涛大滥"。大雨过后，能在海眼处拾到瑟瑟珠，这更使得传说仿佛是真实的。但是杜甫认为海眼的说法并不可靠，他已经认识到这是前朝遗迹而非海眼之类的传说，所以他又说，"恐是昔时卿相墓，立石为表今仍存"。

其实早在晋代，常璩就把石笋作为墓表的事实解释得很清楚，《华阳国志·蜀志》："蜀有五丁力士能移山，举万钧。每王薨，辄立大石，长三丈，重千钧，为墓志。今石笋是也。"常璩认为石笋是蜀王的墓表。唐末道士杜光庭的《石笋记》说："成都子城西曰兴义门，金容坊有通衢，几百五十步，有石二株，挺然耸峭，高丈余，围八九尺。"文中所说的子城就是少城，也叫"张仪城"，是秦惠文王二十七年（公元前311年）灭蜀，派纵横家张仪修建成都时所建的手工业和商业区。战国末年到汉代的成都十分繁荣，它是从西北到西南的边地民族移动和贸易通道上最重要的节点。西北民族以及来自西域的贸易品可沿川西北的三江流域南下，而通过云南"南方丝绸之路"，那些来自东南亚和印度的贸易品也可北上成都，可以说成都是当时西南最大的贸易集散地。特别是到了西汉，成都与洛阳、邯郸、临淄、宛城并称为"五均"（"均"即市场），是全国五大商业都市之一。常璩和杜光庭记载的"石笋"应该是这条边地贸易通道上战国时期的"大石遗迹"（见第六章第八节），现代人类学和考古学证明了在经川西北南下云南的"游牧通道"上普遍存在着"大石遗迹"，成都的石笋正是一种"大石遗迹"。即使今天的成都，仍然有很多与大石文化有关的地名保留下来并一直沿用，比如"石笋街""支矶石""五块石""天涯石"等，我们曾在"'边地半月形文化传播带'上的珠子"一节中专门叙述过。

杜甫在诗中所说的"瑟瑟"不知道是什么样的珠子，唐代段成式《酉阳杂俎续集》卷四《贬误》说："蜀石笋街，夏中大雨，往往得杂色小珠。俗谓地当海眼，莫知其故。"段成式说雨后所出的珠子是"杂色小珠"。唐人卢求的《成都记》[90]："石笋之地，雨过必有小珠，或青黄如粟，亦有细孔，可以贯丝。"说这些珠子是青黄如粟，跟段成式杂色小珠的说法比较接近。宋代的赵清献[91]在成都做过官，写有《蜀都故事》："石笋，在衙西门外，二株双存，云珍珠楼基。昔胡人于此立为大秦寺，门楼十间，皆以珍珠翠碧贯之为帘，后摧毁坠地，至今基地每有大雨，多拾珍珠瑟瑟金翠异物。"也说石笋地基在雨后出各种珠子，其中也有"瑟瑟"。联系到"胡人"和"大秦"[92]的称谓最早始自汉代，而当时丝路上的贸易十分发达，赵清献所说的胡人修建的大秦寺，应该是指汉代开通丝绸之路以后，经西域过来的外族人在成都修建的建筑物，这些建筑很可能是商贸的中转站。从时间上看，胡人的大秦楼应该与石笋本身无关，只是碰巧建在了战国时期石笋的基址上，而那些"珍珠瑟瑟金翠异物"是域外的舶来品。曹魏时的鱼豢私撰的《魏略》说："大秦道既从海北陆通，又循海而南，与交趾七郡外夷比，又有水道通益州、永昌，故永昌出异物。""大秦"可能是当时地中海最发达的贸易港口亚历山大，大秦通汉有海上和路上多条路径，基本上都是到达中间地带，货物依靠中间商转运，而益州指当时的成都，永昌即今云南保山，是大秦货物到达的中转站之一，由永昌可北上成都，所以这里经常"出异物"。

"瑟瑟"出现在贸易通道上，文献认为是舶来品，从名称的发音来看应该是音译。"瑟瑟"一词出现在唐代，当时也正是跟阿拉伯地区贸易最频繁的时候，有人因此认为"瑟瑟"是古代波斯的宝石名称，是阿拉伯语的汉语对音。这种说法未经证实，但未必没有道理。明人方以智《通雅》卷四十八，"瑟瑟，碧珠也"，瑟瑟是绿色的珠子。在我们这条西南"民族通道"上，考古资料所显示的是，从战国（或者更早）到西汉，这里的墓葬内都有绿松石一类的珠子出土，它们可能是盛产这类半宝石的中亚西域（伊朗高原盛产绿松石）的舶来品，联系到瑟瑟是碧珠的说法，有人推测瑟

90  《成都记》为唐人卢求所撰，早佚，引文多保留在《太平广记》《全唐文》等宋代编纂的大型文献中。

91  赵清献，名抃，字阅道。宋衢州西安（今浙江衢州市柯城区）人。景祐初官任御史，《宋史·赵抃传》："翰林学士曾公亮未之识，荐为殿中侍御史，弹劾不避权幸，声称凛然，京师目为'铁面御史'。"任益州（今四川成都）路转运使，遍巡辖地，从严治吏，自奉甚俭，蜀中官风为之一变。英宗治平初任成都府知府，匹马入蜀，以一琴一鹤相随，为政简易。长于诗律，尤擅豪翰，其迹杂见《群玉堂法帖》中。著有《蜀都故事》。

92  "胡人"是当时中原人对西方外族的泛称，并不指称具体的民族和国家。而古"大秦"相当于何地，学界有三种说法：一指罗马帝国东部，一指罗马帝国，一指黎轩即亚历山大城。三者中以最后一说较妥当，因诸书多言大秦即黎轩，即亚历山大城，当时是地中海南岸、北非最大的港口城市，几乎所有经由海路到西方的亚洲贸易品都在亚历山大集散。《后汉书》说，天竺国（印度）"西与大秦通，有大秦珍物"，又说"大秦国一名犁鞬，以在海西"。汉和帝永元九年（97年），西域都护班超遣甘英西使大秦，甘英到了波斯湾口的条支，安息人为了垄断中间贸易，骗甘英"海水广大"，航路难行，结果甘英未向西进。安帝永宁元年（120年）掸国王遣使来献幻人（魔术师），自言海西人，"海西即大秦也，掸国西南通大秦"。

瑟就是绿松石珠子。但是"碧珠"是明代的说法，唐代的记载却明明是"杂色小珠"。或者只是不同时期的人将"瑟瑟"用作不同的指称？这里又出现了类似琉璃和玻璃的称谓问题（第十三章第四节）。也许这样的问题本来就无法证明也无法证伪，我们把问题留下，诚实的存疑总比勉强的结论好。

仍然是在唐代，"瑟瑟"的说法还牵涉到西藏（当时的吐蕃）的古代珠子。《新五代史》四夷附录第三，"吐蕃男子冠中国帽，妇人辫发，戴瑟瑟珠，云珠之好者，一珠易一良马"。一颗品相质地皆优的瑟瑟珠就能换一匹好马，足见瑟瑟珠的珍贵。《新唐书·吐蕃传》，"（吐蕃）其官之章饰，最上瑟瑟，金次之，金涂银又次之，银次之，最下至铜止，差大小，缀臂前以辨贵贱"。吐蕃贵族与中原文化用珠玉类装饰品标志身份的办法是一样的，而他们最高等级者是瑟瑟珠。我们知道藏族人偏爱绿松石，也许可以再次附会说"瑟瑟"就是绿松石珠子。但是藏族人最崇尚的是天珠，而直到今天他们都把天珠称为"瑟"，西方关于藏族装饰品研究的论文也一直把天珠称为"瑟珠"（dzi），所以《新唐书》等文献中所说的吐蕃人最崇尚的瑟瑟珠很可能是指天珠。这样一来，瑟瑟在不同的时代和不同的背景下所指称的是不同的珠子。也许在古代，"瑟瑟"只是不同的人对从西方舶来的半宝石珠子的泛称，并不指称具体的材质和色彩，而是显其珍贵罢了。

《唐书·于阗国传》："德宗遣内给事朱如玉之安西，求玉于于阗，得瑟瑟百斤。"《叠雅》："瑟瑟，碧珠也。"《新唐书·列传第一·后妃上》："每十月，帝幸华清宫，五宅车骑皆从，家别为队，队一色，俄五家队合，灿若万花，川谷成锦绣，国忠导以剑南旗节。遗钿坠舄，瑟瑟玑琲，狼藉于道，香闻数十里。"可见"瑟瑟"珠并不仅仅出现在贸易通道上那些边地民族的墓葬中，也是皇家喜爱的舶来品。

宋代也有瑟瑟珠的说法，宋代的传奇小说《琳琅秘室丛书》中有名妓李师师外传，说宋徽宗私访于民间，派人从内府拿出"紫茸二匹，霞毹二端，瑟瑟珠二颗，白金廿镒"送给李师师。其中"瑟瑟"珠仅为两粒，可见其珍贵。宋代是崇尚风雅的社会，特别是徽宗皇帝更是酷爱各种玩物，皇室有不少舶来品。这时的西方，宝石工艺很发达，瑟瑟珠很可能是西方的宝石珠子。

瑟瑟的说法一直到明代还经常出现，明代程登吉的启蒙读本《幼学琼林》有"斑斑美玉，瑟瑟灵珠"的句子。最有趣的是孔迩述的杂记《云蕉馆纪谈》，"陈友谅初以江州为都，自称汉王"，此人颇爱珍宝和养鹿，"聚鹿数百，畜于南昌城西章江门外，谓之鹿囿。尝至其所，自跨一角苍鹿，缀瑟珠为缨络，挂于角上，缕金为花鞍，群鹿皆饰以锦绣，遨游江上"。把瑟瑟珠穿成璎珞的样式挂在鹿角上，还用缕金的鞍子架在鹿身上，以鹿当马"遨游江上"，也算是新奇的发明。明代的文人杂记不时提到"瑟瑟"珠，但是除了明确当时的瑟瑟是"碧珠"，我们很难知道明代人指称的瑟瑟究竟是什么珠子。

# 第十章 宋辽的珠子

（公元960年—公元1279年）

## 第一节 市井风俗

　　宋代是文人文化和商品经济高度发展的时期，西方史学家甚至认为宋代是文雅社会的巅峰，其文明程度足以使世界其他各地皆为化外之邦。北宋宫廷画家张择端的风俗长卷《清明上河图》描绘了北宋都城的城市文明和市井风貌，《东京梦华录》和《武林旧事》也用生动细致的文字分别记录了北宋汴京（今河南开封）和南宋临安（今浙江杭州）熙熙攘攘的市井风俗。城市的功能由政治中心转向商业中心，东京、临安以其首都地位独领风骚，俨然昼夜不息的大都市。东京一直有商业的传统，早在唐代，王建就有"夜市千灯照碧云，高楼红袖客纷纷。如今不似时平日，犹自笙歌彻晓闻"，描写了汴州也就是北宋东京的繁华夜景。

　　除了在商品经济中日渐壮大起来的商人和市民阶层，宋代兴起的文人阶层也助长了各种雅玩的风气。唐代每年"进士科"及第人数通常在50人以下，到宋代真宗时，贡举人集京师者14500人，取218人，比唐代的及第人数增加了将近6倍。每年这么多的新科人数，使得大部分人无官可做，最后与那些不第的读书人蔚然形成文人阶层。他们是宋代社会的文化精英，有闲而又衣食无忧，所好多是闲情逸趣，以文人雅士之身份爱好世俗风情，只是他们的趣味更加高雅，品位更加细腻，对中国古代艺术和雅赏玩好的贡献最大。

　　北宋的宫廷画院称为翰林图画院，皇室是当时最大的艺术赞助人。宫廷画家的画科分类很细致，山水、人物、花鸟等各自擅长，这些视觉资料保存的不仅是中国人的艺术理想，也是研究当时社会文化的第一手资料。《清明上河图》这种以市井风俗为题材的长卷并不多见（图198），视觉上的详细记录显得尤为珍贵。在5米多长的画卷里，各色人物数以百计，牛马骡驴伴行其中，早市铺席各自开张，劳作市民奔忙不息，车舆船只往来繁忙，屋桥城楼各具画意。而这些市井风情正与北宋孟元老《东京梦华录》中的描写相符，后者更是将金钉朱漆、峻桷层榱的大内庄严与州桥曲转、绣旆相招的街市喧嚣形成对比。如果说《清明上河图》是站在层楼之上俯瞰长街，孟元老则是游走在里巷之间细数市肆，"南门大街以东，南则唐家金银铺、温州漆器什物、大相国寺……街北都亭驿（大辽驿也），相对梁家珠子铺。余皆卖时行纸画花果铺席……街东车家炭、张家酒店，次则王楼山洞梅花包子、李家香铺、曹婆婆肉饼、李四分茶……街北薛家分茶、羊饭、热羊肉铺"。据宋代《事物纪原》说，出卖商品的吟唱"必有声韵，其吟哦俱不同"，可以想见当时的东京和临安市井喧嚣、人声相闻的繁华盛景。

南宋周密的《武林旧事》记临安城市风貌，同样生动、细致、有趣。临安的"小经济"即小手艺或者小行当名目繁多，可谓一绝，"开先牌、写牌额、裁板尺、诸色指挥、织经带、棋子棋盘、蒲牌骰子、交床试篮、卖字本、掌记册儿、诸般簿子、诸色经文、刀册儿、纸画儿、扇牌儿、印色盝、翦字、缠令、耍令、琴阮弦、开笛、靓笙、鞭鼓、口簧、位牌、诸盘盏儿、屋头挂屏、剪镞花样、檐前乐、见成皮鞋、提灯觑灯、头发编掠、香橼络儿、香橼坐子、挂杖、粘竿、风幡、钓钩、钓竿、食罩、吊挂、拂子、蒲坐、椅褥、药焙、烘篮、风袋、烟帚、糊刷、鞋楦、桶钵、搭罗儿、姜擦子、帽儿、鞋带、修皮鞋、穿交椅、穿置罳、鞋结底、穿珠、领抹、钗朵、牙梳、洗翠、修冠子、小梳儿、染梳儿、接补梳儿、香袋儿、面花儿、绢孩儿……"不一而足，其中很多还涉及与装饰品制作诸如"穿珠"一类的小手艺。无论北宋东京还是南宋临安，都有专门的珠子市，而且交易动辄"万数"，当时民间市肆的装饰品需求之大可见一斑。

图198 《清明上河图》局部。北宋，张择端。在5米多长的画卷里，共绘有550多个各色人物，牛、马、骡、驴等牲畜五六十匹，车、桥20多辆，大小船只20多艘。房屋、桥梁、城楼等也各有特色，体现了宋代建筑的特征。整个长卷是北宋汴京城一景的写实风俗画，具有很高的历史价值和艺术水平。

## 第二节　皇家舆服中的珠子

宋代官营的手工业作场称"文思院"，属少府监，下设美术工艺作坊共四十二坊，分工是很细的。《宋史·职官志五》："文思院，掌造金银、犀玉工巧之物，金采、绘素装钿之饰，以供舆辇、册宝、法物凡器服之用。"南宋吴自牧的《梦粱录》还记录了文思院在杭州的具体位置，"文思院，在北桥东。京都旧制，监官分两界：曰上界，造金银珠玉；曰下界，造铜铁竹木杂料"。正是文思院的工匠造就了宋代皇家舆服装饰的精致华美。

《宋史·舆服志》中记载的皇家组佩是，"佩有衡，有琚瑀，有冲牙，系于革带，左右各一。上设衡，衡下垂三带，贯以蠙珠。次则中有金兽面，两旁夹以双璜，又次设琚瑀。下则冲牙居中央，两旁有玉滴子，行则击牙而有声"。这是天子之服的玉佩等级，其中涉及的材料有玉、蠙珠和金饰（图199）。中国人的装饰品价值标准是玉，其次才是半宝石材料和贵重金属，宋代在组佩中加入了金兽面，这种不同前朝的风气可能是多方面的原因。一是西域丝路隔断，玉料短缺，宋人使用了其他材质作为替代品，其中包括水晶和玛瑙这样的半宝石和金银等贵重金属；二是无论朝廷还是民间，装饰品的品种和数量需求增加，对材料和式样有了新的审美要求；三是始于唐代引进的外来文明中的艺术元素，比如贵重金属的审美和制作，这些艺术元素也被加入中国人的手工制品中。新的审美要求和诸如波斯金银器这类西方工艺品的进口，刺激了中国工匠对工艺的新尝试，"金镶玉"作为个人装饰品种类在唐代开风气之先，用这种工艺制作的装饰品如手镯、步摇、带板等在唐代盛行。宋代虽然没有完全接受这种对美玉画蛇添足的办法，也没有接受大唐的西域风尚，但是延续了金玉搭配的风气，喜欢将金银饰品与珠玉搭配在一起，但整体风格偏文雅阴柔。这一时期，不仅皇帝的玉组佩上有"金兽面"，朝臣的绶带上还系有银环，民间的金银首饰更加名目繁多。

宋人《舆服志》中提到的"蠙珠"应该是早在东晋《舆服志》中就有的"蚌珠"，这种所谓蚌珠有可能是指珍珠，也有可能是指使用蚌贝材料制作的珠子，宋人称其为"蠙珠"也称"真珠"。《尚书·禹贡》有"淮夷蠙珠、暨鱼"的说法，唐代《通典·食货典》也说"蠙珠，珠名，淮夷二水出蠙珠及美鱼"[93]。东晋曾因玉料短缺，就用白色的蚌珠代替过皇帝冠冕上的白玉珠，宋人采取了一样的办法，部分原因是得淮水之便。但宋朝远不止淮水一地之利，采集珍珠的行业早在汉代的合浦就很职业化，我们还记得六朝的《玉台新咏》中有民间的大家闺秀手中持有"合浦珠"的描写，有关合浦采集珍珠和中国人使用珍珠的历史，我们在以后专门的章节介绍。宋代曾大量使用珍珠制作装饰品，保存下来的《宋仁宗曹皇后像》是设色绢本，能清楚地看到皇后头上和颈项上都使用了白色的蠙珠，与《舆服志》的记载相合（图200）。

---

93　《通典·食货典》中"淮夷二水"可能是唐人想当然的说法，"淮"是淮水流域，"夷"是对当地土著的泛称而非水域名称，"淮夷"自古连称，指生活在淮水流域的土著，唐人编纂《通典》时望文生义，把"淮夷"想象成两条河流，说成"淮夷二水"，其实仅指淮水。

图199　宋代皇帝玉组佩的想象复原。《宋史·舆服志》记载的皇家组佩是，"佩有衡，有琚瑀，有冲牙，系于革带，左右各一。上设衡，衡下垂三带，贯以蠙珠。次则中有金兽面，两旁夹以双璜，又次设琚瑀。下则冲牙居中央，两旁有玉滴子，行则去牙而有声"。这是皇家舆服制度首次在组佩中加入黄金等贵重金属，由于没有出土资料，而金银贵重金属又可以作为货币和熔化再利用，早期的装饰品传世很少。

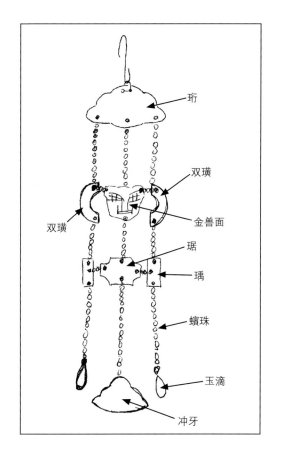

衡

双璜

金兽面

双璜

琚

瑀

蠙珠

玉滴

冲牙

宋代玉料之短缺，《清波杂记》记"徽宗尝出玉盏玉卮，以示辅臣，曰，欲用此于大宴，恐人以为太华"。且不说贵为天子的宋徽宗，仅就艺术气质和高雅品位堪称今古帝王无人能及的徽宗而言，想在堂堂皇家宴会上使用一只玉杯、一只玉盏都害怕遭人议论太过奢靡，可以想象宋时玉料的缺乏和宋人对玉的珍惜。《舆服志》又有"大带，中单，佩以珉，贯以药珠，绶以绛锦、银环……"这里说的是腰上的佩饰。一般而言，皇帝和朝臣的"佩"都是玉质的，皇帝白玉，朝臣青玉或青白玉按等级在质地上递减。宋代因当时西域隔断，玉料难得，所以朝臣的"佩"只能用"珉"。孔子的学生曾经问过孔子，君子何以"重玉轻珉"？可知"珉"是比较次等的玉料，在孔子眼里甚至算不上真正的玉。宋代的朝臣连传统的玉佩都使用较次的"珉"来制作，用"药珠"代替玉珠也情有可原，这种所谓"药珠"实际上是仿玉的琉璃珠。

《宋史·舆服志》中说，"今群臣之冕用药玉青珠"，虽然早在先秦就有文献记载战国时期楚人善于"以药作珠"，但"药玉"却是宋代新起的名词，这种药玉应该是琉璃（玻璃）工艺中专门用于仿玉的一种。至少从东汉开始，舆服制度就规定皇帝冠冕上的垂珠用白玉珠，而朝臣的用青玉制作；六朝时因为玉料难得，用白色的璏珠（蚌珠）代替过白玉珠；至宋代，大概是玻璃仿玉的工艺已经比较成熟，而玉料也很少，皇帝用白色珍珠代替了白玉珠，而朝臣用药珠代替青玉珠，也就是仿玉的琉璃珠。由于玻璃工艺的进步和普及，度宗时，甚至宫中竞相簪戴琉璃花（玻璃花），以至于"都下人争效之"，临安有人赋诗道，"京城禁珠翠，天下尽琉璃"，"识者以为流离之兆"，不久，宋灭（图201）。

图200 宋仁宗曹皇后像，南宋，无款，绢本设色，台北"故宫博物院"藏。宋代保留下来的人物画像资料很少，该图轴记录了宋代皇家装饰品的图像资料，殊为珍贵。图中宋仁宗曹皇后头戴龙纹冠，面贴珠钿，翟衣绶带用环佩，印证了宋代《舆服志》中"皇后首饰花一十二株，小花如大花之数，并两博鬓。冠饰以九龙四凤"的记载。

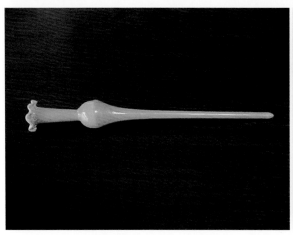
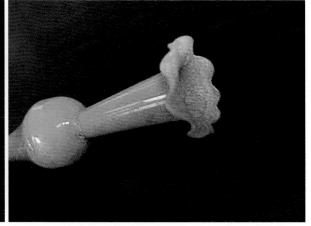

图201 宋代的琉璃簪。宋代玻璃装饰件很普及，无论皇家舆服还是里巷妇女，簪戴玻璃小装饰件都是时尚的风气。宋度宗时，宫中竞相簪戴琉璃花（玻璃花），以至于"都下人争效之"。

## 第三节　里巷妇女的珠璎

　　"珠璎"的说法出现得很早，两晋南朝的闺情诗集《玉台新咏》有石崇（就是我们在"魏晋南北朝的珠子"一章中提到的富可敌国的石季伦）写的一首《王昭君辞》，"我本汉家子，将适单于庭。辞诀未及终，前驱已抗旌。仆御涕流离，辕马为悲鸣。哀郁伤五内，泣泪沾珠璎"。珠璎的流行与佛教的盛行有关，"珠璎"一词最早就来自汉译的佛教经典。继魏晋之后，唐代的佛教文书中对菩萨的装饰描写也有大量"珠璎"，如"天衣珠璎"，"复垂珠璎而为交络"，"珠网莲铎等及妙拂庄严，半满月珠璎垂宝间错带"，极其曼妙华美，符合唐代盛行的对西方极乐世界的想象。唐贞元十七年（801年），骠国（今缅甸）王太子舒难陀率领35名艺术家，途经南诏来到唐都长安进献骠国乐舞，诗人白居易有《骠国乐》纪其献乐盛况，"骠国乐，骠国乐，出自大海西南角。雍羌之子舒难陀，来献南音奉正朔。……玉螺一吹椎髻耸，铜鼓一击文身踊。珠璎炫转星宿摇，花鬘斗薮龙蛇动……"珠璎这样的装饰品在唐人眼里一派域外风情，但正是在唐代，菩萨璎珞开始由全身披挂的大型装饰形式转变为更为世俗化的宫娃舞伎式的佩饰，即连缀有珠子的单体的项圈、臂钏等更加突出，这种更适合世俗生活的装饰形式特别是所谓"珠璎"，影响了宋元明清的世俗装饰形式。

　　从现有的图像资料与文献的对照来看，所谓"珠璎"一般是贵金属特别是银项圈连缀珠子（多是珍珠）的复合工艺的项饰（图202、图203）。在宋代，金银等贵重金属与其他材料如珍珠与其他半宝石结合的复合工艺[94]已经很成熟，制作出了花样翻新的各种首饰。我们现在能见到的实物资料并不太多，原因可能一是珍珠容易分解，很难保存下来；另则金银可以熔化作为硬通货币或者后世作为制作装饰品的材料再利用，其保存也很难。但保留在文献、札记中的资料却很可观，《梦粱录》记载当时装饰品行当之兴盛，"大抵杭城是行都之处，万物所聚，诸行百市，自和宁门权子外至观桥下，无一家不买卖者，行分最多，且言其一二，最是官巷花作，所聚奇异飞鸾走凤，七宝珠翠，首饰花朵，冠梳及锦绣罗帛，销金衣裙，描画领抹，极其工巧，前所罕有者悉皆有之"。珠玉等装饰品在当时的盛行，尤以富贵人家的妇女首饰为多，"点翠"[95]与珍珠的结合称为"珠翠"，

---

94　制作首饰的复合工艺是指使用金银等贵重金属或合金将珠子或宝石、半宝石材料利用镶嵌、焊接等多种手段结合起来的工艺。首饰的复合工艺不同于早期将珠子"穿缀"起来的概念，而是使用金属工艺作为基础的连接手段。贵重金属是西方的首饰传统，首饰匠人制作的首饰，外观效果应该以看不见穿系用的线或结为最佳，这不同于中国传统中将复杂美观的绳结或绢缯用于穿系美玉和珠子的办法。

95　点翠是中国传统手工艺，是首饰制作的一种。这种工艺是在金银花片上粘贴翠鸟羽毛，由于翠鸟羽毛富有光泽和色彩变化，点翠首饰在不同光线和角度下会产生不同的色彩变化，装饰效果十分华美高雅。这种工艺起于何时已不可考，《后汉书·舆服志》中对皇后头饰的描写中有"翡翠山题"，指"步摇"上承受垂珠的基础部分，由于形状像"山"字而称山题。有人认为这种翡翠山题即是点翠，也有异议认为文中的翡翠是指碧玉。早在战国，《韩非子·外储说左上》："楚人有卖其珠于郑者，为木兰之柜，薰桂椒之椟，缀以珠玉，饰以玫瑰，辑以羽翠，郑人买其椟而还其珠。此可谓善卖椟矣，未可谓善鬻珠也。"其中提到"羽翠"，可能是早期的点翠工艺。清代这种工艺尤盛，由于翠鸟资源的大量减少和工艺的残忍遭到批评，点翠工艺被"烧蓝"代替，后者在视觉效果上明显不及点翠精致华美和富于变化。

图202 《维摩演教图卷》中的文殊师利菩萨。南宋，无款，纸本墨笔，故宫博物院藏。维摩诘，亦简作"维摩"，其演教故事见于《维摩诘经》记载。画中维摩诘坐锦榻之上，薄帽长须，略带病容而精神矍铄；文殊师利则静听对方说法，深为维摩诘的博学善教所叹服。画面中的文殊菩萨衣饰装束应该是宋人当时的审美，所戴的璎珞项饰也出现在宋元时期绘画作品中世俗人物的项上，即所谓"珠璎"。

图203 南宋贾师古《大士像》局部。立轴，绢本设色，纵42.2厘米，横29.8厘米，台北"故宫博物院"藏。大士即观音菩萨，也称观音大士。图中观音大士秀发披垂，斜倚山石；项上珠璎可能与当时世俗生活中的妇女装饰类似，这种以贵金属牌饰为装饰中心、珠子坠子悬挂其下的所谓"珠璎"款式，从宋代起一直在民间流行，元明两代都有壁画或者绘画资料可见，清代则有大量实物保存下来。

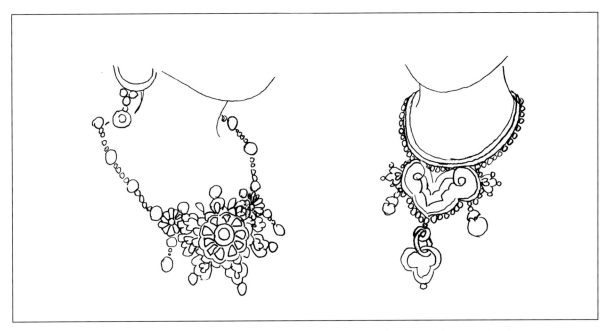

图204　宋代珠璎复原图。根据《维摩演教图卷》中文殊菩萨及侍女装饰及宋代其他绘画作品复原。

式样和花色叫人眼花缭乱；银项圈、银坠饰与珍珠的结合则称为"珠璎"，诗人陈与义的《腊梅》诗，"奕奕金仙面，排行立晓晴。殷勤夜来雪，少往作珠璎"，把点点腊梅比作妇人颈项上的珠璎，这种珠玉情结一直保留在唐宋文人的诗词歌赋中。

　　珠璎的款式很多样（图204），虽然出土的实物资料很少，但是保存在了图像资料中。理论上讲，当时的佛教或者仙道画中的女性人物的装饰品与现实生活中的妇女装饰有一定联系，而前者可能有更多想象和夸张的成分。宋代的《维摩演教图卷》中文殊菩萨及侍女戴有珠璎，可能是当时生活中妇女装饰品的提炼。这些珠璎与后来元代山西洪洞县的水神庙壁画人物装饰很类似，而那些壁画中的女子形象正是当时俗世人物的写照，可印证"珠璎"在宋元乃至明清都很流行，并且保留了基本的构成方式，也就是银项圈与珠子特别是珍珠的设计组合。

　　与我们通常想象的不同，作为贵金属之一的银，其开采难度和加工难度实际上比黄金要高，因而在高古时期，银的使用和工艺品制作不及黄金普及。但是银矿在宋代的大量开采提供了制作装饰品诸如珠璎之类的材料来源，大宋元丰年间，银矿场分布于68个州（京、府、军），银总收入量达21万余两，矿点和产出均在唐代的两倍以上。福建是当时银矿的富产地，现今闽北有多处古代矿点被发现，宋代赵彦卫的《云麓漫钞》曾记载了采银的情形，"取银之法，每石壁上有黑路，乃银脉，随脉凿穴而入，甫容人身，深至数十丈，烛光自照。所取银矿皆碎石，用臼捣碎，再上磨，以绢罗细。然后以水淘，黄者即石，弃去；黑者乃银，用面糊团入铅，以火煅为大片，即入官库。俟两三日，再煎成碎银，每五十三两为一包"。文献记载了取矿和从原矿中萃取纯银的方法。古人采矿多采用火烧岩壁，然后浇水冷却，利用热胀冷缩原理崩开岩石取得原矿。而宋代中国人已经掌握了火药技术，这时很可能是利用硝一类的火药炸开岩石取得原矿。作为贵金属的银在宋以后不仅是装饰品和其他手工艺品的主要原料，也是中国主要的货币形式之一。

宋朝玉料的难得反而促成了更加多样的材料和工艺的开发，民间使用珠玉装饰的品种和精巧程度并不比皇家逊色。周密的《武林旧事》卷二描写元宵赏灯时妇女着装打扮特别是装饰品名目繁多、丰富动人，"元夕节物，妇人皆戴珠翠、闹蛾、玉梅、雪柳、菩提叶、灯球、销金合、蝉貂袖、项帕，而衣多尚白，盖月下所宜也"。以至于赏灯之后，满地遗珠，"至夜阑则有持小灯照路拾遗者，谓之'扫街'。遣钿坠珥，往往得之"。宋代的妇女装饰风尚变化很快，大胆新颖，往往得风气之先。端拱二年（公元989年），朝廷曾令"妇人假髻并宜禁断，仍不得作高髻及高冠"，大概是这种假发的式样太夸张，朝廷下令禁止，以正风气，但是禁而不止，愈演愈烈。袁褧的《枫窗小牍》说"汴京闺阁汝抹凡数变"，南宋的周辉在他的《清波杂志》[96]谈到，从他孩提时，"见女妇装束，数岁即一变"，商业的发达使得宋代的妇女上至皇家贵戚，下至里巷娼优，可选择的个人装饰品名目繁多，不一而足。

这种风气助长了珠子的需求量，《梦粱录》卷十三《铺席》说南宋临安，"自融和坊北，至市南坊，谓之珠子市，如遇买卖，动以万数"，珠子在当时的需求程度可见一斑，并且还出现可专门给珠子打孔的 "散儿行"，制作珠子的分工十分细致。这里所谓"散儿行"是针对珠子售后加工的行业，由于玻璃珠子一般是预留孔，成品珠子无须再打孔；而玛瑙、水晶一类半宝石珠子的制作是切料、成型、抛光、打孔都在同一作坊经不同的工序完成，无须后期再专门打孔，可知"散儿行"加工的该是还未打孔的天然珍珠，也就是"珠璎"的主要构件。

如果我们还记得春秋时期那个因佩戴了超越自己身份的玉环而被父亲处死的贵族公子壬，就会发现此时的装饰佩戴制度是多么的宽容。民间百姓可以佩戴任何自己中意的装饰品，即使用不上最上等的材料和做工，替代品也有花样繁多的选择。如果说宫廷装饰是贵不可及的，也只是在材料上更加昂贵，工艺上更加考究。尽管皇家贵戚的个人装饰品极尽奢华，但是其装饰风格已经世俗化，我们再也不会看到西周的神秘庄严、战国的张扬霸气、汉代的凝重舒缓、魏晋的简约清雅；中古以后的个人装饰品是制度化、程式化和世俗化的，它们华美精致但不再是天子贵戚的专有，民间富商巨贾、寻常人家都可佩戴。从宋代开始，官修《舆服志》中都有屡禁民间某某材料和风气的规定，反证了装饰品世俗化、市民化的程度。作为身份标志的个人装饰品的神秘感正在消失，唯有材料的精选、工艺的堆砌、细节的繁复能够造成无以复加的华丽效果，这时的宫廷中生活化的装饰品是民间审美的风向标。但皇帝在正式场合佩戴的冠冕朝服却没有人喜欢，因为它们没有世俗温情，既不舒适，也不动人。

---

96 《清波杂志》是宋代周辉的笔记杂记，书中记载了宋代的名人轶事、典章制度、风俗物产和手工艺资料。自唐代开始就有三十六行的记载，《清波杂志》记录临安的各种行业，其中珠宝行和玉石行是分开的，这时的珠宝在民间已经是专门意义上的首饰制作行业，而不同于早期的珠串一类。

## 第四节　宋墓和地宫中的水晶珠

　　水晶珠和水晶装饰件在宋代十分流行，虽然这些水晶珠的工艺和盛行程度从某种程度上讲都不及战国，但流行的地域跨度却很广。这种风气应该与宋代发达的海上贸易和西域陆上交通的阻断有关。由于玉料的短缺，社会各个阶层对奢侈品的需求增加，使得宋人通过贸易寻找其他珍贵材料来代替中国人一直偏爱的玉，这些材料一般是水晶玛瑙一类的半宝石。宋代流行水晶的风气也反映在皇家舆服制度中，连皇太子的衮冕都是"前后白珠九旒，二纩贯水晶珠"，这是前朝未曾使用过的。周密在《武林旧事》第一卷记载皇家庆寿典礼中的仪仗用具就有"水晶骨朵"，这种呈多面体球形的水晶制品在辽代皇家和贵族礼仪中也能见到。

　　与唐代的情况一样，常有宋代用于地宫供奉的水晶珠的出土记录。在佛教经典中，水晶珠也称"摩尼宝珠"，《杂宝藏经》说它出自摩竭鱼之脑中，而《大智度论》卷五十九说如意宝珠或由龙王之脑中而出；或为帝释天所持之金刚，破碎后掉落而得；或为佛之舍利变化而成，以利益众生。这种如意宝珠还是如意轮观音、马头观音、地藏菩萨所持之物，能满足众生意愿，是供奉的必备物之一。由于水晶珠被赋予如此丰富而非凡的宗教意义，它在唐宋时期的佛教地宫中时有资料出土便不足为怪。现有的出土资料也多来自地宫或大墓，位于庐山西北的天池山脊的一阁式石塔，五层六面，塔刹呈宝瓶状，高20余米，建于宋建炎年间（公元1127—1130年），为宋丞相韩侂胄所建，塔内藏有银佛像、宋币和水晶珠等物。山东汶上县太子灵踪塔内也出土有供奉用的水晶珠串。除了地宫，出在大墓中的水晶珠和水晶饰品，最著名的是南京江宁上坊宋墓，考古学家怀疑为秦桧家族墓，墓内出土大量水晶珠、水晶坠和其他水晶饰件，其中一件镂空凤鸟形水晶佩尤其精美，构思巧妙，工艺精湛，晶莹可人（图205）。

　　从唐代开始，江西制瓷手工业逐渐取代浙江。由于北宋都城东迁汴梁，改变了与南方的交通，江西经济得到进一步发展，尤以制瓷手工业最为突出。吉州窑和景德镇窑是当时最著名的窑口，景德镇自宋开始成为全国的制瓷中心，是名副其实的"瓷都"。制瓷工业的兴盛带来了其他商品的贸易和消费，装饰品开始出现在这一地域的富商或官宦大墓中。江西波阳宋墓和安徽合肥宋墓都出土不少水晶珠和水晶佩饰（图206、图207、图208），而这些珠子与辽代契丹贵族的水晶珠、天津蓟县（今蓟州区）独乐寺塔出土的水晶珠（图209）在形制、工艺、质地上都很一致，特别是一种果核状的小水晶坠，均是在果核一端的最尖处打有细孔，与圆形水晶珠穿系在一起。这些水晶珠和小水晶坠的工艺并不很精细，打孔和表面抛光都比较粗糙，水晶的选料也精粗不一。另外就是用水晶制作的小动物饰件，诸如水晶兔、水晶鸟等也能在这几个不同地域看见。但是与那些水晶珠不同，这些动物造型的水晶坠饰选料上乘、做工精细，纹饰刀工完全是中原玉作的传统。由于同时期的印度和西亚多有相同形制和工艺的水晶珠，却不见相似的小动物饰件，怀疑水晶珠多是通过贸易得来，而水晶动物疑是中原玉匠使用传统玉作工艺自己制作的。

图205　南京江宁上坊宋墓出土的镂空凤鸟形水晶佩。高约5厘米。该水晶佩为双凤对称造型，镂空工艺，抛光细致，为宋代水晶佩饰的上乘作品。南京市博物馆藏。

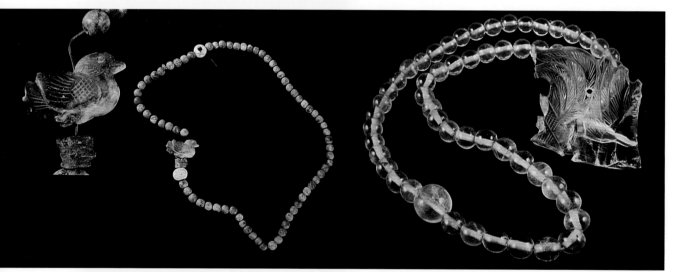

图206　江西波阳宋墓出土的水晶珠串与水晶佩。珠子直径0.9 —1.4厘米。水晶珠在宋代一度流行，与宋代海上贸易的发达和水晶本身作为佛教供奉的意义有关。江西博物馆藏。

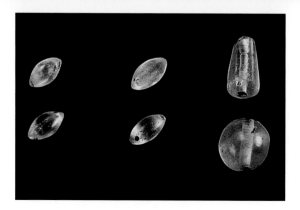

图207　安徽合肥宋墓出土的水晶珠。珠子长1.13 —1.55厘米。图中居左的果核状小水晶坠在北方辽墓和西南大理国等广泛地域内均有出土，这种珠子的打孔很有特点，均是在果核最尖端处，孔径十分细小。这种珠子在同期的西亚和中亚地区也有很多出土记录，应为中亚制作的贸易珠。安徽博物馆藏。

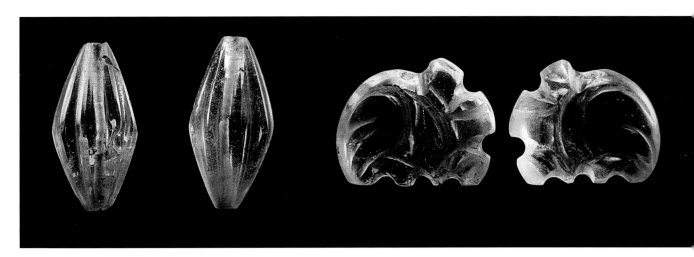

图208　安徽省青阳县藤子京家族墓出土的水晶珠和水晶小动物件。珠子高2.3厘米，最大直径1.2厘米。安
徽省青阳县博物馆藏。

图209　天津蓟县辽代独乐寺塔出土的水晶珠。圆珠直径0.4—1.1厘米。其中形制类似小果核的珠子在宋代
中原和南方以及地处西南的大理国都有出土资料，可能是来自中亚或印度的舶来品。

## 第五节　宋人的珠帘和琉璃手工

我们在前面叙述过唐人的珠玉情结，宋代的文人雅士延续了这种风气，且有过之而无不及。《东京梦华录》有"举目则青楼画阁，绣户珠帘"，"珠帘"一词在宋人的诗词中出现的频率很高，几乎所有宋代诗词名手都有过把《珠帘》当成写作背景的经验，甚至"水晶帘"、"真珠帘"已成为词牌名。陆游全集就有两首"真珠帘"，晏殊的词集甚至就叫《珠玉词》，其中不乏"幽会处、两情多少。莫惜明珠百琲，占取长年少"的闺情诗词。毛滂有"玻璃山畔，夜色无由到。深下水晶帘，拥严妆，铅华相照。珠楼渺渺，人月两婵娟，尊前月，月中人，相见年年好"。诗人在一首小令中不仅有"玻璃"和"珠楼"，"珠楼"上用的还是"水晶帘"，好似清澈明净的梦幻世界。前蜀张泌有一首《南歌子》写得很美，"柳色遮楼暗，桐花落砌香。画堂开处远风凉，高卷水晶帘额，衬斜阳"。诗人先写远景，再写近物，透过画堂前的水晶帘远望帘外楼影，还有风送暗香穿透水晶珠帘而来，诗人营造的诗意黄昏，水晶帘功不可没。

再数几首宋词中的"珠帘"。欧阳修的《圣无忧》，"珠帘卷，暮云愁。垂杨暗锁青楼，烟雨濛濛如画，轻风吹旋收"。晏殊的《蝶恋花》，"草际露垂虫响遍。珠帘不下留归燕"。张先《蝶恋花》，"楼上东风春不浅。十二阑干，尽日珠帘卷"。范成大的《浣溪沙》，"膜下珠帘护绮丛。花枝红里烛枝红"。晁补之有"水晶帘不下，云母屏开，冷浸佳人淡脂粉"。最著名的还有那位诗情才情俱佳的亡国皇帝南唐后主李煜，"庭空客散人归后，画堂半掩珠帘。林风淅淅夜厌厌。小楼新月，回首自纤纤"。他写自己的亡国之痛最情真意切，"秋风庭院藓侵阶。一任珠帘闲不卷，终日谁来"。其父李璟为南唐中主，也是诗词能手，有朗朗上口的《摊破浣溪沙》，"手卷珠帘上玉钩，依前春恨锁重楼。风里落花谁是主？思悠悠。青鸟不传云外信，丁香空结雨中愁。回首绿波春色暮，接天流"。

宋人真可谓满目"珠帘"。不要以为诗人所谓的"真珠"（珍珠）、"水晶"之类的珠子就一定是珍珠和水晶这样的天然材料制作的，这种珠帘大量出现，一定不会是太昂贵的材料。《宋史·五行志》说，"绍熙元年，里巷妇女以琉璃为首饰"，可知当时的琉（玻）璃制品很普及，以至于能够流行到市民阶层的"里巷妇女"头上。从出土资料看，宋代出土很多琉璃发簪一类的首饰，应该就是《宋史·五行志》中提到的琉璃首饰。琉璃首饰、琉璃灯和琉璃珠子的普及，使得宋人诗词中满眼"绣户珠帘"。南宋周密追忆都城临安城市风貌的《武林旧事》有专门描写元宵灯会一节，"灯之品极多，每以'苏灯'为最，圈片大者径三四尺，皆五色琉璃所成"，"又有幽坊静巷好事之家，多设五色琉璃泡灯，更自雅洁，靓妆笑语，望之如神仙"。而灯品中有"珠子灯则以五色珠为网，下垂流苏"，说明苏州一带普遍已经能够自己生产比较大型的琉璃制品，以至于街径小巷处处可见"五色琉璃泡灯"和"珠子灯"之类，生产"珠帘"一类产品应该不是难题，不仅可以用琉璃模仿各种半宝石效果，而且在色彩和形制上比天然珠子更多变化，推想那些诗人词人笔下眼中的"水晶帘""真珠帘"之类都是江南一带能工巧匠的作品。

## 第六节　南宋的海运和琉璃珠贸易

南宋是海上贸易非常发达的时期，促成这一现象的一个重要原因是"靖康之变"[97]之后每年针对北方游牧政权金朝的巨额赔款。作为农业民族的南宋，农产品能够产出的价值十分有限，只有依靠商业贸易产生大额硬通货币才能支付每年的赔款数额。当时的西域被西夏人阻断，陆上贸易已经不可能，南宋借助海运技术的成熟和瓷器、丝绸等大宗贸易品为南宋王朝赚取赔付所需的岁银。海上贸易不仅使得南宋能够暂时得以偏安，也促进了社会经济的迅速发展（图210）。

早在唐代，官方就专门在广州设立了管理海上贸易的机构——市舶司，其主要功能相当于现代的海关和海事管理机构。宋代扩大了市舶司的设置范围，除了广州、杭州、明州、泉州、密州等港口都设有市舶司，秀州、温州和江阴等地还设置了市舶务这种下级单位。借助航海和造船技术的成熟，南宋建立起了一只当时世界上最大规模的船队和庞大的海上贸易网络，东起日本、朝鲜，西到阿拉伯半岛、非洲东海岸，都有中国海船到达。20世纪80年代，广东阳江海域发现了一艘宋代的巨大沉船，命名为"南海一号"。这是一艘远洋货船，船体巨大，载量可观，初步探测，整船装载文物5万到8万件，相当于一个省级博物馆藏品的总量，其运载能力是往返于丝路上号称"沙漠之舟"的驼队所无法比拟的（图211）。

早在阿拔斯王朝（750—1258年）时期，阿拉伯人即与中国发生贸易关系，经海路到广州、泉州、扬州等地经商，这些港口城市都有阿拉伯人留居中国。在巴格达还设有专卖中国货的市场。宋朝廷曾经派使臣到南海诸国招徕外商，与大食（阿拉伯）、古逻（马来西亚的西南部）、阇婆（爪哇）、占城（今越南中部）、三佛齐（在今苏门答腊）及印度等国建立了贸易关系，用中国的茶叶、丝帛、瓷器等换取海外的香药、犀象、珊瑚、玛瑙、琥珀、玻璃、苏木等物。《宋史·食货志》记载，当时陶瓷已经作为大宗商品输往东南亚各国，"四年（971年）置市舶司于广州，后又于杭州、明州置司，凡大食、古逻、阇婆、占城、勃泥（婆罗洲）、麻逸（菲律宾的吕宋岛至民都洛一带）、三佛齐诸番（苏门答腊），并通贸易，以金、银、缗线、铅、锡、杂色帛、瓷器、市香药、犀、象、珊瑚、琥珀、珠琲、镔铁、鼍皮、玳瑁、玛瑙、车渠、水精、蕃布、乌樠、苏木等物"，这些奢侈品源源不断地流入南宋境内，其中水精（水晶）、琥珀、玛瑙、珊瑚等天然宝石珠子在江南一带时有出土（图212）。

---

97　"靖康之变"也称"靖康之耻"。北宋宣和七年（1125年），金朝攻北宋，宋徽宗退位，长子赵桓在十二月十三日继位，后庙号宋钦宗，年号靖康。靖康元年（1126年）十一月北宋遭到十几万金军攻打，于月底攻至皇都开封。仍保有大片国土的大宋钦宗，十二月正式向金国投降。交付开封全城尽毁兵器，搜刮城内金银贡献于金军，承认割让北方太原、中山与河间三镇，以及河北、河东，北宋失去传统上作为政治中心的整个华北，是为"靖康之变"。康王赵构借勤王之名拥兵自守一路南逃，1127年，赵构（宋高宗）在应天府称帝，年号建炎，后定都临安，史称南宋。1141年，南宋与金订立和议规定：东起淮水、西至大散关以北的土地归金朝统治；南宋皇帝向金称臣；每年向金输纳岁币银、绢各二十五万两、匹。史称"绍兴和议"。

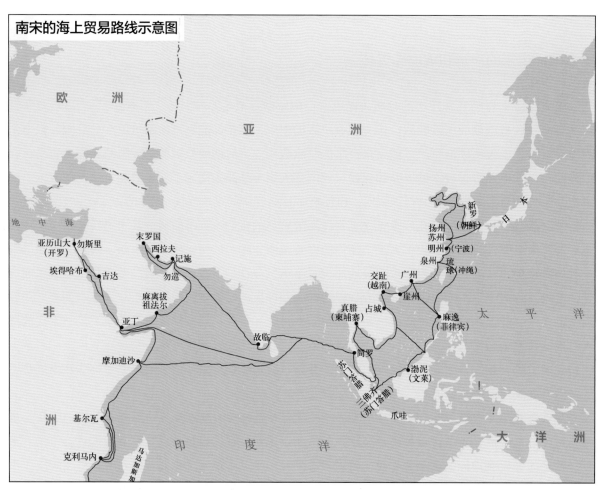

图210　南宋的海上贸易路线示意图。南宋建立起了庞大的贸易网络，航线所及的国家和地区多达100多个，这些复杂的海运路线和贸易商品被记录在了泉州市舶司提举赵汝适于南宋宝庆元年（1225年）著成的《诸蕃志》中。

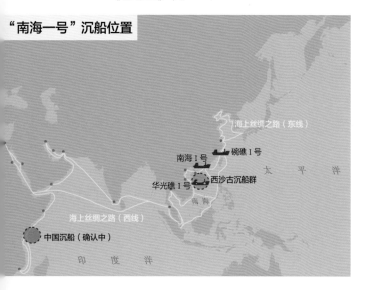

图211　"南海一号"的沉船位置。"南海一号"是20世纪80年代在广东阳江海域发现的一艘宋代远洋货船，船体巨大，载量可观，装载文物5万到8万件，相当于一个省级博物馆藏品的总量。"南海一号"也是我国第一次大型的水下考古，它的成功发掘填补了我国水下考古领域的空白。

图212 宋代的琥珀珠。江苏宜兴市和桥出土。公元11世纪。珠子为天然琥珀，橄榄形10粒，圆形1粒，腕饰。可能是海上贸易的舶来品。南京博物院藏。

《诸蕃志》由宋代泉州市舶司提举赵汝适于南宋宝庆元年（1225年）著成，分上、下两卷，卷上志国，卷下志物，涉及158个国家和地区的物产和风土人情。其中中国贩往中印半岛、马来半岛、菲律宾群岛、东印度群岛等东南亚国家的货物，"博易用瓷器、皂绫、缬绢、五色烧珠、铅网坠、白锡为货"，所谓"五色烧珠"就是我们前面提到的琉璃珠，这些贸易珠在最近一些东南亚国家有不少出土记录。菲律宾于20世纪开始了对出土的玻璃珠的研究，当地大量出土中国宋代的琉璃珠，数量几乎与当时最著名的印度制作的"印度—太平洋珠"平分秋色。后者除了东南亚地区，也曾大量出现在中原地区，我们在"洛阳永宁寺的玻璃珠"一节中有过叙述，这种珠子可称得上是时间跨度和地域跨度最广泛的贸易珠。

西方研究古代玻璃的学者认为，铅是判断中国玻璃珠的重要线索，它很少用于西方的玻璃制作。铅是玻璃制作的几种原料之一，它能够使产品外观更加鲜艳，并使料块更容易熔化和加工。铅的使用使得玻璃的工艺难度相对降低而更容易普及，许多以家庭为单位的手工小作坊只要得到制作玻璃料块的大作坊的半成品原料的支持，就能制作成品，这可能是琉璃珠在宋代相当普及的原因之一（图213、图214）。东南亚出土的最早的中国玻璃珠是外观像线圈或者螺旋的小珠子，看上去像是从弹簧上截下的一段，西方学者称为"coil beads"，这种珠子在东南亚各地经常被发现（图215）。从南宋开始，中国的玻璃烧珠在南亚诸岛逐渐取代了印度生产的"印度—太平洋珠"的优势地位。这些被分析为高铅含量的珠子在东非一些地方也被发现，它们大多呈蓝色，所使用的也是"缠绕"（coil beads）技法，符合古代中国生产的贸易珠的特征。另一种暗红色的半透明珠子可能是在苏州生产的，其用意是模仿红宝石，大约产于11世纪早期，它们在菲律宾被大量发现，占同一地点出土珠子数量的15%。这种使用铜作为着色剂的珠子不及使用黄金和硒作为染色剂的珠子华丽漂亮，但是颇为流行。

图213　南宋琉璃方胜。浙江衢州宋墓出土。宋代的琉璃制品使用的是一种本土配方的低温玻璃工艺，当时仍称为"琉璃"，这种工艺生产的玻璃制品不如西方玻璃透明和耐高温，一般不能作为容器类的实用器使用，而多制作花灯和珠子、簪子一类的小装饰品。

图214　宋代的琉璃珠（玻璃珠）。宋代瓷器发达，形制和纹饰丰富，以雅致为审美风尚。宋代的琉璃珠和琉璃装饰件也多以色彩淡雅、纹饰细腻见长。

图215　宋代用于海上贸易的琉璃珠。它们被西方装饰品研究者称为"coil beads"，螺旋形盘绕的形制是这种珠子的特征，在现今的南亚各国经常被发现。铅含量是判断古代中国生产的琉璃珠的方法之一，与印度和西方同时期的产品相比较，这种珠子的铅含量相对较高，几乎是西方玻璃的数十倍。私人藏品，作者提供。

　　虽然现在还没有宋代的玻璃作坊遗址被发现，但文献记载南宋用于海上贸易的玻璃珠的产地是广州、泉州、苏州等几个沿海城市。特别是苏州，我们在前面一节和第十三章第四节"玻璃和琉璃的称谓问题"中都提到苏州生产琉璃（玻璃）的情形，琉璃珠和琉璃饰品在宋代已经普遍流行于民间，生产数量可观的贸易珠应该不是问题。根据南亚和东南亚各民族的喜好，南宋销往当地的珠子在色彩上都有针对性，比如，"大槟榔为诸蕃之冠，货用金、贝子、红白烧珠之属"，而"班达里"（今属印度）条说，"贸易之货，用诸色缎、青白磁、铁器、五色烧珠之属"。这些通常被西方装饰品研究者称为"coil beads"的珠子所使用的"缠绕"技法区别于当时印度南方生产的、同样用于贸易的五色玻璃珠即所谓"印度—太平洋珠"，两者由于不同技法造成的不同外观很容易被区别开来。

## 第七节 辽金贵族的项饰和组佩

辽国契丹人源于鲜卑柔然部，与他们游牧的祖先一样，他们最初生活在北纬42度以北的欧亚草原上。由于移动的生活状态和无法自足的游牧经济，他们必须与定居民族发生各种贸易交换，但有时候他们会选择比交换更加直接的办法——劫掠。当定居民族只能定期在他们耕耘农田的人民当中招募军队时，游牧民族是全民皆兵，无疑他们是最具攻击性的民族。他们是天生的马上弓箭手，从公元前的匈奴人到5世纪的鲜卑族，而今的契丹人和后继者女真人、蒙古人，在火器发明以前的上千年时间里，他们一直对定居民族保持着军事上的优势，无论是绵延万里的长城还是厚重笔直的城墙都没有能挡住他们。

移动民族最为珍视的就是手工艺品，与固着在土地上的定居民族不同，他们游牧在欧亚大草原上。他们对土地和房屋这样的财产没有概念，能够跟随他们一同游牧的是他们的马匹、帐篷和手工艺品。而制作这些手工艺品的匠人对于他们就显得尤为特殊和重要。一般而言，游牧民族并不出产职业工匠，他们可以制作诸如毛织物、弓箭或者其他自然经济状态下的手工制品，但是像金器、玉器乃至武器一类需要分工协作的专门的手工艺门类却大多不是他们自己所能为。这并不是说他们不如定居民族擅长巧思巧作，是游牧的天性使得他们无法像定居民族那样安静地坐下来对某件东西进行精致的研磨和加工，而且他们也无法像带走他们的帐篷那样将手工作坊带在身边。所以在这些游牧民族成长为强大的军事力量大举南下之前，他们的手工艺品往往是交换和劫掠的结果。

辽的手工艺品的突然兴盛是在取得燕云十六州之后。建立了国家的契丹人在舆服制度上采用了汉辽两制，《辽史·仪卫志》说，"皇帝与南班汉官用汉服，太后与北班契丹臣僚用国服"，而汉服沿用的是五代和两晋的中原制度。虽然契丹人一如以往那样仍然偏爱水晶、玛瑙这样的半宝石和金银等贵重金属，但是中原历来视玉为最高等级的装饰习惯被他们接受，契丹人的舆服制度规定只有五品以上官员才可用玉，可见他们对玉的珍视程度。契丹人的玉器采用了本民族喜欢的题材和造型，比如"春水""秋山""刺鹅锥""臂鞲"一类与狩猎有关的题材和造型都是中原不曾有过的，但玉器的工艺制作明显是唐代的延续，这些玉作应该是居住在燕云十六州的汉人工匠所为，辽的手工艺品正是在取得燕云十六州以后兴盛起来的。汉人工匠系统最明显的传统反映在辽的瓷器上，那些北方窑口瓷器采用的是契丹人所喜爱的题材和装饰，而保留着汉人工匠的工艺和造型。就像游牧的斯基泰人的金匠多是希腊人那样，欧亚草原东端的游牧民族当中的手工艺人成分可能更复杂，他们既有来自中原擅长瓷器和玉作的汉人，也有来自西方擅长金银和织锦的波斯人。

契丹人对珠子的偏爱表现在他们对贵族组佩的重新理解和诠释上。虽然契丹人采用了中原在装饰品等级上的办法，但他们的组佩完全不是中原人的审美和装饰概念，他们选择了自己的方案。契丹贵族的项链和腰上的组合挂件都是中原汉人所没有过的装饰样式，包括许多材质的选择。契丹人如何称谓他们那些名目繁多的装饰品不得而知，《辽史·仪卫志》中提到过"珠翠""玉珮""金花""水晶""靛石"等各种名称，多指材质而非具体的饰品名称。有人将契丹人项饰称为"璎珞"，但《辽史·仪卫志》中有关舆服的记载没有出现"璎珞"一词，这种称谓可能并不规范。契丹人崇信佛教（图209、图216），除了汉地的装饰品题材，像摩竭耳环、琥珀项饰、盾面指环等是他们所特有。与所有游牧民族一样，契丹人偏爱黄金等贵重金属，此外就是玛瑙和水晶等半宝石材料，他们的个人装饰品特别是珠子大多使用水晶和玛瑙制作，无论是水晶珠还是玛瑙珠都区别于汉地中原的形制（图217）。

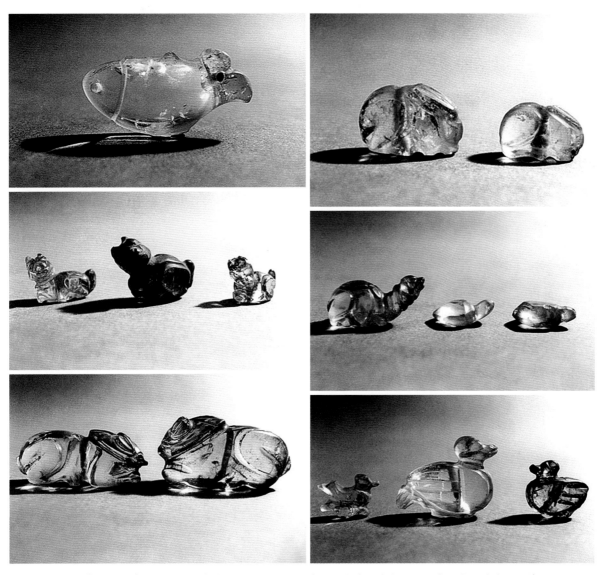

图216　辽宁省朝阳寺朝阳北塔地宫出土的辽代水晶小兽。辽代佛教密宗兴盛，寺塔多以曼荼罗供养。20世纪80年代发现的朝阳北塔便是一个完美的曼荼罗世界，出土各种珍宝供养物数以万计，这些供养物均有各自不同的意义。朝阳北塔被称为研究辽金时期佛教文化的标本。

图217　辽代契丹人的玛瑙珠、玛瑙管和镏金珠子。契丹人偏爱玛瑙和水晶材质，珠子的形制则偏爱"瓜棱"形和长管等。图中的珠子为辽代契丹人最典型的珠子形制。私人收藏，藏品由洪梅女士提供。

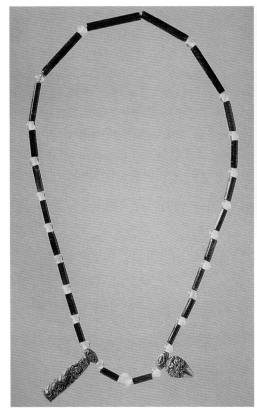

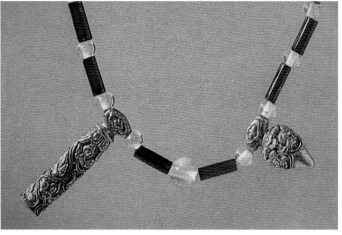

图218　辽代陈国公主墓出土的穿系有黄金坠饰的水晶玛瑙璎珞。这种穿系有左右不对称的"心形坠"和"T形坠"的项饰是辽代的典型样式，其中所谓"心形坠"和"T形坠"是辽代契丹人特有的形制，它们的形制和穿系方式所代表的意义为何，目前大多猜测与宗教有关，但无法确定其具体含义。这种"心形坠"和"T形坠"除了用黄金等贵金属制作，还有黄金镶嵌半宝石和玛瑙、水晶等工艺和材质。

辽代最典型的项饰和珠子样式的出土资料是陈国公主墓。1986年发掘的辽代陈国公主与驸马萧绍矩合葬墓，位于内蒙古自治区哲里木盟（通辽市）奈曼旗青龙山镇。该墓为大型多室砖砌壁画墓，保存完好，随葬品丰富。墓内公主和驸马均穿契丹贵族特有的金银殡葬服饰，有鎏金银冠、金花银枕、金面具、金花银靴、罩全身的银丝网络及金银蹀躞带、金銙丝带等，佩戴琥珀耳坠、璎珞、珍珠项链、金戒指、金钏等饰物和玉、玛瑙、琥珀、水晶佩饰，并有大量金银器、木器、陶瓷器、玻璃器等随葬，是迄今发现的最完整的契丹贵族殡葬服饰之一。其中最典型的是穿系有左右不对称的"心形坠"和"T形坠"的项饰（图218），这种特殊形制的项饰由多种材质制作，包括水晶、玛瑙、琥珀、贵金属等，贵金属镶嵌半宝石也经常见到。由于文献中没有关于"心形坠"和"T形坠"的任何记载和解释，我们暂时还无法知道这两种形制的坠子以及它们左右不对称的穿系方式寓意为何，目前对它们的猜测大多以为与宗教有关，但是究竟与哪种宗教有关和所代表的具体意义，抑或就是契丹人在接受佛教兼容道教之前就有的原始信仰的护身符也未可知。

《金史·舆服志》相对简略，但也一应俱全。金人的装饰可能部分取自辽代契丹人，如"春水之服"和"秋山之服"的题材，包括腰带上带板纹样也"刻琢多如春水秋山之饰"。但金人头戴"顶珠"是其旧习，"当横额之上，或为一缩襞积。贵显者于方顶，循十字缝饰以珠，其中必贯以大者，谓之顶珠"，这种装饰习惯很可能是后来清朝臣官帽顶子的来源。《舆服志》还格外严令"女直人（女真人）不得改为汉姓及学南人装束，违者杖八十，编为永制"。衣服基本样式为"直领，左衽"，与汉人的右衽相反，早在战国孔子就曾描述过北方民族"披发左衽"的形貌，被中原视为未开化的样式。《舆服志》另有"年老者以皂纱笼髻如巾状，散缀玉钿于上，谓之玉逍遥"，"玉逍遥"得名显然是受汉文化的影响。

## 第八节 云南大理国的珠子

古代云南对于中原而言，一直是一个神秘的所在。中原的官方文献对这里时有记载，《宋书》有专门的"大理国传"，之前有《旧唐书·南诏蛮》《新唐书·南诏传》对大理国之前的南诏国的记载。大理国于937年由段思平建立，其政治中心在洱海一带，都城大理，疆域大约领有现在的云南、贵州、四川西南部、缅甸北部以及老挝和越南的少数地区。1253年，忽必烈"革囊渡江"征云南，灭大理国。

早在大理国之前的唐代开成元年（公元836年），当时的南诏就已经佛教鼎盛。据称"劝民每家供佛像一堂，诵念经典，手拈素珠，口念佛号"。从最早由印度传来的密宗到中原传来的华严、净土宗，从北面西藏传入的藏传佛教到南面东南亚盛行的南传上座部佛教，佛教的各个派别在这一地域内都能找到踪迹，留下的佛教遗迹之多，令人叹为观止。元代郭松年在他的《大理行记》中写到，"此邦之人，西去天竺为近，其俗多尚浮屠法，家无贫富皆有佛堂，人不以老壮，手不释数

图219 《大理国梵像图卷》局部，南宋，张胜温，纸本设色，台北"故宫博物院"藏。所选局部为大理利贞皇帝（段智兴）率领扈从礼佛图的场面，图中人物衣着端庄，装饰华丽，手持法器，一派佛国安然。

珠，一岁之间，斋戒几半"。风气之盛，可见一斑（图219）。

《南诏野史》说大理国第一代国王段思平笃信佛教，"好佛，岁岁建寺，铸佛万尊"。公元1056年，星逻（今泰国）国王耶多曾两次到崇圣寺迎佛牙，大理国王段思廉以玉佛相赠。由于大力倡导，佛教在大理非常盛行，大理国22代国王中，有9位出家到崇圣寺当和尚，其中包括著名的第十五代王段正淳（也就是金庸《天龙八部》中的段誉之父）和第十六代王段正严（《天龙八部》中的段誉）。甚至第二代王段思英，即位一年就到崇圣寺出家。这些国王固然都是笃信佛教，特别是争夺王位的斗争失败后，崇佛成为唯一的解脱和出路，因而史书上有"逊位为僧""避位为僧"的记载。明代传抄的大理国时期的佛教经典《大灌顶仪式卷》，记载了国王举行灌顶仪式的复杂场面，这么多国王出家，在佛教史上也是独有的奇特现象，因此也吸引了东南亚、南亚香客到崇圣寺"朝圣"，崇圣寺成了东南亚、南亚推崇的"皇家国寺"。

在这样的宗教背景下，寺塔地宫便成了宝藏的富藏地，无论是王室捐赠还是商贾赞助，寺院都成了保存文化、技艺和珍贵文物的地方。1978年云南大理市崇圣寺三塔维修，在千寻塔顶部出土了一批文物，这是迄今为止发现的数量最多、文化内涵最丰富的南诏大理国文物。这次发掘工作是在距地面69米高空的塔顶进行，被称为"空中考古"。出土的文物有：造像、写经、刻文、符咒、纺织品、铜镜、瓷器、钱币、印章、塔模、法器、金银饰品、珠宝、药物、生活用品、生产用品等，共计680余件。其中不乏各种半宝石珠子，特别是被佛家视为"七宝"的水晶、玛瑙珠子和饰件

（图220、图221）。这些珠子从形制、材料和工艺特征来看，相当部分可能是来自印度或中亚的舶来品。大理国遗留了不少寺塔一类的地表文物，但墓葬资料很少见，这大概与佛教葬俗多为火葬有关。除了地宫文物和文献中保留的文字资料，还有《南诏国史图传》《张胜温梵像图卷》等珍贵的图像资料直接再现当时的文化风貌。

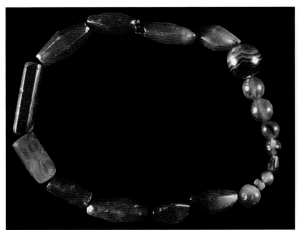

图220　云南省大理市三塔出土的玛瑙珠串。水晶、玛瑙被佛家视为"七宝"，多用以供奉。类似的珠子在广泛的地域都出现过，同时期的北方辽金和南方其他地方也有出土。从珠子的形制、材质和工艺特征来看，多是来自印度的舶来品，这些珠子的形制延续了数百年时间，从汉代到宋元，中亚和印度一直在制作这些形制的珠子。云南省博物馆藏。

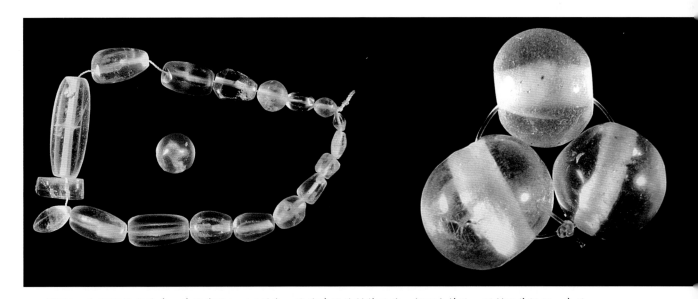

图221　大理国的水晶珠。珠子直径1—1.5厘米。这些珠子的制作工艺一般不太精致，形制不甚规矩，表面抛光略显粗糙。珠子应为印度或中亚的舶来品，跟其他中亚和印度舶来的珠子一样，在广泛的时间和地域流传。云南省博物馆藏。

# 第十一章　元明的珠子

（公元1206年—公元1644年）

## 第一节　元代的珠子

　　元代的珠子实物资料不多。《元史·舆服志》按元人自己的说法是近取宋、金的制度，皇家贵族珠玉一类装饰应该是不少的（图222），但实物资料却不多，而民间的资料更少。这似乎不合逻辑，蒙古人游牧出身，珠子这样的小装饰是他们最擅长和喜欢的，13世纪的意大利旅行家马可·波罗在他著名的游记中多次描写了大汗朝廷广阔的地缘上充满了来自印度的珍稀品交易实况，它们是珠子一类的宝石、天然珍珠、各种药物和香料等，可知当时的贸易十分发达。而草原民族与外部的贸易乃至战争交流并非元代才有，千年来这里就是武器和珠子一类手工艺品的贸易市场。实物资料的匮乏，究其原因，可能与蒙古人的葬俗有关。

　　蒙古人有"其墓无冢"的神秘葬法，清代冯一鹏的《塞外杂记》说，"元人于陵墓所在，不令人知，葬后必驱万骑踏之使平，至草长无迹乃已"。成吉思汗入葬的故事更加神秘，元末明初的学者叶子奇《草木子》一书记载，成吉思汗死后，不用棺椁，而是"用木二片，凿空其中，类人形大小合为棺，置遗体其中"，挖一深坑埋入，不起坟茔，"葬毕，以万马柔（蹂）之使平。杀骆驼子在其上，以千骑守之，来岁草既生，则移帐散去，弥望平衍，人莫知也。欲祭时，则以所杀骆驼之母为导，视其踯躅悲鸣之处，则知葬所矣"。由于不起坟茔，后人祭奠时无法找到墓地的具体地点，于是下葬当初就在墓地将一只小骆驼杀死在母驼面前，然后万马踏平墓地，并留兵驻守，等到来年墓地的草木生长茂盛如初才撤去帐篷离开墓地。如果后人祭祀，就牵来当初丧子的那头母骆驼，当她悲鸣不去时，就知是大汗墓地所在。何其残忍和神秘的大汗墓地！文献记载给后人留下了

图222 元世祖皇后像。元世祖后徽伯尔头戴珍珠饰罟罟冠，身着金锦衣缘朱袍，面容丰满，神态雍容。元代妇女的服饰色彩鲜艳、装饰华美，头饰喜用黄金白银等贵重金属和珍珠、珊瑚一类有机宝石，罟罟冠在突出材质本身价值的同时也以工艺的繁复见长，造型和色彩均是明艳的草原风格。画作佚名，册页绢本设色，应出于宫廷画家之手。台北"故宫博物院"藏。

一道千年谜题，直到现在，那些怀有英雄主义情结的冒险家还在寻找成吉思汗的神秘墓地。

蒙古人的征伐是取胜之后便进行屠城，但唯独不杀手工工匠。那些被俘虏或征调的工匠，有时多达几十万名。在元朝官营手工作场中，除了灭南宋时从江南挑选的十余万丝织工匠（蒙古人称之为"巧儿"），还有一大批是蒙古军队在西征时从中亚掳来的穆斯林工匠，他们中有不少人是织造金锦和珠宝制作的高手。这些不同民族的工匠在一起相互交流，共同促进了织金锦技术的推广和提高，使得这一时期的北方丝织物在织造及纹样上都带有明显的异域风格。另一方面，与先前的辽代契丹人一样，元人保持了本民族喜欢的装饰题材和风格，但手工制作却呈现出不同地域的工艺特征。

《元史·百官志》记载，元代设"瓘玉局"，是宫廷监制玻璃器的机构，故而瓘玉局制造的玻璃器称为瓘玉。瓘玉是仿制真玉的目的，在宋代称为"药玉"。而真正制作金玉一类细作的是"金玉局"，秩正五品，官衔是比较高的。金玉局下面还专门设有"管领珠子民匠官"，正七品，但这不是管理制作珠子的匠人，而是掌管"采捞蛤珠"，即天然珍珠一类，并且管领官的官衔可以世袭。由此看来，元代的珍珠采集应该是不少的，而使用这些珍珠制作的皇家首饰保留了图画资料中，其一是帝皇画像（图223），另外就是民间壁画中仙道人物和汉族女子的头饰和项上"珠璎"。

考古资料显示元代的博山和新疆都有烧造琉璃（玻璃）的作坊（图224），并有少量琉璃制品和琉璃珠实物留存下来，是现今发现最早的制作古玻璃的考古遗址。元代疆域辽阔，陆路和海路贸易均畅通无阻，并继续了宋代以来的海外特别是针对南亚和东南亚地区的瓷器和琉璃珠贸易，所谓

图223　元文宗图帖睦尔画像。元文宗（1304—1332年）为元代第十二代皇帝。南薰殿旧藏。图中元文宗悬挂于下颌的瓜棱形珠是北方草原民族偏爱的珠子形制，多是一种质地坚硬的绿玉髓制作。元代有不少仿玉髓效果的琉璃珠，这种珠子从辽代契丹人到元代蒙古人时期都有实物资料。甘肃博物馆藏有一顶元代官帽，穿系有这种绿玉髓的瓜棱珠，与元文宗画像所示相同。右图为绿玉髓制作的瓜棱珠及其他形制的珠子和坠饰，均为金元时期草原民族偏爱的样式。私人收藏，由赵彦博先生提供藏品。

"梯航万国"，海路可达中南半岛、南洋群岛、印度半岛、阿拉伯半岛、东亚地区和东北非洲的几十个国家和港口。元顺帝至正年间（1341年）航海家汪大渊撰成《岛夷志略》，书中对元代陶瓷和琉璃珠外销东南亚各国的情况记载详细，如越南"占城"条为"货用青瓷花碗……烧珠之属"，泰国"戎"条为"青白花碗、磁壶、瓶……紫焗珠……之属"，"罗卫"条"五色烧珠……青白碗……之属"，柬埔寨"真腊"条"黄红烧珠……之属"等。"烧珠"就是博山生产的低温玻璃珠，文献称为"琉璃""焗珠""五色烧珠"等，几乎所有外销瓷器的地方都同时销有琉璃珠，而且针对不同地方、不同民族的喜好有不同的颜色可供选择，可见当时的琉璃珠和琉璃小饰件的制作具备相当的规模，其生产制作的工艺和目的不同于元代官方所设"瓘玉局"，前者针对外销，后者为皇家宫廷御用，专门以琉璃（玻璃）仿玉为目的。

图224 元代的玻璃珠。元代对东南亚地区的瓷器和琉璃珠贸易很发达，继续了南宋以来的海上贸易，针对不同地方的民族有不同色彩的琉璃珠可供选择。元代的寺塔地宫中也常有用于供奉的琉璃器出土，与唐代地供用于供奉的西方舶来玻璃器不同，是中国自行生产的低温高铅玻璃。考古发现的博山元代琉璃作坊是迄今发现最早的作坊遗址，并有琉璃珠等实物伴随出土。私人收藏，由作者提供藏品。

## 第二节　元代壁画中的珠璎

我们在宋代部分讨论过"珠璎"的样式和流行程度，元代民间继续了佩戴珠璎的风气。虽然"珠璎"一词出现得较早，但从遗留的图像资料、文献和出土资料看，魏晋时期的生活装束和世俗装饰并未流行珠璎的形式，比如洛阳永宁寺出土的供养人像和六朝的墓葬资料中都没有珠璎，虽然当时的菩萨满身璎珞，而现实人物仍旧褒衣博带、秀骨清像，与理想世界的装饰形式仍然还有距离。晋代石崇描写的王昭君佩戴珠璎的样子只是晋人对前朝的想象，王昭君所处的汉代似乎还没有"珠璎"一词。继魏晋之后，唐代的中原妇女一样不太重视项饰一类的装饰品，她们的装饰重点是在头发和手腕上，倒是同时代的西域的女供养人像全身披挂不让菩萨，中原妇女和中亚妇女两者都遵循了本民族的装饰习惯。

珠璎盛行于民间很可能始于宋代，继宋代的世俗风情之后，元代这种风气不减，山西多处元代的寺庙道观壁画中，无论道释神仙还是世俗人物都戴有珠璎。山西自古就是游牧民族进师中原的第一站，北魏最先在山西大同（平城）建都，唐代的太原作为北都与长安、洛阳合称"三都"，辽金则有西京大同府。被称作元朝"腹里"的山西，寺观建筑和壁画十分发达，寺观内的壁画面积有1800平方米之多，数量之巨，艺术之精，冠于全国。其中芮城县永乐宫（图225）、稷山县青龙寺、洪洞县广胜寺水神庙、汾阳市五岳庙、高平市万寿宫内的壁画是元代寺观壁画中的精品，这些壁画除了具有美术史和审美的价值，更多的是保存了元代的宗教、社会风俗、人物面貌和他们衣饰特征的第一手资料。

壁画一般由民间画工进行创作，画工所依据的是流传有序的"粉本"[98]。尽管画工在创作人物形象时大多依据旧有的粉本，但都会不自觉地加入当时的审美风尚，这些壁画中的仙道人像和供奉人物的服装服饰应该与现实中的风气有关，至少与当时的审美有关。虽然仙道人物的装饰品可能多少都有想象和理想化的成分，但壁画中的世俗人物却是现实生活的实际写照。山西洪洞县明应王殿，俗称水神庙[99]，大殿内保存的壁画，除了珍贵的元代戏剧表演场面，

---

98　中国古代绘画施粉上样的稿本，多为白描形式。元代夏文彦《图绘宝鉴》说："古人画稿谓之粉本。"其法有二：一是用针按画稿墨线密刺小孔，把粉扑入纸、绢或壁上，然后依粉点作画。二是在画稿反面涂以白垩、土粉之类，用簪钗按正面墨线描传于纸、绢或壁上，然后依粉痕落墨。后引申为对一般只用墨线勾描的画稿的称谓。唐代吴道子曾于大同殿画嘉陵江三百余里山水，一日而毕，玄宗问其状，奏曰："臣无粉本，并记在心。"故事赞美了吴道子非凡的艺术创造力。山西永乐宫壁画的线条流畅、刚柔相济、富于变化，作者具有深厚的艺术功底。

99　水神庙创建于唐代，是传说中霍泉水神的祀祠，《广胜志》记载，唐德宗在贞元年间"遭丞相李泌封明应王之神以护之"，水神庙因此得名"明应王殿"。传说中的霍泉水神就是秦代被秦始皇派往四川都江堰治水有功的蜀守李冰，李冰虽然是因为在蜀地治水而成名，但是传说他老家在山西运城，这一带至少从唐代开始就有祭祀李冰的活动，水神庙即是因为祭祀活动而修建的。现存元代延祐六年（1319年）《重修明应王殿之碑》碑文记载，每年集会，搭建戏台，会期演戏，热闹非凡，"城乡村落，贵者经轮蹄，下者以杖履，携妻子与老庞而至之，为集数日，极其厌饫而后，顾瞻恋变犹忌归也"。

图225　元代壁画中满身璎珞的仙道人物。山西永乐宫壁画，作者为民间画工马君详等人，生平不详。画中人物为《朝元图》主像之一的金母，又称瑶池金母，即西王母，民间称为"王母娘娘"。画像高达3米，线条流畅，设色华美，形象温柔娴雅，高贵富丽。画中金母及侍女均璎珞满身，环、珠、坠、花无不齐全，胸前项牌样式是自宋代以来的装饰风尚，民间世俗女子也多穿戴。

图226　元代山西洪洞县明应王殿北壁尚食图与东壁梳妆图中戴珠璎的侍女。这些侍女都是世俗人物，其服装首饰为现实生活的实际写照，图中人物佩戴的珠璎与宋代的一样，是珠子与贵重金属的复合工艺制作，显然在元代社会的民间，汉族女子延续的仍旧是宋代的装饰传统。

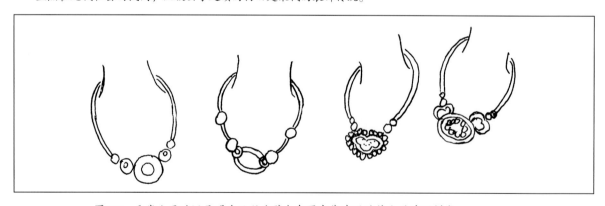

图227　元代山西洪洞县明应王殿北壁尚食图中戴珠璎的侍女的珠璎样式。

还有生动的生活场景和现实人物，其中的"尚食""尚宝""梳妆"等场面充满生活气息。画中女子大多戴有珠璎（图226、图227），与元代的上层妇女的装饰不同，汉族民间女子继续了宋代的珠璎样式和装饰风尚，并延续了宋代兴盛的珠子特别是珍珠与贵重金属结合的复合工艺。这种以贵金属制作成项圈和项牌，珠子围绕项牌或悬挂或点缀的项饰样式，从宋代开始作为世俗人物的主要装饰品一直保留在视觉资料和文字描写中。

## 第三节　明代的复古风尚和宫廷装饰品

　　由于北京明十三陵（图228）和其他地方明代朱姓藩王墓的发掘，以及明代文献资料的完备，现今对明代皇家贵族的服装佩饰已经能够基本复原。正是利用这些考古实物资料与文献和保存下来的图像资料相互对照，使得我们对明代皇家装饰品的基本样式、工艺、材质、装饰办法等整体面貌都有比较清晰的认识，至少是对装饰形式有比较充分的认识。现有的出土实物显示，明代的装饰品制作涉及玉作、贵金属、宝石镶嵌、珍珠穿坠、点翠等多种工艺，其中贵金属特别是黄金饰品涉及编丝、掐丝、焊接、錾花等多种精巧复杂的复合工艺，无论是造型还是细节都十分娴熟精致，这些工艺手段的改良和进步使得明代的皇家饰品呈现出明艳富丽的装饰效果。

　　明代的宫廷组佩是复古风尚的产物，延续的是两晋的制度而并非我们最为推崇的西周。明代没有田野考古的科学发掘，明代人无缘见到西周贵族组佩的出土实物，他们只能根据最可能复原的前朝舆服制度来展开他们的想象，特别是从东汉开始有的官方的《舆服志》，这些文献资料是明代复古风尚的直接参照。明代的《舆服志》详细记载了宫廷的佩饰制度，从皇帝皇后到太子嫔妃、从

图228　明代三龙二凤镶珍珠宝石冠。明十三陵定陵出土。明十三陵是我国发掘的第一座帝王陵，其中定陵为明神宗帝朱翊钧的陵寝，年号万历，在位48年，是明代在位时间最长的一位皇帝。定陵出土了凤冠共4件，三龙二凤冠、九龙九凤冠、十二龙九凤冠、六龙三凤冠各一顶，是迄今可见最早、最完整的凤冠实物。冠上饰以金龙翠凤，金龙用金丝堆累工艺焊接，立体镂空；翠凤用点翠工艺即翠鸟羽毛粘贴而成，色彩艳丽如新。其中孝靖皇后的三龙二凤冠，高26.5厘米，口径23厘米，共用红、蓝宝石150余块，大小珍珠3500余颗，色彩富丽，工艺精湛，堪称珍宝。右图为孝端皇后的六龙三凤冠镶嵌珍珠宝石的细节。明十三陵博物馆藏。

文武百官到官亲命妇，不同场合的不同着装和佩饰都有具体而严格的规定，其中都少不了珠玑玉佩（图229），所用材质也严格按照等级区分，从皇帝使用的白玉佩到进士所用的"药玉"佩（仿玉的琉璃）不可僭越，甚至规定了庶人百姓的首饰、钗、镯不得使用金玉、珠翠，只能用银，而巾环（头巾环子）不得使用金玉、玛瑙、珊瑚、琥珀，可见材质的区分仍旧相当严格。

明太祖朱元璋于1368年推翻元朝统治，建立了明王朝，将列爵封藩制度作为巩固朱家王朝的重大措施之一，把皇子皇孙分封到各地做藩王，共同"夹辅皇室"，这种制度在明代相沿无改，致使明宗藩世代繁衍，朱氏子孙遍及全国。这些藩王均为皇室贵胄，生前享尽荣华，死后盛殓厚葬，这也是明代藩王墓出土资料十分丰富的原因。明代共有藩王220余位，目前全国已发掘的明藩王墓10余座，有湖北武昌龙泉山明楚昭王墓、钟祥明梁庄王墓（图230）和钟祥明郢靖王墓、湖北荆州明

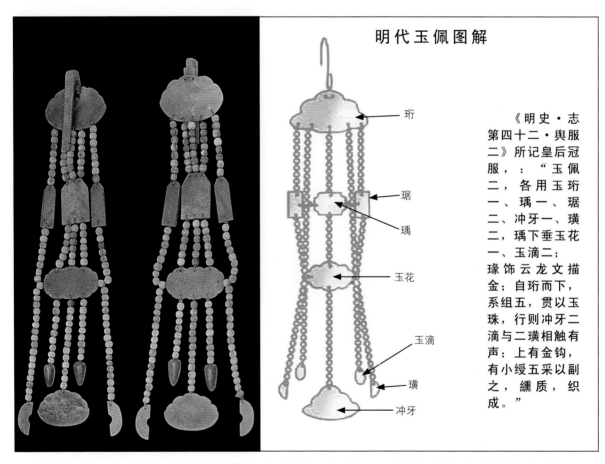

**明代玉佩图解**

珩
琚
瑀
玉花
玉滴
璜
冲牙

《明史·志第四十二·舆服二》所记皇后冠服，：："玉佩二，各用玉珩一、瑀一、琚二、冲牙一、璜二，瑀下垂玉花一、玉滴二；瑑饰云龙文描金；自珩而下，系组五，贯以玉珠，行则冲牙二滴与二璜相触有声；上有金钩，有小绶五采以副之，纁质，织成。"

图229　明代玉佩图解。以皇帝和皇后所戴玉组佩为例，定陵出土万历皇帝、孝端后、孝靖后玉组佩各一副。根据明代舆服制的记载，以皇后冠服为例，"用玉珩一、瑀一、琚二、冲牙一、璜二，瑀下垂玉花一、玉滴二；瑑饰云龙文描金；自珩而下，系组五，贯以玉珠，行则冲牙二滴与二璜相触有声"，出土实物基本与文献相符。

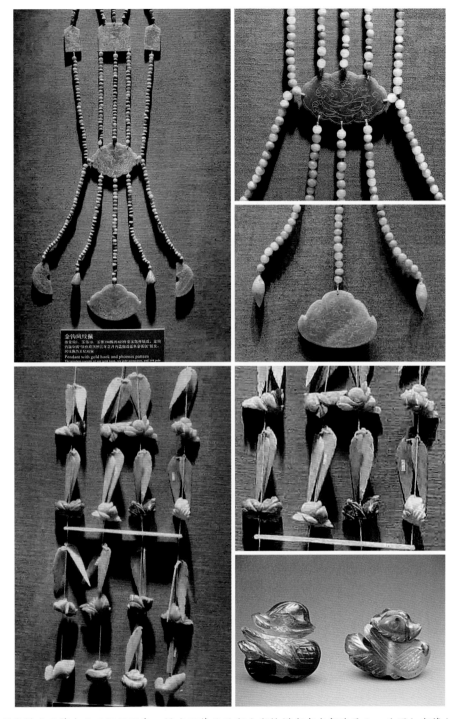

图230　明代梁庄王墓出土玉组佩两套。梁庄王墓位于湖北省钟祥市东南部瑜灵山，为明仁宗第九子朱瞻垍与其妻的合葬墓，是迄今为止已经发掘的10余座明代朱姓藩王墓中保存较完整的一座。墓葬出土金、银、玉、宝石、瓷器等5100余件，精美华丽、制作精良，无不反映出明代贵为皇室贵胄的朱姓藩王生前享尽荣华，死后盛殓厚葬的风气。其中以玉珠连接的珩、瑀、琚、璜、冲牙、玉滴等构件的玉组佩是比较严格地按照明代舆服制度穿坠的，是当时所崇尚的复古的风格；另外一组以玉花片和玛瑙小动物件等组成的挂件则显得更加自由活泼，充满世俗化的装饰情调。湖北省博物馆藏。

湘献王墓、荆州明辽简王墓、河南潞简王墓、江西明代宁王和益王的家族墓地等，这些藩王墓均出土有玉组佩和其他珠饰。与唐宋时期不同的是，除了水晶玛瑙等半宝石，明代墓葬中的玉件玉珠显然更多。以江西南昌宁王、南城益王家族墓出土玉器为例，有礼仪用玉圭、玉璧，装饰用玉佩、玉带板、玉带钩、玉头饰、玉坠饰等，家族墓葬中几乎每棺都出玉圭、玉腰带、玉组佩各1件。玉佩的形制也十分丰富，有玉人、玉兽、玉鱼、玉鸟、玉花、玉牌等，玉珠更是以数千颗计。除朱姓藩王墓外，朱姓以外的贵族墓地同样出土华丽多姿的组佩，以南京徐达家族墓为例，出土组佩为金玉结合的形式，无论题材、样式还是工艺和组合方式都可称得上是明代个人装饰的精品（图231）。

图231 明代嵌宝石镶玉金佩饰。南京太平门外板仓村中山王徐达墓地出土。整件佩饰以黄金连接金镶宝石构件和白玉雕件，其中有双胜、宝相花、执荷童子、葫芦、玉钱、镂空如意牌等吉祥寓意的题材。这种贵重金属与宝石和半宝石的复合工艺的组佩样式不同于传统的穿坠方式，为明代流行的时新的制作工艺和设计风格。南京市博物馆藏。

图232 明代万历皇帝孝靖皇后画像。孝靖皇后为明光宗生母。定陵曾出土孝靖皇后金龙翠凤镶珍珠宝石发冠。画像为南薰殿帝后画像旧藏，图中孝靖皇后头戴金凤冠，满饰珍珠、点翠、宝石，富丽端庄。南薰殿帝后画像旧藏所绘帝王皇后像保存了古代特别是明代《舆服志》的视觉资料，为复原当时的皇家装饰提供了宝贵的依据。

除了考古资料，明代有大量玉器出土和传世，其工艺娴熟，题材更加世俗化，寓意吉祥，造型简洁，工法有"粗大明"之称。所谓"粗大明"，并非指做工粗陋，而是指技艺娴熟、工法潇洒、造型简练豪放。明代的玉作涉及浮雕、透雕、阴线等多种工艺，特别是流行的龙纹带板的多层镂空，技法高超为当时玉作技艺的最高水平。明代玉器较之前的魏晋及唐宋时期明显数量可观，这与当时兴盛的玉料贸易有关。明代宋应星的《天工开物》记载了当时贩运玉材的盛况，"凡玉由彼地缠头回（其俗人首一岁裹布一层，老则臃肿之甚，故名缠头回子），或溯河舟，或驾橐驼，经庄浪入嘉峪，而至于甘州与肃州。中国贩玉者，至此互市而得之，东入中华，卸萃燕京。玉工辨璞高下定价，而后琢之"。中原的玉贩来到当地在"缠头回子"手里买来璞玉，再贩至京城集散；而苏州则是当时的制玉中心，出现很多制玉名匠，所以宋应星又说，"良玉虽集京师，工巧推苏郡"，而"苏工"的传统一直延续到现在。

除了实物资料，明代保存下来的另一批重要的视觉资料是所谓"南薰殿帝后画像"[100]。故宫南薰殿始建于明，是明朝遇册封大典时中书官撰写金宝、金册的地方。殿内藏有自太昊、伏羲以下帝王贤臣画像（卷、册、轴）共121份，所绘大小人像共583名，其中历代的皇帝、皇后肖像75幅。63幅皇帝画像中，大多是一人一幅画像，而唐太宗有3幅，宋太祖有4幅，画像最多的是明太祖朱元璋，一人共有13幅。清乾隆十四年（1749年），高宗亲制《南薰殿奉藏图像记》以志其事。这批图像大多为明人所作，保留了珍贵的视觉资料，为后世复原古代尤其是明代皇家服装饰品提供了比较可靠的依据（图232）。

---

100 南薰殿图像历经宋、元、明三代累积而成，清代嘉庆年间，胡敬编纂有《南薰殿图像考》二卷，对这批画像的流传渊源、收存考订，对画中人物进行了详细的考证记述。其中上古五帝伏羲、唐尧、夏禹、商汤和西周武王五像，是南宋淳祐元年（1241年）理宗至太学作《道统十三赞》后，命当时著名画家马麟绘像。其时所绘共十三像，虽属臆想之作，但也极为珍贵难得，现仅存其中5幅。其中唐高祖、太宗以及后唐庄宗等画像也非唐人作品，元代帝后像册中的各像也并非元人旧作，均是明人根据旧本放大或缩小摹绘而成，也可属真像。

## 第四节　白话小说中的世俗风情

白话小说是宋、元以来文人模仿"瓦舍勾栏"[101]中的"说话"表演，用市井语言讲述故事的"话本小说"，之后又有了长篇章回的白话小说。明清两代是白话小说的全盛期，明代最著名的有《水浒传》《三国演义》《西游记》《金瓶梅》。《金瓶梅》叙述了明代晚期社会各个阶层的风俗人情，其中大量涉及宋明以来的园林、建筑、家具、日用、餐具、美食、菜肴、书画、词曲、经卷、戏曲、杂耍、服装、首饰，以及礼佛、还愿、算命、打卦、厌胜、跳神、择风水、看水碗等各种宗教和民间迷信活动，堪称明代世俗风情的第一手资料。其中对服饰特别是世俗妇女的服装首饰的描写更是细腻周详，多涉及珠子一类的精巧物什。

明代的首饰制作继承了宋元以来贵重金属与珠玉及宝石、半宝石结合的复合工艺，无论宫廷还是民间，材质的选择和应用更加多样化，《金瓶梅》中涉及的款式、名目、材质不一而足。比如"遮眉勒"是当时主人和奴婢都戴的时尚装饰，书中有"珠子箍儿""翠蓝销金箍儿""羊皮金沿的珠子箍儿"等多种名目；耳环则有"金丁香儿""胡珠环子""青宝石坠子""金灯笼坠子""金镶紫瑛坠子""紫瑛金环"等，这些名目反映出来的不仅是工艺和材质的应用，像"胡珠环子""青宝石坠子"一类应该是来自中亚的贸易品。"胡"是中国人自战国以来就有的对西方异族的泛称，中亚历来是首饰材料出产丰富，有工艺制作精细的传统，这些胡珠环子无疑是当时最时尚的进口商品，以至于西门庆送给他钟情的李桂姐的礼物中就有"波斯首饰"，另外还有桂花梅子糕、和阗玉佩、五德养生录、桃型香包、香露、玉佩和金钗，比之现代都市的奢侈品名目有过之而无不及（图233）。

《金瓶梅》第十一回有西门庆为潘金莲买珠子的故事，"西门庆许下金莲，要往庙上替她买珠子穿箍儿戴。早起来，等着要吃荷花饼、银丝鲊汤，使春梅往厨下说去……到日西时分，西门庆庙上来，袖着四两[102]珠子……走到前边，窝盘住了金莲，袖中取出庙上买的四两珠子，递与她"。这里的珠子是论重量卖的，西门庆买回来的应该是珍珠。一般而言，珍珠、珊瑚、琥珀一类的有机宝石，传统上都是按重量进行交易，这种习惯沿用至今。明代是世俗风情极为丰富的时代，除了皇室，民间对珍珠这样的奢侈品需求量也很大，采珠（见第十三章第五节）业大为繁盛，以至于南海的天然珍珠因过度开发而一度枯竭。

潘金莲买这些散珠子回来是为了自己"穿箍儿戴"，这大概是当时有闲阶层的妇女中比较流

101　宋朝的大城市有固定的娱乐场所，人们称之为瓦舍。在瓦舍中，有用图文装饰的栏杆围成的供表演的场地，称为勾栏。"瓦舍勾栏"也就成了娱乐表演场所的代名词。南宋周密的《武林旧事》中有专门记录临安（杭州）"瓦子"的一节，瓦子即瓦舍。

102　宋代开始，重量单位是按照斤、两、钱计算，兑换关系是：1斤等于16两，1两等于10钱。元、明、清，钱与两、斤的兑换关系都沿用了宋代规制。

行的一种消遣。第二十七回讲到妇女自己在家穿珠子玩的事，"少顷雨止，天外残虹，西边透出日色来……只见后边小玉来请玉楼。玉楼（对李瓶儿）道：'大姐姐叫，有几朵珠花没穿了，我去罢，惹的她怪。'李瓶儿道：'咱两个一答儿里去，奴也要看姐姐穿珠花哩'"。可见穿珠子是有闲妇女日常用来打发时间的小手工。其实这种风气早可到市井风气浓郁的宋代，南宋周密的《武林旧事》记录杭州有专门的"珠子"铺，就是卖这种散珠子的行铺，由于天然珍珠没有孔，还另设有"散儿行"这种专门给珠子打孔的配套行当。珠子铺除了供应作坊的批量购买，也为那些有闲妇女的手工消遣提供零售，大都市的市井风气之浓郁可见一斑。

图233 《吹箫图》（局部）。〔明〕唐寅。立轴绢本设色，纵164.8厘米，横89.5厘米。明代的首饰制作大多采用了与贵重金属结合的复合工艺，首饰的材料和款式都很丰富。图中仕女头戴珍珠连缀的珠翠，项上金属项圈，腕上镶宝石金镯，与《金瓶梅》中"头上宝髻巍峨、凤钗、双插、珠翠堆满，胸前绣带垂金，项牌错落，裙边禁步明珠"的描写一致。南京博物院藏。

## 第五节　博山的琉璃珠和明代用于海上贸易的珠子

明崇祯十年（1637年），宋应星刊行了著名的《天工开物》。书中记录了明朝中叶以前中国古代的各种手工技术，其中"珠玉"一卷专门谈到了琉璃，"凡琉璃石，与中国水精、占城火齐，其类相同，同一精光明透之义，然不产中国，产于西域。其石五色皆具，中华人艳之，遂竭人巧以肖之。于是烧瓴甋转锈成黄、绿色者，曰琉璃瓦；煎化羊角为盛油与笼烛者，为琉璃碗；合化硝铅写（泻）珠铜线穿合者，为琉璃灯；捏片为琉璃瓶袋，硝用煎炼上结马牙者。各色颜料汁，任从点染。凡为灯、珠，皆淮北齐地人，以其地产硝之故"（图234）。

宋应星在这段文字中谈到了几个值得关注的信息，第一，琉璃是西域物产，与中国古代的水精（水晶）和南方占城[103]的"火齐（剂）"是一类，即人工烧造的工艺。水晶和烧造琉璃的原料都是石英质，所以宋应星称它们为一类。第二，中国人喜欢西方的这种产品，便派工巧去学习然后仿效成功，能烧造出琉璃瓦、琉璃碗和珠子等。第三，制作各种琉璃产品时会使用不同的工艺和原料成分，比如硝石和马牙（石灰）。第四，制作珠子和灯具一类的是齐地（山东）人，他们之所以能大量制作这些产品，是因为当地产硝石的缘故。"硝"是熔化石英砂烧造玻璃必不可少的成分，清代的《颜山杂记》更是专门记录了齐地即山东博山生产琉璃的工艺和原料成分。最后一点值得注意的是，宋应星在文中提到"琉璃瓦""琉璃碗""琉璃灯""琉璃瓶袋"等几种功能和用途不同的器物，在后世人看来，从工艺流程、用料配方到制作目的都不相同，而作者由于其均为西方外来技术和原料工艺上的联系而将其一同放在"火齐"类，分类并不十分严格，这也许可以解释中国人对琉璃和玻璃的称谓为什么一直比较混淆。

宋应星并没有提到中国人仿效西方琉璃起于何时，从考古资料看，博山在元代已经有琉璃烧窑作坊，这种工艺传入不会太晚。这里涉及一个工艺流传和失传的问题，从古代文献中的零星记载来看，中国的琉璃工艺（或者称玻璃工艺）曾经几次从西域传来，文献第一次提到是《魏书》的大月氏人带来琉璃工艺在平城（山西大同）兴建作坊，而考古资料显示的情况则更早，前面第五章第五节和第六章第六节都专门讨论过；唐宋文献诗歌中不断有西方玻璃舶来品的记录，而同时也记录了本土有自己的琉璃制造，且与西方舶来品不同；迄今还没有宋代和之前的琉璃（玻璃）作坊遗址被发现，但是宋代制作各种琉璃装饰品流行民间和琉璃珠出口贸易的情况被记录在当时的文献中，并且都被国内和东南亚国家的出土资料证实。元代的琉璃作坊遗址是迄今最早的考古证据，明清两代的情况则大为明朗，文献记载和考古遗迹相互印证。

---

103　占城，Champa Kingdom，古国名。即占婆补罗（补罗梵语意为城），简译占婆、占波。始建于公元2世纪末，1697年为阮氏广南王国所灭。位于印度支那半岛东南沿海地带，中国古籍称其为象林邑，简称林邑，五代又称占城。占城深受印度文化影响，使用南天竺文字，崇拜湿婆和毗湿奴等神，采用种姓制度。占城的玻璃烧造一类"火齐（剂）"技艺可能来自印度，从中国的汉代开始持续繁荣数百年，现今越南境内多发现色彩和质地优良的玻璃珠和玻璃饰品，断代相当于中国的汉代，这些玻璃饰品很可能均来自占城。

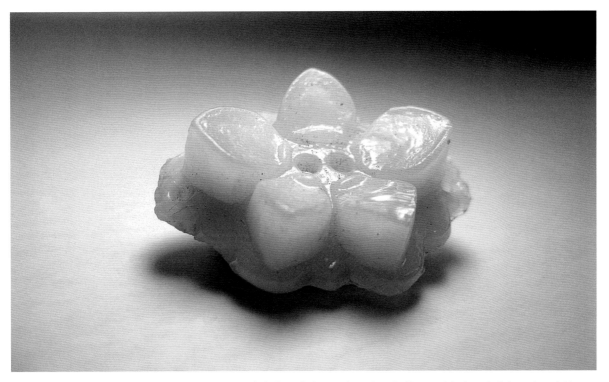

图234　明代琉璃小饰件。这些琉璃制品大多来自颜神镇，即今天的山东博山。明代使用琉璃仿玉的工艺很成熟，仿制的效果十分逼真，图中的白色宝相花即是琉璃仿玉，使用的是模铸工艺。私人收藏，由作者提供藏品。

　　博山古称"颜神"，颜神镇境内煤炭资源蕴藏丰富，并且多处出产琉璃所需的主要原料马牙石、紫石，使得这里的烧造一直很发达，从元代开始，至少持续了近700年。20世纪80年代初，博山兴建百货大楼的工地上发现一处古琉璃作坊遗址，在400平方米的地槽中，有大型炉址1座，小型炉址21座，烧炉的排列十分密集，炉与炉之间的距离近的只有1米。这样数量众多、排列密集的炉群，即使在近代的琉璃作坊中也不多见。考古学家依据现场地层和出土的元代瓷器窖藏及明代"洪武铜钱"，认定这一遗址的年代至少从元代持续到明初。

　　遗址中出土的琉璃标本有：笄、簪、圆珠、瑶珠、扣、环等；颜色有：蓝、绿、红、黄、白、乳白、黑、茶晶等色。从这些标本中还能够看到当时制作时采用的装饰手法，比如在白色笄的顶部蘸上红、蓝、绿等色的斑点，清代和民国期间仍旧在使用这种"蘸花"工艺；又如使用模具印压花纹，装饰手法多样且花色皆备。其中"瑶珠"的发现为研究早期博山琉璃的销售情况提供了一条重要的线索，这种瑶珠呈螺丝状，是西南少数民族尤其是瑶族同胞喜欢缀在衣帽上的饰物，这种产品直到新中国成立后五六十年代仍大量生产，畅销云南等省。清代孙廷铨的《颜山杂记》说博山琉璃的销路"南至百粤"正是实情。

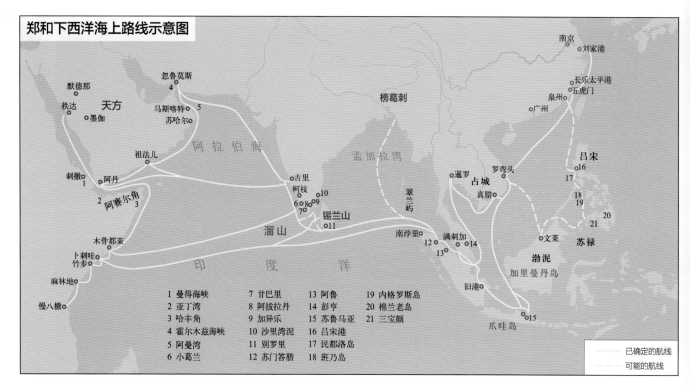

**郑和下西洋海上路线示意图**

南京
刘家港
长乐太平港
五虎门
泉州
广州

默德那
秩达
天方
墨伽
忽鲁莫斯 4
马斯喀特 5
苏哈尔

榜葛剌

吕宋 16
17
18
19
20
21 苏禄

刺撒 1
阿丹
祖法儿
阿赛尔角 3
阿拉伯海
古里
柯枝
6 8 9 10
7
锡兰山
溜山
别罗里 11

孟加拉湾
翠兰屿

暹罗
占城
真腊
罗弯头

文莱

木骨都束
卜剌哇
竹步
麻林地
慢八撒

印 度 洋

南浮里
苏门答腊 12
13
满剌加 14
彭亨

旧港

渤泥
加里曼丹岛

爪哇岛 15

| | | | |
|---|---|---|---|
| 1 曼得海峡 | 7 甘巴里 | 13 阿鲁 | 19 内格罗斯岛 |
| 2 亚丁湾 | 8 阿拔拉丹 | 14 彭亨 | 20 棉兰老岛 |
| 3 哈丰角 | 9 加异乐 | 15 苏鲁马亚 | 21 三宝颜 |
| 4 霍尔木兹海峡 | 10 沙里湾泥 | 16 吕宋港 | |
| 5 阿曼湾 | 11 别罗里 | 17 民都洛岛 | |
| 6 小葛兰 | 12 苏门答腊 | 18 班乃岛 | |

—— 已确定的航线
----- 可能的航线

图235 郑和下西洋海上路线示意图。"郑和下西洋"是明代最为著名的航海事件。明永乐三年即公元1405年7月11日，明成祖命郑和率领庞大的船队由苏州刘家港出发，海船62艘，士兵和船员27800余名，访问了30多个西太平洋和印度洋的国家和地区，最远到达红海和非洲东海岸。到1433年（明宣德八年），郑和及其船队一共远航了7次之多，最后一次郑和在船上因病过世。明代的海上贸易继续了南宋以来针对东南亚国家的贸易，其中瓷器和琉璃珠是最受欢迎的贸易品，这些产品针对不同民族有不同的装饰效果和色彩可选择。

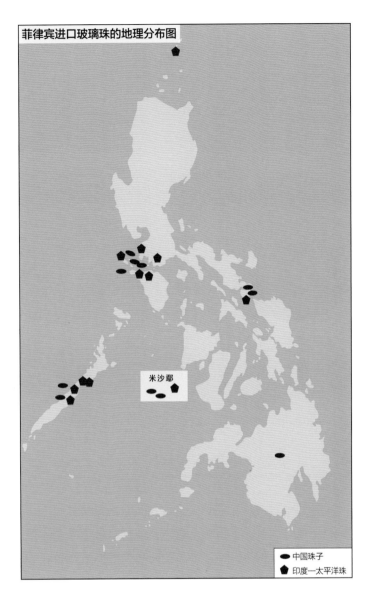

图236　菲律宾进口玻璃珠的地理分布图。图示显示的是15世纪的分布情况，五边形表示"印度—太平洋珠"，椭圆形表示中国的珠子。从图示看，印度和中国明代在15—16世纪平分了菲律宾的玻璃珠子市场。

　　除了销往周边少数民族地区，博山琉璃珠的最大销售是海外贸易。明代继续了南宋以来主要出口东南亚的瓷器和琉璃海上贸易，这种贸易链在元代也未中断过。"郑和下西洋"是明代最为著名的航海事件。明永乐三年（1405年），明成祖命郑和率领庞大的船队远航，先后访问了30多个西太平洋和印度洋的国家和地区，最远到达红海和非洲东海岸；到1433年（明宣德八年），郑和及其船队一共远航了7次之多，最后一次郑和在船上病逝（图235）。文献记载的航海事件还见于明朝马欢著于景泰二年（1451年）的《瀛涯胜览》，书中记载了南亚和东南亚各国对"中国青瓷盘碗等品，丝、绫、绢、烧珠等物，甚爱之"的情形，烧珠就是被称为琉璃珠的低温玻璃珠，宋代称为"五色烧珠"和"硝子珠"，与宋应星将玻璃工艺归为"火齐（剂）"类工艺的说法一致；明代称"烧珠"，清代称"料珠"。这些珠子在现今东南亚如菲律宾等国家时有出土，从数量看，南宋以前是印度生产的"印度—太平洋珠"占优势，至少从南宋开始，中国的博山玻璃珠与印度的珠子平分了菲律宾的珠子市场（图236）。

# 第十二章　清代的珠子

（公元1616年—公元1911年）

## 第一节　宫廷审美和世俗趣味

　　清朝宫廷的审美趣味多少带有一些洛可可风格[104]，繁复精巧，细腻雕琢。如果我们把清宫廷装饰品与在野文人的审美相比较，会发现宫廷艺术基本是趣味的目的，而文人艺术更多趋向情感和内心体验；如果把清宫廷装饰品与同时期的西方比较，它又显现出不及西方装饰风格那种过度的形式感，而更多表现出东方传统文化含蓄克制的美感。但是与高古时期的宫廷皇家舆服相比较，明清两代的宫廷趣味实在很世俗化，明代的世俗题材尚且保留了一些复古意味，而清代装饰品的题材和样式更加活泼喜气，不仅寓意追求吉祥，连题材的名称都以讨得好口彩为风尚，无论是"蝠"和"福"、"鱼"跟"余"一类的谐音，还是直接表达"四季平安""长命百岁""福寿双全"等意义，或者巧用更加动听文雅的名字，宫廷和民间都莫不如此。

　　除了寓意吉祥，清宫廷个人装饰品的特点是复杂精细的复合工艺和材质的选择多样而且贵重。以《清史稿·舆服志》中皇后冠服为例，涉及有珠子装饰的服装佩饰有朝冠、吉服冠、金约（束发的金发箍）、耳饰、领约（类似项圈）、朝珠等，多使用东珠[105]、珍珠、猫眼石、珊瑚、宝石、青

---

104　洛可可指起源于18世纪的法国的一种艺术风格，洛可可Rococo这个词是法文Rocaille和意大利文Barocco 合并而来。Rocaille 是一种混合贝壳与小石子制成的室内装饰物，而Barocco 即巴洛克则是一种更早期的宏大而华丽的艺术风格。洛可可最先出现于装饰艺术和室内设计中，使用更多的曲线和更少的自然形象的元素，纤细而轻快，反映出享乐、奢华以及爱欲交织的风气。这种风气蔓延到整个18世纪的建筑、绘画、雕刻以至家具、陶瓷、染织、服装等各个方面。

105　松花江下游及其支流所产的珍珠，为清宫廷最珍爱的上品。见第十三章第五节"采珠——珍珠小史"。

金石、绿松石、黄金等上等材质，工艺和设计均以繁复精致为佳（图237）。而这仅是正式场合的衣冠装饰，日常佩戴更是名目繁多、花样翻新，即使不用罗列宫廷所有的舆服和装饰品种类，仅后妃头饰名目就是流水账一般冗长的清单。乾隆十六年（1751年），乾隆皇帝为其母办六十大寿，在恭进的寿礼中，仅各种簪子的名称就让人瞠目结舌，如事事如意簪、梅英采胜簪、景福长绵簪、日永琴书簪、日月升恒万寿簪、仁风普扇簪、万年吉庆簪、方壶集瑞鬓花、瑶池清供边花、西池献寿簪、万年嵩祝簪、天保磬宜簪、卿云拥福簪、绿雪含芳簪，等等，这还只是发簪一项。这些发簪的名字都是好口彩、寓意吉祥，无论用料还是制作，都是精益求精的上品。

图237　清代纯惠皇贵妃像。纯惠皇贵妃为乾隆帝妃，满族人，姓苏佳氏，生于康熙五十二年（公元1713年），乾隆二年（公元1737年）册封为纯妃，乾隆二十五年（公元1760年）晋封为纯皇贵妃，同年去世，享年仅48岁，追谥号为"纯惠皇贵妃"。画中纯惠皇贵妃头戴金凤东珠朝冠，额束青金石镶东珠金约，项系镂金镶珊瑚珍珠领约，耳饰东珠，挂朝珠三盘，左右分别斜挂珊瑚朝珠各一盘，胸前蜜蜡一盘，仪容端庄，穿戴齐整，相合于大清舆服一丝不苟。该画像作者郎世宁，意大利人（公元1688—1766年），康熙五十四年（公元1715年）来到中国，作为宫廷御用画家直到乾隆三十一年（公元1766年）去世，葬于北京，至今墓碑尚存。

清代的宫廷手工艺工场是内务府养心殿造办处。乾隆年间，造办处共有盔头、座钟、玻璃、珐琅、玉器、镶嵌、象牙雕刻、裱画、漆器、灯彩、刺绣等42个工场。光绪年间的手工艺种类更加细化，行业有60多种，优秀匠师云集其中，各施其能，分类包括玉器、雕刻类（象牙雕刻、硬木雕刻）、刻瓷、刺绣、缂丝、金属工艺类（景泰蓝、烧蓝、银蓝、铜器、金银器、首饰）、漆器类（雕漆、雕填漆器、螺钿漆器）、陶瓷、琉璃、鼻烟壶、地毯、绒制、绢花、灯彩（宫灯、纱灯）、壁画等。此外，广储司下还设有银器、铜器、绢花、印染等工场和针线房，其中针线房匠师多达1200名，绣制荷包、衣服、流苏等，也多是服装佩饰。

珠子是用于首饰制作的重要构件，在清代，珠子涉及的材质和工艺十分丰富（图238），材料有玉、翡翠、玛瑙、水晶、青金石、绿松石、珍珠、珊瑚、玳瑁、琥珀、象牙、金、银、各种宝石、硬木、琉璃等任何可以利用的自然和人工材料，像雄黄一类色彩艳丽、具有辟邪寓意的矿物也曾用于珠子的制作。清代除了传统工艺的应用，还引进了许多西方的珠宝工艺和其他手工艺品的技术，这些工艺不仅应用于首饰的整体效果，甚至细化到个体的珠子的制作上，比如瓷珠、画彩瓷珠、雕漆珠子、珐琅彩珠子、核雕珠子、刻花珠子等，这些珠子不仅是首饰构件，其个体就是一件完整的作品，个体虽小，工艺细节却一丝不苟。

图238　清代材质和工艺多样的珠子。清代的首饰制作十分繁荣，制作首饰的材料和工艺十分多样。从宫廷到民间，都追求寓意吉祥、造型精巧、名称讨喜的个人装饰。珠子的制作和材料更是运用了前所未有的材料和工艺，除了传统工艺，还有瓷珠、画彩瓷珠、雕漆珠子、珐琅彩珠子、核雕珠子、刻花珠子等。私人收藏。

　　民间同样跟随宫廷风气，吉祥题材的小装饰名目繁多（图239），只是使用的材质廉价一些，银、银镏金、铜镏金、珐琅彩与珠玉的结合在民间十分普及，并且不乏工艺制作的精品，这与清代的审美风尚造成的工匠和技艺侧重"工巧之美"的风气有关，民间饰品的工艺也不让宫廷，可以说这一时期是首饰工艺的集大成者。清代首饰在现今民间仍有大量留存，银饰一类尤多，比如小小一支银发簪或者镶宝石镏金银戒指，首饰匠人在小到方寸之间的小饰品上就能集中使用数种工艺，可能运用到的工艺就有鎏金、掐丝、填丝、錾花、烧蓝、嵌宝、炸珠等。除了工艺繁复，对各种造型均给予美好吉祥的寓意和说法，没有哪个朝代会像清朝这样，把重视好口彩和吉兆象征的传统如此尽心尽力地表现在工艺美术上，尤其是首饰制作。

　　清代服饰除了大量宫廷和民间的实物留存，文献保存最齐备的是《大清会典》，为清朝典章制度的官修史，初修于康熙二十三年（1684年），雍正、乾隆、嘉庆和光绪曾4次重修。《大清会典》共有5部，体例习自前朝《大明会典》。乾隆时，另撰《大清会典则例》共180卷，嘉庆时延续此制，共920卷，又有"图说"132卷；光绪会典延续嘉庆会典，有1220卷，图270卷。"图说"是可贵的视觉资料，其中有专门的"冠服"图说，对皇帝朝臣、后妃命妇在不同场合、不同季节的衣冠服饰都有细致的图例，是后世复原清代服装佩饰最可靠的资料。

图239　清代陈枚的《月曼清游图》。局部。绢本设色。图中众多女子漫游池边，着日常服装，或赏玩，或交语，头上钗有点翠和珠玑，腰间皆系有涤带，上有玉环、玉佩等小件玉饰；画面设色明艳，人物清雅动人。故宫博物院藏。

## 第二节　朝珠和顶珠

朝珠是清代宫廷独有的装饰，形式为前朝所无，按材质区分身份和等级，其功能与官服补子类似。朝珠的形式来源于佛教念珠，但它是怎样从念珠演化而来却没有正式记载，多是传说和推测。一种说法是，清朝开国皇帝努尔哈赤信奉从蒙古传入的藏传佛教，喜欢挂佛珠，手下大臣随而效仿，形成习惯乃至制度，其质地和数量也有了规定，佛珠便演变为朝珠。明末申忠一在《建州纪程图记》中记载他亲眼见到"奴酋（努尔哈赤）常坐，手持念珠而数"，这段记载可能是这种说法的起因。实际上，满族先民一直有喜戴珠子一类装饰的传统，18世纪的朝鲜学者朴趾源在《热河日记》中记述满族妇女"五旬以上"犹"满髻插花，金钏宝"，对装饰的喜爱不加掩饰。这种满髻插花和钏宝饰物的传统一直到满族人入关之后仍旧保留在清宫廷皇妃命妇们夸张艳丽的发型和装饰上。满族先民有以"令珠计岁"的风俗，每年首增一珠，挂以额前，人死同入葬；对氏族、部落有特殊功绩的人则多挂几个佩珠，以示殊荣。用珠子来标志身份和事迹的传统是满族人喜欢悬挂朝珠的主要原因，而他们借用了佛教念珠的形式。

朝珠由108颗珠子贯穿而成（图240），由身子、佛头、背云、纪念、大坠、坠角六部分组成。朝珠108颗穿成的主体部分为"身子"，每隔27颗珠子加入一粒材质不同的大珠称为"分珠"，将108颗朝珠四等分，"分珠"共4颗，色泽大小一致，寓意四季。位于朝珠顶部的那颗佛头，连缀有一塔形"佛头塔"，朝珠的两端通过佛头塔的孔中穿出，合二为一，由此延伸出绦带，绦带中段系缀有一块宝石大坠，称为"背云"，背云以下的绦带末端坠有宝石"大坠"，佩挂朝珠时"背云"紧贴后背。佛头塔两侧又有3串小珠，每串10粒，称为"纪念"，末端坠有"坠角"，佩挂时一侧缀两串，另一侧缀一串，两串者男在左，女在右。据说三串纪念又称"三台"，当时称尚书为中台、御史为宪台、谒者即言官为外台；又一说天子有三台，即观天象的灵台、观四时施化的时台、观鸟兽鱼龟的囿台，寓意圣明高贵。

按照大清的《舆服志》规定，王公以下，文职五品、武职四品以上及翰詹、科道、侍卫，公主、福晋以下，五品官命妇以上都佩挂朝珠，除了不能使用皇帝皇后所用的东珠，其他杂宝及诸香等各类材质均可用。礼部主事，太常寺博士、典簿、读祝官、赞礼郎，鸿胪寺鸣赞，光禄寺署正、署丞、典簿，国子监监丞、博士、助教、学正、学录，除在坛庙执事及殿廷侍仪准用，平时及在公署时仍不得用。这种制度到后期逐渐放松，晚清时连捐纳为科中书（从七品）者也挂朝珠（图241）。

朝珠的佩戴极其讲究，不同的场合和环境有相应的规定（图242）。以皇帝的朝珠为例，《清史稿·舆服志》规定，"（皇帝）用东珠一百有八，佛头、记念、背云、大小坠杂饰，各惟其宜，大典礼御之。惟祀天以青金石为饰，祀地珠用蜜珀，朝日用珊瑚，夕月用绿松石，杂饰惟宜。绦皆明黄色"。而皇后、皇太后朝服朝珠三盘、东珠一、珊瑚二，吉服朝珠一盘，均明黄绦。皇贵妃、

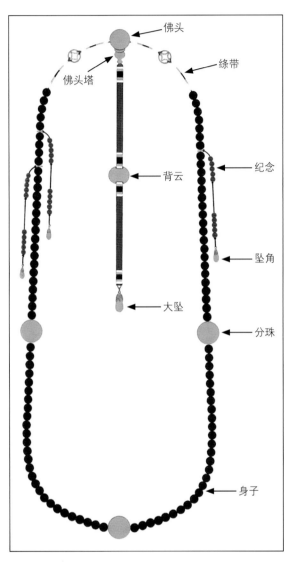

佛头

绦带

佛头塔

背云

纪念

坠角

大坠

分珠

身子

图241　清代的朝珠。按照清代的舆服制度，
这种用被称为"东珠"的珍珠穿成的朝珠，
只有皇帝和皇后可以使用。

图240　清代宫廷朝珠图例。朝珠由108颗珠
子贯穿而成，由身子、佛头、背云、纪念、
大坠、坠角六部分组成。材质有东珠（珍
珠）、翡翠、玛瑙、琥珀、珊瑚、象牙、蜜
蜡、水晶、青金石、玉、绿松石、碧玺、伽
楠香、芙蓉石等，以明黄、金黄及石青色等
诸色绦带为饰，由项上垂挂于胸前，按材质
的不同区分佩挂者的身份等级。右图为皇帝
朝珠实物，以东珠108颗为身子，东珠为皇帝
及帝后专用；佛头、纪念、背云、大小坠杂
饰，绦带明黄色。

图242 清代官员夫妇佩戴朝珠的肖像画。朝珠按材质区分身份等级，并且在不同的场合和环境有相应的规定。佩挂朝珠的数量称为"盘"，男性只佩挂一盘；而穿着朝服时，男一盘，女三盘，佩挂方式为左右交叉各一盘，前胸垂挂一盘。

贵妃、妃朝服朝珠三盘、蜜珀一、珊瑚二，吉服朝珠一盘，明黄绦。嫔朝服朝珠三盘、珊瑚一、蜜珀二，吉服朝珠一盘，金黄绦。皇子、亲王、亲王世子、郡王，朝珠不得用东珠，余随所用，金黄绦。贝勒、贝子、镇国公、辅国公朝珠，不得用东珠，余随所用，石青绦。民公、侯、伯、子、男朝珠，珊瑚、青金石、绿松石、蜜珀随所用，石青绦。皇子福晋朝服朝珠三盘，珊瑚一、蜜珀二，吉服朝珠一盘，金黄绦。亲王福晋、世子福晋、郡王福晋均同。贝勒夫人、贝子夫人、镇国公夫人、辅国公夫人朝珠用石青绦。

清朝廷另一个使用珠子标志身份等级的办法是官员冠帽上的顶珠，称为"帽顶"（图243）。但是顶珠并不是满族人的发明，《金史·舆服志》记，"贵显者于方顶，循十字缝饰以珠，其中必贯以大者，谓之顶珠"，顶珠可能是北方民族惯有的传统，与前面提到的满族先民有以"令珠计岁"，在头上悬挂珠子的风俗同属渊源。清代的官制沿袭明代制度，采用的是等级森严的九品官制。各级文武官员分为九级，每个级别称为品，每品又分为"正"和"从"两级，从正一品开始，依次为从一品、正二品、从二品、正三品等递减，直至从九品，合为九品十八级。有低级官员不能

图243 清代官员帽顶。帽顶是清朝廷除朝珠外，另一个使用珠子标志身份等级的办法。帽顶一般以黄金和铜镏金镂花为座，其上饰有珍珠和宝石或半宝石，以所用顶珠的材质不同来显示和区别官员的九品十八级。

列入九品之内者，称作"未入流"。各级官员除了前胸和后背缀有用金线和彩丝绣成的"补子"也叫"背胸"，还有官帽顶饰的不同，以所用顶珠的材质不同来显示和区别官员的级别。帽顶一般以黄金或铜镏金镂花为座，其上饰有珍珠和宝石或半宝石。根据《大清会典》和《清史稿》的记录，正、从一品为镂花金座，中饰东珠一颗，上衔红宝石；正、从二品为镂花金座，中饰小红宝石一颗，上衔珊瑚；正、从三品为镂花金座，中饰小红宝石一颗，上衔蓝宝石；正、从四品为镂花金座，中饰小蓝宝石一颗，上衔青金石；正、从五品为镂花金座，中饰小蓝宝石一颗，上衔水晶；正、从六品为镂花金座，中饰小蓝宝石一颗，上衔砗磲；正、从七品为镂花金座，中饰小水晶一颗，上衔素金；正、从八品为镂花阴文金顶，无其他装饰；正、从九品为镂花阳文金顶，无其他装饰。

朝珠是珠子可以作为任意符号的典型例子，虽然朝珠起源于佛教念珠，但是它的使用完全不包含佛教义理，而仅仅是用形式的区别来表明它所指向的目的。从史前到现在，我们已经了解了珠子上万年的历史，而珠子与其他手工艺品最大的不同是它的任意性。它既不像青铜礼器，其纹样和式样的组合所代表的是特定的意义，而这种意义在其他文化环境中不能得到解释和认同；它也不像玉器、字画、文玩等其他所有古代艺术品，所代表的是特定的文化背景下具体的意义。珠子只是构件，珠子本身不构成完整的意义，也正是如此，珠子可以任意流通、任意迁徙，它在不同文化背景、不同场合、不同人群中作为符号出现，其意义在不同的背景下可以被重新赋予。

## 第三节　民间吉祥题材的小装饰

清代吴士赞写有《宫词》，"髻盘云成两道齐，珠光钗影护蜻蜓。城中何止高于尺，叉子平分燕尾低"。描写满族女子独特的发式和头发上夺目的装饰。其实在清代，无论宫廷或民间、汉人或旗人，各种小装饰都十分丰富，尤其是女子装饰，几乎是满身披挂。现在流传下来的清代小装饰实物品类很多，以头饰为例有发钗、簪子、扁方、头花、勒子、钿子、流苏等，钿子又因为款式和工艺的不同分为凤钿、满钿、半钿，而钗子簪花一类更是款式多样、变化丰富；颈项上的装饰有项链、项圈、项牌如金锁银锁之类；手上有戒指、顶针、铃铛戒、手镯等；前襟盘扣上挂有手珠、五兵佩、小工具物什一类如牙签、小铲、钩针、镊子、挖耳勺等；腰上挂有香囊、荷包、香袋、褡裢、扇套、眼镜盒、名片盒、表袋、扇坠、火镰袋、斋戒牌等。这些小装饰制作精巧，材质多样，有翡翠、玉、珍珠、玛瑙、水晶、青金石、碧玺、绿松石、芙蓉石、檀香木、沉香木、伽楠香木、象牙、蜜蜡、金珀、金星石、珐琅、珊瑚、砗磲、玻璃、金、银等难以胜数，工艺精巧繁复，物件名称以吉祥如意、讨得好口彩为尚。无论男女都作为随身赏玩之物，至晚清时此风尤盛（图244）。

所谓"五兵佩"一般是银链上以"五兵"为坠，常见的兵器有刀、枪、盾、弩、棍、剑、铲等，为辟邪的寓意。五兵佩并不是清代才有的，《宋书·五行志》曾记载，"晋惠帝元康中，妇人之饰有五兵佩。又以金、银、象、角、玳瑁之属，为斧、钺、戈、戟，以当笄"。晋代的干宝著有

图244　清代有玛瑙、翡翠、玉片的银挂佩。图中小挂件由多种材质组成，坠有银铃、寿桃和平安扣等吉祥题材的小坠，与五兵佩的穿缀形式类似。常见的兵器有刀、枪、盾、弩、棍、剑、铲等，又可以加入牙签、小铲、钩针、镊子、挖耳勺等工具吊坠，也被称为"牙签吊"，皆有辟邪的寓意和实用的目的。

《搜神记》，"男女之别，国之大节，故服食异等。今妇人而以兵器为饰，盖妖之甚也。于是遂有贾后之事"。干宝把妇人佩戴兵器视为妖孽横行的征兆，并与晋惠帝皇后贾氏作乱联系起来；就如同宋度宗时，宫中竞相簪戴琉璃花，"琉璃"谐音"流离"，有人认为是"流离之兆"，不久宋灭。古代中国对好口彩和辟邪寓意的观念由来已久，汉代到两晋的辟邪风气尤盛，女子佩"五兵"可能兴起于此时，只是与后来的款式和佩戴方式不同，但寓意应该均为辟邪。宋人余靖《端午日即事》诗："江上何人吊屈平，但闻风俗彩舟轻。空斋无事同儿戏，学系朱丝辟五兵。"清代民间流行的"五兵佩"直到现在还保留在苗族的银饰中，清雍正年间在对广西等少数民族地区推行废除土司制实行流官制的"改土归流"后，曾强制推行同化政策，命苗人"男皆剃发，衣帽悉仿汉人。惟项戴银圈一二圈，亦多不留须者……近城女苗闲学汉装"。与汉装不同的是，苗族妇女的"五兵佩"通常由银链坠挂在项牌上，垂在胸前，除了常见的兵器有刀、枪、盾、弩、棍、剑、铲等，又加入牙签、小铲、钩针、镊子等坠饰，所以在苗乡"五兵佩"也被称为"牙签吊"。

清代的小装饰都以吉祥喜气和好口彩为尚，无论题材造型还是图案组合，都必含有吉祥富贵的寓意。这些题材多采用象征、寓意、谐音、比拟等方法，如鹊上梅梢（喜上眉梢）、麒麟送子、松鹤万年、五蝠捧寿（五福捧寿）、吉庆有鱼（余）、五蝠（福）齐来、葫芦万代、富富有余、多福多子、福在眼前（钱）、平（瓶）生如意、榴开百子、鲤鱼龙门、一品当朝、连中三元等，民间十分喜闻乐见，以至于沿用至今。

手珠是另一种日常佩戴的小装饰，是小型化的佛教念珠，因大多由18粒珠子穿成，也称"十八子"（图245）。一般认为18粒珠子与108颗佛教念珠的寓意相同，又方便携带，因而十八子手珠特别受到青睐。在民间，即使不是佛教信徒，也大多喜欢佩戴手珠，取其祥符的意义。但是手珠并不是像手镯一样穿戴在手腕上，而是挂在衣襟上，清代时无论宫廷还是民间，男女都挂。由于经常可以摘下来拿在手上把玩，在材质、色泽、做工和穿系搭配上都很讲究，一般都会在18粒珠子中配有色彩和材质不同的隔珠和坠子，精巧可人。台北"故宫博物院"藏有不少清代手珠和念珠，比如金珀手珠、翠玉手珠、砗磲珊瑚手珠、雕橄榄核镂空八仙手珠、伽楠木手珠、伽楠木嵌金手珠、珠团寿手珠、黄碧玺手珠、珊瑚间翠玉手珠、红宝石手珠、青金石手珠、粉碧玺手珠等；另有椰子壳嵌银丝梵文数珠、嘎巴拉嵌金银珠宝数珠等。所谓"嘎巴拉"为高僧头盖骨做成的珠子，珠子上还镶有珊瑚、绿松石和金银等贵金属，作为密教念珠具有非凡的法力，这些珠子都是清代念珠的精品。

制作这些小装饰的首饰行业有金店、珠宝店、玉器作、红货行（专指珠宝玉器）；专门打造新首饰的叫首饰楼；买卖旧首饰的叫"镂儿铺"。这些行业分工不同，其中首饰楼为专门制作加工的行业，工艺有金银加工、珐琅彩、点翠、烧蓝、镶嵌等。金银加工需熔、浇铸、锻打、錾花、拉丝等，以及金属上彩的珐琅、烧蓝和在金属基底上粘贴翠鸟羽毛的点翠工艺；金饰虽小，加工工序却很复杂，熔铸的叫"炉作"，锻打坯子的叫"实作"，錾刻花纹的叫"錾作"，把金叶包在银器上的叫"包金作"，火镀的叫"镀金作"，拉金丝的叫"拔丝作"，金器上加彩的叫"珐琅作"，镶嵌珠宝的叫"镶作"或"焊作"，专做婴儿装饰的叫"孩儿什作"，单纯一个金银首饰加工就需要这么多的分工协作。而在珠玉等饰件上加工如钻眼、雕凿、琢磨等称为"砣"，如果金器行或首饰楼遇到需要玉作时，便要送到玉器行去加工，叫作"过行"，不同行当之间也需要很好的协作关系。正是这种分工细化和行业合作关系，使得清代首饰一类精细手工艺品的种类和工艺呈现出前朝从未有过的繁荣（图246）。

图245 衣襟上挂有"十八子"手珠的清代妇女。手珠在清代是日常佩戴的小装饰，是小型化的佛教念珠，因大多由18粒珠子穿成，也称"十八子"。一般认为18粒念珠与108颗佛教念珠的寓意相同，又方便携带，因而十八子手珠特别受到青睐。无论宫廷还是民间，男女都挂。在民间，即使不是佛教信徒，也大多喜欢佩戴手珠，取其祥符的意义。

图246 清代做工精细繁复的首饰。清代是中国古代首饰制作工艺和样式设计最为繁复多样的时期，宫廷和民间都无不追求装饰的精巧繁复和吉祥寓意。首饰行业的分工很细，匠人分工协作，在方寸之间就可能运用到鎏金、掐丝、填丝、錾花、烧蓝、嵌宝、炸珠等数十种工艺和金、银、玉、玛瑙、松石、珍珠、珊瑚、象牙等多种材质。除了工艺繁复，对各种造型均赋予美好吉祥的寓意和说法，没有哪个朝代会像清朝这样，把重视好口彩和吉兆象征的传统如此尽心尽力地表现在工艺美术上，尤其是首饰制作。

## 第四节　《颜山杂记》和料珠

清初大学士孙廷铨著有《颜山杂记》，采用志书体例记述山东益都颜神镇（即颜山，今山东省淄博市博山区）的地方风物、乡土出产、人物故事等，内容丰富，考据精详，开博山方志先河。其中《琉璃志》一章，详细记载了从明代到清初的博山琉璃制造工艺、原料、品种和出口地区，是目前为止对中国古代琉璃工艺最全面的记录。

至少从宋代开始，制作低温高铅玻璃在中国已经比较普及。南宋文献记载，当时的制作中心在都城临安（杭州）和苏州一带，临安夜市的花灯多称为"苏灯"。颜山的琉璃制作，考古地层显示至少始于元代，明代的琉璃（玻璃）生产中心仍在这里。明洪武初年，宫廷内宫监在博山设立专制"贡品"的琉璃作坊，生产玻璃"青帘"，用作坛庙窗帘，民间炉行则主要生产簪珠一类小装饰件。《颜山杂记》作者孙廷铨的孙氏家族就是当时领宫廷"内管监青帘世业"，为皇宫制作玻璃器物。明景泰年间，博山西冶街即有大炉4座，生产水响货（玩具什物之类）和珐琅料。嘉靖前后，又有了珠灯、珠屏、棋子帐钩、枕顶等产品，工艺技术日趋成熟。明末，江北连续大旱，博山附近"斗米值一两八钱，人相食，琉璃之家死者什九"。清初，博山玻璃（琉璃）再度复兴，产品销地"北至燕，南至百粤，东至高丽，西至河外，其行万里"。清代玻璃除了产于颜神镇，广州、苏州也有大规模作坊，这几处产地实际上一直是中国古代玻璃生产的传统所在。广州地处港口，与西方玻璃制作联系密切，自称"广铸"，并有以欧洲玻璃残器为原料的再熔玻璃，与进口玻璃相对，称为"土玻璃"；苏州玻璃称为"苏铸"，似乎不及"广铸"工艺。

雍正十二年（1734年）颜神镇设博山县治，此后所产玻璃世称"博山琉璃"。《颜山杂记》记录了当时的玻璃工艺、生产规模、产品种类和销售范围。按照孙廷铨的记载，"琉璃者，石以为质，硝以和之，礁以煅之"，"礁"通"焦"，即焦炭。琉璃的颜色基本上可以通过各种氧化矿物进行控制，"白者以为干"，即以白色为基本色彩，然后掺入其他矿物，氧化还原成各种色彩；其他着色剂有铜、铁、碃、画碗石等数种；碃即"铜碃"，是一种混生于煤层中的硫铁矿；画碗石又称回青，即氧化钴。这些着色剂按照不同的比例配方进行搭配，就能得到如水晶、白、梅萼红、蓝、秋黄、映青、牙白、正黑、绿、鹅黄等十几种不同的颜色。其配方为"其辨色也，白五之，紫一之，凌子倍紫，得水晶；进其紫，退其白，去其凌子，得正白；白三之，紫一之，凌子如紫，加少铜及铁屑焉，得梅萼红；白三之，紫一之，去其凌，进其铜，去其铁，得蓝；法如白焉，钩以铜碃，得秋黄；法如水晶，钩以画碗石，得映青；法如白，加铅焉，多多益善，得牙白；法如牙白，加铁焉，得正黑；法如水晶，加铜焉，得绿；法如绿，退其铜，加少碃焉，得鹅黄。凡皆以焰硝之数为之程"。比例和色料都有固定的模式，可知已经是长期的工艺传统。

孙廷铨在《颜山杂记》里面记录的博山琉璃的产品种类分为"穿珠之属"，产品有华灯、屏风、罐合、果山等；"实之属"的产品有棋子、风铃、念珠、壶顶、簪珥、料方等；"空之属"则有泡灯、鱼瓶、葫芦、砚滴、佛眼、轩辕镜、火珠、响器、鼓珰等。现留存的实物以珠子和小装饰件如手镯、挂坠等为多，另外还有瓶、壶、罐、盒、盘、花瓶、花插、烟嘴、台灯座、文房、珠帘、小盆景，小型玩具如狮、虎、狗、马、牛、猴、羊等。这些产品除了造型的丰富，质地上还能模仿白玉、墨玉、玛瑙、珊瑚、茶晶、紫晶、芙蓉石、金星石等各种半宝石；工艺上除了沿用千年的传统，到清代又有很多创新，除了最著名的"套料"，还有堆花、内画等；鸡油黄是清初发明的博山琉璃中名贵色料之一，其光泽晶莹如玉，质感滑润欲滴，色黄似鸡脂，明艳内敛，也称"黄玉"或"御黄"，大多为皇室宫廷所用。

珠类是出现最早的琉璃制品，博山的珠子生产主要使用所谓"缠绕"技法。这种工艺至少从战国到汉代的中原就开始使用，宋代出土的苏州生产的玻璃珠实物大多也是这种工艺，明清时期所谓的料珠一般也都是这种方式，观察实物时可见明显的工艺痕迹。制作这种珠子的工具有杖子、搓板、搓石、铁钳、模槽、叉子、灰锅等，杖子是制珠最主要的工具，一般以金属制成。制作珠子之前，先要在杖子的前端三分之一处挂一层泥浆，晾干后入火烧一遍，避免玻璃溶液与金属杖子黏合在一起，泥浆多是用细炉灰加黏土用水和成。杖子需备有几十根到百余根，生产时，左手执杖子伸入炉口中，右手执料条入火熔化，搭上杖子，左手捻转杖子，料丝在杖子上缠成珠粒，依次再缠第二粒，待将挂泥浆的部分缠满，有十数粒珠，即用叉子夹住每粒珠的两端，在模槽中滚一个来回，使珠粒圆正，之后，随手埋入灰锅退温。珠子从形状上分圆珠、算式珠、心式珠、棱珠、莲子珠、瓜楞珠等；从用途分，有佛珠、帽顶珠等。另有管珠类，工艺不同于杖子缠绕技法，是用拉制成细小的空心琉璃管切割而成，因管径的粗细、切割的长短、管料的色彩各异，也有多种规格和色泽（图247）。

在博山和广州琉璃已经形成长期传统的基础上，清宫于康熙三十五年（1696年）由康熙皇帝敕命德国传教士纪里安（Kilian Stumpf）指导建立了皇家玻璃厂，地点设在老北京西安门的蚕池口，属内务府官办作坊——造办处玻璃厂。玻璃厂除外国传教士外，初期从广州招募玻璃匠进内廷烧造玻璃器，雍正以后以博山吹玻璃匠取代广州匠人，并创"套料"[106]工艺。乾隆初年欧洲传教士玻璃匠汪执中、纪文两人进内廷烧造玻璃器，完成了圆明园西洋楼吊灯等巨大工程。这一时期的玻璃制作尤为繁盛，产品种类丰富，多是供宫廷赏玩之用，有炉、瓶、罐、盆、钵、盘、碗、鼻烟壶、生肖等器物；颜色有涅白、砗磲白、浅黄、娇黄、雄黄、亮茶、亮茶黄、月白、宝蓝、空蓝、亮浅蓝、亮深蓝、豆青、亮深红、亮玫瑰红、亮宝石红、珊瑚红、豇豆紫、浅紫、亮深紫、桃红、绿、粉绿、翡翠绿、水晶、茶晶、黑等20余种；工艺有金星料、绞丝、夹金、夹彩等复色玻璃，并使用描彩、

---

106　所谓"套料"是一种二层烧结技术，是两种深浅各异的玻璃色料呈现在不同层次上的玻璃雕刻手工艺品。这种工艺很可能是受西方自罗马帝国时期就流行的cameo glass（多层浮雕玻璃）工艺的启发。制作时先用一种色料制作成器物坯胎，再将熔融的其他色料与坯胎熔连一体，然后用雕花技术雕刻出需要的图案，并剔除多余部分，显露出器物底胎，使外层具有浮雕效果的深色花纹在坯胎料地上突现出来，一深一浅，对比强烈却又十分和谐醒目。民间现今有大量清代套料技术生产的鼻烟壶等传世。

描金、泥金、珐琅彩、套料、隐起、阴刻等装饰手法。古月轩据传是以珐琅书写乾隆年制款、题诗印章和彩绘图案的玻璃器，但迄今未见传世之物。北京料器业多从博山购买玻璃料条，咸丰以后，出现了经营玻璃料条的料货庄，专门供应现成的各色料棒半成品，这也是老北京称玻璃器为"料器"，称玻璃珠子为"料珠"的由来。光绪二十九年（1903年），顾恩远筹集官商资本50万两，在博山柳杭庄创办了博山琉璃有限公司，聘德国人为技师，开始生产平板玻璃。1911年皇家玻璃厂随清亡而告终。

图247　清代的各式玻璃珠和小装饰件。这些珠子是中国传统的低温玻璃，古代称琉璃珠，明清开始称料珠和料器。这些料器种类丰富，几乎可以仿任何宝石和半宝石效果。清代的料珠不仅供应普通市民的需求，也如明代以来的传统一样供应海外市场。现今的东南亚和南亚等地区仍然有明清时期中国生产的玻璃珠也就是料珠流传。私人收藏，由作者提供藏品。

**附表：中国古代的玻璃和玻璃产地**

| 朝代 | 玻璃制品 | 产地 | 备注 |
| --- | --- | --- | --- |
| 春秋（前770—前476） | 仿玉的珠子 小装饰件 | 不明 | 考古资料 |
| 战国（前475—前221） | 蜻蜓眼珠 复合珠 | 不明 | 考古资料 |
| 汉代（前206—公元220） | 珠子 耳饰 | 南方 | 考古资料 |
| 三国（220—280） | 不明 | 不明 | 不明 |
| 晋代（265—420） | 珠子 | 南方 | 文献 |
| 北朝（439—581） | 屏风 容器 珠子 | 平城（大同） | 《魏书》 |
| 隋代（581—618） | 容器 | 不明 | 不明 |
| 唐代（618—907） | 容器 装饰品 | 不明 | 不明 |
| 宋代（960—1279） | 缠绕（技法）珠子 | 广州 泉州 苏州 | 文献 |
| 元代（1206—1368） | 珠子 | 广州 博山 | 文献 |
| 明代（1368—1644） | 容器 珠子 鼻烟壶 | 博山 北京 | 文献 实物 |
| 清代（1616—1911） | 朝珠 贸易珠 容器 | 博山 广州 北京 | 文献 实物 |

# 第十三章　写在珠子之后的小问题

## 第一节　珠子的主人

　　珠子是意义的载体，它与它的主人一同构成某种完整的解释。早期的珠子在形式上也许显得还比较随意，它们可能是随便什么人都可以佩戴的，因为那时还没有内容具体的宗教，也没有严格的社会等级。但是在讨论了巫文化时期的珠子在形式上可能与某种意义联系之后，我们不禁要问，这些珠子的主人是谁？他们是男人还是女人？他们佩戴珠子的意义是什么？他们在什么场合佩戴这些珠子？他们怎样佩戴这些珠子？

　　在村寨文化时期，我们提到过珠子的主人多是年轻的女性以及儿童；在远古，生育和婴幼儿成活率都比较低，也许先民对女性和孩子寄予了更多的保护寓意，珠子承担的是作为它主人的护身符的作用。有些考古学家根据墓葬的埋葬方式和墓主的年龄，推测佩戴珠子还可能跟某些生命仪式有关，典型的例子是陕西华县元君庙仰韶遗址的女性墓葬，一般成年女性和一些女孩墓葬内都出土骨珠，而另一些小孩墓葬既不出土珠子也不是按照成人方式埋葬的，推测珠子是一种成年仪式的标志物，珠子和珠子的穿戴形式标志着一个人的不可逆转的生命历程。这时的珠子是个人化的物品，而且一开始并不代表财富。

　　随着聚落时代的到来，珠子有了更强烈的宗教意义和社会意义（图248），这时的聚落是以宗教和祭祀活动来凝聚聚落内部的民众。从良渚文化的墓葬情况看，璧、琮这样的玉礼器是良渚大墓的重要特征，而且墓主人往往为青壮年男性，他们在墓葬中大多是仰身直肢的姿势，伴随他们的还有工艺精致的珠子。新沂花厅遗址中穿有方形玉琮型珠的项饰，也出现在仰身葬的男性墓葬中。而

图248 红山文化墓葬中的墓主人和他佩戴的装饰品。从旧石器时代起,先民就有用珠子殉葬的习惯;新石器时代制玉风气在三大流域盛行,墓主人多伴有珠玉殉葬。出土时珠玉所在的位置使我们大致能推测这些器物的用法和用途以及它们可能的意义。该红山墓葬的随葬玉器丰富,墓主当属地位较高的首领人物或神职人员,随葬玉器分布在墓主骨骸的不同部位,所代表的是不同的象征意义。

由玉璜与珠子组合成形式繁复的项饰，则多出在有纺轮一类玉件的墓中，考古学家推测这种穿有玉璜的项饰的主人可能是女性，她们的社会地位应该不低。古代文献中有"巫觋"之称，"巫"为女巫，"觋"为男巫，也许良渚的巫师男女皆有，虽然多数人类学家认为聚落时代通常是男权主导社会，但巫师的身份应该主要与他们自身的"神力"有关，而不是与性别有关。由于社会阶层的初步形成，珠子开始承担身份标志的任务，同时也被赋予了特定的宗教内容，这两者都使得珠子的主人神圣化，珠子也与它的主人一样既是沟通人界与上天的中介，也是财富和地位的象征。

都市的兴起与青铜合金的使用几乎是同步的，在古代中国特别是商周时期，青铜合金制作的礼器取代了史前玉礼器的功能，这使得珠玉多少有了单纯为了审美的目的，这在商代墓葬中那些具象的富有情趣的小动物玉件上表现得很明显。但是珠玉并没有因此而失去它的"神性"，而是被赋予了更多的内涵。珠玉成了社会等级的个人标志，特别是在西周，贵族的等级是按照男性贵族与他的宗祖的血缘关系远近来划分的，珠玉的形式是与佩戴它的主人的社会等级严格对应的，通过珠子与其他装饰件的穿系和搭配方式，就能辨识出珠子主人的身份和地位。他们一定是地位显赫的贵族，而一般平民与珠玉一类的奢侈品还没有太多的关系。《殷墟发掘报告》著录有安阳后岗的人牲祭坑中，有中、壮、青年男女及儿童共73个殉葬的人牲，有些佩戴有珠子和小玉件搭配的项饰，有些手腕上戴有珠串贝壳，推测这些珠玉是赏赐的结果，作为人牲的奴隶与他们受赐于主人的爱物一同殉葬。

《诗经》中描写男女互赠玉佩的故事大多在"国风"部分，也就是描写民间风情的部分。这可能造成一个印象，以为当时民间的一般平民大多拥有珠玉一类的饰物。其实，拥有这些奢侈品的仍旧只是贵族，只是这些用来互赠的珠玉不同于庙堂之上的礼仪组佩而是用于生活装饰的"杂佩"，"国风"中的故事是他们的日常生活情态而已。可能也有一般平民佩璜的例子，《韩诗外传》卷一称"孔子南游适楚，至于阿谷之隧，有处子（少女）佩璜而浣者"，河边洗衣服的（浣者）少女佩戴的可能是单璜佩，她本人可能是一般平民也可能是贵族女子。平民佩璜的情况属于偶然，在当时，由于珠玉之类的奢侈物并非商品而是王族贵族专有，民间拥有珠玉大多是某个贵族家族的赏赐。

战国以后，情况变得十分不同。新兴的士人（被贵族或王室重用的有学识的平民，是古代中国知识分子阶层最初的群体）和商人阶层对装饰品有了更多需求，他们在材质和款式上的要求都有别于传统，他们可以无视数百年来的等级制度，而尽可能地渲染他们作为新兴阶层的力量。特别是士人阶层，作为各个诸侯国家的骨干分子能够享有特殊的待遇而不必受制于陈规旧习，事实上，他们就是最先打破陈规旧习的人，为中原社会注入了新的活力，这些新锐激进的思想活力也反映在战国时期那些张扬大气的装饰品风格中。

经历了汉代地主阶层和南朝门阀以及民间信仰对珠玉的"神性"的冲击，珠玉作为装饰品的属性在唐代以后变得十分不同。中古以后，珠玉几乎是任何人都可以佩戴的，它的神性消失了。但是特殊的珠玉组合形式仍旧是特殊阶层的标志，特别是在皇家舆服制度中保留着对等级区分的标志作用。珠玉仍然保有权贵和财富的象征性，通过墓葬中珠玉的多寡仍然能够了解墓主人大致的社会阶层。

由于文化背景和生活环境的差异，对珠子的材质、形制和色彩，不同地域和文化的人群有不同的选择。比如藏族人偏爱色彩艳丽的珠子但不求太规矩的形制，他们在乎的是材料本身的珍贵和色彩的悦目，对于珍贵的琥珀、松石等材料不需过多加工，有些甚至就是原石的形状便直接穿戴在身上或头上，世代相传，仍油润艳丽。这些珠子既是财富又是护身符，并有强烈的宗教意义。而定居民族对珠子这样的装饰品则显得比较挑剔，他们最偏爱的是比较严格的材料和样式，在西方是宝石和精工；在中国是玉，其次才是贵重金属。这些反映在珠子装饰上的现象，使得我们在很多情况下能够通过珠子本身来识别佩戴它的主人是什么样的身份和来自什么文化或地域。

## 第二节　制作珠玉的工匠

从工艺的角度讲，古代中国基本上是珠玉不分，无论是材质还是工艺都是联系在一起的。在园圃农业的村寨时期，制作珠子的手工艺人都是在业余的闲暇时间生产自己的作品，他们还不是专业的匠人，也不是为特殊身份的人制作珠子，珠子似乎是任何人都可以佩戴的护身符或装饰品。进入聚落时代，有了仪式化的祭祀，出现了特殊身份的祭师或首领，制作玉礼器的工匠也已经专门化，并且他们也是为着专门的目的制作他们的作品。但是他们还不是制作商品的手工艺人，他们是为着宗教的目的而制作珠玉的，与其说他们的劳动是在制作手工艺品，不如说他们是在进行宗教活动，他们的作品都是在真诚的宗教情感中完成的，浪漫的美术学家认为这也是古代工艺品之所以显得凝重而现代工艺品显得浮华的原因。其实从工艺的角度讲，这种现象也可以被解释。古代工匠所能依赖的工具和动力是有限的，他们的工艺过程更多的是手与物的漫长的接触过程，这使得从他们手中创造出的艺术品更具有不可复制性；而现代手工艺是机器与原料的接触过程，这本身就是无限复制的过程，这是现代工艺品不那么"人性化"的原因。

商代用青铜合金代替了祭祀的玉礼器，使得珠玉的功能多少有一些变化，它们有了一些单纯为着审美和奢侈的目的，当然它们仍旧是特殊阶层的专属并具有特殊的意义。青铜工艺较之珠玉的制作更加复杂，需分工协作和协调管理才能完成，也就有了甲骨文中提到的"工""多工"这样的管理手工艺制作的官员。珠玉的制作与青铜器一样是王室专有，这种情况至少持续到西周，如西周的青铜铭文常有"王赐吉金……作宝器"的句子，可知当时的青铜原料（吉金）是王室垄断。推测制作珠玉的原料也可能是垄断的，制作珠玉的手工艺人与工艺原料一样属于王室所有，他们是特殊的群体，拥有特殊的技艺，但很可能没有人身自由。

在没有人工合成材料发明的史前，珠玉都是在一起制作。从西周开始，有了早期的玻璃工艺，出现了专门的生产玻璃珠的匠人。不过，早期的玻璃作品也都是仿宝石半宝石，埃及是模仿绿松石和青金石一类，在古代中国则发展成为仿玉，可以说古代中国始终是珠玉不分的。这种仿玉工艺在战国有了成功的例子，西汉的作品已经比较成熟，而真正能够完全在质感上达到玉质效果的是在明代。烧造玻璃珠子的工匠与使用天然材料制作珠子的工匠，他们的产品是为着相同的目的，但使用的工艺却全然不同，所以烧造玻璃的工匠及工艺都属于古代中国"火齐（剂）"一类，而使用天然材料制作珠玉的匠人属于"细作"类，在先秦文献中被称为"玉人"。

《尚书·康诰》有了"百工"一词，郑玄注，"百工，司空事官之属……司空掌营城郭、建都邑、立社稷宗庙、造宫室车服器械"。西周的"百工"主要指管理工匠的官员而不是指工匠本身，这大概是因为工匠属于王室专有，还不能独立存在的原因。春秋战国时，周王室衰微，工匠食官的格局被打破，出现了私人手工业者，所以《论语·子张》说"百工居肆，以成其事"，这时"百工"已成为手工艺人的通称，而且有了居于民间市肆的现象。列国崛起也引起了百工的流动，靠商业战略起家的齐国就是当时民间手工业最发达的地方，战国时期大为风行的齐国水晶珠和水晶饰品很可能大部分就是齐国民间作坊生产的。

秦汉两朝都实行了发展官府手工业、抑制私营手工业尤其是私营大手工业的政策。秦对手工匠人和他们的产品有严格的考量制度，但是由于战争的原因，秦时并没有更多的珠玉资料而多的是兵器，这些兵器的标准化生产反映出对工匠严密有效的管理方式。西汉官府手工业作坊中的劳动者主要是奴婢和刑徒，他们几乎是终身服役的。西汉民间手工业多被限制在自然经济状态下的织染一类，珠玉等奢侈品大部分仍控制在皇室手中。汉末军阀混战，城市手工业被破坏，手工业者流散，但无论是两晋还是北朝，立国初都积极恢复官府作场，吸纳和收归流散工匠，并加强对他们的控制，使之固着在本专业上。

《魏书·高祖纪下》，"诏罢尚方锦绣绫罗之工，四民欲造，任之无禁"，北魏与西汉一样，对这种可以自给自足的民间织染也是保护的，主要目的是"民闲岁隙，宜于此时导以德义"，使得农闲期间也有正当的劳作，教化民风。但是珠玉等奢侈品一类是控制在官府手里的，"细作署"即是专司珠玉类精细手工，此后北朝各代不变，一直延续到隋朝。除了细作分工，对工匠的管理更加严格，《魏书·世祖纪》太平真君五年（444年）诏令，"今制，自王公已下至于卿士，其子息皆诣太学。其百工伎巧驺卒子息当习其父兄所业，不听私立学校，违者师身死，主人门诛"。这一严酷的诏令，严格限定百工伎巧的后代必须习父兄之业，并通过严格的专业分工，保证其技艺世代传袭。同时，禁止工巧阶层在民间私立学校读书修习以求"上进"，意在制止工巧阶层出身者"滥入清流"（清流指贵族阶层）。这是用法令来规定工匠子承父业的世代传承形式。北魏孝文帝时，对百工伎巧的控制略有放松，允许迁业归农，允许按年资担任官府作场中"丞"以下的小吏，但转为清官（士族出身的官吏属于清官，寒门出身的官吏属于浊官）却仍属违禁。孝文帝太和元年（477年）有诏曰："工商皂隶各有厥分，有司纵滥，或染清流，自今户内有工役者唯止本部丞已下，准次而授。"明确地把手工艺人的身份地位限制在"丞"以下的阶层。

北齐制度大体因袭北魏。北周时，有了"六番"的番役制度，并出现雇佣工匠，标志着官府控制工匠制度的放松，工匠的劳动时间部分自由化了，也就意味着他们可以利用自由的时间制作以商品交换为目的的产品。这种情况与南朝的制度类似，南朝在齐、梁时已明确了官府作场番役制度。

在南朝，由于世族门阀的兴起，装饰品需求增加，世族大家有了囤积工匠的能力，如我们提到过的石季伦，自家就蓄养工匠自行制作各种珠玉饰品。这种情况也使得工匠的劳动时间一部分可以自行控制。几乎是与北朝一致的时间，南齐明帝建武元年（494年）开始有了对工匠轮番工作的诏令："细作中署、材官、车府，凡诸工，可悉开番假，递令休息"，此细作中署为少府属官，也即是专司金银、珠玉等精细手工业。官方已经允许这些工匠轮番休假，也就意味着劳动时间的部分自由化。至梁朝武帝时仍有细作等令丞，制度沿用南齐，其后南朝各代亦大抵略同。由此可知，南北朝时凡服饰、玩好（含珠玉）等奢侈品，均为"细作"之高级工艺品，主要由官府手工业部门掌管制作，但实行了工匠服役的轮番制。当时的私营手工业（民间手工业）由于缺文献记载，不详其貌，不过，由于皇室工匠已经允许自由使用一部分劳动时间，因此推测民间也有制作珠玉的手工业。《梁书》卷三八"贺琛传"载梁武帝语云："凡所营造不关材官及以国匠，皆资雇借，以成其事"，明确了雇佣工匠的制度，说明民间有大量自由身份的工匠存在。南北朝后期，随着雇借工匠番役制的形成，城市私营民作得到很大发展。

唐代开始，城市商业经济大为发展，私营民作大增。官府作场虽然集中而且具备规模，但并没有对民间的手工艺作业严格限制。隋唐以后工匠行会制度以及相应的教育机制的逐步形成，也是以城市私营民作的兴盛为基础的。珠玉的佩饰制度虽然仍然有明确的朝纲舆服，但民间各类奢侈玩好也开始兴盛。宋代的城市商品经济更加发达，特别是文人阶层的兴起，使得各种雅赏玩物的需求量大增，官办和民间的工艺制作都是门类繁多。从唐宋开始，工匠已经职业化，他们拥有人身自由并以生产商品为目的，可以自由发挥自己的想象或迎合风气的需要。珠玉等奢侈品无论形式和内容都很世俗化，在美术形态上表现为民间喜闻乐见的题材替代了上古神圣的宗教题材，社会文化和经济结构的变化引起了审美风尚的变化。在上古时期，如果一个西周小民艳羡贵族身上佩戴的珠玉，他是无法用金钱买到他心仪的东西的，因为那些东西既不是商品，他也不具备佩戴的资格；而从隋唐开始，拥有自由时间或自由身份的工匠开始制作以商品交换为目的的珠玉等手工艺品，这时，除了富商巨贾，甚至里巷妇女也能满身珠玑（图249）。

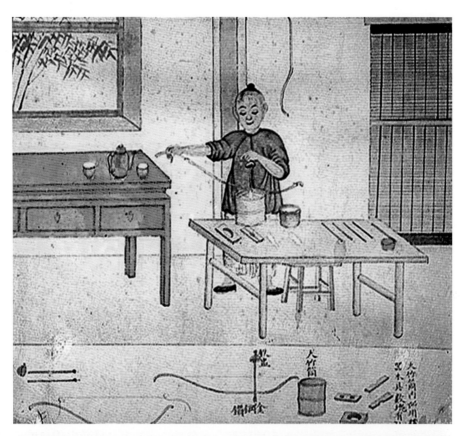

打 眼 图

图249 明代《天工开物》中的给珠子打孔的工匠。这种使用弓弦驱动钻具给珠子打孔的做法已经有数千年历史。史前先民在长期的生存实践中总结的一些技术发明甚至一直沿用到近代，直到动力革命比如电力驱动的应用，才最终取代了手动作业。

## 第三节 用什么穿珠子

到目前为止，我们已经了解了珠子上万年的历史，从史前聚落到文明发生，从城市兴起到游牧社会，珠子的穿系搭配方式从简单稚拙到成熟繁复，从穿缀钉缝到复合工艺，但是我们还从未讨论过古人是用什么样的线穿系他们的珠子。想象中，比我们今天的人类更加贴近自然的古代人类，能够利用和善于利用的就是天然的动植物材料。由于有机物和植物纤维很容易降解，基本上古代珠串在出土时都是散落的，穿系珠子的线都荡然无存，因此我们只能推测古人究竟用什么样的线来穿珠子。特别是看了像山西天马—曲村的西周晋侯墓地那种穿系复杂、构件多样的组佩，这个问题就会冒出来：古人用什么穿珠子？那些打孔比较大的玛瑙珠或者玉管也许比较容易解决穿系的材料问题，但是组佩上那些外径均在1毫米左右、内孔非常细小的黑色煤精小管，很难想象是用什么材料和什么工艺制作的线才能穿过。

两万年前的山顶洞人喜欢佩戴骨管、海贝和野兽牙齿，虽然我们不知道他们是怎样为海贝和砾石这样的小东西制作打孔的，但是明显孔径都很大，似乎比较容易解决穿系的问题。山顶洞人善于跟野兽打交道，他们充分利用了野兽各个部分的价值，那些穿野兽牙齿的绳子可能是用兽皮做成的细条或者动物肌腱也就是通常说的"筋"，这些材料可能是最早用来穿珠子的线，它们在考古现场残留了一些证据。

纺织的发明比较早，许多新石器时代早期遗址都出土了纺轮，说明纺线技术很早就已经普及。人们推测这些纺轮最早曾用来纺绩过动物毛，对于我们那些经常与动物打交道的先民而言，这种纺绩办法和产品利用是他们只能想到和必须想到的。直到今天，西南地区的藏羌民族还在使用这种古老的纺绩技术，他们是牧羊牧牛（牦牛）的好手，原料来源就在他们身边。7000年前的河姆渡遗址出土了骨针，并且还出土了苎麻绳索，这些证据说明，先民对植物纤维有了足够的认识和加工能力，他们已经能够熟练地使用手中的针线缝制衣物。1972年，江苏吴县草鞋山的史前遗址中出土了3块珍贵的葛布残片，浙江湖州钱山漾遗址出土了苎麻布残片，这些纺织品是5000多年前良渚人的杰作。我们在前面说过，良渚的珠子是史前珠子艺术的大宗，虽然那些珠子出土时穿系珠子的线已经不存，但是从良渚遗址出土苎麻织物的情形看，良渚人已经很容易解决穿系珠子的问题。

从考古资料看，早在6000年前的先民就掌握了苎麻和葛藤的加工利用。葛是一种野生的藤本植物，葛藤在沸水中煮过后，皮会变软，能撕扯成一缕缕光洁如丝的纤维，使用纺轮能搓捻成葛纱，把葛纱横一条竖一条地编织起来就成为原始的葛布。苎麻的加工稍微难一些，需要进行发酵脱胶。葛纱和苎麻纱都比较结实，足够作为穿系珠子的线。到商周时，葛布已经成了当时缝制衣服最重要的材料。《诗经》中有大量与葛和苎麻有关的描写，《采葛》有"彼采葛兮，一日不见，如三月兮。彼采萧兮，一日不见，如三秋兮"，思念之情犹如葛藤绵绵；《葛覃》有"葛之覃兮，施于中谷，维叶萋萋"，写漫山野生的葛藤繁茂绵延的样子；《葛藟》中"绵绵葛藟，在河之浒"，写到了葛藤喜欢生长在潮湿的水边；《丘中有麻》，"丘中有麻，彼留子嗟"，女子盼望意中人出现，却先用山坡上茂盛的苎麻来起兴；《蜉蝣》中还有"麻衣如雪"的描写，实在很美。现代人视天然麻织物为上佳品质的服装原料，在没有化学工业的商周时代，麻衣和葛衣只是最常见的夏季服装，所以《韩非子》说，"尧之王天下也，冬日鹿裘，夏日葛衣"。西周时还专门设置了一个叫"掌葛"的官员，专管种植葛藤和生产葛布。根据葛纱的粗细和质量不同，生产出来的葛布的品质也不同。平民穿的葛布用粗葛纤维纺织而成，称为"绤"；贵族穿着由细纤维纺织成的葛布，称为"绨"。到了汉唐，虽然丝绸的纺织很发达，但普通民众夏天的穿着基本上还是葛衣。推想葛纱和麻纱应该是最常见的可以用来穿系珠子的线。

古代中国最负盛名的传统织物是众所周知的丝绸。出土的早在商代的丝织品，无论技术还是图案都很成熟。我们假定嫘祖发明养蚕缫丝的传说是可靠的，那么用缫丝技术抽出很细的丝线发生在距现在5000年的时间。丝线不够结实，但是容易抽出极细的丝来，我们暂时用细丝线来解释西周那些打孔细小的珠子的穿系问题，因为我们还不了解西周时期是否能够利用苎麻或葛纺绩出足够细的线来。

与我们的想象不同，今天常见的棉线却是在很晚才被中国人使用。棉花的种植相对较晚，最早种植棉花的民族是公元前3000年印度次大陆的达罗毗图人。中原的传统一直是丝和麻，棉花的种植技术很可能是在汉代开通海上贸易航线才传入中国的，但是当时中原的棉织品仍然是比较稀少的，因为棉花种植还没有普及。宋代赵汝适的《诸蕃志》记载了棉花和棉布通过泉州港口大量进口中国的情形，促进了福建的棉花栽培和棉布纺织。直到明代，棉布的大面积种植和技术推广才使棉布真正取代了麻布。所以应该排除宋以前的中国人使用棉线穿珠子的可能，而唐宋兴起的商品经济和一些外来工艺的引进也为穿珠子的线提供了更多的选择，特别是制作首饰的贵金属复合工艺的成熟，珠子和其他构件的组合多采用金属工艺连接，所谓"穿"珠子的方式大多用于简易的制作甚至民间女子消遣的小手工。

也许一些传统的民间工艺能提供更多启发和思路。在新疆和甘肃牧区有一种保存在家庭内的使用动物皮制作皮鞭和皮绳的传统手工，同时也附带制作动物肌腱（"肌腱"俗称"筋"，是一束联结肌肉和骨骼、传导肌肉产生的压力的纤维组织）。其实，利用兽皮制作细条细线的办法，早在两万年前的山顶洞人就想到了，我们在前面已经提到过。不管多么遥远的时间和空间跨度，人类解决某些生存和生活方案的思维总是惊人的一致。制作动物肌腱的工艺是把动物腿骨旁边的筋束风干，水分挥发后，可以从干燥的筋束中分离出很细的筋丝来；然后将干硬的筋丝放在植物油里浸泡，使其软化和更具有韧性。这种筋丝纤维细而结实，牧民也用来缝制皮具和穿系东西，是很好的天然材料。联想到出自新疆沙漠的金珠，应该是来自古代波斯遗留在丝路上的贸易品，其孔径十分细小，孔内残留有黑色的黏稠物，将黏稠物取出燃烧，能闻到强烈的动物油脂气味。推想这种珠子曾经是使用动物筋丝穿系的，这种筋丝的制作方法也许类似现在的牧区仍旧在使用的工艺。由于有机纤维

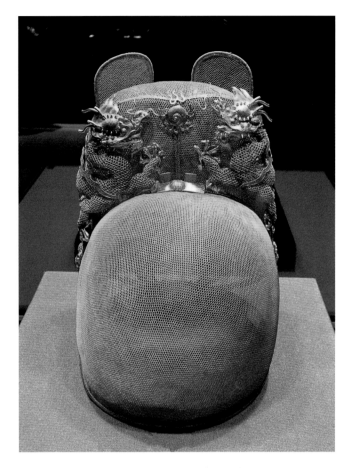

图250 明神宗金丝翼善冠。这件明代的金丝翼善冠1958年出土于北京定陵地下宫殿。通高24厘米，使用极其纤细的金丝编结，采用掐丝、累丝、码丝的方法焊接而成，是明代金银工艺的代表作品。该金冠虽不是专门用于穿系珠子的金丝，但是编织整个金冠的金丝展示了古人金丝工艺的高超水平。古人对黄金材质延展性、柔韧性好，不腐烂不生锈的多种特性十分了解，从史前时代到文明时期，黄金工的实践数千年来从来没有中断过，尤其是应用于珠宝珠饰一类的奢侈品。

容易分解，筋丝已经不存，但是有机物还残留在孔内，使我们能够得到比较合乎逻辑的推测。

动物皮条或筋丝可能是最早用来穿系珠子的线，但山顶洞人用来穿珠子的兽皮兽筋在制作上还谈不上鞣革的工艺。距今5000年的良渚人不仅能够加工利用葛和麻这样的天然植物，还已经能够熟练使用动物皮制作的细条或者动物筋来剖开硬度达到6度的玉料，这时的兽皮加工已经称得上鞣革工艺。也许良渚人也用动物筋丝来穿系珠子，需知他们的珠子也有打孔十分细小的，而且那些珠子的搭配形式十分复杂，不具备一定韧性和强度的线是无法承受珠子的重量和使用中的磨损的。

另外一个有明确出土证据的穿珠子的线是金丝。黄金具有良好的韧性和可塑性，而且不会分解或腐烂（图250）。早在安阳殷商遗址就出土有金丝、金箔，其中金箔的薄度达到0.01毫米，工艺已经很成熟。安阳殷商遗址出土的金丝是否用作穿珠子的线，资料没有明确说明，但是西汉扬州邗江西湖胡场14号墓出土的串饰却明确是使用金丝穿系的，这串墓主（女性）生前佩戴的项饰由28件珠、管、胜、坠、壶、辟邪、鸡、鸭等各种小件组成，最大的一件不超过1厘米，所使用的材质包括金、玉、玛瑙、琥珀、玳瑁等，每一件都精美绝伦。如果说这些小饰件由纯金制作的金丝穿系起来的确可谓奢侈，但与它使用的工艺和材质搭配一点也不为过。

## 第四节　玻璃和琉璃的称谓问题

仅从名称来说，中国古代对玻璃可能有过的称谓就有十多种，如缪琳、琅玕、陆离、陆琳、琉琳、琉璃、玻黎、硝子、罐子玉、罐玉、药玉等。在我国当代考古学中把不透明玻璃称之为"料器"，把半透明称之为"琉璃"，把透明度高的称之为"玻璃"，这种分法并不规范，我国著名古玻璃研究专家中国科学院院士干福熹教授建议"统一称为玻璃"。

无论是"费昂斯"还是"玻璃"或"琉璃"，都不是绝对的称谓，公元前3000年的埃及人并没有称自己的某种工艺产品叫"费昂斯"，所谓"埃及费昂斯"这个名词是后来的西方学者互相约定的，以便于讨论问题。中国人对玻璃和琉璃在古代的称谓一直都有很多说法，显得比较混乱，一般采用的考证办法，是用材料的现代名称去对应古代文献中可能的称谓；或者利用出土实物来对应文献中的名称。这两种办法都有附会的成分，有些能够得以印证，而有些只能是推测。

琉璃和玻璃都是早期的"费昂斯"（faience）衍生出来的技术，它们在工艺和原料上有联系，都是熔化石英烧造成品。费昂斯是二次烧造，即先制作胎体，成型后再上玻璃釉，入火烧造成功，这与明清大为繁盛的琉璃建筑构件的工艺流程是一致的，可以说琉璃建筑构件是早期的费昂斯工艺的大型化，中国人习惯将这些建筑构件称为"琉璃"，同时也将中国本土使用高铅低温玻璃制作的小装饰件称为"琉璃"，这种混淆的称法可能与琉璃和玻璃均源自早期同一种工艺有关。大致在罗马帝国时期，西方有了吹制玻璃的工艺，这种工艺基本上抛弃了模铸的办法，一次烧造成品，之后的个人装饰品和实用器皿基本上都是采用这种办法制作，就是西方所谓glass我们称为玻璃的东西。

"玻璃"一词在中国比较普遍地使用是在宋代，应该与唐宋间大量西方舶来的透明玻璃器有关而并非指本土的低温玻璃也就是所谓"琉璃"。大文豪苏轼写有"坐思吴越不可到，借君月斧修朣胧。二十四桥亦何有，换此十顷玻璃风"，他的《点灯会客》有"试开云梦羔儿酒，快泻钱塘药玉船"，还写过"回望古合州，属此琉璃钟"，几首诗分别写有玻璃、琉璃、药玉，显然诗人并没有混淆它们之间的区别；陆游有"镜湖俯仰两青天，万顷玻璃一叶船"；宋代诗词中出现"玻璃"一词的频率很高，可知当时的玻璃已经很常见。同样与"玻璃"一样经常被文献提到的是"琉璃"，南宋周密追忆都城临安城市风貌的《武林旧事》有专门描写元宵灯会一节，"灯之品极多，每以'苏灯'为最，圈片大者径三四尺，皆五色琉璃所成，山水人物，花竹翎毛，种种奇妙，俨然著色便面也"。说明苏州一带普遍已经能够自己生产比较大型的琉璃制品，文中把苏州制造的花灯叫作"琉璃"而不是"玻璃"；同在《武林旧事》"赏花"一节，有"间列碾玉、水晶、金壶及大食玻璃、官窑等瓶"，这里把从"大食"舶来的玻璃器叫作"玻璃"而不叫"琉璃"，显然与在本土苏州生产的琉璃器在质地和工艺上有区别，作者并没有混淆其中。苏东坡写有"琉璃贮沆瀣，轻脆不任触"，说明这种叫作"琉璃"的本土手工品与西方舶来的"玻璃"不同，有易碎不耐高温的特点；而西方主要用作容器的玻璃制品已经解决了这类问题，并且由于使用吹制工艺，造型和样式是中国所无，以至于中国人一直把西方玻璃器当成奢侈品舶来。说明至少在宋代，中国人开始把琉璃和玻璃分开称谓，"玻璃"是西方舶来品，"琉璃"是本土低温小件，如宋人诗词中经常有"真珠帘""水晶帘"之类的低温玻璃，而宫廷所用"药玉"则是指专门仿玉的玻璃。

"药玉"仿玉在《宋史·舆服志》有记录，"今群臣之冕用药玉青珠"，因为宋代玉料难得，而当时玻璃仿玉的工艺也已经比较成熟，便开始用所谓"药玉珠"代替玉珠，其实就是玻璃珠。元代有专门烧造玻璃的官方作场称为"罐玉局"，也是用意模仿玉器的。"药玉"除了仿玉，还用来仿瓷，苏东坡在他的《独酌试药玉滑盏》记录了玻璃（琉璃）仿瓷的事，"熔铅煮白石，作玉真自欺。琢削为酒杯，规摹定州瓷"，说的是以铅作助燃剂熔化石英烧造酒杯，模仿当时的定州瓷器。这种以铅作助燃剂的中国本土低温玻璃，其高铅含量一直是判断中国本土玻璃的标准。

《金史·本纪第八·世宗下》，"乙丑，宋遣使献先帝遗留物。癸巳，宋使朝辞，以所献礼物中玉器五，玻璃器二十，及弓剑之属使还遗宋，曰：此皆尔国前主珍玩之物，所宜宝藏，以无忘追慕。今受之，义有不忍，归告尔主，使知朕意也"。可知那时西方舶来的玻璃器仍很珍贵，为皇帝珍爱的玩物，而且仍称作"玻璃"不称"琉璃"。《续资治通鉴·宋纪九十二》，"会蔡京献太子以大食玻璃酒器，罗列宫庭。太子怒曰：'天子大臣，不闻道义相训，乃持玩好之具荡吾志邪！'命左右击碎之"。我们注意到文献中的"玻璃"总是与"大食"联系在一起，大食是唐宋时期对阿拉伯帝国和伊朗语地区穆斯林的泛称，相当于现今的伊朗一带，他们所继承的是古代地中海的玻璃工艺传统，玻璃制品耐高温、质地透明，这是中国玻璃一直没有解决的问题（最大可能是中国人不想解决这个问题，因为有瓷器作为实用器皿，玻璃只供制作玩好），所以舶来的大食玻璃才成为皇帝手中珍爱的玩物。

到明代，本土低温玻璃开始被称为"料器"。古代中国的玻璃并不以质地的坚密取胜，而以工艺见长，所求效果是视觉和感觉的，并非实用，即使到了清代，仍然以烧造低温玻璃为主。称"料器"是与工艺流程有关，我们前面说过，早期的费昂斯珠和后来的琉璃建筑构件比如琉璃瓦，其工艺都是二次烧造。而玻璃工艺是一次成型，即在玻璃溶液中加入着色剂，溶液冷却前一次塑造成型，无须再上釉。由于玻璃制作发展到批量生产时期，一般都先备有各种颜色的"料棍"，制作产品时融化所需要的料棍，使用各种简单的小工具时而拉，时而粘，时而剪子铰，时而镊子拽，塑造出形态各异的作品，也就是我们所知的"料珠"、"料器"等。与琉璃比较，料器没有底胎，是艺人在火中一次加工完成的即兴之作，和真正的高温玻璃比较，料器熔点低，比重大，颜色多而鲜艳，这一直是中国低温玻璃的特色。

玻璃、琉璃、料器等的称谓经常被混同使用，这些使用有些是出于方便讨论的目的，而有些是没有区分工艺及其流变造成的误解。事实上这些称谓很难统一口径，因为它们有时候是出于工艺的考虑，而有时候只是为了与古代文献所指相一致。我们在前文分别叙述了玻璃、琉璃、药玉、料器等多种称谓的来历，其实它们都是玻璃。总体而言，从宋代开始中国人把西方舶来的透明耐高温的

"大食玻璃"之类称为"玻璃"，把本土自行生产的低温玻璃小件和珠子一类叫作"琉璃"，明代开始这种琉璃多被称为"料器"，而此时所谓的"琉璃"则是专门指建筑构件琉璃瓦之类。

## 第五节　采珠——珍珠小史

　　中国人采集和使用珍珠的历史始于先秦，而将珍珠作为贸易品的时间应该不会晚于丝绸贸易。公元1世纪，罗马博物学家老普林尼[107]的《自然史》中记载，罗马帝国仅珍珠一项，每年就要支付给中国、印度和阿拉伯诸国1亿银币，中国在汉代向西方出口丝绸的同时就已经是珍珠出口的重要国家。到唐代，珍珠采集已经作为赋税被国家征收。唐代王建的《海人谣》说："海人无家海里住，采珠役象为岁赋。恶波横天山塞路，未央宫中常满库。"描写广南沿海的居民以采珠作为每年的赋税，以至于未央宫中珍珠满库。

　　天然珍珠是娇贵的有机宝石，硬度只有2.5到4之间。这种有机物遇酸、碱都容易分解，这是我们在考古资料中很难见到早期的珍珠的原因，这给人一个错觉，以为中国人很少有使用珍珠的传统。但文献资料反映的情况是中国人自先秦就开始使用珍珠，不仅作为装饰品和贸易品，还很早就认识到了珍珠的药用价值。汉末的医书《名医别录》、梁代的《本草经集注》、唐代的《海药本草》、宋代的《开宝本草》、明代的《本草纲目》、清代的《雷公药性赋》等医药古籍，都对珍珠的疗效有记载。《尚书·禹贡》有"淮夷蠙珠、暨鱼"的说法，认为"淮夷"这个地方盛产珍贵的珍珠和美味的暨鱼，这可能是珍珠最早的文献记录。而汉代时期的《大戴礼记》不仅对珍珠的生长环境认识得很清楚，还赋予了珍珠神奇的功能，"玉居山而木润，渊升珠而岸不枯"，自然孕育了珠、玉，而由于珠、玉的生长又使得养育它的自然环境受益，这是珠玉对自然的呼应；又说珍珠是水中精华，能御火灾（与珍珠相反的是玉，为火中精华，能御水灾），所以"天子藏珠玉，诸侯藏金石"，珍珠和玉都是中国人心目中的神奇之物。尽管古代中国人喜欢"珠玉"连称，但上古的"珠"却并非现代人所认为的广义的珠子。《说文解字》对"珠"的解释是"珠，蚌中阴精也"，《大戴礼》也说"珠者，阴之阳也，故胜火"。说明至少在汉代以前，"珠"是专指水中生长、可以御火的"蚌珠"一类而并非珠子的泛称。战国时期的《韩非子·外储》讲述郑人"买椟还珠"的故事，其中的"珠"就是指珍珠。

　　至少在战国时期，合浦的珍珠采集业就很兴盛，"适秦开疆百越，尉屠睢采南海之珠以献"，

---

107　盖乌斯·普林尼·塞孔都斯（Gaius Plinius Secundus，公元23—79年），又称老普林尼，古代罗马的百科全书式的作家，以其所著《自然史》一书著称。全书记叙了近2万种物和事。其内容上自天文，下至地理，包括农业、手工业、医药卫生、交通运输、语言文字、物理化学、绘画雕刻等方面。在《自然史》的写作过程中，普林尼总共参考了146位罗马作家和327位非罗马作家的著作，从2000部书中摘引了极其大量的材料，他按引的主要作者就有100人。这部堪称百科全书的巨著是他多年勤奋读书的结晶。这部书为我们保存了许多已经散失的古代资料，提供了了解古代物质和精神文明的丰富资料。

尉屠睢是当时攻下南越的秦军将领，珍珠是他攻下合浦后对秦始皇的回馈，这是光绪年间张嶲的《崖州志》的记载。如果说后世文献追述古代事迹会有不确定的因素的话，《后汉书·孟尝传》的记载应该是可靠的史实，"（孟尝）迁合浦太守。郡不产谷实，而海出珠宝，与交趾（越南）比境，常通商贩，贸籴粮食"。东汉时，孟尝在合浦任职太守，当地的情况是不产五谷，而是采撷海中的珍珠与毗邻的交趾交换粮食。由于连年滥采，珍珠资源遭到破坏，因此还发生了著名的"合浦珠还"的故事，"先时宰守多贪秽，诡人采求，不知纪极，珠逐渐徙于交趾郡界……求民病利。曾未逾岁，去珠复还，百姓皆反其业，商货流通"。地方官员贪利枉法，滥采无度，珠母迁逃至临界的交趾，致使靠此为生的珠民无以为计；孟尝到任，整治弊政，不久珠蚌纷纷迁回合浦，珠民返归旧业，商贸流通。

早在孟尝之前的西汉成帝时（公元前32—前7年），合浦就有与珍珠有关的有趣事件发生。《汉书·王章传》记载了王章年轻时贫寒无助，与妻子午夜牛衣对泣[108]，后来做了京兆尹，因刚直敢言，以事忤当权的王凤，被王凤劾以大逆罪下狱，其妻子八人均遭连坐。不久，王章病死狱中，妻子家属充戍合浦，家产没收充公。因合浦产珍珠，时值海上丝绸之路开通，合浦也成为珍珠集散地。王章的妻子抓住机会，在合浦经营珍珠生意，积蓄财产数百万，后来王章家属遇赦，返回故乡，得以赎回田宅，安享生活。这段故事说明至少在西汉，合浦就已经以珍珠富产闻名。

《晋书》中有用珍珠（文献称"蚌珠"）代替皇帝冠冕上的白玉珠的记载，晋王室对珍珠的需求增加。太康三年（282年），为确保皇室的珠宝供应，晋武帝下诏派兵把守紧邻合浦的廉州珠池（产珍珠的海域），规定庶民不得入内采珠，采珠事宜由官府统一部署。六朝时期的诗歌集《玉台新咏》多处写到"合浦珠"，可知当时的采珠很繁盛。唐代天宝元年（742年）至广德二年（764年）间，朝廷多次下令珠民进贡珍珠，致使合浦珍珠采捕无度，资源受到严重破坏，发生了历史上自"合浦珠还"后的第二次珠蚌大迁徙。唐代宁龄先在《合浦还珠状》说："合浦县内珠池，天宝元年以来，官吏无政，珠逃不见，二十年间阙于进奉，今年2月15日，珠还旧浦。"由于禁绝了20年采珠作业，珠贝才重新返回合浦。

《宋会要辑稿·食货》记载，五代十国时期，盘踞广州一带的南汉，"于其管内海门镇招置兵士二千余人，目为媚川都，惟以采珠为务。皆令以石硾足，蹲身入海，沉水而下，有至五百尺深者。咽溺而死者无日不有，所获真珠充盈于府库"。由于采珠作业的残忍和危险，宋太宗一度下令废罢"岭南诸州采珠场"。但宋代无论朝廷还是民间，使用珍珠制作首饰的风气很浓，不久就恢复了采珠，不仅在容州（今广西容县）、海门镇仍设采珠场，还将采珠作业扩大到了福建。公元962年宋太祖诏令合浦置媚川郡，定珠课，开始下诏采珠，南珠正式作为贵重物品定期向朝廷进贡。而民间的珍珠贸易也很兴盛，南宋《武林旧事》记录了都城杭州交易珍珠动辄"数万"的情形，以及

---

108 "牛衣对泣"的成语出自《汉书·王章传》，"初，章为诸生学长安，独与妻居。章疾病，无被，卧牛衣中；与妻决，涕泣"。形容夫妻共同过着穷困的生活。

临街商铺和专门的首饰行制作珍珠一类装饰品的繁荣市景。"南薰殿旧藏"的帝后画像中有宋徽宗郑皇后像，头上的凤冠满饰珍珠，两颊和额头也以珍珠为妆魇，清雅华贵。

元代的金玉局下面专门设有"管领珠子民匠官"，掌管"采捞蛤珠"即天然珍珠一类，当时仍旧很流行宋代使用珍珠的风气，延祐四年（1317年）十二月复置廉州采珠都提举司，专事采珠。元代无论宫廷还是民间，对珍珠的需求不会少于以往，元代妇女偏爱珊瑚、珍珠一类的有机宝石，帝妃所戴的"罟罟冠"一般都以珍珠作为最重要的装饰；民间则延续宋代以来的"珠璎"样式，大多也是用珍珠装饰。

明代则是中国历史上采珠最盛的一个时期，也是对合浦珍珠资源破坏最严重的时期。明弘治十二年（1499年），明孝宗朱祐樘下诏征集雷州、琼州、廉州等府船800艘，征集8000人，费银万两，采珠28000两。这次大采，在海上病死的军士水手300余名，溺死军士水手280名，被风浪打坏船70艘，30余条船成了无人的空船。这次大采也是合浦采珠史上采得珍珠最多的一次。嘉靖五年（1526年）又复采珠，这年冬天合浦大雨雪，池水结冰，民多冻死，而珠民仍被迫下海采珠。当时巡抚都御史林富上疏给嘉靖皇帝说，"嘉靖五年采珠之役，死者万计"。嘉靖四十年（1561年），"珠蚌夜飞迁交趾界"（《粤闽巡视纪略》），合浦珠贝又一次迁往交趾边界，这是历史上继汉代和唐代之后合浦珍珠贝的第三次大迁徙。天启年间（公元1621—1627年），珠池太监擅权虐民，造成合浦海中珠蚌"遂稀，人谓珠去矣"，合浦珍珠贝第四次逃离了合浦沿海。之后，合浦珍珠产量渐微，再也不可与全盛时期同日而语。明代使用珍珠风气之盛，从十三陵定陵出土的万历皇帝及其后妃的黄金镶宝石珍珠龙凤冠可见一斑，仅一顶龙凤冠上就需镶嵌珍珠3500—5000颗不等，用于其他装饰的珍珠数量也很可观。

清代的合浦采珠业并未恢复元气，乾隆年间，珠池的珠贝产珠极少，不得不去深海捕杀母贝。清末，合浦沿海只有20余艘采珠船，景色萧条。而清宫廷最为珍视的是与岭南诸州所谓"南珠"相对的"东珠"，被视为珍珠极品。东珠亦称北珠、大珠、美珠、胡珠，是产于松花江下游及其支流所产的淡水蚌珠，与一般珍珠相比色若淡金、圆润巨大，更显王者尊贵（图251）。东珠的采珠史并不是清代才开始的，早在辽代契丹，女真人就曾以东珠为贡品向契丹人进贡。被清宫廷流放的明代文人张缙彦写有《宁古塔山水记》，"胡珠（东珠）宁古及乌喇各河中俱有，但多在深渊，非没入水中不能取，且千百中乃一得。其蚌不论大小，色润而泽，即小如卵者亦藏之。其水亦必秀媚，异于常水"。清宫廷将东珠、貂皮和人参列为统制品，采珠人俗称"乌拉牲丁"、包衣食粮人，珠户皆为旗人。几个人为一组，叫作"珠轩"，四月间泛舟下江采珠，至八月间结束，采到的珠子交官，由官发价，除了应交数额，剩下的可以作为商品珠出卖。采珠作业是生活在黑龙江流域的满族人的重要生计，以至于满族人发明了"珍珠球"的体育活动，1644年清军入关把这项活动带到京城，供八旗贵族子弟游戏，这项活动至今仍保留在满族民间。

采珠作业艰辛而危险，唐代元稹写有《采珠行》，"海波无底珠沉海，采珠之人判死采。万人判死一得珠，斛量买婢人何在？"李白也曾写道，"相逢问愁苦，泪尽曰南珠"。人类为了满足自己的装饰天性常常不惜残忍地掠夺，特别是对有机物和生物的掠夺。除了珍珠的开采，经常与珍珠一起出现在帝后凤冠上的"点翠"即是对翠鸟这种鸟类生物的残害。"点翠"工艺起源很早，《后汉书·舆服志》中已经有"翡翠"装饰品，即是指鸟类羽毛，宋代的帝后画像上可见工艺成熟的翠羽装饰，明代有实物出土，清代的"点翠"饰品至今流传。对翠鸟的大量捕杀几乎对这种美丽的生物造成灭顶之灾，由于资源的几近枯竭，正如人工珍珠养殖缓解了自然珍珠的稀缺，清末终于使用人工着色的"烧蓝"工艺取代了"点翠"。

图251 清代皇帝朝冠上的金龙东珠顶。珍珠的成分是含有机质的碳酸钙，化学稳定性差，可溶于酸、碱，对保存环境和温度有特定的要求，保存相对较难。除了珍珠，其他来自动物、植物、生物的有机宝石还有珊瑚、琥珀、象牙、砗磲、玳瑁等。中国人采集珍珠始于先秦，汉代以前的文献中所谓"珠"大多是指珍珠。由于保存较难，宋代以前的实物资料几乎看不到。明代开始有考古实物出土，清代有大量实物流传。而满族人偏爱的是淡水珍珠"东珠"，清代舆服制度规定只有皇帝和帝妃可以佩戴。

 # 第十四章　西藏的珠子

## 第一节　西藏的宗教美术

　　几乎所有的西藏艺术品都是宗教性质的，珠子也不例外。由于地理和宗教的影响，西藏艺术在整体上更多显现出中亚印度系美术风貌，而与中原古代艺术迥然有别，这是我把它单列章节的一个原因；另一个原因是，由于宗教和葬俗[109]的关系，西藏9世纪以后的艺术品特别是珠子这样的个人装饰品，几乎没有考古地层可以依据而多是传世品，所以很难将其纳入中原古代装饰品的编年。对传世品的断代大多建立在文献中的片段、民间传说和其他地域相同类型器物在时间上的比附，所以它有不太确实的因素。但是西藏的珠子是装饰品研究的大宗，藏族人以善歌喜舞装饰闻名，他们的珠子有浓郁的地方特色和宗教背景，这些个人装饰品一直都是引人注目的研究主题。

　　藏传佛教始于公元7世纪中叶，由印度、尼泊尔和中国同时传入，由中国传入的主要是大乘佛教之显教，由印度、尼泊尔传入的主要是密教。佛教传入西藏后，与当地的原始宗教——苯教经过抵触和融合，形成了有浓厚的地域特点的宗教，即所谓"藏密"，俗称"喇嘛教"。据传佛教是由松赞干布王以娶亲的方式引入藏地的，他先娶尼泊尔公主墀尊为后，墀尊公主带来了不动佛像、弥

---

109　西藏古老的葬俗本是土葬，青藏高原众多新石器时代墓葬群的考古发掘显示这一地区远古时期的土葬方式。吐蕃盛时，土葬制仍是这一地区最主要的丧葬形式，吐蕃王室高大雄伟的陵墓至今耸立在西藏山南琼结，加之繁缛的丧葬仪礼和众多的殉葬品，无不显示着当时土葬制的辉煌。但随着吐蕃王朝的没落，公元877年吐蕃暴动的平民和奴隶捣毁了吐蕃王室陵墓，土葬制度的统治地位也为随佛教思想传播而来的天葬和火葬所取代。9世纪以后的西藏一般没有墓葬，因而也没有考古地层可依据。

勒菩萨像、度母像等。公元641年，松赞干布又与唐联姻，娶文成公主为后，《旧唐书》和《新唐书》的"吐蕃传"都记载了唐贞观十五年（641年）太宗将文成公主嫁给松赞干布王的事件。据传西藏大昭寺主殿供奉的佛释迦牟尼像就是文成公主从长安带进西藏的，由于这尊佛像是释迦牟尼

图252　西藏大昭寺主殿供奉的佛释迦牟尼像。据传是由文成公主入藏时从长安带进西藏的，由于这尊佛像是释迦牟尼12岁时的等身像，因而在藏传佛教信徒心目中有着至高无上的地位。这尊造像满身镶金，嵌满绿松石、珊瑚、珍珠、砗磲、蜜蜡等各种半宝石，最引人注目的是尊像头冠上的天珠，其中有水纹天珠、虎牙天珠和三颗珍贵的九眼天珠，这些珠子包含强烈的宗教意义，是供奉佛尊的圣物。

12岁时的等身像，因而在藏传佛教信徒心目中有着至高无上的地位（图252）。《吐蕃王朝世袭明鉴》记载文成公主进藏时，陪嫁十分丰厚，有"释迦佛像，珍宝，金玉书橱，360卷经典，各种金玉饰物"，此外还有丝绸、卜筮书、营造与工技著作、治病药方、医学论著、医疗器械等，还携带有各种谷物和芜菁种子等，为西藏带去了中原的文化和先进的工艺技术。为供奉诸圣像，尼泊尔墀尊公主主持建造了大昭寺，文成公主主持建造了小昭寺，松赞干布又建四边寺、四边外寺等十几座小庙遍布于拉萨周围，佛教在当时就得到广泛的传播。

随印度密教传入西藏的还有密教美术。密教一向以本尊之修法为重点，重视造像和修持，在造像和绘画方面依据仪轨的特殊规定，对应修法的需要，在佛像、法器、曼荼罗[110]等方面的美术表现最具特色。佛像因受印度教多神崇拜的影响，诸尊的种类繁多，且多属超人类之造型，如多眼、多面、多臂，或呈愤怒相，或持各类武器，均以非凡的造型和姿态示人。此类形象象征人类为达到即身成佛的境地，而于现世之修行须降伏诸魔、克服人类内外之障碍，而表现出内在的力量和神秘幽玄之感。藏传佛教的教理修持是神秘的，即所有有形之物，无不深藏寓意，因而在藏族聚居区几乎任何有形有色的实物都包含强烈的象征意义。

## 第二节　珠子的色彩象征

生活在艰险的地理环境和恶劣的气候条件中的藏族人民，他们持有的民间信仰多是关于邪恶概念，他们认为人生中的各种不幸均是由于环境中的邪灵造成，这些邪灵隐藏在动物和牲畜甚至是他们自己的体内，因而护身符是最必要的装饰，它可以避开邪恶，使自己受到保护，并且与正义的保护神发生联系。生活在喜马拉雅地域的人民，哪怕是最穷困和卑微的民众都会拥有几颗绿松石或其他具有辟邪意义的珠子。在西藏民俗中，个别色彩具有特定的象征意义，其中红、蓝、白、黄、绿五色最受到崇尚，一般白色是神的代表，同时也代表白云，象征纯洁、美好和正义；蓝色是天空和空气的象征；红色象征火焰和太阳；绿色是水的象征；黄色象征大地，而在佛教传入之后也把黄色视为教法的象征色。在佛教传入西藏之前，藏族先民就崇尚白事、白道，回避黑事、黑道，《格萨尔王传》[111]及其他民间故事中，多以白人、白马、白云等象征正义、善良、高尚的人和事件，而黑人、黑马、乌云等则象征邪魔、罪恶和不幸，白色象征纯洁、忠诚、祥和、善业和正义的观念是藏

---

110　曼荼罗，梵名 mandala，亦称坛城，古代印度原指祭祀的祭坛，在密教中指一切圣贤、一切功德的聚集之处。指将佛、菩萨等尊像，或种子字、三昧耶形等，依一定方式加以配列的图样。又译作曼拏罗、满荼罗、曼陀罗、漫荼罗等。意译为坛城、中围、圆轮具足、坛城、聚集等。

111　《格萨尔王传》产生在公元前两三百年至公元6世纪之间，这部口头传诵的英雄史诗流传上千年，到12世纪基本定型，包含了藏民族文化的全部原始内核，在不断的演进中又融汇了不同时代藏民族关于历史、社会、自然、科学、宗教、道德、风俗、文化、艺术等知识，具有很高的学术价值、美学价值和欣赏价值，是研究古代藏族社会的一部百科全书。

族民俗中鲜明的特点。

　　藏民偏爱有机宝石和色彩具有象征意义的半宝石，他们对切割宝石和宝石精工一无所知，因为那些过分细腻精致的奢侈品只代表多余的奢侈而不具备色彩的象征和艰难环境中必须的意义，他们更喜欢与他们生存环境联系紧密的色彩和周边所无的美好材质，如黄色的蜜蜡（琥珀）、红色的珊瑚、白色的砗磲、绿色或蓝色的绿松石（图253）。西藏地区几乎不出产制作这些珠子的材料和工艺，这些珠子大多是贸易品，多来自南亚、印度和中国内地。这些珠子的材质本身就是财富，因而藏族人民大多偏爱个体较大的珠子而不是珠子的形制，一些有机材料比如蜜蜡（蜜蜡实际是一种琥珀，它不太透明，有似蜂蜜般的色泽和质地，油润细腻）大多是随形制作，有些几乎就是原石的样子。这些珠子一直穿戴在身上，有些经过几代人的传递，珠子表面光泽油润，传递出被珍爱和被崇

图253　材质珍贵、色彩艳丽的西藏珠子。西藏人民偏爱有机宝石和色彩具有象征意义的半宝石，这些珠子除了材质本身的珍贵，都具有护身符的意义。其中红色的珊瑚象征血液、火焰、光明；蓝色的绿松石象征水、天空、空气；绿色的绿松石象征水；黄色的琥珀和蜜蜡象征大地；白色的砗磲则象征纯洁、吉祥和正义。

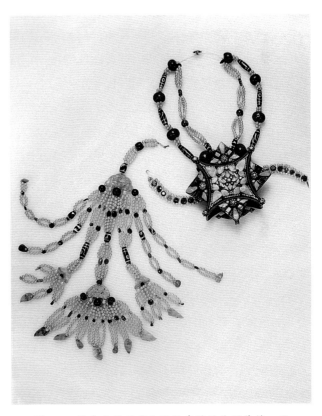

图254　嘎乌盒是西藏地区护身符的典型装饰，具有辟邪的寓意。这串金嘎乌盒表面镶嵌有绿松石、珍珠、珊瑚和其他贵重宝石、半宝石，金嘎乌盒内可放置护身经文、甘露丸及重要的珍宝，项链用珍珠辫结，搭配珊瑚、天珠等，是极为珍贵的装饰品。图片转引自 *The History of Beads: from 30 000 B.C. to the Present*。

尚的信息。这些珠子除了材质本身的珍贵，都具有护身符的意义。色彩是护身符有效的象征，这些象征意义与所象征物发生联系是护身符的力量所在，其中红色的珊瑚象征血液、火焰、光明；蓝色的绿松石象征水、天空、空气；绿色的绿松石象征水；黄色的琥珀和蜜蜡象征大地；白色的砗磲则象征纯洁、吉祥和正义（图254）。佛教传入以后，色彩的象征意义继续被强化，西藏的密教对色彩的象征意义有特别的规定，对应密教仪轨的内容。其中黄色表宝生佛及地大，绿色表不空成就佛及水大，红色表阿弥陀佛及火大，蓝色表不动佛及风大，白色表毗卢遮那佛及空大，这些色彩象征融入了藏民族生活的各个层面。

## 第三节　密教的念珠

　　念珠在梵语中称mala（或 malya），意思是"鬘"，源于古印度贵族璎珞缠身的装饰风俗，在上古时代毗湿奴派已经演变出持带念珠的习惯，最晚在2世纪左右，念珠的使用已风行于印度贵族婆罗门阶层。佛教使用念珠的时代在婆罗门教（2世纪）之后很快风行僧俗之间，并衍生出具体的意义。西藏密教的念珠从形式到色彩都具有浓郁的装饰意味，虽然它们当初并非为着装饰的目的制作。藏传佛教的念珠是在公元7世纪佛教传入后开始的，与西藏本土宗教和珠饰传统的结合，在材质和装饰上形成了自己的特色（图255、图256）。

　　佛教念珠的颗数分别代表了不同的意义：108颗，表示求证百八三昧而断除百八烦恼；54颗，表示菩萨修行过程之五十四阶位，即十信、十住、十行、十回向、十地、四善根因地；42颗，表示菩萨修行过程之四十二阶位，即十住、十行、十回向、十地、等觉、妙觉；27颗，表示小乘修行四向四果之二十七贤位，即前四向三果之十八有学与第四果阿罗汉之九无学；21颗，表示十地、十波罗蜜、佛果等二十一位；14颗，表示观音之十四无畏；1080颗，表示十界各具有一百零八，故共成一千零八十；36颗与18颗的意义，一般认为与108颗相同，是为了便于携带，三分108为36，或六分为18，并没有其他的奥义。而记颗数与表征意义之间的差别，仅仅是历代祖师为方便教化所赋予的配合，并非源自原典经文。

　　念珠常附加有母珠、数取、记子、记子留等，以配合掐念时计数。以108颗串成之念珠为例，附加的母珠有一颗及两颗两种，母珠又称达摩珠，即民间称为"佛头"和"佛头塔"的珠子；数取又称四天珠，是附加于108颗中间的4颗隔珠；密教念珠通常在第7颗（自母珠开始算）与第21颗之后插入数取；记子又称弟子珠，藏区多称为计数器，一般有10颗、20颗、40颗，串于母珠的另一端，以10颗为一小串，表示十波罗蜜，捻珠念佛满一百零八遍时即拨动一记子以为计数；记子留是指每串记子末端所附的珠子。据《金刚顶瑜伽念珠经》记载，诸珠表示观音菩萨，母珠表示无量寿佛或修行成满之佛果，故捻珠到母珠时，不得越过，须逆向而还，否则即犯越法罪。

　　掐捻念珠而诵咒念佛，能产生诸种功德。密教经典对掐捻念珠的指法也有详细记载，就五部

（金刚界）而言，佛部以右手拇指与食指掐珠；金刚部以右手拇指与中指掐珠；宝部以右手拇指与无名指掐珠；莲华部以右手拇指与小指掐珠；羯磨部以右手拇指与其余四指合捻珠。以三部（胎藏界）而言，佛部以右手拇指与无名指之指尖相合，中指与小指直立，食指略屈附于中指中节掐珠；莲华部以拇指与中指指尖相合，舒展其余三指而掐珠；金刚部以拇指与食指指尖相合，舒展其余三指而掐珠。密教诸尊中，手持念珠者很多，胎藏界外金刚部之火天、准提佛母、千手观音等都持念珠，其中千手观音系于其右方之一手持执念珠，称为数珠手。密教念珠的用法与密教诸尊的修法一样，形式繁复并且意义非凡，其复杂的构成以及与其他宗教法器的关系无不包含神秘幽深的宗教内涵。

图255 密教的念珠。西藏人民是虔诚的信徒，掐念佛珠是每日的功课。普通信众多使用菩提子一类的念珠，并穿挂有金属珠子制作的计数器和象牙等有机材料制作的佛头和隔珠。

图256 西藏各种材质的念珠。藏族聚居区常见的念珠是紫檀木制作的紫檀念珠和牦牛骨制作的骨珠。佛教经典中记载有金、银、赤铜、水晶、槵子、菩提子、莲花子、金刚子、真珠、香木、玉石、铜、铁、真珠等种种诸宝制作的念珠。用高僧头骨制成的念珠称"嘎巴拉"珠，是西藏密教特有的珠子品种，这种珠子被认为具有非凡的法力，是开启智慧的法器。

## 第四节　天珠

天珠是西藏及其周边少数地方特有的珠子，它是以古老的人工技术在玉髓表面制作出图案的珠子，其黑白相间的条纹形成的醒目外观和它被赋予的巨大的宗教能量，使它在藏族人民心中拥有崇高的地位。天珠独特的图案和纹样有各自的不同寓意和宗教法力，以至于藏族人民都相信天珠是天降神物，那些图案都不是人力所为，并对天珠的来源和如何得到天珠有很多神奇的说法。作为宗教符号的天珠，被赋予了各种神秘的意义和神奇的传说。现今能够发现天珠的地方只包括尼泊尔、不丹和西藏、锡金邦、克什米尔等地区，即喜马拉雅山脉两麓（图257）。

《新唐书·吐蕃传》有"其（吐蕃）官之章饰，最上瑟瑟，金次之，金涂银又次之，银次之，最下至铜止，差大小，缀臂前以辨贵贱"。《新五代史》也说"（吐蕃）妇人辫发，戴瑟瑟珠，云珠之好者，一珠易一良马"。藏族聚居区对珠子的崇尚由来已久。由于天珠在藏族聚居区的发音为"瑟"（dzi），也有人认为文献中的瑟瑟珠即天珠。这种说法无法得到证实，"瑟瑟"究竟是什么珠子一直有争议，我们在前面第九章中专门在"瑟瑟珠"一节讨论过，第六章的"边地半月形文化传播带上的珠子"这条半月形文化传播带一直是西羌民族的活跃地带，与早期的西藏有密切的联系，出现在隋唐文献中的"吐蕃"即有相当部分西羌人融入。但是整个半月形文化传播带上都不出天珠，我们至今仍然不太清楚吐蕃的"瑟瑟"与半月形文化传播带上的"瑟瑟"是怎样的关系，它们或许只是借用相同的名称指称不同的内容而已。

四川大学专门从事西藏考古的霍巍教授在他的《西藏高原墓葬考古的新发现与藏族族源研究》一文中提到，"在西藏早期出土的墓葬中，曾经大量发现这种器物（有图案的珠子），藏族群众把它称之为'喜'（gzi），既有椭圆形，也有圆珠形，上面蚀出黑、白、棕色的条纹或者虎皮斑纹。近年来，在雅鲁藏布江中下游的隆子县及林芝地区出土的石棺葬中，也发掘出了这种带黑色条纹的蚀花料珠"[112]。从现有的西藏的考古资料看，在藏西和藏南地区古代象雄人墓地以及锡金邦和尼泊尔的古象雄国境内均发现有特殊图案和符号的珠子出土，这些珠子可能是现在的人们所谓的天珠。藏西的阿里一带是古象雄国的遗址范围，传说中格萨尔王开启天珠宝库及天珠泉流出之处就发生在阿里地区。从象雄墓地的考古编年看，这种有特殊符号和图案的珠子是佛教传入这一地区之前的事，它可能属于原始苯教。苯教崇敬大自然，包括天地、山川、日月、星辰，这些图案也都能在天珠上找到，同时也能在象雄人刻画的岩石上找到，它们是用来表示对自然神祇的崇拜，并因此被信徒赋予了神奇的法力。

象雄乃古代青藏高原之大国，雍仲苯教的发祥地。汉文史籍中称象雄为"羊同"，据唐宋典

---

112　文中"蚀花料珠"的说法有误，"料珠"是明清以后才兴起的说法，专指中国本地生产的低温玻璃珠，与出现在印度河谷和西亚以及早期西藏的镶蚀玛瑙不是一回事。另外，霍巍教授在西藏也专门从事阿里地区的考古，对象雄古国和古格王朝均有研究。

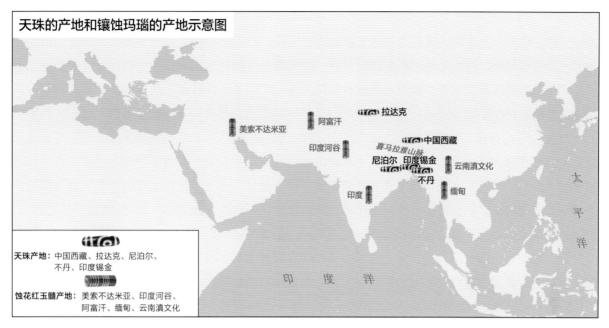

图257　天珠的产地和镶蚀玛瑙珠的产地示意图。这两种珠子的外观和图案都是明显的人工痕迹，许多珠饰研究者的研究和调查证实了两者在工艺上的联系。但是天珠只出现在西藏周边，说明其图案有更具体的宗教内容，而制作工艺可能更加复杂。黑色代表天珠，红色代表镶蚀玛瑙珠。

籍《通典》《册府元龟》《唐会要》等载："大羊同东接吐蕃、西接小羊同、北直于阗，东西千余里，胜兵八九万。"藏史《苯教源流》载："象雄与上部（即西部）克什米尔相连，北接于阗雪山及松巴黄牛部之静雪地区（青海西南地区），南抵印度和尼泊尔。"汉藏两史所载象雄地域基本一致。象雄人笃信苯教，重鬼神，喜卜巫，忌食野马肉，象雄盛期也是雍仲苯教盛行之际（距今约1600年），雍仲苯教文化源远流长，遍及青藏高原，至今深深地影响着藏族人民的社会生活。公元7世纪，吐蕃兴起，松赞干布出兵象雄国并杀了象雄王，将所有象雄部落收为吐蕃治下，列为编民，至此松赞干布统一了青藏高原。公元10世纪初，吐蕃王室尼玛衮改称象雄为古格，10世纪后半期，尼玛衮之子意希沃在阿里扶植佛教，建立寺院，迎请阿底峡大师，弘扬噶当教，逐步削弱了苯教在阿里地区的势力。自公元7世纪松赞干布将佛教引入藏地以来，至此佛教通过与苯教的抵触和融合，完全占领了西藏，但是苯教有关邪恶和万灵的观念以及辟邪的仪式和灵物至今仍保留在藏民族的民俗中。

　　奥地利藏学家内贝斯基·沃科维茨博士（1923—1959年）在《西藏的史前珠子》一文中讲述了西藏西部阿里地区的一个传说，人们认为，天珠起源于茹多克附近的一座山上，遇上大雨天珠如溪流般一泻而下。传说中被大雨冲刷下来的天珠是否就是象雄古国的遗物也未可知。有关天珠的传说很多，另一个保留在《格萨尔王》中有关天珠的传说是萨尔王率兵攻打阿扎玛瑙王国，阿扎玛瑙国经受不住格萨尔王强大的兵力，答应无条件投降并打开自己的宝库献给格萨尔王。库中有大量的宝物和天珠，格萨尔王先将天珠用来供养三神和诸护法神，然后将一些天珠分赏给战士，将剩余的天珠都埋在西藏各地，作为未来西藏财富的根基。藏民族至今仍然相信天珠乃神物，不可人为之，他们对天珠来源的解释大多是在地里或草原上拾得，因而相信是天神所赐。这种所谓"拾得"也许正是基于古代遗物的事实。

天珠的图案都有其特殊的意义，一般认为这些意义衍生自西藏本土古老的宗教，多与苯教有关（图258、图259）。圆形"○"代表太阳，方形"□"代表大地，半月形"☽"代表月亮，圆形加方形"○□"代表天地等，其中最著名的就是"雍仲符号"——逆时针方向的"卍"字（佛教里的"卐"按顺时针方向旋转），代表吉祥和永恒。念神是苯教的众神之一，掌管自然灾害，包括天地间的太阳念、月念、星念、运念、虹念、风念、地念、雪念、海念、崖念、木念、水念、石念等，阴、晴、雪、雨、风、云、雷、电等大自然现象均与念神有关。从天珠的符号和它们保有的意义来看，原始苯教的自然崇拜观念在藏族人民心中仍然根深蒂固，这些观念至今表现在藏民族的民俗礼仪、节日庆典、房屋装饰和日常活动中。

天珠的工艺和工艺的来源一直是个谜，一些西方装饰品研究专家从工艺和文献的角度都有过专门论述。早期一些研究天珠的西方学者认为中国古代文献记载的"瑟瑟"一词的原意可能是缟玛瑙（带条纹的玛瑙），可能与藏语"瑟（Dzi）"、波斯文中"Sjizu"、阿拉伯文中的"Djizu"和梵文中的"Cesha"有关。如果这种推测可靠，至少说明天珠的起源与中亚和西亚的古代工艺有关。现在认为比较合理的推测是天珠工艺起源于古代中亚印度古老的镶蚀玛瑙技术（见本书第十五章第一节），这种镶蚀技术的发明至少发生在公元前2000年，印度河谷文明和西亚两河流域都有考古资料，但是其珠子的外观和图案与西藏天珠有明显的不同[113]，尽管如此，它们在工艺上的联系得到了一致的认同。国内一些研究古代工艺的学者也做过天珠的工艺实验，比如对天珠染色工艺的无机试剂染色实验，肯定了天珠的染色效果主要是由"$Fe^{3+}$"（金属矿物的氧化剂）所致，石蜡对天珠表面不需要染色部分的覆盖作用十分有效；而张宏实先生在他的《法相庄严·管窥天珠》一书中提到的制剂有碱水、白铅等。无论如何，现代的工艺制作已经能够在外观上惟妙惟肖地模仿古代天珠，但是对天珠的古代工艺的具体流程和所使用的造成天珠外观图案的质料仍然没有解读。

由于天珠的神秘起源和它的宗教意义，天珠的市场价值一直是古代珠饰中的居高者，早在中原的唐代文献中，天珠就是"一珠易一良马"的价值。仿制天珠并不是今天才有的，清代就已经有低温玻璃（料珠）仿制的天珠，而随着新的工艺手段和现代各种化学制剂的发明，天珠已经可以成批量地生产出来以满足市场需求。但是，在藏民族心目中，真正的天珠仍然是那些古老的、被称为"至纯天珠"的珠子，它们所拥有的宗教能量和岁月的历练是仿制品不能取代的。

---

113　张宏实先生在他的《法相庄严·管窥天珠》一书中对天珠的种类、起源和工艺都有分析，其中也认同了天珠与古代中亚印度以及西亚出现的镶蚀玛瑙是同一种工艺，并分析了工艺流程。

图258　三眼天珠。天珠图案的意义与原始苯教有关，一般而言，圆形代表天空或太阳，方形代表大地；一个圆的称为一眼，两个圆的称为两眼，依此类推。一个圆形加一个方形称"天地珠"，两个圆形与两个方形的组合称为"双天地眼"。佛教传入西藏后，天珠图案的寓意被赋予佛教的解释，三眼天珠是密宗之财神，代表佛之身、口、意圆满，可心想事成；并象征财富不断，代表圆满健康与财富。私人收藏，由骆阳能先生提供藏品。

图259　各种图案的西藏天珠。由于天珠神秘的起源和它的宗教意义，天珠的市场价值一直是古代珠饰中的居高者，早在中原的唐代文献中，天珠就是"一珠易一良马"的价值。由于现代大量的仿品天珠的出现，对天珠的辨伪是收藏家最关心的课题。私人收藏，由骆阳能先生提供藏品。

# 第十五章　常见的外国古珠

（公元前3000年—近代）

## 第一节　印度河谷和阿富汗的珠子

在很长一段时间内，我们对印度河文明都所知不多。印度人不书写历史，他们生活在他们创造的静止的宇宙中。他们的编年和王系建立在两河流域苏美尔—阿卡德文明遗迹的有序地层中刻有印度文明传说的印章和其他文明的文献片段中。古老的美索不达米亚平原（两河流域）和埃及文明因为大量的考古遗迹和文献资料被世人熟悉，法老王的墓室壁画更是将他们佩戴华丽珠串的形象作为证据保留了下来。相比较而言，印度河谷似乎湮灭无闻，这里的古代居民没有给后人留下金字塔那样宏伟的地表遗存，也没有像美索不达米亚人将他们显赫的楔形文字印在数以万计的泥板上以图书馆式的规模封存在地下。但是，至少在公元前三千纪末，印度河流域已经实现了最大限度的地域一体化，现今印度和巴基斯坦的整个西北平原都统一在单一的文化综合体内，这就是与埃及和两河流域一样古老的印度河谷文明（图260）。

这一地域得本地和周边地矿储藏丰富之利，使人们很早就有任意选择各种宝石、半宝石的可能。印度河谷的发掘物也总是伴随着那些珠珠串串、小印章、小雕像和专门对这些小东西施加工艺的各种小工具。用来制作那些美丽可爱的珠珠串串的材料是黄金、白银、青铜合金、青金石、肉红玉髓、石头、陶、贝壳、骨头、象牙以及人工烧造的费昂斯（图262）。印度河谷的先民们利用这些材料发展出了最精细的珠子艺术，这些珠子无论是形制和技艺都广泛影响了周围地区乃至遥远的地域达数千年。

印度河谷可能最早发明在肉红玉髓（红玛瑙）上进行蚀花的工艺（图261）。这种珠子在

图260 印度河谷流域及考古遗址示意图。印度河谷文明最为著名的遗址是摩亨佐达罗和哈拉巴，其中位于现在巴基斯坦境内的哈拉巴遗址（公元前2600—前1900年）出土了最早的蚀花肉红玉髓，并有制作原始玻璃珠的费昂斯作坊被发现。该遗址出土的珠子材质和形制都很丰富，显示出成熟精湛的工艺水平。

最近对哈拉巴遗址的考古发掘中大量出土，珠子上的图案令人印象深刻。推测这些图案可能与早期的本土宗教有关，只是我们现在难以解读。印度的红玉髓原石在沿河的第二层沉积层就能挖到，挖掘这些原石的工人有以家庭为单位的，因为寻找原石也需要专门的经验和知识。这些工人把原石出售给中间商，中间商再把原石卖给制作珠子的作坊或工匠。直到今天，印度仍旧还有从事这种采集红玉髓原石的工人，他们大多是利用闲暇时间从事这项工作。并且，一些古老的制作珠子的工艺也仍旧在印度民间被使用。制作这些半宝石珠子是一种手工密集型劳动，它的工艺很少有技术上的所谓革新，这些现今保存在印度民间的手工珠子的制作流程为复原古代工艺提供了参考。印度也许是现今保存某些古代技艺最完整的地方，他们的工艺制作多以家族内传存，有的传承了上千年，至今不变，最典型的是神像制作。这些技艺不仅工艺传承，连制作过程中涉及的仪式都毫无遗漏地来自古代。印度人固守着许多古老的传统，并非他们的生性刻板，而是信仰使然。

印度河谷的城市遗址出土很多有穿孔的皂石印章，上面刻有瘤牛的形象和古老的文字。这些文字不像西亚楔形文字那样有长篇铭文，文字个体也很有限，因而至今不能释读。这些小印章大多有孔，呈扁平的方形或圆形，个体一般都很小，应该是经常穿挂在身边的个人物什。与现在的印章一样，它们是个人身份的记号，无论是用于交易还是用于管理，印章的出现都意味着信用和威信的确认。与西亚不同的是，印度河谷没有滚筒印章，而后者是整个西亚和小亚细亚的特色。

阿富汗是宝石半宝石原料的富产地，这里至今都以出产青金石等半宝石原矿著名。与可以在

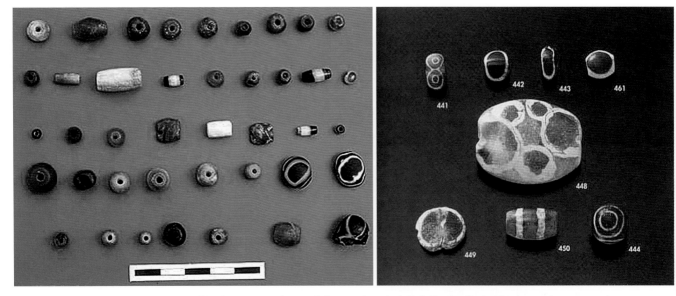

图261　印度河谷哈拉巴遗址出土的玛瑙珠和蚀花肉红玉髓。这种被称作"蚀花玛瑙"（Etched Carnelian）的珠子，其工艺可能最早就出现在印度河谷。西方装饰品研究专家认为这种工艺持续了数千年并影响了周边地域，从公元前2500年的印度河谷和西亚，到公元1世纪的云南滇文化都有发现，直到公元5—10世纪的伊斯兰时期，这种工艺仍旧在伊斯兰地区使用，不同的是这一时期不再使用早期的图案，由于宗教的更替，珠子上的图案换成了阿拉伯文字。流传在西藏境内的天珠，其制作工艺可能也与早期的蚀花玛瑙有关。

图262　印度河谷哈拉巴遗址出土的费昂斯珠子。这些来自4000年前的珠子形制各异，工艺精致，在当时就已经广泛流传到西亚和小亚细亚等地方。珠子的流传和贸易也带来了技艺的传播，这些珠子无论是形制还是工艺，其中一些在古代中原以及其他地方也都能见到。

河岸边收集到的红玉髓原石不同，青金石生长在山上的岩石中。采集原矿时，需要加热岩石后再浇冷水使岩石突然冷却产生爆裂，然后将青金石原矿取出。早在公元前4000年，阿富汗东北部山区Badakhstan这一地方的青金石就出现在了西亚两河流域，考古发掘的资料也证实了两者间早期的贸易关系，其中半宝石原料是重要的贸易品。两河流域文明的创造者——古代苏美尔人的文献经常提到青金石的神奇功能，在两河流域，青金石是最受重视的珠宝原料之一。位于美索不达米亚的公元前2600年的乌尔皇墓就出土了数量和形制都很丰富的青金石珠子。

阿富汗至今仍然经常有古代珠串出土。由于战争和宗教等因素，这里的考古发掘一直很困难。但是一些非官方资料显示，这里保有古代珠饰的各种珍贵资料，包括实物和制作工艺以及材料的应用。一些早期的珠子大多是用本地的半宝石材料在本地制作的，比如青金石珠子、红玛瑙珠和绿松石等，这些珠子的形制、材料和制作工艺都沿用了上千年的时间。而另外一些珠子则来自西方，特别是来自地中海沿岸的玻璃珠。这些玻璃珠有明显的地中海风格，比如带眼圈图案的"罗马眼"玻璃珠和腓尼基人的"人面珠"。这些珠子出现在阿富汗境内并不奇怪，由于地理位置的关系，这里一直是欧亚贸易通道上重要的节点，并且与北方草原的游牧民族有密切的关系，向那些居无定所的移动民族提供各种手工艺品。"丝绸之路"开通后，来自西方的地中海玻璃珠、波斯的金银器和来自东方的中国丝绸经常同时出现在阿富汗和中亚各个贸易市场。在相当长的年代里，阿富汗也一直是中亚重要的手工基地，特别是生产和制作各种宝石、半宝石珠子（图263）。

图263　来自印度北部及阿富汗周边的玛瑙珠串。早期的印度河谷文明于公元前1900年消失，一些考古学家认为与印度河支流的改道有关，那些靠近河流的城市在水源不足的情况下逐渐萎缩以至于最后消失。但是印度制作珠子的传统并没有因此中断，早期的珠子技艺和形制仍然流传了下来。图片中珠子的编年大致在公元前321到公元前187年的印度孔雀王朝，这些珠子的打孔细小，形制丰富，抛光精致，显示出高超的制作技艺。这一时期的印度特别是印度北部出产大量玛瑙、水晶等各种半宝石珠子，这些珠子在许多其他地方的考古遗址中都能见到。私人收藏，藏品由作者提供。

## 第二节 西亚两河流域的珠子

西亚包括现今的伊朗高原、阿拉伯半岛、美索不达米亚平原以及小亚细亚。位于西亚腹地的"两河流域"（底格里斯河和幼发拉底河）也称"美索不达米亚平原"（Mesopotamian，指底格尼斯河和幼发拉底河的冲积平原），这里是人类文明的发源地之一，是最早发明文字、灌溉、青铜合金和建立城市的地方（图264）。

自从20世纪20年代英国人和美国人在两河流域的乌尔古城[114]发掘乌尔王墓，出土了数量、形制和材质都十分丰富的珠子，西亚的珠子及制作珠子的原料和工艺引起了学术范围的讨论。两河流域为冲积平原，这里不出产任何石材，特别是制作装饰品的半宝石材料。制作珠子的原料都是从遥远的地域长途贩运过来，其中备受古代美索不达米亚人珍爱的青金石被证实来自阿富汗东北部山区的巴达克山省。即使需要数年时间才能带回珍贵的货物，商人们还是长途跋涉去到了遥远的Badakhstan。Peter Francis在他的《亚洲海上的珠子贸易：公元前300年至今》（《Asia's Maritime Beads Trade—300 B.C. to the Present》）一书中叙述了两河流域与Badakhstan的青金石贸易，这种青金石最早在公元前4000年就出现在了两河流域，而公元前3550年前后已经相当流行。苏美尔人在赞颂他们的月神时这样写道：公牛般的强壮，大大的头角，完美的形状，舒长的额毛，像青金石一样显赫。

世界上最早的史诗《吉尔伽美什》讲述的是两河流域下游的乌鲁克国王、大英雄吉尔伽美什完成诸多伟大业绩的故事。公元前2850年，紧邻乌尔城的乌鲁克（Uruk）城邦的Enmerkar王要求Aratta[115]人民向他进献半宝石原料和贵重金属。Aratta不仅出产半宝石原矿和贵重金属，还以工匠及其技艺闻名，Enmerkar王要求将那里的黄金、白银和青金石装在箱子里用驴子驮运过来。Aratta这个地方至今都没有被发现，一直保留在两河流域的传说和文献中。学者根据文献的描述，推测它位于现今伊朗高原的东南部。这种贸易行动多少包含霸权和臣服的关系，它是文明的伴生物，文化特别是工艺技术也随着贸易和扩张向更广大的地域扩散。

除了青金石，两河流域人民最喜欢的材质还有黄金和红玉髓（玛瑙），这一传统保持了数千

---

114 乌尔（Ur）是美索不达米亚的一座古城。位于底格里斯河与幼发拉底河（Tigris and Euphrates）注入波斯湾的入海口，遗址位于现今的伊拉克境内，巴格达以南纳西里耶附近，幼发拉底河的南部。公元前2700年，乌尔城开始繁荣起来，这一时期被称为乌尔第一王朝，是苏美尔人的统治者。从1922年到1934年，大英博物馆和美国宾夕法尼亚大学资助了对乌尔城的发掘，主持人是考古学家查斯·伦纳德·伍利。他们一共发掘了大约1850个墓葬，包括16座被称为"皇家墓葬"的、拥有众多古迹的墓。大多数皇家墓葬的时间是约公元前27世纪。其中包括普阿比（Puabi）王后未被盗掘的墓，她的名字因写在墓内出土的一块圆柱形印章上被保留下来。今天，大部分的乌尔发掘物被保存在大英博物馆和宾夕法尼亚大学的考古和人类学博物馆。

115 Aratta最早出现在两河流域苏美尔人的文献中，至今没有发现该地的确切遗址。特别是在《Enmerkar and the Lord of Aratta》中，描写这个地方富饶、多山、位于河流的上游，有个名叫Ensuh—keshdanna的王，他一直与乌鲁克城邦的Enmerkar王对抗。学者根据文献的描述，推测这一地方位于现今的伊朗东南部或者阿富汗某地。

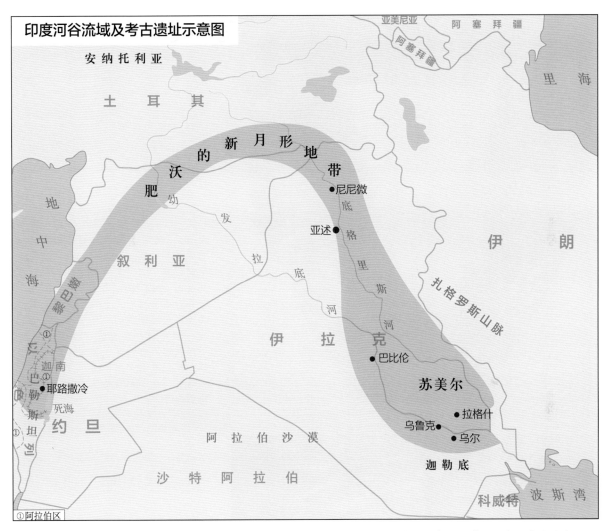

图264　西亚两河流域"肥沃新月形"地带。这里是文明的发源地，苏美尔人在公元前4000年就在这块底格里斯河和幼发拉底河的冲积平原上建立了最初的城邦。图中的乌尔城和乌鲁克城的名字经常出现在文献中。

图265 乌尔王墓出土的形制丰富的珠子和项饰。公元前2600年。其中制作珠子的材质有金、红玉髓和青金石，这些珠子有些是来自印度河谷，有些可能是来自印度河谷的工匠在当地制作的。珠子的工艺高超，制作精细。乌尔王墓还出土了用数以万计的珠子穿缀而成的珠襦，我们在第七章第十节专门叙述过这种用珠子制成的殉葬物。大英博物馆藏。

图266 两河流域公元前2600年乌尔王墓出土的红玛瑙珠子。这种珠子无论是形制还是材质都与后来出现在中原西周贵族墓中作为组佩连接件的红玛瑙珠类似，后者出现的时间比西亚晚了上千年。有趣的是这种珠子在中原以及周边民族又延续了近千年时间，出现的地理范围和时间跨度都很大。大英博物馆藏。

年，其中黄金的工艺和审美成了中亚、西亚乃至整个西方的传统。乌尔王墓编号为184的墓葬中一位年轻男性的身边出土了红玉髓珠子，这串项链中的红玉髓证实了美索不达米亚南部和印度河流域之间的接触（图265、图266）。正如公元前3000年楔形文字记载的麦路哈（Meluhha）[116]一样，最近对乌尔红玉髓的研究表明，它们中有一部分是在印度河流域生产的，然后成品被贩运到美索不达米亚。也有一部分红玉髓可能是由移居到美索不达米亚南部的印度手工艺人在当地制造的，这些"麦路哈人"生产的红玉髓珠子使用的是他们自己未经加工的材料和与众不同的对坚硬石头的钻孔技术。在一个长长的管珠上钻孔有时要花几天的时间，生产所需的复杂技术和耗时使得这些红玉髓珠成为昂贵的珠宝。乌尔出土的大量红玉髓珠，包括王后普阿比墓内的发现，表明乌尔王室的某位成员可能是来自印度河谷的一位公主。

在两河流域的考古除了发现刻有印度河文明的文字的印章和来自阿富汗东北部山区的青金石，还有来自安那托利亚高原（土耳其半岛北部）的黑曜石、迪尔蒙（今天的巴林）的珠串（很可能还是来自印度的产品，现今的巴林是当时从印度洋进入波斯湾的中转站）和黎巴嫩的木材，说明当时在波斯湾沿岸有着广大的贸易网络。公元前2100年到公元前1900年的Isin—Larsa时期，两河流域的文献也记载了来自印度河谷哈拉巴的青金石、红玉髓和象牙，但是这次不是用驴子驮运过来的，而是用船只经由海上运来。海运使得贸易方式极大地改变，船只能够运载更多的货物到达更遥远的地方。最早的冒险家是那些勇敢而好奇心重的人，他们可能是由于利益的驱使，也可能是对未知世界的好奇，无论出于哪种目的，他们都成了文化和技艺的传播者。

## 第三节 地中海沿岸的珠子

能够与两河流域比肩的早期文明是伟大的埃及。埃及位于地中海南岸，我们熟悉它巨大的金字塔和庄严的法老雕像，而有着复杂的穿缀方式的披肩式珠串，是每个法老及王后都佩戴的装饰品。这些珠子包含了最丰富多样的材质、形制、搭配方式以及古老的制作工艺，它们的审美价值和文化价值是多方面呈现的，中国著名的考古学家夏鼐在伦敦大学的博士论文就是《古代埃及的珠子》。

埃及可能是最早发明和制作原始玻璃的地方，埃及人的珠子中有一种重要的品种就是早期的原始玻璃"费昂斯"（图267、图268）。他们制作的费昂斯珠子无论是形制的多样还是色彩的丰富，都是其他地方无法超越的。继埃及人不久之后，这种工艺出现在了公元前2600年的印度河谷，那里的哈拉巴遗址还发现了制作费昂斯珠的作坊遗址。当公元前1500年哈拉巴文化突然衰落后，这种工艺制作的珠子出现在了甘肃和陕西的西周人故地。无论是印度河谷还是中原文明，出土的费昂斯珠大多类似埃及风格，但我们还不清楚以上所有事件的确切关系。与埃及紧邻的两河流域出土费昂斯

---

116 Meluhha跟Aratta一样没有被发现确定的遗址，但是也经常出现在苏美尔—阿卡德的楔形文字泥板文书中，这些文献称Meluhha是苏美尔人的贸易伙伴。早期的文献表明，Meluhha可能是指印度河谷某地。

图267　埃及的费昂斯珠子、各种坠饰和制作这些装饰品的模具。埃及人将他们制作费昂斯的情景保存在了墓室壁画中，为后人了解这种工艺的制作过程提供了可靠的信息。美国大都会博物馆藏。

图268　埃及人的坠饰。埃及人擅长制作各种坠饰，其中最常见的是象征永生的甲虫印章和代表光明的霍鲁斯的眼睛。制作这些坠饰可以是任何材质，除了数量最多的费昂斯，还有玛瑙、青金石、绿松石和黄金。美国大都会博物馆藏。

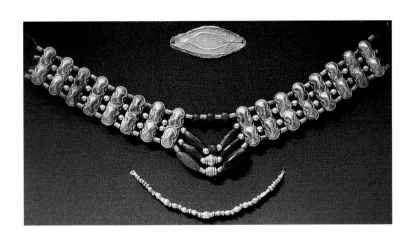

图269 迈锡尼文明（Mycenae）的穿有红色玛瑙珠的黄金项链。公元前1500年。古代希腊的黄金工艺以精细著名，希腊工匠充分利用了黄金延展性好的特点，制作的黄金饰品形制丰富、纹样精细，并将红玛瑙珠管一类的半宝石结合或者用于镶嵌。大英博物馆藏。

珠的资料不多，他们像制作费昂斯珠那样将玻璃釉料涂在他们用于建筑的泥砖上。

地中海文明最为西方人所称道的是希腊文明，它位于地中海北岸，与埃及相望。通常认识的古希腊之前，是发端于爱琴海的米诺斯文明（Minoan）和迈锡尼文明（Mycenae，图269），前者在爱琴海的克里特岛上，之后的迈锡尼在希腊本土伯罗奔尼撒半岛上继续。然而比迈锡尼更加为人熟知的是特洛伊（Troy）。特洛伊位于小亚细亚半岛达达尼尔海峡东南，即今天土耳其的希沙立克，是古老的小亚细亚城邦。特洛伊人因为曾勇敢地与希腊人作战而被荷马[117]载入史诗。希腊人对这座城市围攻了9年时间，最后以著名的木马计才将其攻下。这次战争发生在公元前12世纪，此时的两河流域正是巴比伦王国最动荡不安的时期，文明的发起者苏美尔人早已退出了两河文明的舞台，来自各个方向的蛮族对两河流域发起轮番冲击。但无论是赫梯人、加喜特人还是亚述人，他们都以征服者的身份继承了两河流域的文化传统，这些传统也反映在装饰品的风格和工艺上。由于战争和贸易，使得文化特别是制作可见实物的工艺和技术得到流传，这也是造成个人装饰品的某些元素广泛流传的重要因素，这些小装饰的交流比其他多数文化物品的交流更加便利。

黄金工艺一直是希腊人的强项，这种传统在希腊之前的2000年里就已经在两河流域盛行。两河流域早期的苏美尔—阿卡德文明的小装饰至少有两个明显的例子影响了希腊和小亚细亚乃至后来的罗马帝国，一个是小型的滚筒印章，另一个就是黄金工艺。很可能是希腊的黄金工匠把技艺扩散到了整个西方，古希腊历史学家希罗多德（约前484—约前425年）在他的《历史》中记载，早期的斯基泰人的金器都是由希腊工匠制作的。紧邻希腊的巴尔干地区和亚平宁山脉北部的伊特拉斯坎人也有黄金制作的盛名，巴尔干的喀尔巴阡山和斯瑞德那哥拉山黄金储量丰富，这也造就了希腊人和巴

---

117 荷马，古希腊盲诗人。约公元前9—前8世纪，生平和两部史诗的形成存在很大的争论。相传记述公元前12—前11世纪特洛伊战争及有关海上冒险故事的古希腊长篇叙事史诗《伊利亚特》和《奥德赛》，即是他根据民间流传的短歌编写而成。这就是著名的《荷马史诗》。

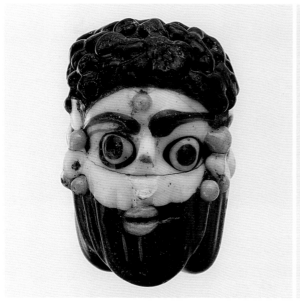

图270　腓尼基人和罗马的人面珠。腓尼基人是公元前5世纪前后最优秀的航海家和工匠，他们制作形制各异和材质丰富的珠宝贩往任何他们可能到达的港口，他们制作的人面珠可能就是腓尼基人自己的形象。制作有人面的珠子也是罗马帝国的工匠所擅长的，但罗马的人面珠与腓尼基人的人面珠有很大区别，前者的人面及图案是预制的工艺，后者多使用粘贴的工艺，多是突起的效果。罗马帝国制作玻璃珠和玻璃容器的技艺随着它对其他地方的征服广泛流传，在欧洲其他地方以及中亚丝路上都能见到。左为腓尼基人的人面珠，右为罗马的人面珠。

尔干地区的黄金传统。

　　由于受惠于埃及的传统，地中海沿岸也一直是玻璃制品的主要产地，从公元前14世纪的迈锡尼人到后来的腓尼基人（图270）直至罗马帝国和文艺复兴时期的威尼斯，都是玻璃生产的能手。擅长经商的腓尼基人将各种玻璃器皿和玻璃珠贩往东方，而罗马人将玻璃工艺传遍罗马帝国版图内的整个西欧和小亚细亚（图271），之前还有被亚历山大征服的波斯。中世纪崛起的阿拉伯人继承波斯人的衣钵，并随着阿拉伯帝国的扩张以及他们的商船和驼队扩散到世界各地，直至东方的太平洋诸岛。

　　对于金饰，我们多少有些成见，古代中国的传统是神秘的玉作而非黄金等贵重金属，我们会觉得黄金制品比较俗气，因为这种金属本身就是硬通货币，是比较赤裸的财富。但是当你看了古代希腊、古代伊特拉斯坎人和罗马人的金饰，就会发现黄金的细腻之美。虽然这种贵重金属就是价值本身，但是那些古代工匠在意的却是工艺本身和如何利用工艺制作美的东西，你会看见他们是多么认真地利用了这种金属所具有的全部优点：熔点低、延展性好、可塑性强、耐腐蚀、不生锈而且永远光艳如新。黄金本身就是财富，黄金资源的稀有和开采难度使得它经常与不仁联系在一起，就像南非钻石经常与血腥和不法相联系，这使得我们对财富也有成见。但是财富引发的恶行并不比财富

图271 马赛克玻璃珠。这种图案的珠子经常在北欧斯堪的纳维亚半岛的维京人（Viking）墓葬中被发现，最早的出土记录可以到公元3—4世纪，公元7—10世纪的维京人墓葬仍有出土。这些珠子独特的图案和制作工艺让人过目不忘，它们具有强烈的埃及风格，而制作工艺与地中海玻璃珠有明显的联系。它的产地和制作它们的工匠仍不能确定，但可以肯定的是，它们不是维京人自己的作品。考虑到维京人善于航海和贸易的身份，这些珠子极有可能是公元3世纪左右罗马帝国版图内的工匠制作的，它们被维京人带回北欧作为财富的象征穿戴起来。是否有地中海或罗马帝国境内的工匠在北欧当地制作的也未可知。

带来的好处多，财富并没有什么不好，对财富的欲望引发的恶行很多时候是能够避免的。

## 第四节　非洲贸易珠

　　"非洲贸易珠"（Africa trade beads）并不是非洲生产的珠子，这个名词是专门用来指16—19世纪的欧洲殖民扩张时期，在欧洲生产特别是在威尼斯、波希米亚（捷克）和一些西欧国家生产的、贩往非洲用于交换黄金、象牙、宝石和奴隶的玻璃珠。这些美丽的玻璃珠呈现的并非光荣的历史，但它们是人类的技术发明和贸易合作关系的侧影。这些玻璃珠的产地在地中海北岸的威尼斯和西欧工业发达国家，而半宝石珠子则来自印度。最初，由阿拉伯商人从印度种植园带回欧洲最抢手的香料集中在地中海南岸的北非贸易港口，在这些地方与欧洲商人交换他们的铁器和玻璃珠等奢侈品，再由熟悉非洲陆地特别是撒哈拉沙漠的阿拉伯商人贩往西非交换包括人口在内的"商品"，然后再将这些西非特产运回北非港口城市与欧洲商人进行交换。穿越撒哈拉沙漠到达西非的路线几乎只有阿拉伯人能够做到，在19世纪以前，印度人和欧洲人都只限于在海岸港口交易。当时的欧洲正值地理发现、技术发明和启蒙运动的上升期，在欧洲人的记忆中，那仍旧是一个奇迹发生的年代。

　　公元4世纪，罗马帝国崩溃，玻璃工艺一度在西欧衰落。但是彩色玻璃技术一直保存在拜占庭帝国也就是东罗马版图内的希腊和小亚细亚。13世纪晚期，位于亚得利亚海滨的威尼斯由于商业的兴盛而成为欧洲最富裕丰美的港口城市。她拥有36000名水手、3300艘航船，领航地中海的海上贸

图272 威尼斯的玻璃珠。它们是被称为"千朵花"、"纹章"珠的独特的珠子，具有多种花样。威尼斯的玻璃珠以色彩鲜艳、花样繁多见长，具有地中海浪漫的审美情调。这些珠子大致在15—18世纪生产，有些"纹章"珠的生产年代可以早到14世纪。

易。莎士比亚的戏剧《威尼斯商人》以16世纪的威尼斯作背景来讲述那个有趣的故事不无道理。公元15世纪，君士坦丁堡（拜占庭帝国首都）陷落，大批难民包括手工工匠涌入威尼斯，手工艺人为威尼斯带来了玻璃工艺的复苏。15—17世纪的200年时间里都是威尼斯玻璃生产的高峰期（图272）。威尼斯的玻璃制作以穆拉诺岛为中心，为了保存技艺的秘密，一些最优秀的工匠曾经一度被囚禁在岛上。直到现在，穆拉诺岛仍有100余户玻璃工坊，他们是当地玻璃传统的直接继承人。16世纪开始，新兴的西班牙、葡萄牙船队后来居上，取代了威尼斯的海上霸权。而法国、德国、比利时等西欧国家的工业制造崛起，其中波希米亚成为欧洲水晶玻璃制作的中心，是威尼斯玻璃最强劲的竞争对手。

竞争中的玻璃珠千姿百态，无论色彩、图案、形制和工艺，至今仍是西方装饰品研究和收藏的热门话题。威尼斯以彩色玻璃著名，他们的"千朵花"（Millefiore）玻璃珠呈现的是万花筒般的色彩和图形变化；独特的"纹章"珠（Chevron[118]，中文音译"雪佛莱"）以硬朗的"V"形图案的侧面著称，具有西欧中世纪"纹章学"的内涵，也是藏家追捧的精品。波希米亚擅长的则是仿宝石玻璃，除了逼真地模仿绿宝石、蓝宝石、水晶等，还有"凡士林"（Vaseline）质感的单色玻璃珠最为称道（图273）；多面体珠子也是他们独特的工艺；特别是用意模仿印度缠丝玛瑙和红色玛瑙的玻璃珠子管子，质感和色彩都可乱真，到后来，这种珠子的市场价格甚至超过来自印度的半宝石，大概是因为它历时太短和包含更多的工艺价值。18世纪，荷兰和德国等西欧国家得益于工业革命的

---

118 Chevron（也拼作Cheveron）是一种"V"形图案，通常指建筑装饰的图形单元；也用于军队或警察的徽章图案，表示特定的军阶和服役年限；或用于旗帜上的纹章和设计。Chevron起源于建筑椽沿侧面的山墙轮廓，很早就用于纹章图案，特别是在中世纪的诺曼底。在北欧，Chevron也被叫作"战斗"，并在十字军圣战时期作为军队徽章。

图273 波希米亚生产的单色玻璃珠。这些珠子多是模仿绿宝石、蓝宝石和水晶一类半宝石，并以多面体的形制见长。一些单色珠因为特殊的质感被称为"凡士林"。一种刻意模仿印度缠丝玛瑙和红色玛瑙管的玻璃珠子管子，质感和色彩都可乱真。这些玻璃珠包含的工艺价值是多方面的，除了古老的手工技术，也包括工业革命前后那些新的物理和化学技术的应用。

图274 德国生产的具有独特蓝色的半透明玻璃珠。西欧的珠子不像威尼斯人和波希米亚人的玻璃珠那样富于变化，而是以朴素的形制和深沉的色彩见长。这些珠子多出土于现今西非的马里共和国境内。

刺激，开始大量生产玻璃珠和玻璃制品（图274）。他们的珠子没有威尼斯的浪漫如花，也没有波希米亚的晶莹剔透，形制简单朴素，以深沉稳健的色彩见长，具有适应性更强的装饰生命力。

另外一些比较常见的贸易珠是印度出产的缠丝玛瑙管（图275）和非洲土著居民自己生产的"再生玻璃"珠（Powder Glass，图276）。印度是制作珠子的古老地区，他们在17、18世纪生产的玛瑙管是一种天然的缟玛瑙，半透明，有明显而独特的缠丝花纹，呈红色、红棕至橙色的变化。前面说过，波希米亚人曾成功地用玻璃模仿过这种珠子。而非洲人自己制作"再生玻璃"珠的技艺是欧洲扩张时期与他们贸易交换的结果，可能始于更晚的时期。这种以家庭为单位的手工密集型劳动至今仍在西非流行，他们利用回收的废旧玻璃比如酒瓶和其他容器，将这些玻璃碾碎磨粉，然后填充在陶制的模具里，或者手工成型并画上艳丽的非洲风格的装饰花纹，放入土灶烧造成型。这种手工作业现在是西方装饰品研究专家田野调查的主要对象，它似乎成了复原古老手工的活化石。

非洲贸易珠见证的是一段特殊的历史。而珠子作为贸易品始于人类的石器时代，如我们在第一章就说过的那样，珠子小巧精致，容易携带，象征财富，包含材料和工艺等多方面的价值；作为贸易珠，它还具有异文化的审美背景，这些特点使它成为研究人类贸易、工艺发明的一个小小的主题；特别是针对欧洲殖民时期的历史，非洲贸易珠从它的兴盛到中断，折射了那个特殊时代诸种社会因素和不同文化因素的冲突和碰撞。

图275 印度的缠丝玛瑙管。这种色彩和花纹独特的玛瑙管子出现在17到18世纪或者更晚一些时候，一般个体较大，工艺并不十分精细，明显是用于批量贸易的目的。私人藏品，作者提供。

图276 非洲的再生玻璃珠。它们是在欧洲人制作的玻璃珠大量出现在西非之后的本地手工艺，是在欧洲玻璃工艺的刺激下的产品。从18世纪开始，这种工艺一直以家庭为单位存在于非洲民间，以艳丽大胆的色彩和朴拙的手工形制著称，至今仍在西非国家流行。

# 附 图

图277

图278

图279

图280

图277　这件项链由西周和战国时期的珠子穿系而成。带棱的算盘子形制的红色玛瑙珠在中原最早的出土记录是西周，中亚的记录相对较早；战国时期在西北一带大量可见，中原相对少见，很可能是来自中亚的舶来品。蓝色的天河石管是夏家店上层文化较典型的珠子，色彩艳丽、抛光细致，战国时期在较广的地域流传。金珠子并不是中原传统，从商代到西周出土的金器并不多见，春秋战国时期受游牧文化冲击，中原兴起制作和佩戴贵重金属的风气，楚国、秦国和北方一带风气更盛。图中项链主体部分的金珠子采用的是模铸工艺；穿系在链子部分的金珠子是来自云南滇文化的所谓"卷片珠"，它是利用黄金延展性好的特性，使用特殊的工具碾卷而成，这种金珠子在西亚和中亚都有过早于滇文化的出土记录。这件项链由洪梅女士设计和制作，用色大胆、样式夸张，巧妙地结合了古代元素和现代审美。

图278　这件项链大多由战国时期的珠子构成。中心位置的四通孔水晶珠来自齐国，齐地在春秋战国时期以商业兴国，手工业十分发达，水晶制品是最为著名的手工业品之一。齐国人制作的水晶珠和水晶装饰件形制丰富、敢于创新，其制作工艺堪称一流。水晶珠子不仅表面光气硬朗，内孔也晶莹通透，每一个细节都不破坏水晶材质通透的美感，甚至后来历朝的水晶珠和小饰件的制作工艺都未超越过齐国。蓝色的绿松石珠子来自北方夏家店一带，春秋战国时期大多出现在所谓的山戎墓葬，其颗粒较小，形制不甚规矩，但抛光细腻，色彩明艳，油润可爱。金珠子来自云南滇文化。项链由洪梅女士设计制作，珠子形制的搭配错落有致，色彩清新明亮，整体效果简洁飒利。

图279　这件金玉结合的组佩大多由战国时期的珠子构成。春秋战国时期，中原周边游牧民族活跃，中原与西方和北方的交流频繁，受中亚游牧文化影响，中原兴起佩戴金玉结合的装饰品，洛阳金村东周天子墓葬出土的玉舞人金项链是比较典型的作品，金链子的制作工艺明显来自地中海。组佩中的金珠有不同形制，多上模铸工艺。束绢形制的青铜珠是玉质束绢形佩的变形。蓝色绿松石珠子和带棱的算盘子红色玛瑙珠均是战国时期中原周边民族喜爱的材质和形制。绿色的孔雀石小珠子来自云南滇文化。组佩以玉环作为提领，以下分列数串金珠搭配的珠串，再以金质隔珠分列更多珠串，比较严格地遵循了西周以来玉组佩腰部挂件的穿系方式，同时又具有边地民族风格。这件金玉组佩由孙伟女士设计制作，构思精巧，富于节奏变化，整体效果张扬大气。

图280　战国时期有人面纹样的蜻蜓眼玻璃珠。由于早年一批洛阳金村天子墓葬的蜻蜓眼玻璃珠流出海外，使得蜻蜓眼玻璃珠成为中国古代珠饰中最著名的品种。蜻蜓眼玻璃珠在中原大致只在战国时期流行过，是当时最为时新的制作工艺和装饰风尚。楚国可能是制作蜻蜓眼玻璃珠的一个大的产地，长江流域其他地方也有制作。中原各地流传的蜻蜓眼玻璃珠既有楚国的作品也有西方的舶来品，但两者在制作工艺和装饰风格上均有一定区别。从工艺配方上而言，西方为钠钙玻璃，而中原为铅钡玻璃；装饰纹样上，一般认为眼圈图案来自西方，中原借其形式但形成了自己的一些装饰风格。在珠子上制作人面是西方地中海民族的装饰风格，古代埃及人、腓尼基人和罗马人都先后制作过人面珠，但是装饰风格和制作工艺都有明显区别。这件蜻蜓眼玻璃珠的人面均与腓尼基人和罗马人的作品不同，但是与埃及公元前1000多年前的珠子和坠子人面纹一样，战国时期的吴越一带有类似的作品。很可能与其他风格的蜻蜓眼作品一样，中原人在借用了西方纹样的同时，采取了自己的方案，进而形成独有的风格。玻璃珠个体较大，是蔡红阳先生早年所得并珍藏。

## 附录一　史前时期珠子的分布和编年（表格1）

| | 上游 | 中游 | 下游 | 年代 | 著名遗址 | 材质 |
|---|---|---|---|---|---|---|
| 黄河流域 | | | 裴李岗文化 | 前5600—前4900 | 河南新郑裴李岗 | 绿松石、石英 |
| | | 仰韶文化 | | 前5000—前3000 | 河南渑池仰韶村 | 绿松石、骨、玉 |
| | | | 大汶口文化 | 前4100—前2500 | 山东泰安大汶口 | 绿松石、玉、滑石 |
| | 马家窑文化 | | | 前3800—前2000 | 甘肃临洮马家窑 | 绿松石、骨、石英 |
| | | | 龙山文化 | 前2800—前2300 | 山东章丘龙山镇 | 绿松石、骨、玉 |
| | 齐家文化 | | | 前2200—前1600 | 甘肃广河齐家坪 | 绿松石、玉、天河石 |
| | | 二里头文化 | | 前1800—前1500 | 河南偃师二里头 | 绿松石、陶 |
| 长江流域 | | | 河姆渡文化 | 前5000—前3200 | 浙江余姚河姆渡 | 萤石、骨 |
| | | | 马家浜—崧泽文化 | 前4750—前3200 | 浙江嘉兴 | 玉、玛瑙、绿松石 |
| | | | 凌家滩文化 | 前3600—前3300 | 安徽含山凌家滩 | 玉、玛瑙、水晶 |
| | | | 青莲岗文化 | 前3400—前2400 | 江苏淮安青莲岗 | 玉、玛瑙 |
| | | | 新沂花厅 | 前3000 | 江苏新沂花厅 | 玉、玛瑙 |
| | | | 良渚文化 | 前3300—前2200 | 浙江余杭良渚镇 | 玉、叶蜡石、绿松石 |
| | | 屈家岭文化 | | 前2875—前2650 | 湖北京山屈家岭 | 玉、玛瑙 |
| | | 石家河文化 | | 前2600—前2000 | 湖北天门石家河 | 玉 |
| | 三星堆文化 | | | 前2800—前1000 | 四川广汉三星堆 | 玉、绿松石 |
| | 金沙文化 | | | 前1000—前600 | 四川成都金沙村 | 玉、绿松石、玛瑙 |
| 辽河及北方 | 兴隆洼文化 | | | 前6200—前5400 | 内蒙古敖汉旗兴隆洼 | 玉、软料 |
| | | 新乐文化 | | 前3000—前2000 | 沈阳新乐 | 玉、玛瑙、煤精 |
| | 红山文化 | | | 前3500—前2500 | 内蒙古赤峰红山 | 玉、绿松石、软料 |
| | 夏家店下层文化 | | | 前2000—前1500 | 内蒙古赤峰夏家店 | 玉、绿松石、玛瑙、软料 |
| | 夏家店上层文化 | | | 前1000—前300 | 内蒙古赤峰夏家店 | 玉、绿松石、玛瑙、软料 |

说明：

1. 表格中"材质"一项中列举的"玉"，泛指古代中国传统意义上的美石，包括各种地方玉料。

2. 长江上游三星堆和金沙文化的时间下限，中原已经进入文明而非史前，考虑到三星堆和金沙不同于中原文明的特点而未纳入中原文字记载的系统中，仍将其列入表格。

**附录二 中国历代纪元表及珠子种类（表格2）**

| 朝代 | | 编年 | 珠子种类 |
|---|---|---|---|
| 夏 | | 约前2070—前1600 | 绿松石珠、陶珠、玉珠、骨珠、贝珠 |
| 商 | | 前1600—前1046 | 玉珠、绿松石珠、骨珠、贝珠、孔雀石珠、红玛瑙珠、象牙珠 |
| 周 | | 前1046—前256 | |
| | 西周 | 前1046—前771 | 红玛瑙珠、玉珠、绿松石珠、骨珠、贝珠、孔雀石珠、煤精珠、金珠、费昂斯珠、萤石珠 |
| | 东周 | 前770—前256 | 水晶珠、玛瑙珠、金珠、玉珠、绿松石珠、骨珠、孔雀石珠、煤精珠、珍珠、玻璃珠、青铜珠、陶珠、砗磲、银珠、青铜珠 |
| 秦 | | 前221—前206 | 不详 |
| 汉 | | 前206—公元220 | |
| | 西汉 | 前206—公元25 | 玉珠、珍珠、玛瑙珠、金珠、银珠、水晶珠、玻璃珠、琥珀珠、银珠、煤精珠、青金石、玳瑁、砗磲 |
| | 王莽 | 9—23 | 不详 |
| | 更始帝 | 23—25 | 不详 |
| | 东汉 | 25—220 | 玉珠、珍珠、玛瑙珠、金珠、水晶珠、玻璃珠、琥珀珠、煤精珠、青金石 |
| 三国 | | 220—280 | |
| | 魏 | 220—265 | 玉珠、蚌珠 |
| | 蜀汉 | 221—263 | 不详 |
| | 吴 | 222—280 | 不详 |
| 晋 | | 265—420 | |
| | 西晋 | 265—317 | 玉珠、蚌珠、珊瑚珠、珍珠 |
| | 东晋 | 317—420 | 玉珠、蚌珠、珊瑚珠、金珠、玛瑙珠、玻璃珠、煤精珠、水晶珠、绿松石珠、合浦珍珠 |
| 五胡十六国 | | | |
| | 前赵 | 304—329 | 不详 |
| | 前蜀 | 304—347 | 不详 |
| | 后赵 | 319—350 | 不详 |
| | 前凉 | 317—376 | 不详 |
| | 前燕 | 337—370 | 不详 |
| | 前秦 | 352—394 | 不详 |
| | 后秦 | 384—417 | 不详 |
| | 后燕 | 384—407 | 不详 |
| | 西秦 | 385—431 | 不详 |
| | 后凉 | 386—403 | 不详 |
| | 南凉 | 397—414 | 不详 |
| | 南燕 | 398—410 | 不详 |
| | 西凉 | 400—421 | 不详 |
| | 北凉 | 401—439 | 不详 |
| | 夏 | 407—431 | 不详 |
| | 北燕 | 407—436 | 不详 |

**续表**

| 朝代 | | 编年 | 珠子种类 |
|---|---|---|---|
| 南北朝 | | 420—589 | |
| | 宋 | 420—479 | 玉珠、珍珠 |
| | 齐 | 479—502 | 玉珠、珍珠 |
| | 梁 | 502—557 | 玉珠、珍珠 |
| | 陈 | 557—589 | 玉珠、珍珠 |
| | 北魏 | 386—534 | 玻璃珠、金饰 |
| | 东魏 | 534—550 | 不详 |
| | 西魏 | 535—556 | 不详 |
| | 北齐 | 550—577 | 水晶珠、玛瑙珠、琥珀珠、金饰 |
| | 北周 | 557—581 | 水晶珠、玛瑙珠、玻璃珠、金饰 |
| 隋 | | 581—618 | 玛瑙珠、玻璃珠、金饰、宝石 |
| 唐 | | 618—907 | 水晶珠、玛瑙珠、玉珠、玻璃珠、金饰、青金石、绿松石、玉髓、宝石 |
| 五代 | 后梁 | 907—923 | 不详 |
| | 后唐 | 923—936 | 不详 |
| | 后晋 | 936—947 | 不详 |
| | 后汉 | 947—950 | 不详 |
| | 后周 | 951—960 | 不详 |
| 十国 | 吴 | 902—937 | 不详 |
| | 前蜀 | 907—925 | 不详 |
| | 吴越 | 907—978 | 不详 |
| | 楚 | 907—951 | 不详 |
| | 南汉 | 917—971 | 不详 |
| | 闽 | 909—945 | 不详 |
| | 荆南 | 924—963 | 不详 |
| | 后蜀 | 934—965 | 不详 |
| | 南唐 | 937—975 | 不详 |
| | 北汉 | 951—979 | 不详 |
| 宋 | | 960—1279 | |
| | 北宋 | 960—1127 | 水晶珠、珍珠、玉珠、玛瑙珠、玻璃珠、金饰、银饰、点翠 |
| | 南宋 | 1127—1279 | 水晶珠、珍珠、玉珠、玛瑙珠、琥珀珠、玻璃珠、金饰、银饰、点翠 |
| 辽 | | 907—1125 | 水晶珠、珍珠、玉珠、玛瑙珠、玻璃珠、琥珀珠、玉髓、金饰 |
| 西夏 | | 1038—1227 | 玻璃珠、金饰 |
| 金 | | 1115—1234 | 水晶珠、珍珠、玉珠、玛瑙珠、玻璃珠、金饰 |
| 元 | | 1206—1368 | 水晶珠、珍珠、玛瑙珠、珊瑚珠、玻璃珠、金饰、银饰 |
| 明 | | 1368—1644 | 水晶珠、珍珠、玉珠、玛瑙珠、玻璃珠、金饰、银饰、点翠、雕漆、翡翠、象牙、珊瑚、玳瑁、砗磲、芙蓉石、青金石、碧玺、各种宝石 |
| 清 | | 1616—1911 | 水晶珠、珍珠、玉珠、玛瑙珠、玻璃珠、金饰、银饰、点翠、雕漆、翡翠、象牙、珊瑚、玳瑁、砗磲、芙蓉石、青金石、碧玺、各种宝石、硬木、瓷珠、烧蓝、珐琅、琥珀、蜜蜡、绿松石、伽楠香 |

## 附录三　与珠子有关的古代文献

记录珠子或与珠子有关的典故和传说的古代文献包括以下几种：

1. 历代官方史书中除《舆服志》外，《礼仪志》《五行志》《仪卫志》一类，人物传记、周边民族传记如《西域传》《西羌传》等，时有记载与珠子相关的饰品或故事。
2. 历代字书、训诂和文字启蒙读本如先秦《尔雅》、汉代《说文解字》、南朝顾野王《玉篇》、明代《通雅》等对首饰和珠子一类的小装饰件有解释。
3. 历代文人札记中多有零星记载与珠子有关的趣闻逸事。
4. 古代文人诗词歌赋中有大量对珠玉的描写，如《乐府诗》《全唐诗》等诗歌合集。
5. 明清以来的通俗小说，如《金瓶梅》《红楼梦》等。
6. 佛教类书如《法苑珠林》等和一些涉及仪轨的佛教经书。

历代《舆服志》：

《后汉书》志第二十九—志第三十 南朝宋·范晔

《晋书》志第十五 唐·房玄龄

《宋书》志第五礼二—志第八礼五 南朝梁·沈约

《南齐书》志第九 南朝梁·萧子显

《隋书》志第七礼仪七 唐·魏徵等

《旧唐书》志第二十五 后晋·刘昫等

《新唐书》志第十四 宋·欧阳修、宋祁

《宋史》志第一百二—志第一百七 元·脱脱等

《辽史》志第二十四仪卫志一—志第二十五仪卫志二国服 元·脱脱等

《金史》志第二十四 元·脱脱等

《元史》志第二十八—志第三十 明·宋濂等

《明史》志第四十一—志第四十四 清·张廷玉等

《清史稿》志第七十七—志第八十 近代·赵尔巽等

先秦：

《尚书·禹贡》有"淮夷蠙珠、暨鱼"的记载

《周礼·天官冢宰·玉府》

《大戴礼·劝学》有"珠者，阴之阳也，故胜火"的记载

《礼记正义》记组佩制度

《尔雅·释器》

《穆天子传》有"甲子，天子（周穆王）北征，舍于珠泽"的记载

《诗经》"国风"部分有描写男女互赠玉佩珠玑的故事

《山海经》多处记载美玉、水玉、苍玉、金玉、青碧、瑶碧、美贝、文贝等制作珠子的材料

《吕氏春秋·仲春纪第二》记"随侯之珠"

《庄子·让玉》记"随珠弹雀"

《庄子·天地》记"象罔得玄珠"

《庄子·列御寇》记"千金之珠，必在九重之渊而骊龙颔下"

《韩非子·外储说左上》记"郑人买椟还珠"

《墨子》记"和氏之璧，隋侯之珠，三棘六异，此诸侯之所谓良宝也"


汉代：

《淮南子·览冥》记"譬如随侯之珠、和氏之璧，得之者富，失之者贫"

《西京杂记》刘歆

《乐府诗》汉代诗歌集

《论衡》王充　"兼鱼蚌之珠"

《风俗通义》应劭

《释名》刘熙　"释首饰"卷


晋代南北朝：

《马脑勒赋》魏文帝曹丕赞"马脑"（玛瑙）

《世说新语·容止》南朝刘义庆记"珠玉在侧，觉我形秽"

《搜神记》卷二"南海之外，有鲛人，水居如鱼，不废织绩。其眼泣则能出珠"

《搜神记》卷二十"隋侯出行……蛇衔明珠以报之"

《决疑要注》挚虞　记曹魏王粲恢复组佩

《华阳国志·蜀志》记"今有濮人冢，冢不闭户。其穴多碧珠，人不可取，取之不祥"

《荆楚岁时记》南朝宗懔　记"金胜"

《拾遗记》王嘉

《玉台新咏》六朝诗集

《洛阳伽蓝记》北魏杨衒之

唐代：

《法苑珠林》佛教类书

《成都记》卢求　记成都"石笋之地，雨过必有小珠"

《酉阳杂俎续集》段成式　记蜀地出"杂色小珠"

《石笋行》杜甫　记成都大石墓出"瑟瑟"珠

宋代：

《集古录》欧阳修

《东京梦华录》孟元老　记北宋都城风物

《事物纪原》高承　记事物原始之属

《清波杂志》周辉　记宋代妇女装饰

《武林旧事》周密　记南宋都城临安市情风物和"琉璃"珠

《梦粱录》吴自牧　记南宋都城临安市情风物

《蜀都故事》赵清献　记成都出"瑟瑟珠"

《诸蕃志》赵汝适　记南宋海运贸易"烧珠"

《琳琅秘室丛书》宋代传奇小说

元代：

《岛夷志略》汪大渊　记元代海运贸易"烧珠""五色烧珠"

明代：

《通雅》方以智　释事物名称

《天工开物》宋应星 "珠玉卷"　记制作珠子的材料和工艺

《瀛涯胜览》马欢　记明代海运贸易琉璃珠

《格古要论》曹昭　记"玛瑙无红一世穷"之说法

《金瓶梅》通俗小说　记市井风物

清代：

《颜山杂记》孙廷铨　记山东颜山琉璃生产和工艺

《阅世编》叶梦珠　记清代风物

《红楼梦》曹雪芹　记金陵市井风物

《宁古塔山水记》张缙彦　记满族人采淡水珍珠"东珠"

## 附录四　参考书目

· 《新中国考古五十年》，文物出版社编，文物出版社，1999年。

· 《人类与大地母亲》，[英]阿诺德·汤因比（Arnold J. Toynbee），徐波等译，马小军校，上海人民出版社，
　 2001年。

· 《历史研究》，[英]阿诺德·汤因比（Arnold J. Toynbee），刘北成等译，上海人民出版社，2000年。

· 《中亚文明史》（1—5卷），联合国教科文组织编，中国对外翻译出版公司出版，2002年。

· 《The History of Beads： from 30，000 B.C. to the Present》by Lois Sherr Dubin，Thames & Hudson，
　 London.

· 《Asia's Maritime Beads Trade—300 B.C. to the Present》by Peter Francis，Jr.，2002， University of
　 Hawaii Press.

· 《Collectible Beads：a Universal Aesthetic》 by Robert K. Liu，Thames & Hudson，London.

· 《中国重要考古发现》（2001年—2007年），国家文物局主编，文物出版社。

· 《中国玉器全集》（1—3册），杨伯达主编，河北美术出版社，2005年。

· 《中国出土玉器全集》（1—15册），古方主编，科学出版社，2005年。

· 《藏珠之乐》，张宏实，张文文，[美]Jamey D. Allen，（台北）淑馨出版社，2000年。

· 《玉文化论丛》，杨建芳师生古玉研究会编著，文物出版社、众志美术出版社，2006年。

· 《中国古代玻璃》，关善明，香港中文大学文物馆出版，2001年。

· 《丝绸之路上的古代玻璃研究》，干福熹主编，复旦大学出版社，2007年。

· 《东北亚考古学研究》，辽宁省文物考古研究所、日本中国考古学研究会主编，文物出版社，1997年。

· 《南京文物考古新发现》，南京市博物馆编，江苏人民出版社，2006年。

· 《中国古代服饰研究》，沈从文，上海世纪出版集团，2005年。

· 《中国古舆服论丛》，孙机，文物出版社，1993年。

· 《中国风俗通史——夏商卷》，宋镇豪，上海文艺出版社，2001年。

· 《宋辽西夏金社会生活史》，朱瑞熙等，中国社会科学出版社，1998年。

· 《楚艺术史》，皮道坚，湖北教育出版社，1995年。

· 《西夏美术史》，韩小忙等，文物出版社，2001年。

· 《早期中国文明：南方文化与百越滇越文明》，许智范、肖明华著，江苏教育出版社，2005年。

· 《出土玉器鉴定与研究》，杨伯达主编，紫禁城出版社，2004年。

· 《中国古代艺术文物论丛》，杨伯达著，紫禁城出版社，2002年。

· 《中国玉文化玉学论丛》，杨伯达主编，紫禁城出版社，2002年。

- 《中国玉文化玉学论丛——续编》，杨伯达主编，紫禁城出版社，2004年。
- 《中国玉文化玉学论丛——三编》（上、下册），杨伯达主编，紫禁城出版社，2005年。
- 《中国玉文化玉学论丛——四编》（上、下册），杨伯达主编，紫禁城出版社，2007年。
- 《出土玉器鉴定与研究》，杨伯达主编，紫禁城出版社，2001年。
- 《藏传佛教象征符号与器物图解》，[英]罗伯特·比尔著，向红笳译，中国藏学出版社，2007年。
- 《图说清代吉祥佩饰》，王金华编著，中国轻工业出版社，2008年。
- 《河姆渡文物精粹》，河姆渡遗址博物馆编，文物出版社，2002年。
- 《元君庙仰韶墓地》，北京大学历史系考古教研室、中国社会科学院考古研究所编著，文物出版社，1983年。
- 《凌家滩——田野考古发掘报告之一》，安徽省文物考古研究所编，文物出版社，2006年。
- 《瑶山——良渚遗址群考古报告之一》，浙江省文物考古研究所编，文物出版社，2003年。
- 《反山——良渚遗址群考古报告之二》，浙江省文物考古研究所编，文物出版社，2005年。
- 《良渚文化研究丛书》，张炳火主编，浙江摄影出版社，2007年。
- 《石家河文化玉器》，荆州博物馆编著，文物出版社，2008年。
- 《大甸子——夏家店下层文化遗址与墓地发掘报告》，中国社会科学院考古研究所编著，科学出版社，1996年。
- 《殷墟玉器》，中国社会科学院考古研究所编著，文物出版社，1982年。
- 《殷墟发掘报告1958—1961》，中国社会科学院考古研究所编著，文物出版社，1987年。
- 《金沙玉器》，成都文物考古研究所编，科学出版社，2006年。
- 《三星堆——古蜀王国的神秘面具》，三星堆博物馆编，五洲传播出版社，2005年。
- 《张家坡西周玉器》，中国社会科学院考古研究所编著，文物出版社，2007年。
- 《陕西出土东周玉器》，刘云辉，文物出版社、众志美术出版社，2006年。
- 《鸿山越墓出土玉器》，南京博物院、江苏省考古研究所、无锡市锡山区文物管理委员会编著，文物出版社，2007年。
- 《临淄齐墓》（第一集），山东省文物考古研究所编，文物出版社，2007年。
- 《河北文物精华·满城汉墓》，河北省文物局编，岭南美术出版社，2000年。
- 《汉广陵国玉器》，扬州博物馆、天长市博物馆编，文物出版社，2003年。
- 《西汉南越王墓地》，广州文物管理委员会、中国社会科学院考古研究所、广东省博物馆编，文物出版社，1991年。
- 《滇国青铜艺术》，张增祺主编，云南人民出版社、云南美术出版社，2000年。
- 《滇国与滇文化》，张增祺著，云南美术出版社，1997年。

- 《云南李家山青铜器》，玉溪地区行政公署编，云南人民出版社，1995年。
- 《北魏洛阳永宁寺》，中国社会科学考古研究所著，中国大百科全书出版社，1996年。
- 《草原文化——游牧民族的广阔舞台》，赵芳志主编，商务印书馆（香港）有限公司，1996年。
- 《Empires Beyond the Great Wall》， by Natural History Museum of Los Angeles County， Inner Mongolia Museum of China.
- 《辽陈国公主墓》，内蒙古自治区文物考古研究所、哲里木盟博物馆（今科尔沁博物馆）编，文物出版社，1993年。
- 《辽代玉器研究》，许晓东著，紫禁城出版社，2003年。
- 《金与玉——公元14—17世纪中国贵族首饰》，南京市博物馆编，文汇出版社，2004年。
- 《清代后妃的首饰》，故宫博物院编，编委朱家溍等，故宫博物院紫禁城出版社、（香港）栢高出版社，1992年。
- 《妆匣遗珍——明清至民国时期女性传统银饰》，杭海著，三联书店，2005年。
- 历代《舆服志》及古代有珠饰记载的文献见"附录三　与珠子有关的古代文献"。

附录六　中国古代珠子的编年图谱